煤炭高等教育“十四五”规划教材

工程勘察

王贵荣　主编

中国矿业大学出版社
·徐州·

内 容 提 要

工程勘察是地质工程、地下空间工程、土木工程(岩土工程、道路与桥梁工程)等专业本科生，在学完工程地质基础课程后需要学习的一门专业课。全书分为通论和各论两篇，通论中系统论述了工程勘察等级划分、勘察阶段划分及各种勘察技术方法，为工程勘察的理论基础；各论中分章论述了不良地质作用、特殊性岩土场地、工业与民用建筑、地下工程、道路与桥梁工程、水利水电工程等主要建筑类型的主要工程地质问题和工程勘察要点，是生产实践的指南。

本教材为工程勘察本科课程而编写，可作为相关学科、相关专业研究生的自学教材，还可供从事工程地质、岩土工程专业工作的工程技术人员参考。

图书在版编目(CIP)数据

工程勘察 / 王贵荣主编. —徐州：中国矿业大学出版社，2024.1

ISBN 978 - 7 - 5646 - 5710 - 9

Ⅰ. ①工… Ⅱ. ①王… Ⅲ. ①岩土工程—地质勘探 Ⅳ. ①TU412

中国国家版本馆 CIP 数据核字(2023)第 029930 号

书　　名　工程勘察
主　　编　王贵荣
责任编辑　路　露
出版发行　中国矿业大学出版社有限责任公司
　　　　　　(江苏省徐州市解放南路　邮编 221008)
营销热线　(0516)83885370　83884103
出版服务　(0516)83995789　83884920
网　　址　http://www.cumtp.com　**E-mail**：cumtpvip@cumtp.com
印　　刷　苏州市古得堡数码印刷有限公司
开　　本　787 mm×1092 mm　1/16　**印张** 22.25　**字数** 569 千字
版次印次　2024 年 1 月第 1 版　2024 年 1 月第 1 次印刷
定　　价　45.00 元

《工程勘察》
编写人员名单

主　编　王贵荣

副主编　唐亦川　梁居伟

参　编　叶万军　马建全　王朝阳

主　审　王念秦

前　言

世界上任何建(构)筑物(本教材以下简称建筑物),都是修建在地表岩土体之上或地表下一定深度范围的岩土体之中的。作为建筑结构、建筑材料和建筑环境的岩土体的物理力学性质及稳定性,直接影响到拟建建筑物的安全、稳定和正常使用。因此,在建筑物规划、设计和施工之前,必须对拟建场地进行工程勘察,查明建设场地的工程地质条件,分析论证有关的工程地质问题,对地质条件可能造成的工程风险、场地的稳定性和适宜性、地基基础方案的合理性做出分析评价,为工程建设规划、设计、施工和正常使用提供可靠的地质依据。《工程勘察》正是担负着这种任务应运而生的。

本教材以我国现行的法律、法规以及强制性工程建设规范为依据编写而成,充分吸纳了强制性国家标准《工程勘察通用规范》(GB 55017—2021)、《建筑与市政地基基础通用规范》(GB 55003—2021)、《建筑与市政工程抗震通用规范》(GB 55002—2021)、《工程测量通用规范》(GB 55018—2021)以及仍在执行的《岩土工程勘察规范(2009 年版)》(GB 50021—2001)、《建筑边坡工程技术规范》(GB 50330—2013)、《建筑地基基础设计规范》(GB 50007—2011)、《湿陷性黄土地区建筑标准》(GB 50025—2018)等规范相关条款的内容和要求。本教材分为通论和各论两篇。通论中系统论述了工程勘察的基本原理与各种勘察技术方法,适当介绍了工程勘察新技术和新方法,为工程勘察的理论基础;各论中分章论述了不良地质作用、特殊性岩土及各建设工程类型的工程地质问题、工程勘察要点,是生产实践的指南。需要特别说明的是,为保持与现行行业规范的一致性,第 9 章沿用“岩土工程勘察”术语,第 11～12 章沿用“工程地质勘察”术语。

本教材坚持科学性和思想性相统一、规范性和开放性相结合、理论与实践相贯通,通篇贯穿以查明工程地质条件为基础、以分析工程地质问题为关键、以服务工程建设全过程为主线的勘察思想。教材编写力求做到概念准确、结构严谨、内容精练、重点突出,每章后附有本章小结和思考题以方便学生自主学习。建设工程类型较多,不同院校同一专业的服务面向不尽相同,因此,在本教材的各论中选择了最具代表性的建设工程类型重点论述,各院校在教学过程中可根据实际情况做适当取舍。

本教材由王贵荣担任主编，唐亦川、梁居伟担任副主编，叶万军、马建全、王朝阳参编。编写分工如下：绪论、第1～2章由王贵荣编写，第3章和第5章由梁居伟编写，第4章和第8章由王朝阳编写，第6章和第9章由唐亦川编写，第7章和第12章由马建全编写，第10～11章由叶万军编写。王念秦担任本教材主审。

在本教材编写过程中，引用了已出版的相关文献的内容，在此对所引用文献资料的作者表示衷心的感谢，向所有支持、指导和帮助本书编写出版的各位领导、专家及同行表示诚挚的感谢，感谢陕西地矿汉中地质大队有限公司贺林高级工程师审阅并提出宝贵的修改意见和建议！

由于编者能力和水平所限，加之时间仓促，书中不妥之处在所难免，欢迎广大师生批评指正。

编　者

2023年3月于西安

目　　录

0 绪 论

0.1 工程勘察及其发展现状

工程地质学为工程建设服务是通过工程勘察来实现的，工程勘察应服务于工程建设的规划、设计、施工和运营全过程。工程勘察是根据建设工程的要求，查明、分析、评价建设场地的地质、环境特征和岩土条件，编制勘察文件的活动。工程勘察是工程建设先期要开展的基础性工作，不仅要研究和查明建设场地的工程地质条件、不良地质作用，为规划、设计、施工、运营及综合治理提供地质资料，而且要分析论证有关工程地质问题，对地质条件可能造成的工程风险、场地的稳定性、工程建设的适宜性、地基基础方案的合理性做出分析评价，提供工程设计、施工所需的岩土参数，提出解决工程地质问题防治措施的决策性建议和工程施工的指导性意见。工程勘察应根据工程建设不同阶段的要求进行策划、实施，勘察成果应正确反映工程地质条件，查明不良地质作用，提供资料真实、结构完整、评价合理、结论可靠、建议可行的勘察报告。

对特殊性岩土的勘察，应查明特殊性岩土类型、特征、成因、分布、发育程度及其对工程的影响，测定岩土的特性指标，提出处理措施的建议。当勘察场地存在岩溶、滑坡、危岩和崩塌、泥石流、采空区、活动断裂及地裂缝等不良地质作用，或存在发生不良地质作用的条件时，应开展专门勘察工作，查明不良地质作用类型、特征、成因、规模及危害程度，并应提出防治措施类建议，提供治理所需岩土参数。对地下水的勘察，应查明地下含水层和隔水层的埋藏条件，地下水类型、水位及其变化幅度，地下水的补给、径流、排泄条件；并应评价地下水对工程的影响。

近年来，随着大数据、云计算、5G＋、区块链、物联网、人工智能等新技术广泛应用，人类开启了工程勘察数字化、网络化、智能化的新时代。人工智能技术为解决地质数据爆炸提供了新思路、新方法，即从传统的以地质工程师、科学家为主导分析数据、总结规律的研究过程，转变为用人工智能技术从大数据中挖掘信息、分析数据、发现新规律的过程，做到有精度的预测。人工智能技术在灾害预警、智能填图、三维地质建模等方面取得了可喜进步。“地质＋人工智能”为地质行业发展注入新活力，为地质科学研究提供了新范式。BIM(building information model，建筑信息模型)技术是现代信息技术的代表，可以对海量数据进行分类、存储和分析，构建三维地质模型，实现勘察、设计、施工、运营过程的可视化；通过信息共享、信息关联以及可视化交互手段，实现对地质体多角度、多方位的浏览与查询；利用多专业沟通与多专业协同设计，为工程勘察、设计提供便利，为下一步岩土工程三维计算分析、三维桩基计算分析奠定基础。黄河勘测规划设计研究院有限公司等单位着力推行BIM技术在工程勘察中的应用，使工程勘察作业模式实现了质的飞跃，实现了由传统作业模式向内外业一体化、勘察全过程信息化和数字化模式转变，建立了包括遥感地质解译、数据采集、数据管理、三维地质建模、模拟计算、岩土工程设计在内的地质 BIM 系统，并在有关工程勘察中得到了较好应用。

0.2 工程勘察的目的和任务

工程勘察工作就是综合运用各种勘察手段和技术方法，有效查明建设场地的工程地质条件，分析建设场地可能出现的工程地质问题，对地质条件可能造成的工程风险、场地的稳定性和适宜性以及地基基础方案的合理性做出评价，为工程建设规划、设计、施工和正常使用提供可靠地质依据。其目的是充分利用有利的自然地质条件，避开或改造不利的地质因素，综合防治地质灾害、有效保护地质环境，保证工程建筑物的安全稳定、经济合理和使用正常。

工程勘察的基本任务是按照工程建设不同阶段的要求，为工程的设计、施工以及岩土体治理加固、开挖支护和基坑降水等工程提供地质资料和必要的技术参数，对有关的工程地质问题做出论证和评价。其具体任务归纳如下：

① 查明建设场地的工程地质条件，指出场地内不良地质体的发育情况及其对工程建设的影响，对场地稳定性和适宜性做出评价。

② 查明建设场地及其影响范围内岩土体的分布和性状以及地下水活动情况，提供设计、施工和整治所需的地质资料和岩土技术参数。

③ 分析研究与工程建设有关的工程地质问题，并做出确切的评价结论。

④ 对场地内建筑总平面布置、各类岩土工程设计、岩土体加固处理、不良地质作用整治等具体方案做出论证和建议。

⑤ 预测工程建设和运行过程对地质环境和周围建筑物的影响，并提出措施保护类建议。

工程勘察的基本特点是，研究工程地质问题必须考虑工程地质条件与工程建设的关系及相互影响，预测工程建设活动与地质环境之间可能产生的工程地质问题及其性质、规模、发展趋势。在具体勘察过程中，必须用地质分析的方法详细研究建筑场地或周围一定范围的地形地貌、地层岩性、地质构造、水文地质条件、不良地质作用等，并分析其工程风险。除用地质分析方法对地质条件做定性评价外，还要用模拟、实验、测试以及计算等方法进行定量评价，提供决策性的具体建议和可靠的设计参数供设计和施工时直接利用。另外，还要在分析评价的基础上，提出充分利用有利的工程地质条件、结合工程实际改造不利工程地质条件的具体方案和施工方法，提出工程地质问题的防治措施建议，使工程建设更符合经济合理、运行安全的原则。

0.3 我国工程建设技术法规体系简介

为适应国际技术法规与技术标准通行规则，我国住房和城乡建设部提出了政府制定强制性标准、社会团体制定自愿采用性标准的改革目标，逐步形成由法律、行政法规、部门规章中的技术性规定与全文强制性工程建设规范构成的技术法规体系。除全文强制性工程建设规范外，其余的国标、行标、地标和社会团体标准，均为推荐性工程建设标准。

全文强制性工程建设规范体系覆盖工程建设领域各类建设工程项目，分为工程项目类规范（以下简称项目规范）和通用技术类规范（以下简称通用规范）两种类型。项目规范以工程建设项目整体为对象，以项目的规模、布局、功能、性能和关键技术措施等五大要素为主要内容。通用规范以实现工程建设项目功能、性能要求的各专业通用技术为对象，以勘察、设计、施工、维修、养护、拆除等通用技术要求为主要内容。在全文强制性工程建设规范体系中，项目规范为主干，通用规范是对各类项目共性的通用的专业性关键技术措施的规定。目前住房和城乡建设部、国家市场监督管理总局联合发布的全文强制性工程建设通用规范有《工程勘察通用规范》(GB 55017—2021)(2022 年 4 月 1 日实施)、《建筑与市政工程抗震通用规范》(GB 55002—2021)(2022 年 1 月 1 日实施)、《建筑与市政地基基础通用规范》(GB 55003—2021)(2022 年 1 月 1 日实施)、《工程测量通用规范》(GB 55018—2021)(2022 年 4 月 1 日实施)。

全文强制性工程建设规范具有强制约束力，是保障人民生命财产安全、人身健康、工程安全、生态环境安全、公众权益和公众利益，以及促进能源资源节约利用、满足经济社会管理等方面的控制性底线要求，在工程建设项目的勘察、设计、施工、验收、维修、养护、拆除等建设活动全过程中必须严格执行。其中，对于既有建筑改造项目（指不改变现有使用功能），当条件不具备、执行现行规范确有困难时，应不低于原建造时的标准。

与全文强制性工程建设规范配套的推荐性工程建设标准，是经过实践检验的保障达到强制性规范要求的成熟技术措施，一般情况下也应当执行。在满足全文强制性工程建设规范规定的项目功能、性能要求和关键技术措施的前提下，可合理选用相关社会团体标准、企业标准，使项目功能、性能更加优化或达到更高水平。推荐性工程建设标准、社会团体标准、企业标准要与全文强制性工程建设规范协调配套，各项技术要求不得低于全文强制性工程建设规范的相关技术水平。

0.4 本课程的主要内容和学习要求

工程勘察是地质工程、地下空间工程、土木工程（岩土工程、道路与桥梁工程）等专业学生，在学完工程地质基础课程后需要学习的一门专业课程。编写本教材的目的是把学生所学专业基础课的理论知识和技术方法应用到工程实际中去，从而使学生牢固掌握各种勘察手段的理论原则，有效地解决实际工程问题，为学生毕业后尽快胜任工程勘察技术工作或科研工作打下坚实的基础。教材中对涉及的广泛而丰富的理论原则和技术方法均做了详细阐述，力求达到理论指导实践的目的。

教材分为通论和各论两篇。在通论中首先阐述了工程勘察基本问题，然后分别论述了工程地质测绘和调查、勘探与取样、原位测试、现场检验与监测等各种勘察技术方法的基本原理、适用条件、工作内容、技术要求及成果应用，还介绍了工程分析评价和勘察成果报告的基本内容和具体要求。在各论中分章论述了不良地质作用、特殊性岩土、房屋建筑和构筑物、地下洞室、道路工程、水利水电工程的主要工程地质问题和勘察要点。

由于工程勘察是一门实践性很强的课程，师生在教与学的过程中宜力求做到以下几点：

① 坚持原则性与多样性相结合，强化理论联系实际。要善于把规范的强制性、原则性

与工程实践的复杂性、多样性结合起来，着重帮助学生建立正确的勘察思想，强调勘察工作必须在保证建筑物安全稳定的前提下，做到经济合理、技术可行。在条件允许的情况下，尽可能多组织学生到生产现场参观实习，增强学生感性认识，激发学生学习兴趣。

② 加强对工程勘察基本问题的认识。工程勘察的首要任务就是查明工程地质条件，正确理解工程地质条件的内涵，对勘察工作非常重要。工程地质问题的分析论证是勘察工作的核心任务，各论中对每一类建筑工程勘察的内容安排都以工程地质问题分析为重点，除论述其重要意义外，对各类建筑的工程地质问题有一个全面的认识是十分必要的。

③ 加强对不同勘察阶段重点工作的把握。每一勘察阶段中勘察手段的选择和工作量的安排，既取决于该阶段的勘察任务，也取决于工程地质问题的性质和复杂程度。各阶段解决工程地质问题的深度是不同的，对工程地质条件查明的详细程度也不同，这就必然影响勘察工作的布置，应据此制订勘察计划。要善于综合运用各种勘察手段、及时而有步骤地取得准确资料和合乎质量的成果。

④ 坚持普遍性与特殊性相统一，强化自主学习能力培养。建筑类型很多，新的类型还在不断出现，对勘察的要求各不相同，但也有许多共同的地方。通论正是对这些共性的方面进行理论阐述的。因此，能够较好地掌握通论，以房屋建筑和构筑物、地下工程、水利水电工程的勘察作为例证并能说明其特点，则其他建筑类型的勘察也能掌握。另外，学生在学习本课程时，要根据自己将来的就业方向自学一些建筑类型的勘察知识，多阅读一些参考书籍，这对毕业后从事工程勘察技术工作和相关研究工作都是非常有用的。

1 工程勘察基本问题

1.1 工程地质条件与工程地质问题

1.1.1 工程地质条件

工程地质条件指与工程建设有关的地质要素的综合，包括岩土类型及其工程地质性质、地形地貌、地质结构与地应力、水文地质条件、不良地质作用以及天然建筑材料等六个要素。工程地质条件是一个综合概念，在提到工程地质条件一词时，实际上是指上述六个要素的总体，而不是指任何单一要素。其中一两个要素不能称为工程地质条件，而只能按本身应有的术语称之。

工程地质条件是客观存在的，是自然地质历史的产物，而不是人为造成的。一个地区的工程地质条件反映了该地区地质发展过程及其后生变化，即内外动力地质作用的性质和强度。工程地质条件的形成受大地构造、地形地貌、气候、水文、植被等自然因素的控制。

由于各地的自然因素和地质发展过程不同，其工程地质条件随之不同，表现为其六个要素的组合情况不同，以及要素的性质、主次关系有差异。工程地质条件各要素之间既是相互联系、又是相互制约的，这是因为它们受同一地质发展历史的控制，并形成一定的组合模式。例如，平原区必然是碎屑物质的堆积场所，土层较厚，基岩出露较少，地质结构比较简单，物理地质作用也不很发育，地下水以孔隙水为主，天然建筑材料中土料丰富但石料缺乏。还可有许多其他模式，不同的模式对建筑的适宜性相差甚远，存在的工程地质问题也不一致。

人类工程活动会引起工程地质条件的变化，但这毕竟是次要的、局部的，而且与原有工程地质条件融合为一个整体，成为后来建筑物新的影响因素。

由上述内容可知，认识工程地质条件必须从基础地质入手，了解地区的地质发展历史、工程地质条件各要素的特征及组合规律，这对解决实际问题是很有帮助的。工程地质条件是在自然地质历史发展演化过程中客观形成的，因此必须依据地质学的基本理论采用自然历史分析方法去研究它。

工程地质条件的优劣在于其各个要素是否对工程有利。

第一，岩土类型及其工程地质性质的好坏严重影响工程地质条件优劣。坚硬完整的岩石如花岗岩、厚层石英砂岩、花岗片麻岩等，其强度高，性质良好；页岩、黏土岩、碳质岩及泥质胶结的砂砾岩，以及遇水膨胀、易溶解的岩类，其软弱易变，性质不良；构造破碎岩更软弱，这类岩石都是不利于地基稳定的，成为岩体研究中的重点。一些特殊土如黄土、膨胀土、淤泥等也是不利因素，需要特别注意。岩土性质的优劣对建筑物的安全经济性具有重要意义，大型建筑物一般要建在性质优良的岩土上，软弱不良的岩土体工程事故不断、地质灾害多发，常需避开。

第二，地形地貌条件对建筑场地的选择，特别对线性工程如铁路、公路、运河渠道等线路方案的选择意义重大。如能合理利用地形地貌条件，不但能大量节省挖填方量，减少大量投资，而且对建筑物群体的合理布局、结构型式、规模以及施工条件等有直接影响。例如施工场地是否足够宽阔、材料运输道路是否方便等都取决于地形地貌条件。

第三，地质结构和地应力包含地质构造、岩体结构、土体结构及地应力等方面，含义较广，是一项具有控制性意义的要素，对岩土体尤为重要。

地质构造确定了一个地区的构造格架、地貌特征和岩土分布。断层，尤其是活断层，对工程建筑的危害最大，是工程人员最为担心的。在选择建筑物场地时，必须注意断层的规模、产状及发育情况。土体结构主要是指不同土层的组合关系、厚度及空间变化。岩体结构除岩层构造外，更主要的是各种结构面的类型、特征和分布规律。不同结构类型的岩体其力学性质和变形破坏的力学机制是不同的。结构面越发育，特别是含有软弱结构面的岩体，其性质越差。

地应力是地质环境和地壳稳定性评价的重要基础资料，对地下工程设计和施工具有重要意义。地应力在地下的分布可分为3个带，即卸荷带、地应力集中带、地应力稳定带。这3个带内岩体质量差别很大，工程上最关心的是卸荷带和地应力集中带。卸荷带内岩体呈松动状态，岩体质量很差。地应力集中带有的很浅，几乎接近地表；有的很深，深度可达200～300 m。地应力稳定带有的很浅，甚至从地表开始，这种地区多为地质建造后未遭受过剥蚀的地区。遭受过剥蚀的地区都具有卸荷带、地应力集中带、地应力稳定带的“三带”特征，其工程地质环境比较复杂，应引起重视。

第四，水文地质条件好坏是决定工程地质条件优劣的重要因素。较高地下水位一般对工程不利，地基土含水率大，黏性土处于塑态甚至流态，地基承载力降低，道路易发生冻害，水库常造成浸没，隧洞及基坑开挖须进行排水。滑坡、地下建筑事故、水库渗漏、坝基渗透变形以及许多其他地质灾害的发生都与地下水的参与有关，甚至地下水起主导作用。

第五，不良地质作用泛指由地球外动力作用引起的，对工程建设不利或有不良影响的各种地质作用和现象，如崩塌、滑坡、泥石流、岩溶、土洞、河流冲刷以及渗透变形等。它们既影响场地稳定性，又会对地基基础、边坡工程、地下洞室等具体工程的安全、经济和正常使用不利。因此，当在复杂地质条件地区进行工程勘察时，必须查清不良地质作用的分布、规模、形成条件、形成机制、发展演化的规律和特点，预测其对工程建设的影响或危害程度，并提出防治对策和措施。

第六，天然建筑材料指供建筑用的土料和石料。土坝、路堤需要用大量土料，海堤、石桥、堆石坝等需要用大量石料，拌和混凝土需要用砂、砾石作为骨料。为了节省运输费用，应该遵循“就地取材”的原则，用料量大的工程尤其应该如此。所以天然建筑材料对工程的造价有较大的影响，其类型、质量、数量以及开采运输条件，往往成为选择场地、拟定工程结构类型的重要条件。

上面从六个要素的单独分析方面说明工程地质条件的优劣，在实际工作中要从整体着眼，结合建筑物的特点，对存在的工程地质问题加以综合分析论证。

工程地质条件直接影响工程建筑物的安全、经济和正常运行。因此，对任何类型的工程建设进行勘察时必须查明建筑场地的工程地质条件，并把它作为工程勘察的基本任务。

1.1.2 工程地质问题

工程地质问题是建设工程与工程地质条件之间相互作用所产生的矛盾或问题，它或对建设工程本身顺利施工和正常运行造成影响，或对周围地质环境产生影响。在这一矛盾的两方面中，客观存在的工程地质条件是矛盾的主要方面，居于支配和主导地位，对工程地质问题起着决定性作用。优良的工程地质条件能够保障建筑物的安全施工和正常使用，其矛盾不会激化并对建筑物造成危害。然而，工程地质条件往往是有一定缺陷的，常常会因建筑物的修建而打破原有地质环境平衡状态，从而对建筑物产生严重的甚至是灾难性的危害。

既然工程地质问题是建设工程与工程地质条件之间相互作用所产生的问题，因此提到工程地质问题时，必须结合具体建设工程的类型、规模来考虑。由于建设工程的类型、结构和规模不同，其工作条件和工程作用力的大小方向各异，与地质环境相互作用的特点不同，由此所产生的工程地质问题也不同，这就造成工程地质问题的复杂性和多样性。例如，工业与民用建筑常见工程地质问题是地基稳定性问题，包括强度和变形两个方面；当其建于地下则有围岩（土）稳定性问题，建于山坡上则有斜坡稳定性问题。深基坑可能遇到的工程地质问题有基坑稳定性、基坑涌水、坑底回弹隆起及坑外地面位移变形等问题。道路工程遇到的主要工程地质问题是路基稳定性问题、边坡稳定性问题、隧道围岩稳定性问题、桥墩台地基稳定性问题等。地下工程遇到的工程地质问题主要是围岩稳定性问题和涌水问题。水利水电工程可能遇到的工程地质问题有水库渗漏问题、库岸稳定性问题、水库浸没问题、水库淤积问题、水库诱发地震问题、坝基抗滑稳定性问题、坝基渗漏问题、坝基渗透稳定性问题、坝肩稳定性问题、船闸高边坡稳定性问题、输水隧洞围岩稳定性问题等，除此之外，还有洞脸边坡稳定性、地面变形和施工涌水等问题。工程地质问题除与工程类型有关外，还与一定的岩土体类型和工程性质有关，如黄土的湿陷性问题、软土的强度问题、岩石的风化问题、岩溶塌陷问题、构造裂隙的破坏问题等。

工程地质问题分析指分析建设工程与工程地质条件之间相互制约、相互作用的机制与过程、影响因素、边界条件等，在此基础上做出定性评价，并进一步利用各种参数和计算公式进行计算，做出定量评价，明确作用强度或工程地质问题严重程度、发生发展进程，预测施工过程中和建成以后这种作用会产生的影响并做出评价，提供设计和施工参考资料，共同制定防治措施方案，以保证建设工程的安全稳定，消除对周围环境的危害。

工程地质问题的分析、评价是工程勘察的核心任务和中心环节，当对每一项工程进行勘察时，对主要的工程地质问题必须得出确切的评价。对工程地质问题的分析、研究和论证，关键是对工程地质条件的深入了解和认识，同时要密切结合建设工程的自身特点予以论证。工程地质问题分析要"吃透两头"：一头是"工程意图"，即工程设计人员对建筑物的结构和规模的构想，以便了解工程的要求；另一头是工程地质条件，分辨有利与不利因素，深刻认识客观情况。工程地质问题分析还能够起到指导勘察的作用，为合理选用勘察手段、布置勘察工作量提供依据。

1.1.3 岩土工程与岩土工程问题

岩土工程是以土力学、岩体力学以及工程地质学为理论基础，解决各类工程建设中出现的与工程岩土体有关的工程技术问题的一门应用学科。岩土工程是土木工程的一个重要组成部分，土木工程中涉及岩石、土、地下水中的部分称岩土工程。岩土工程以工程岩土体作为研究对象，把岩土体既作为建筑材料，又作为建筑结构，研究岩土体的整治、改造和利用等问题（包括地基与基础、边坡和地下工程等问题），工作方法包括调查、勘察、测试、分析计算、论证、方案选择、监测（或长期观测）、反演分析、再论证、方案认定。建设工程与工程岩土体之间处于既相互依存、又相互制约的矛盾中。研究两者之间的关系，促使矛盾的转化和解决，是岩土工程的基本任务。按照工程建设阶段划分，岩土工程的工作内容可以分为：岩土工程勘察、岩土工程设计、岩土工程治理、岩土工程监测、岩土工程检测。岩土工程勘察是岩土工程先行开展的基础性工作。

岩土工程问题是建设工程与岩土体之间相互作用所产生的矛盾或问题。岩土工程问题是将岩土体作为建筑材料、建筑结构，研究对其进行整治、利用和改造过程中可能遇到的问题，主要包括岩土材料的变形、强度和渗透等问题。在岩土工程施工以及建筑物建成使用过程中，工程部位的岩土体和地下水与建筑物发生作用，导致岩土工程问题的出现。广义上讲，工程地质问题包含了岩土工程问题，工程地质问题比岩土工程问题涉及范围更广、更大。考虑与现行《岩土工程勘察规范（2009 年版）》（GB 50021—2001）的一致性，本书第 9 章“房屋建筑和构筑物岩土工程勘察”，用“岩土工程问题”表述。

1.2 工程勘察分级

不同建筑场地的工程地质条件不同，不同规模和特征的建筑物对工程地质条件的要求不尽相同，所要解决的工程地质问题有差异。因此，工程建设所采取的地基基础、上部结构设计方案，以及工程勘察所采用的方法、所投入的勘察工作量可能不同。工程勘察等级划分对确定勘察工作内容、选择勘察方法及确定勘察工作量具有重要意义。工程规模较大或较重要、场地地质条件以及岩土体分布和性状较复杂者，所投入的勘察工作量就较大，反之则较小。工程勘察分级的目的是突出重点、区别对待、利于管理。工程勘察等级根据工程重要性等级、场地复杂程度等级和地基复杂程度等级三项因素综合确定。

1.2.1 工程重要性等级

工程重要性根据工程的规模、特征以及由于岩土问题造成的破坏情况或影响正常使用的后果，可分为三个等级（表 1-1）。

表 1-1 工程重要性等级划分

重要性等级	工程类型	破坏后果
一级工程	重要工程	很严重
二级工程	一般工程	严重
三级工程	次要工程	不严重

由于涉及各行各业（房屋建筑、地下洞室、线路、电厂及其他工业建筑，废弃物处理等工程），对工程重要性等级划分很难给出具体统一的划分标准，只能做出比较有原则性的规

定。以住宅和一般公用建筑为例,30 层以上的可定为一级,7～30 层的可定为二级,6 层及 6 层以下的可定为三级。目前,地下洞室开挖、深基坑开挖、大面积岩土处理等尚无重要性等级的具体规定,可根据实际情况划分。大型沉井和沉箱、超长桩基和墩基、有特殊要求的精密设备和超高压设备、有特殊要求的深基坑开挖和支护工程、大型竖井和平硐、大型基础托换和补强工程,以及其他难度大、破坏后果严重的工程,将其工程重要性等级定为一级为宜。

1.2.2 场地复杂程度等级

场地复杂程度等级可从建筑抗震稳定性、不良地质作用发育程度、地质环境破坏程度以及地形地貌条件和地下水条件五个方面综合考虑。

1. 建筑抗震稳定性

按现行国家标准《建筑抗震设计规范(附条文说明)(2016 年版)》(GB 50011—2010),选择建筑场地时,应根据地质、地形、地貌条件将建筑抗震稳定性划分为有利、一般、不利和危险 4 种地段。

① 有利地段:稳定基岩,坚硬土,开阔、平坦、密实、均匀的中硬土等。

② 一般地段:不属于有利、不利和危险的地段。

③ 不利地段:软弱土,液化土,条状突出的山嘴,高耸孤立的山丘,陡坡,陡坎,河岸和边坡的边缘,平面分布上成因、岩性、状态明显不均匀的土层(含古河道、疏松的断层破碎带、暗埋的塘浜沟谷和半填半挖地基),高含水量的可塑性黄土,存在结构性裂缝的地表等。

④ 危险地段:地震时可能发生滑坡、崩塌、地陷、地裂、泥石流及发震断裂带上可能发生地表错位的部位。

在上述规定中,场地土的类型可按表 1-2 进行划分。

表 1-2 场地土的类型划分

场地土的类型	岩土层剪切波速/(m/s)	岩土名称和性状
岩石	$v_s>800$	坚硬、较硬且完整的岩石
坚硬土或软质岩石	$800\geqslant v_s>500$	破碎和较破碎的岩石或软和较软的岩石,密实的碎石土
中硬土	$500\geqslant v_s>250$	中密,稍密的碎石土,密实、中密的砾、粗砂、中砂,$f_{ak}>150$ 的黏性土和粉土,坚硬黄土
中软土	$250\geqslant v_s>150$	稍密的砾、粗砂、中砂,除松散外的细砂、粉砂,$f_{ak}\leqslant 150$ 的黏性土和粉土,$f_{ak}>130$ 的填土,可塑性黄土
软弱土	$v_s\leqslant 150$	淤泥和淤泥质土,松散的砂,新近纪沉积的黏性土和粉土,$f_{ak}\leqslant 130$ 的填土,流塑性黄土

注:f_{ak}为由载荷试验等方法得到的地基承载力特征值,kPa;v_s 为岩土层剪切波速。

2. 不良地质作用发育程度

不良地质作用分布于场地内部及附近地段,主要影响场地稳定性,也对地基基础、边坡和地下洞室等具体的岩土工程有不利影响。不良地质作用发育程度包括强烈发育和一般发育两种。

强烈发育,指泥石流沟谷、崩塌、滑坡、土洞、塌陷、岸边冲刷、地下水强烈潜蚀等极不稳定场地，这些不良地质作用直接威胁工程的安全。例如，山区泥石流的发生，会酿成地质灾害，破坏甚至摧毁整个工程建筑物。岩溶地区溶洞和土洞的存在，所造成的地面变形甚至塌陷，对工程设施的安全会构成直接威胁。一般发育，指虽有不良地质作用但并不十分强烈，对工程安全的影响不严重，或者说对工程安全可能有潜在的威胁。

3. 地质环境破坏程度

地质环境指与人的生存发展有着紧密联系的地质背景、地质作用及其发生空间的总和。地质环境破坏指人为因素和自然因素引起的地下采空、地面沉降、地裂缝、化学污染、水位上升等。人类工程活动导致地质环境破坏的类型是多种多样的，它对岩土工程的负面影响是不容忽视的，往往对场地稳定性构成威胁。地质环境的强烈破坏，指地质环境的破坏已对工程的安全构成直接威胁。地质环境的一般破坏，指已有或将有地质环境的干扰破坏对工程安全的影响不严重。

4. 地形地貌条件

地形地貌条件主要指的是地形起伏和地貌单元(尤其是微地貌单元)的变化情况。一般来说，山区和丘陵区场地地形起伏较大，工程布局较困难，挖填土石方量较大，土层分布较薄且下伏基岩面高低不平，地貌单元分布较复杂，一个建筑场地可能跨越多个地貌单元，因此其地形地貌条件复杂或较复杂；平原场地地形平坦，地貌单元均一，土层厚度大且结构简单，因此其地形地貌条件简单。

5. 地下水条件

地下水是影响场地稳定性的重要因素。地下水的埋藏条件、类型和地下水位等直接影响工程及其建设。

综合考虑上述影响因素，场地复杂程度可划分为三个等级(表 1-3)。

表 1-3　场地复杂程度等级

场地条件	场地等级		
	一级	二级	三级
建筑抗震稳定性	危险	不利、一般	有利(或地震设防烈度 $n \leqslant 6$ 度)
不良地质作用发育程度	强烈发育	一般发育	不发育
地质环境破坏程度	已经或可能强烈破坏	已经或可能受到一般破坏	基本未受破坏
地形地貌条件	复杂	较复杂	简单
地下水条件	有影响工程的多层地下水、岩溶裂隙水或其他水文地质条件复杂且需要专门研究的场地	基础位于地下水位以下的场地	对工程无影响

1.2.3　地基复杂程度等级

地基复杂程度可划分为三个地基等级。

1. 一级地基

符合下列条件之一者为一级地基(复杂地基)：

① 岩土种类多，很不均匀，性质变化大，需特殊处理；

② 严重湿陷、膨胀、盐渍、污染的特殊性岩土，以及其他情况复杂且需要做专门处理的岩土。

2. 二级地基

符合下列条件之一者为二级地基(中等复杂地基)：

① 岩土种类较多，不均匀，性质变化较大；

② 除上述规定之外的特殊性岩土。

3. 三级地基

符合下列条件者为三级地基(简单地基)：

① 岩土种类单一，均匀，性质变化不大；

② 无特殊性岩土。

当对场地等级、地基等级做具体划分时，应从一级开始，向二级、三级推定，以最先满足的等级为准。

1.2.4 工程勘察等级划分

综合考虑工程重要性、场地复杂程度和地基复杂程度三项因素，将工程勘察等级划分为甲、乙、丙三个级别。

① 甲级工程勘察：在工程重要性、场地复杂程度和地基复杂程度等级中，有一项或多项的为一级。

② 乙级工程勘察：除勘察等级为甲级和丙级以外的勘察项目。

③ 丙级工程勘察：工程重要性、场地复杂程度和地基复杂程度等级均为三级。

一般情况下，工程勘察等级可在勘察工作开展前通过收集已有资料确定。但随着勘察工作的开展、对自然认识的深入，工程勘察等级可能发生改变。

对于岩质地基，场地地质条件复杂程度是控制因素。建造在岩质地基上的一级工程，如果场地和地基条件比较简单，勘察工作难度不大，场地复杂程度等级和地基复杂程度等级均为三级时，工程勘察等级也可定为乙级。

1.3 工程勘察方法

工程勘察的方法或技术手段有：工程地质测绘与调查、勘探和取样、原位测试与室内试验、现场检验与监测、勘察资料室内整理等。

1.3.1 工程地质测绘与调查

工程地质测绘与调查是工程勘察的基础工作，一般在勘察的初期阶段进行。在可行性研究勘察阶段或初步勘察阶段，工程地质测绘与调查能发挥重要的作用。在详细勘察阶段，可通过工程地质测绘与调查对某些专门地质问题(如滑坡、断裂等)做补充调查。

工程地质测绘与调查实质上指运用地质学、工程地质学的理论和方法，对地面地质体和地质现象进行观察和描述，根据野外调查和测绘结果，在地形图上填绘测区工程地质条件的主要内容，并绘制工程地质图，据此分析区内工程地质条件的特征和规律，借以推断地下地质情况。高质量的工程地质测绘工作可以取得对工程地质条件相当深入的认识，是认识场地工程地质条件最经济、最有效的方法。工程地质测绘与调查是率先进行的勘察工作,它具有可有效指导勘探、测试等其他勘察方法的作用。在地形地貌及其他地质条件较为复杂的场地,必须进行工程地质测绘,但对地形平坦、地质条件简单且较狭小的场地,则可用调查代替工程地质测绘。但单靠工程地质测绘与调查,在认识的深度和定量评价的要求上都是不够的,还必须实施其他勘察方法,特别是需要通过勘探工作加以验证和使认识深化。

1.3.2 勘探和取样

勘探工作手段包括物探、钻探和坑探等各种方法,主要可用来查明地下岩土的性质和分布以及地下水等条件,并可用于勘探工程取样和进行原位测试和监测。勘察工作中具体勘察手段的选择应符合勘察目的、要求以及岩土的特点,力求以合理的工作量达到应有的技术效果。

物探是一种间接的勘探手段,它的优点是较之钻探和坑探轻便、经济和快捷,能够及时解决工程地质测绘中难以推断而又急待了解的地下地质情况。在工程地质测绘过程中常需要物探的适当配合,它对查明覆盖层厚度、基岩风化层厚度及基岩起伏变化效果显著。物探可为钻探和坑探布置提供有效指导,作为先行或辅助手段。然而,物探使用又受地形条件等的限制,且其成果判释往往具有多解性。因此,物探应以测绘为指导,并用勘探工程加以验证。

钻探和坑探又称勘探工程,是查明地下地质情况最直接、最可靠的勘察手段,在工程勘察中必不可少。其中钻探方法使用最为广泛,可根据地层类别和勘察要求选用不同的钻探方法。当钻探方法难以查明地下地质情况时,可采用坑探方法。坑探工程的类型较多,应根据勘察要求选用。勘探工作起着验证测绘和物探工作中所做推断的作用,并为试验工作创造条件。勘探工程布置要以工程地质测绘和物探成果为指导,应避免盲目性和随意性。

勘探工程一般都需要动用机械和动力设备,耗费人力、物力较多,有些勘探工程施工周期较长,而且受到许多条件的限制。因此,在使用这些方法时要有经济观念,勘探工程布置要力求做到目的明确、经济合理,加强观测和岩心编录工作,尽可能用较少的工作量取得较多的成果。

工程地质测绘、物探、勘探三者关系密切,配合必须得当。工程地质测绘是物探和勘探的基础,必须先行实施。那种轻测绘、重勘探的观念是错误的,抛开测绘而去布置物探、勘探的做法更是盲目的,往往会造成工作量浪费。

1.3.3 原位测试与室内试验

原位测试与室内试验的主要目的是为工程地质问题分析评价提供所需的技术参数,包括岩土的物性指标、强度参数、固结变形特性参数、渗透性参数以及应力和应变时间关系参数等。室内试验在工程勘察中占有重要的地位。原位测试与室内试验相比,各有优缺点。

原位测试的优点是:① 试样不脱离原来的环境,基本上在原位应力条件下进行试验;② 所测定的岩土体尺寸大,能反映宏观结构对岩土性质的影响,代表性好;③ 试验周期较短，效率高；④ 对难以采样的岩土层仍能通过试验评定其工程性质。原位测试的缺点是：① 试验时的应力路径难以控制；② 边界条件较复杂；③ 有些试验耗费的人力、物力较多，不可能大量进行。

室内试验的优点是：① 试验条件比较容易控制（边界条件明确，应力应变条件可以控制等）；② 可以大量取样。室内试验主要的缺点是：① 试样尺寸小，不能反映宏观结构和非均质性对岩土性质的影响，代表性差；② 试样不可能真正保持原状，而且有些岩土很难取得原状试样。

可见上述两种手段的优缺点是互补的，应相辅相成，配合使用，以便经济有效地取得所需的技术参数。

原位测试一般都借助勘探工程进行，是详细勘察阶段主要的勘察方法。

室内试验要以工程地质测绘和勘探工程为基础，在为设计提供指标时，更需要综合考虑测绘和勘探的成果。

1.3.4 现场检验与监测

现场检验与监测是构成岩土工程系统的一个重要环节，大量工作是在施工和运营期间进行的。但是这项工作一般需要在高级勘察阶段开始实施，所以又被列为一种勘察方法，它的主要目的在于保证工程质量和安全，提高工程效益。现场检验包括施工阶段对先前工程勘察成果的验证核查，以及岩土工程施工监理和质量控制。现场监测则主要包含在施工作用和各类载荷对岩土反应性状的监测、施工和运营中的结构物监测和环境影响监测等方面。用现场检验与监测所获取的资料可以反求出某些工程技术参数，并以此为依据及时修正设计使之在技术和经济方面得到优化。此项工作主要是在施工期间进行的，但对有特殊要求的工程以及一些对工程有重要影响的不良地质作用，此项工作应在建筑物竣工运营期间继续进行。

1.3.5 勘察资料室内整理

勘察资料室内整理的内容包括岩土物理力学性质指标整理、图件编制、反演分析、工程勘察分析评价及工程勘察报告书编写等。各种勘察方法所取得的资料仅是原始数据、单项成果，还缺乏相互印证和综合分析，只有通过图件编制和报告编写，对存在的工程地质问题做出定性和定量评价，才能为工程的设计和施工提供完善的资料和可靠的地质依据。

岩土物理力学性质指标整理，就是对大量岩土物理力学性质指标数据加以整理，取得有代表性的数据，用于岩土工程的设计和计算。

图件的编制是对已收集的和现场勘察的资料进行整理分析，最终绘制成工程地质图。常用的工程地质图有综合工程地质图、工程地质分区图、工程地质剖面图、钻孔柱状图及探槽或探井展视图等。

反演分析指以岩土工程实体为分析对象，通过系统的原型观测，检验岩土体在工程施工和使用期间的表现是否与预期的设计效果相符，借以反求岩土体的特性指标，或验证设计、计算方法的准确性和代表性，或查验工程效果及事故的技术原因。反演分析、室内试验、原位测试是求取岩土特性参数的三种主要方法。

工程勘察报告书是工程勘察成果的文字说明。该报告书的内容应根据任务要求、勘察阶段、工程地质条件、工程规模和性质等具体情况确定。工程勘察的最终成果是工程勘察报告书及其必要的附件。

各种勘察方法的选择和应用、工作的布置和工作量大小，需要根据建筑物的类型、工程勘察等级以及勘察阶段来确定，这将在本书以后各章中详细论述。

1.4 工程勘察阶段划分

工程勘察的基本任务，是为工程的规划、设计、施工以及岩土体治理加固等提供相关地质资料和必要的技术参数，并对有关的工程地质问题做出论证和评价，以保证设计和施工工作的顺利进行。为体现工程勘察为设计服务的宗旨，勘察阶段划分应与设计阶段相适应。

人类认识自然是一个逐步发展、不断深化的过程。工程勘察既是认识自然的过程，又是利用和改造自然的过程。一项建设工程，尤其是重大工程，从设想到建成运营不是立刻就能完成的，需要经过反复研究、多次论证、不断深化，才能由概略到具体，从而完成规划、设计和施工的全过程。这种反复，符合认识不断深化的规律，也是人的主观意图（工程规划与设计）与客观存在（工程地质条件）相适应的需要。因此，工程设计必须与工程勘察密切配合、协调一致，以达到保障工程安全可靠、经济合理的目的。

岩土工程设计划分为由低级到高级的不同阶段，因此工程勘察也应划分为由低级到高级的不同阶段，以适应相应工程设计阶段对工程地质条件研究程度的不同要求。

在我国，不同行业工程勘察阶段的划分并不完全一致（表 1-4）。在具体的勘察工程中，应根据工程建设的类型，参考相应行业规范划分勘察阶段。

表 1-4 不同行业工程勘察阶段划分对应关系

<table>
<tr><th>房屋建筑物与构筑物</th><th>水利水电工程</th><th>铁路工程</th><th>公路工程</th><th>边坡工程和地下工程</th><th>管道工程</th><th>架空线路工程</th></tr>
<tr><td></td><td>规划勘察</td><td></td><td></td><td></td><td></td><td></td></tr>
<tr><td>可行性研究勘察</td><td>可行性研究勘察</td><td>踏勘</td><td>可行性研究勘察</td><td>可行性研究勘察</td><td>选线勘察</td><td rowspan="2">初步设计勘察</td></tr>
<tr><td>初步勘察</td><td>初步设计勘察</td><td>初测</td><td>初步勘察</td><td>初步勘察</td><td>初步勘察</td></tr>
<tr><td>详细勘察</td><td>招标设计勘察</td><td>定测</td><td>详细勘察</td><td>详细勘察</td><td>详细勘察</td><td rowspan="2">施工图设计勘察</td></tr>
<tr><td>施工勘察</td><td>施工详图设计勘察</td><td>补充定测</td><td></td><td>施工勘察</td><td></td></tr>
</table>

按《岩土工程勘察规范（2009 年版）》（GB 50021—2001），房屋建筑物和构筑物工程勘察可划分为可行性研究勘察、初步勘察、详细勘察三个阶段，施工勘察不作为一个固定阶段，现以此为例并论述如下。

1.4.1 可行性研究勘察阶段

可行性研究勘察又称选址勘察，对中小型建设项目、一般民用建筑进行得并不多，但对于重大建设项目,如对大型水利水电工程、特大型桥梁工程、地下铁道工程、军事国防工程等进行选址勘察是十分必要的。选择一个适宜的场址是工程建设工作会遇到的第一重大问题。场址选择工作一般可分为两个阶段:第一个阶段是选择工程项目的建设地区;第二个阶段是在此基础上选择具体的建设地点和位置。

选址勘察阶段的主要任务是通过搜集、分析已有资料,进行现场踏勘、工程地质测绘和少量勘探工作,对拟选场址的稳定性和适宜性做出岩土工程评价,进行技术经济论证和方案比较,从而满足确定场地方案的要求。这一阶段一般有若干个可供选择的场址方案,对各方案场地(工程地质条件的了解程度应该是相近的)都要进行勘察,并对主要的工程地质问题做出初步分析和评价,依此比较各方案的优劣,选取最优的建筑场址。

该阶段的勘察方法,主要是在搜集、分析已有资料的基础上,通过现场踏勘了解场地的工程地质条件。当场地工程地质条件比较复杂,已有资料不足以说明问题时,应进行工程地质测绘和必要的勘探工作。

1.4.2 初步勘察阶段

初步勘察阶段是在可行性研究勘察阶段的基础上,在建筑场址确定后进行的。初步勘察阶段要对场地内建筑地段的稳定性做出分析评价;为确定建筑总平面布置,应对主要建筑物地基基础方案及对不良地质作用的防治工程方案进行论证,从而满足初步设计或扩大初步设计的要求。

初步勘察的目的是根据工程初步设计的要求,提出工程方案设计和论证。此阶段是设计的重要阶段,既要对场地稳定性给出确切的评价结论,又要确定建筑物的具体位置、结构型式、规模和各相关建筑物的布置方式,并提出主要建筑物的地基基础、边坡工程等方案。当场地内存在不良地质作用,影响场地和建筑物稳定性时,还要提出防治工程方案。因此,工程勘察工作是繁重的。但是,建筑场地已经选定,勘察工作范围一般限定于建筑地段内,所以范围相对集中。

该阶段的勘察方法,在分析已有资料基础上,根据需要进行工程地质测绘,并以勘探、物探和原位测试手段为主。应根据具体的地形地貌、地层岩性和地质构造条件,布置勘探点、勘探线、勘探网,其密度和坑孔深度应按不同的工程类型和工程勘察等级确定。原则上每一岩土层都应取样或进行原位测试,取样和原位测试坑孔的数量应占相当大的比例。

工作前不仅要掌握选址报告书内容,还要了解建设项目的类型、规模、面积、名称、最大高度和最大荷重,基础的一般埋深与最大埋深、主要仪器设备情况,要取得比例尺为1∶5 000～1∶1 000并带有坐标的地形图,图上应标明建筑物预计分布范围和初步勘察边界线。

1.4.3 详细勘察阶段

详细勘察的目的是对工程设计、岩土体处理与加固、不良地质作用的防治工程等进行计算与评价,满足施工设计的要求。此阶段应按不同建筑物或建筑群提出详细的岩土工程资料和设计所需的岩土技术参数。显然,该阶段勘察范围仅局限于建筑物所在的地段内,所要求的成果资料精细可靠,而且许多是计算参数。例如,工业与民用建筑需要评价和计算地基稳定性和承载力;提供地基变形计算参数,预测建筑物的沉降量、差异沉降量或整体倾斜度;判定高烈度地震区场地饱和砂土或粉土的地震液化程度,计算液化指数;计算深基坑开挖的稳定计算参数和支护设计所需参数,基坑降水设计所需参数;评估基坑开挖、降水对邻近工程的影响程度;计算桩基设计所需参数和单桩承载力;等等。

本阶段勘察方法以勘探和原位测试为主。勘探点一般应按建筑物轮廓线布置,其间距根据工程勘察等级确定,较之初步勘察阶段密度更大。勘探坑孔深度一般应从工程基础底面算起。采取岩土样和进行原位测试的坑孔数量,也较初勘阶段的多。为了与后续的施工监理衔接,此阶段应适当布置监测工作。

1.4.4 施工勘察阶段

施工勘察不作为一个固定阶段,视工程的实际需要而定。当遇到工程地质条件复杂或有特殊施工要求的重大工程地基时,就需要进行施工勘察。施工勘察包括施工阶段和竣工后运营过程中一些必要的勘察工作(如检验地基加固效果等),具体主要包括检验与监测工作、施工地质编录和施工超前地质预报。它可以起到核对已取得的地质资料和所做评价结论准确性的作用,依此可修改、补充原有的勘察成果。施工勘察包括施工阶段的勘察和竣工后一些必要的勘察工作,因此,施工勘察并不专指施工阶段的勘察。

此外,对一些规模不大且工程地质条件简单的场地或有建筑经验的地区,可以简化勘察阶段。目前国内许多城市一般房屋建筑进行的一次性勘察,完全可以满足工程设计、施工的要求。

1.5 工程勘察纲要

工程勘察在于查明建筑场地的工程地质条件,评价场地和地基的稳定性及适宜性,提供地基基础设计和施工所需的计算指标,提供地基处理方案与建议。工程勘察资料准确性直接关系到建筑物的安全和正常运营。因此,工程勘察是决定工程建筑项目成败的关键一环。

勘察工作的基本程序包括编制工程勘察纲要,编制经费预算,签订勘察合同,实施工程地质测绘与调查、勘探工作、原位测试与室内试验、现场检验与监测,编写工程勘察报告等几个方面。

工程勘察纲要是勘察单位工作的设计书,是开展勘察工作的计划和指导性文件。在勘察工作开始之前,由建设单位会同设计人员填写“工程勘察任务委托书”。“工程勘察任务委托书”中应说明工程的意图和设计阶段,还应提供进行勘察工作所必需的各种图件、资料和文件,即带有建筑物平面布置的地形图、建筑物结构类型与载荷情况表、工程建设的有关批准文件。勘察单位以此为根据,在搜集、分析已有资料和现场踏勘的基础上,根据勘察目的、任务和现行相应技术标准的要求,针对拟建工程特点和场地工程地质条件,由该项目勘察工作的负责人编写勘察纲要,并经必要的审核批准程序方可进行正式勘察工作。

1. 工程勘察任务委托书

在接受勘察任务时,必须获得填写好的“工程勘察任务委托书”,其内容随设计阶段不同而有差别。以房屋建筑为例,委托书中工程勘察技术要求表的样式见表 1-5。

表 1-5 工程勘察技术要求表的样式

<table>
<tr><td colspan="17">建设项目名称及地点：</td><td colspan="5">设计阶段：</td></tr>
<tr><td rowspan="3">建筑物名称</td><td rowspan="3">建筑物面积/m²</td><td rowspan="3">室内地坪设计标高/m</td><td rowspan="3">高度/m</td><td rowspan="3">层数</td><td rowspan="3">结构类型</td><td rowspan="3">吊车起重量/kN</td><td rowspan="3">地面载荷/(kN/m²)</td><td rowspan="3">地基类型</td><td rowspan="3">柱距/m</td><td rowspan="3">基础埋深/m</td><td colspan="4">建筑物基础</td><td colspan="5">主要设备基础</td><td>地下室</td><td rowspan="3">备注</td></tr>
<tr><td colspan="2">条形基础</td><td colspan="2">单独柱基</td><td rowspan="2">名称</td><td rowspan="2">尺寸/m²</td><td rowspan="2">埋深/m</td><td rowspan="2">载荷/(kN/m²)</td><td rowspan="2">对差异沉降的要求</td><td rowspan="2">埋深</td></tr>
<tr><td>宽度/m</td><td>载荷/(kN/m²)</td><td>长×宽/m²</td><td>总荷重/kN</td></tr>
<tr><td></td><td></td><td></td><td></td><td></td><td></td><td></td><td></td><td></td><td></td><td></td><td></td><td></td><td></td><td></td><td></td><td></td><td></td><td></td><td></td><td></td><td></td></tr>
<tr><td></td><td></td><td></td><td></td><td></td><td></td><td></td><td></td><td></td><td></td><td></td><td></td><td></td><td></td><td></td><td></td><td></td><td></td><td></td><td></td><td></td><td></td></tr>
<tr><td></td><td></td><td></td><td></td><td></td><td></td><td></td><td></td><td></td><td></td><td></td><td></td><td></td><td></td><td></td><td></td><td></td><td></td><td></td><td></td><td></td><td></td></tr>
<tr><td></td><td></td><td></td><td></td><td></td><td></td><td></td><td></td><td></td><td></td><td></td><td></td><td></td><td></td><td></td><td></td><td></td><td></td><td></td><td></td><td></td><td></td></tr>
<tr><td></td><td></td><td></td><td></td><td></td><td></td><td></td><td></td><td></td><td></td><td></td><td></td><td></td><td></td><td></td><td></td><td></td><td></td><td></td><td></td><td></td><td></td></tr>
<tr><td colspan="22">特殊要求：</td></tr>
</table>

设计单位__________ 项目负责人__________ 建设单位__________ 联系人__________

2. 工程勘察纲要的基本内容

工程勘察纲要的基本内容取决于勘察阶段、工程的重要性和场地及其土质条件，其基本内容有以下诸多方面，实际编写时可以增减内容。

(1) 工程概况；

(2) 概述拟建场地环境、工程地质条件、附近参考地质资料(如有)；

(3) 勘察目的、任务要求及需要解决的主要技术问题；

(4) 执行的技术标准；

(5) 选用的勘探方法；

(6) 勘探工作量；

(7) 勘探完成后的现场处理；

(8) 拟采取的质量控制、安全保证和环境保护措施；

(9) 拟投入的仪器设备、人员安排、勘察进度计划等；

(10) 勘察安全、技术交底及验槽等后期服务；

(11) 拟建工程勘探点平面布置图。

当工程勘察纲要中拟定的勘察工作不能满足任务要求时，应及时调整工程勘察纲要或编制补充工程勘察纲要。工程勘察纲要及其变更应由勘察项目负责人签字确认。

3. 工程勘察纲要中勘探工作布置的内容

工程勘察纲要中勘探工作布置应包括下列内容：

(1) 钻探(井探、槽探、硐探)布置；

(2) 地球物理勘探、原位测试的方法和布置；

(3) 取样方法和取样器选择，采集岩样、土样和水样及其存储、保护和运输要求；

(4) 室内岩、土、水试验的内容、方法与数量。

1.6 本章小结

(1) 工程地质条件指与工程建设有关的地质要素的综合，包括地形地貌、岩土类型及其工程地质性质、地质结构与地应力、水文地质条件、不良地质作用以及天然建筑材料等六个要素。

(2) 工程地质问题指建设工程与工程地质条件之间相互作用所产生的矛盾和问题。不同类型建筑物常见工程地质问题不尽相同。例如，工业与民用建筑物常见的工程地质问题是地基稳定性问题，地下洞室常见的工程地质问题是围岩稳定性问题。

(3) 工程地质问题的分析、评价是工程勘察的核心任务和中心环节。工程地质问题分析的关键在于对工程地质条件的深入了解和认识，同时又要密切结合工程建筑物的自身特点予以论证。

(4) 工程勘察等级应根据工程重要性等级、场地复杂程度等级和地基复杂程度等级三项因素综合确定，可划分为甲、乙、丙三个级别。

(5) 工程勘察的方法或技术手段有工程地质测绘与调查、勘探与采样、原位测试与室内试验、现场检验与监测、勘察资料室内整理等。

(6)《岩土工程勘察规范(2009 年版)》(GB 50021—2001)将工程勘察阶段划分为可行性研究勘察、初步勘察、详细勘察三个阶段，施工勘察不作为一个固定阶段。

(7) 勘察工作的基本程序包括编制工程勘察纲要，编制经费预算，签订勘察合同，实施工程地质测绘与调查、勘探工作、原位测试与室内试验、现场检验与监测，编写工程勘察报告等几个方面。

(8) 工程勘察纲要是勘察单位开展勘察工作的设计书，是开展勘察工作的计划和指导性文件。工程勘察纲要的基本内容取决于勘察阶段、工程的重要性和场地工程地质条件。

思 考 题

1. 简述工程地质条件的概念及其内涵。
2. 什么是工程地质问题？其分析研究的基本思路是什么？
3. 不同建设工程类型常见工程地质问题有哪些？
4. 工程勘察等级可依据哪几个因素判定？
5. 工程勘察的常用方法有哪些？影响勘察方法选择的因素有哪些？在具体勘察工作中，如何实现不同勘察方法的合理配置和有效使用？
6. 工程勘察阶段是如何划分的？各阶段所采用的勘察方法有哪些？
7. 简述工程勘察的基本程序。
8. 工程勘察纲要包括哪些内容？

2　工程地质测绘和调查

2.1　概　　述

工程地质测绘和调查是工程勘察的基础工作，在诸项勘察方法中最先进行。按一般勘察程序，主要是在可行性研究和初步勘察阶段安排此项工作。但在详细勘察阶段，为了对某些专门的地质问题做补充调查，也进行工程地质测绘。

工程地质测绘是运用地质、工程地质理论，对与工程建设有关的各种地质现象和作用进行详细的观察和描述，初步查明拟建场地或各建筑地段的工程地质条件，将工程地质条件诸要素采用不同的颜色、符号，按照精度要求标绘在一定比例尺的地形图上，并结合勘探、测试和其他勘察工作的资料，编制成工程地质图，将此作为工程勘察的重要成果提供给建筑物规划、设计和施工部门使用。运用这一重要的勘察成果可对场地或各建筑地段的稳定性和适宜性做出评价。

工程地质测绘所需仪器设备简单，耗费资金较少，工作周期较短，所以岩土工程师力图通过它获取尽可能多的地质信息，对建筑场地或各建筑地段的地面地质情况有深入的了解，并对地下地质情况有较准确的判断，从而为布置勘探、测试等其他勘察工作提供依据。使用高质量的工程地质测绘成果还可以节省其他勘察方法的工作量，提高勘察工作的效率。

根据研究内容的不同，工程地质测绘可分为综合性工程地质测绘和专门性工程地质测绘两种。综合性工程地质测绘是对建筑场地或建筑地段工程地质条件诸要素的空间分布以及各要素之间的内在联系进行全面综合的研究，为编制综合工程地质图提供资料。在测绘地区如果从未进行过相同的或更大比例尺的地质或水文地质测绘，那就必须进行综合性工程地质测绘。专门性工程地质测绘是对工程地质条件的某一要素进行专门研究，如第四纪地质、地貌、斜坡变形破坏等，应研究其分布、成因、发展演化规律等。所以专门性工程地质测绘是为编制专用工程地质图或工程地质分析图提供资料的。无论何种工程地质测绘，都是为工程的设计、施工服务的，都有其特定的研究目的。

工程地质测绘具有如下特点：

(1) 工程地质测绘对地质现象和地质作用的研究，应围绕建筑物的建设要求而进行。对建筑物安全性、经济性和正常使用有影响的不良地质作用，应详细研究其分布、规模、形成机制、影响因素，定性和定量分析其对建筑物的影响或危害程度，并预测其发展演化趋势，提出防治对策和措施。而对那些与建筑物无关的地质现象则可以研究得粗略一些，甚至不予关注。这是工程地质测绘与一般地质测绘的重要区别。

(2) 工程地质测绘要求的精度较高。对一些地质现象的观察描述，除了定性阐明其成因和性质外，还要定量测定必要的指标。例如，岩土物理力学参数，节理裂隙的产状、隙宽和密度等。所以在测绘工作期间，为配合一定的勘探、取样和试验工作，应携带简易的勘探和测试器具。

（3）为了满足工程设计和施工的要求，工程地质测绘经常采用大比例尺专门性测绘。各种地质现象的观测点需借助于经纬仪、水准仪等精密仪器测定其位置和高程，并标测于地形图上，以保证必要的准确度。

2.2 工程地质测绘和调查的范围、比例尺和精度

在工程地质测绘与调查之前，必须先确定范围，选择合理的比例尺，这是保证测绘精度的基础。

2.2.1 工程地质测绘和调查的范围

工程地质测绘不像一般的区域地质测绘或区域水文地质测绘那样，严格按比例尺大小由地理坐标确定测绘范围，而是根据拟建建筑物的工程需要在与该项工程活动有关的范围内进行。原则上要求工程地质测绘和调查的范围应以能解决工程实际问题为前提，测绘范围应包括场地及其邻近的地段。对于大、中比例尺的工程地质测绘，多以建筑物为中心，其区域往往为一正方形或一般矩形。如果是线形建筑（如公路路基、铁路路基和坝基等），则其范围应为一带状，其宽度应包含建筑物的所有影响范围。

适宜的测绘范围，既能较好地查明场地的工程地质条件，又不至于浪费勘察工作量。确定测绘范围最为重要的，还要看划定的测区范围是否满足能够查清测区内对工程可能产生重要影响的地质条件的要求。如某一工程正处于山区山洪泥石流的堆积区，此时如仅以建筑物为核心划定测绘和调查范围，则很有可能搞不清山洪泥石流的发育规律。因此，在这种条件下，即使补给区再远也要将其纳入测绘和调查范围。根据实践经验，可由以下三方面确定测绘范围，即拟建建筑物的类型和规模、设计阶段以及工程地质条件的复杂程度和研究程度。

（1）建筑物的类型、规模不同，与自然地质环境相互作用的程度和强度也会不同，确定测绘范围时首先应考虑到这一点。例如，在大型水利枢纽工程的兴建中，水文和水文地质条件急剧改变，往往会引起大范围自然地理和地质条件的变化，这一变化甚至会导致生态环境的破坏和影响水利工程本身的效益及稳定性。此类建筑物的测绘范围必然很大，应包括水库上、下游的一定范围，甚至上游的分水岭地段和下游的河口地段都需要调查。而房屋建筑和构筑物一般仅在小范围内与自然地质环境发生作用，通常不需要进行大面积的工程地质测绘。

（2）工程地质测绘范围是随着设计阶段（即工程勘察阶段）的提高而缩小的。当工程处于初期设计阶段时，为了选择建筑场地，一般都有若干个比较方案，它们相互之间有一定的距离。为了进行技术经济论证和方案比较，应把这些方案所涉及的场地包括在同一测绘范围内，测绘范围显然是比较大的。但当建筑场地选定之后，尤其是在设计的后期阶段，各建筑物的具体位置和尺寸均已确定，则只需要在建筑地段的较小范围内进行大比例尺的工程地质测绘。

(3) 工程地质条件越复杂,研究程度越差,则工程地质测绘范围越大。工程地质条件复杂程度包含两种情况:一种情况是在场地内工程地质条件非常复杂。例如,构造变动强烈,有活动断裂分布;不良地质作用强烈发育;地质环境遭到严重破坏;地形地貌条件十分复杂。另一种情况是场地内工程地质条件比较简单,但场地附近有危及建筑物安全的不良地质作用存在。如山区的城镇和厂矿企业往往兴建于地形比较平坦开阔的洪积扇上,对场地本身来说工程地质条件并不复杂,但一旦泥石流暴发则有可能摧毁建筑物,此时工程地质测绘和调查范围应将泥石流形成区包括在内。又如位于河流、湖泊、水库岸边的房屋建筑,场地附近若有大型滑坡存在,其突然失稳滑落所激起的涌浪可能会导致灭顶之灾。显然,工程地质测绘时,应详细调查该滑坡的情况。这两种情况都必须适当扩大工程地质测绘和调查的范围。

布置测区的测绘和调查范围时,必须充分考虑测区主要构造线的影响。如对于隧道工程,其测绘和调查范围应当随地质构造线(如断层、破碎带、软弱岩层界面等)的不同而采取不同的布置方式,在包括隧道建筑区的前提下,测区应保证沿构造线有一定范围的延伸,如果不这样做,就可能对测区内许多重要地质问题了解不清,从而给工程安全带来隐患。

此外,如果拟建场地或其邻近地段内已有其他地质研究成果,则应充分运用这些成果,在经过分析、验证后做一些必要的专门问题研究,此时工程地质测绘的范围和相应的工作量应酌情减小。

2.2.2 工程地质测绘和调查的比例尺

工程地质测绘和调查应紧密结合工程建设规划、设计要求进行,工程地质测绘比例尺的选择主要取决于建筑物类型、设计阶段和工程建筑所在地区工程地质条件的复杂程度及研究程度。建筑物设计的初期阶段属选址性质的,一般往往有若干个比较场地,测绘范围较大,而对工程地质条件研究的详细程度并不高,所以采用的比例尺较小。但是,随着设计阶段的提高,建筑场地的位置越来越具体,范围越来越缩小,而对地质条件研究程度的要求越来越高,因此所采用的测绘比例尺就需要逐步加大。当进入设计后期阶段时,为了解决与施工、运行有关的专门地质问题,所选用的测绘比例尺可以很大。在同一设计阶段内,比例尺的选择则取决于场地工程地质条件的复杂程度以及建筑物的类型、规模及重要性。工程地质条件复杂、建筑物规模巨大而又重要者,就需要采用较大的测绘比例尺。总之,各设计阶段所采用的测绘比例尺都限定于一定的范围之内。

工程地质测绘的比例尺一般分为以下三种:

(1) 小比例尺 1∶50 000～1∶5 000,一般用于可行性研究勘察阶段,主要用于了解区域性的工程地质条件和为更详细的工程地质勘测指明工作方向。

(2) 中比例尺 1∶10 000～1∶2 000,一般用于初步勘察阶段,主要用于新兴城市的总体规划、大型工矿企业的布置、水工建筑物选址、铁路及公路工程的选线阶段。

(3) 大比例尺 1∶2 000～1∶500,一般用于详细勘察阶段,目的在于为最后确定建筑物结构或基础的形式以及选择合理的施工方式服务。

需要说明的是,上述比例尺的规定不是一成不变的,在具体确定测绘比例尺时,一般应综合考虑三个方面的因素,即工程勘察阶段、建筑物的规模及类型、工程地质条件的复杂程度及区域研究程度。对勘察阶段高、建筑规模大、工程地质条件复杂的测区,若存在对拟建工程有重要影响的地质单元(如滑坡、断层、软弱夹层、洞穴等),则应适当加大测绘比例尺;反之,则可以适当减小测绘比例尺。

2.2.3 工程地质测绘和调查的精度

工程地质测绘和调查的精度包括在野外调查、观察、描述各种工程地质条件的详细程度和各种地质条件,如岩层、地貌单元、自然地质现象、工程地质现象等在地形底图上被表示的详细程度与精确程度。显然,这些精度必须与图的比例尺相适应。

野外调查、观察、描述各种地质条件的详细程度在传统意义方面用单位测试面积上观测点数目和观测路线长度来控制。不论比例尺大小,都以图上每 1 cm^2 设一个点来控制平均观测点数目。当然其布置不是均布的,而是应复杂地段多些,简单地段少些,且都应布置在关键点处,例如各种地质单元界线点、泉点、自然地质现象或工程地质现象点等。测绘比例尺增大、观测点数目增多而天然露头不足,则必须以人工露头来补充,所以测绘时须进行剥土、槽探、试坑等轻型勘探工程。地质观测点的数量以能控制重要的地质界线并能说明工程地质条件为原则,以利于工程地质评价。为此,要求将地质观测点布置在地质构造线、地层分界线、岩性分界线、不同地貌单元及微地貌单元的分界线、地下水露头以及各种不良地质作用分布的地段。观测点的密度应根据测绘区的地质和地貌条件、成图比例尺及工程特点等确定。观测点在图上的距离一般控制为 2~5 cm。例如,在 1∶5 000 的图上,地质观测点实际距离应控制在 100~250 m 之间,此控制距离可根据测绘区内工程地质条件复杂程度并结合对具体工程的影响而适当加密或放宽。在该距离内应做沿途观察,将点、线观察结合起来,以克服只孤立地做点观察而忽视沿途线观察的偏向。当测绘区的地层岩性、地质构造和地貌条件较简单时,可适当布置岩性控制点,以备检验。

地质观测点布置是否合理、是否具有代表性,对于成图的质量及工程地质评价具有至关重要的影响。《岩土工程勘察规范(2009 年版)》(GB 50021—2001)中对地质观测点的布置、地质观测点密度和定位的要求如下:

(1) 在地质构造线、地层分界线、岩性分界线、标准层位和每个地质单元体处应有地质观测点。

(2) 地质观测点的密度应根据场地的地貌、地质条件、成图比例尺和工程要求等确定,并应具有代表性。

(3) 地质观测点应充分利用天然和已有的人工露头,当露头较少时,应根据具体情况布置一定数量的探坑或探槽。

(4) 地质观测点的定位应根据精度要求选用适当方法;地质构造线、地层分界线、岩性分界线、软弱夹层、地下水露头和不良地质作用等特殊地质观测点,宜用仪器定位。

为了保证各种地质现象在图上表示的准确程度,《岩土工程勘察规范(2009 年版)》(GB 50021—2001)要求:地质界线和地质观测点的测绘精度,在图上不应低于 3 mm。水利、水电、铁路等系统则要求其不低于 2 mm。

此外,地质观测点的定位标测,对成图的质量影响很大。因此,应根据不同比例尺的精度要求和工程地质条件的复杂程度而采用不同的方法。

目测法适合小比例尺的工程地质测绘,通常在可行性研究勘察阶段采用,该法系根据地形、地物以目估距离或步测距离标测;半仪器法适合中等比例尺的工程地质测绘,多在初步勘察阶段采用，它是借助罗盘、气压计等简单的仪器测定方位和高度，使用步测或测绳量测距离；仪器法则适合大比例尺的工程地质测绘，常用于详细勘察阶段，它借助经纬仪、水准仪等较精密的仪器测定地质观测点的位置和高程。另外，对于有特殊意义的地质观测点，如地质构造线、不同时代地层分界线、不同岩性分界线、软弱夹层、地下水露头以及不良地质作用等，均宜采用仪器法。

此外，充分利用天然露头（各种地层、地质单元在地表的天然出露）和人工露头（如采石场、路堑、水井等）不仅可以更加准确了解测区的地质情况，而且可以降低勘察工作的成本。全球导航卫星系统（GNSS）在满足精度的条件下均可应用。

为了达到上述规定的精度要求，野外测绘填图中通常采用比提交成图比例尺大一级的地形图作为填图的底图。例如，当进行比例尺为 1∶10 000 的工程地质测绘时，通常会采用 1∶5 000 的地形图作为野外填图的底图，外业填图完成后再缩成 1∶10 000 的成图作为正式成果。

2.3 工程地质测绘和调查的内容

在工程地质测绘过程中，应自始至终以查明场地及其附近地段的工程地质条件和预测建筑物与地质环境相互作用为目的。因此，工程地质测绘研究的主要内容是工程地质条件的诸要素。此外，还应搜集调查自然地理和已建建筑物的有关资料。下面分别论述各项研究内容的研究意义、要求和方法。

2.3.1 地形地貌

应查明地形、地貌特征及其与地层、构造、不良地质作用的关系，划分地貌单元。地形、地貌与岩性、地质构造、第四纪地质、新构造运动、水文地质以及各种不良地质作用的关系密切。通过研究地貌可以判断岩性、地质构造及新构造运动的性质和规模，厘清第四纪沉积物的结构和成因类型，了解各种不良地质作用的分布、发展演化历史以及河流发育史等。需要指出的是，第四纪地质与地貌的关系密切，因此在平原区、山麓地带、山间盆地以及有松散沉积物覆盖的丘陵区进行工程地质测绘时，应着重进行地貌研究，并以地貌作为工程地质分区的基础。

工程地质测绘中地貌的研究内容有：① 地貌形态特征、分布和成因；② 划分地貌单元，分析地貌单元形成与岩性、地质构造及不良地质作用等的关系；③ 各种地貌形态和地貌单元的发展演化历史。上述各项研究内容大多是在小、中比例尺测绘中进行的。在大比例尺工程地质测绘中，应侧重于微地貌与工程建筑物布置、岩土工程设计、岩土工程施工之间关系方面的研究。

洪积地貌和冲积地貌这两种地貌形态与岩土工程实践关系密切，下面分别讨论它们的工程地质研究内容。

在山前地段和山间盆地边缘广泛发育洪积扇地貌。大型洪积扇面积可达几十甚至上百平方千米，自山边至平原明显划分为上部、中部和下部三个区段，每一区段的地质结构、水文地质条件不同，因此建筑适宜性和可能产生的工程地质问题各异。洪积扇的上部由碎石土（包括砾石、卵石和漂石）组成，强度高而压缩性小，是房屋建筑和构筑物的良好地基，但由于渗透性强，对水工建筑物则会产生严重渗漏；中部以砂土为主，且夹有岩性为粉土和黏性土的透镜体，开挖基坑时需要注意细砂的渗透变形问题；中部与下部过渡地段由于岩性变细，地下水埋深浅，往往有溢出泉和沼泽分布，形成泥炭层，强度低而压缩性大，作为一般房屋地基的条件较差。下部主要分布黏性土和粉土，且有河流相的砂土透镜体，地形平缓，地下水埋深较浅，若土体形成时代较早，是房屋建筑较理想的地基。

对于平原地区的冲积地貌，应区分出河床、河漫滩、牛轭湖和阶地等各种地貌形态。不同地貌形态的冲积物分布和工程性质不同，其建筑适宜性各异。河床相沉积物主要为砂砾土，将其作为房屋地基是良好的，但作为水工建筑物地基时将会产生渗漏和渗透变形问题。河漫滩相沉积物一般为黏性土，有时有粉土和粉、细砂夹层，土层厚度较大，也较稳定，一般适宜作各种建筑物的地基，但需要注意粉土和粉、细砂夹层的渗透变形问题。牛轭湖相是由含有大量有机质的黏性土和粉、细砂组成的，并常有泥炭层分布，土层的工程性质较差，也较复杂。对阶地的研究，应划分出阶地的级数，明确各级阶地的高程、相对高差、形态特征以及土层的物质组成、厚度和性状等；进一步研究其建筑适宜性和可能产生的工程地质问题。例如，成都市位于岷江支流府河的阶地上，一级阶地表层粉土厚 0.4～0.7 m，其下为 Q_4 早期的砂砾石层，厚度为 28～100 m，地下水埋深为 1～3 m，该一级阶地是高层建筑良好的天然地基，但基坑开挖和地下设施建设必须采取降水和防水措施；二级阶地表层黏性土厚度为 5～9 m，下为砂砾石层，地下水埋深为 5～8 m，黏性土可作一般房屋建筑的地基；三级阶地地面起伏不平，上部为厚达十余米的成都黏土和网纹状红黏土，下部为由粉质黏土充填的砾石层。需要说明的是，成都黏土为膨胀土，一般低层建筑的基础和墙体易开裂，渠道和道路路堑边坡易产生滑坡。

2.3.2 地层岩性

地层岩性是工程地质条件最基本的要素和研究各种地质现象的基础，所以是工程地质测绘的主要研究内容。

工程地质测绘对地层岩性研究的内容主要包括：① 确定地层的时代和填图单位；② 各类岩土层的分布、岩性、岩相及成因类型；③ 岩土层的正常层序、接触关系、厚度及其变化规律；④ 岩土的工程地质性质。

在不同比例尺的工程地质测绘中，地层时代的确定可直接利用已有的成果。若无地层时代资料，应寻找标准化石、做孢子花粉分析确定。填图单位应按比例尺大小来确定。小比例尺工程地质测绘的填图单位与一般地质测绘是相同的。但是中、大比例尺小面积测绘时，测绘区出露的地层往往只有一个“组”“段”、甚至一个“带”的地层单位，按一般地层学方法划分填图单位不能满足工程地质评价的需要，应按岩性和工程性质的差异等做进一步划分。例如，砂岩、灰岩中的泥岩、页岩夹层，硬塑黏性土中的淤泥质土，它们的岩性和工程性质迥异，必须单独划分出来。确定填图单位时，应注意“标志层”的寻找。所谓“标志层”，是指岩性、岩相、层位和厚度都较稳定，且颜色、成分和结构等具有特征标志，地面出露较好的岩土层。

工程地质测绘中对各类岩土层还应着重进行以下内容的研究：

(1) 沉积岩类：软弱岩层和次生夹泥层的分布、厚度、接触关系和性状等，泥质岩类的泥化和崩解特性，碳酸盐岩及其他可溶盐岩类的岩溶现象。

（2）岩浆岩类：侵入岩的边缘接触面，风化壳的分布、厚度及分带情况，软弱矿物富集带等；喷出岩的喷发间断面，凝灰岩分布及其泥化情况，玄武岩中的柱状节理、气孔等。

（3）变质岩类：片麻岩类的风化程度，其中软弱变质岩带或夹层以及岩脉的特性；软弱矿物及泥质片岩类、千枚岩、板岩的风化、软化和泥化情况等。

（4）第四纪土层：成因类型和沉积相，所处的地貌单元，土层间接触关系以及与下伏基岩的关系；建筑地段特殊土的分布、厚度、延续变化情况、工程特性以及与某些不良地质作用形成的关系，已有建筑物受影响情况及当地建筑经验等。建筑地段不同成因类型和沉积相土层之间的接触关系，可以利用微地貌研究以及配合简便勘探工程来确定。

在采用自然历史分析法研究的基础上，还应根据野外观察和现场简易测试所取得的物理力学性质指标，初步判定岩土层与建筑物相互作用时的性能。

2.3.3　地质构造与地应力

1. 地质构造

地质构造是影响工程建设的区域地壳稳定性、建筑场地稳定性和工程岩土体稳定性极其重要的因素，而且它又控制着地形地貌、水文地质条件和不良地质作用的发育和分布。因此，地质构造常常是工程地质测绘研究的重要内容。

工程地质测绘对地质构造研究的内容主要包括：① 岩层的产状及各种构造型式的分布、形态和规模；② 软弱结构面（带）的产状及性质，包括断层的位置、类型、产状、断距、破碎带宽度及充填胶结情况；③ 岩土层各种接触面及各类构造岩的工程特性；④ 晚近期构造活动的形迹、特点及与地震活动的关系。

在工程地质测绘中研究地质构造时，要运用地质历史分析和地质力学的原理和方法，以查明各种构造结构面（带）的历史组合和力学组合规律。既要对褶曲、断裂等大的构造形迹进行研究，又要重视节理、裂隙等小构造的研究。尤其在大比例尺工程地质测绘中，小构造研究具有重要的实际意义。这是因为小构造直接影响着岩土体的完整性、强度和透水性，是工程地质评价的重要依据。

在工程地质研究中，节理、裂隙泛指普遍、大量发育于岩土体内的具有各种成因的延展性较差的结构面；其空间展布可达数米至二三十米，无明显宽度；类型包括构造节理、劈理、原生节理、层间错动面、卸荷裂隙、次生剪切裂隙等。

对节理、裂隙应重点研究三个方面：① 节理、裂隙的产状、延展性、穿切性和张开性；② 节理、裂隙面的形态、起伏差、粗糙度、充填胶结物的成分和性质等；③ 节理、裂隙的密度或频度。

由于节理、裂隙研究对岩体工程尤为重要，所以在工程地质测绘中必须进行专门的测量统计，以厘清它们的展布规律和特性，尤其要深入研究建筑地段内占主导地位的节理、裂隙及其组合特点，分析它们与工程作用力的关系。

在国内工程地质测绘中，节理、裂隙测量统计结果一般用图解法表示，常用的有玫瑰花图（图 2-1）、极点图（图 2-2）和等密度图（图 2-3）三种。近年来，基于节理、裂隙测量统计的岩体结构面网络计算机模拟，在岩体工程勘察、设计中已得到较广泛的应用。

在强震区重大工程场地可行性研究勘察阶段进行工程地质测绘时，应研究晚近期的构造活动，特别是全新世地质时期内有过活动或近期正在活动的“全新活动断裂”，应通过地

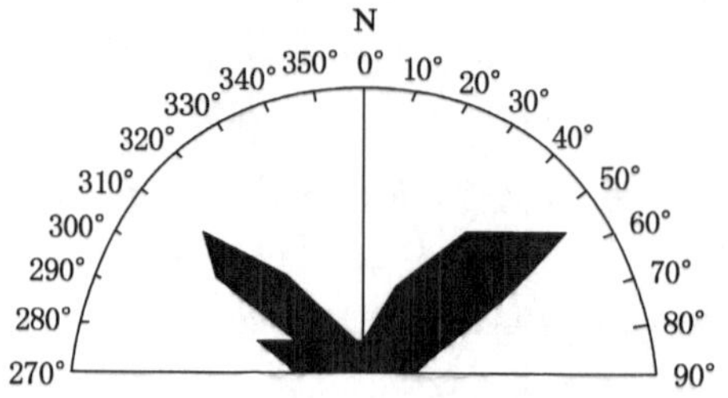

图 2-1　裂隙玫瑰花图

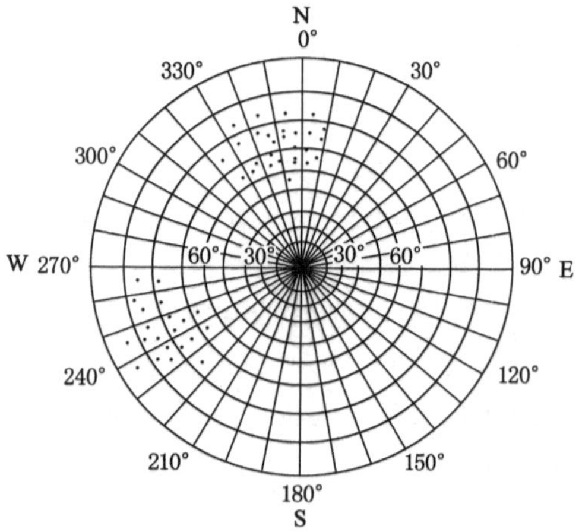

图 2-2　裂隙极点图

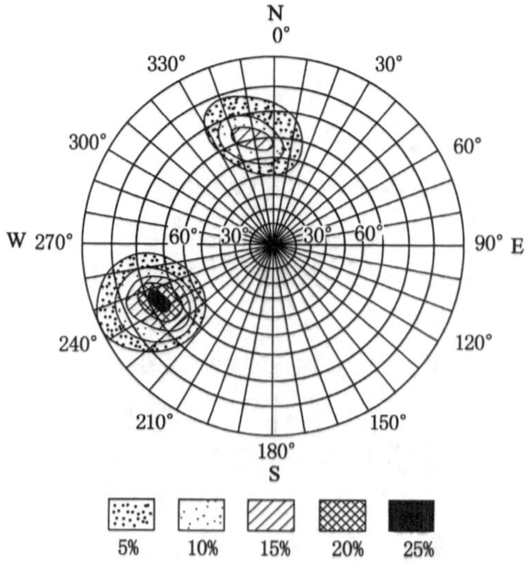

图 2-3　裂隙等密度图

形地貌、地质、历史地震和地表错动、地形变以及微震测震等标志，查明其活动性质和展布规律，并评价其对工程建设可能产生的影响。有必要时，应根据工程需要和任务要求，配合地震部门进行地震地质和宏观灾害调查。

2. 地应力

地应力对地壳稳定性评价和地下工程设计和施工具有重要意义。地应力在地下的分布可分为三个带，即卸荷带、应力集中带、地应力稳定带。一个地区的地应力高低在地质上是有征兆的，即存在高地应力地区和低地应力地区的地质标志(表 2-1)。

表 2-1 高地应力地区和低地应力地区的地质标志

高地应力地区地质标志	低地应力地区地质标志
1. 围岩产生岩爆、剥离 2. 收敛变形大 3. 软弱夹层被挤出 4. 饼状岩心 5. 水下开挖无渗水 6. 开挖过程发生瓦斯突出	1. 围岩松动、塌方、掉块 2. 围岩渗水 3. 节理面内有夹泥 4. 岩脉内岩块松动，强风化 5. 断层或节理面内有次生矿物晶簇、孔洞等

在工程勘察工作中，应注意收集地应力的地质标志，分析工作区地应力最大主应力的方向。孙广忠(1993)根据经验提出了八条地应力最大主应力方向的地质标志：

(1) 一个地区现存的地应力最大主应力方向大体上与该地区最强烈的一期构造作用方向一致。

(2) 如果一个地区泉水出露方向有规律，泉水逸出的断裂方向与地应力最大主应力方向一致。

(3) 岩体内夹泥节理方向大体上与地应力最大主应力方向一致。

(4) 探洞或隧洞渗漏水出水节理方向多与地应力最大主应力方向一致。

(5) 探洞或隧洞顶渗漏滴水线排列方向与地应力最大主应力方向基本一致。

(6) 开挖竖井时，竖井内有时出现井壁岩体沿着岩体内软弱结构面错动，其错动方向平行于地应力最小主应力方向。

(7) 高地应力地区打钻孔时，孔壁常常出现围压剥离现象，两壁围压剥离连线方向与地应力最小主应力方向一致。

(8) 钻孔内采取定向岩心进行岩组分析得到的最大主应力方向，多与该地区地应力最大主应力方向一致。

当然，这些不是全部的地应力最大主应力方向的地质标志，但是这些资料对研究地应力最大主应力方向是十分有意义的。

2.3.4 水文地质条件

在工程地质测绘中研究水文地质条件的主要目的，是为研究与地下水活动有关的工程地质问题和不良地质作用提供资料。例如，兴建房屋建筑和构筑物时，应研究岩土的渗透性、地下水的埋深和腐蚀性，以判明其对基础砌置深度和基坑开挖等的影响。进行尾矿坝与贮灰坝勘察时，应研究坝基、库区和尾矿(灰渣)堆积体的渗透性和地下水浸润曲线，以判明坝体的渗透稳定性、坝基与库区的渗漏情况及其对环境的影响。在滑坡地段研究地下水的埋藏条件、出露情况、水位、形成条件以及动态变化，以判定其与滑坡形成的关系。因此水文地质条件是一项重要的研究内容。

在工程地质测绘过程中对水文地质条件的研究，应从地层岩性、地质构造、地貌特征和地下水露头的分布、类型、水量、水质等方面入手，并结合必要的勘探、测试工作，查明测区内地下水的类型、分布情况和埋藏条件；含水层、透水层和隔水层（含相对隔水层）的分布，各含水层的富水性和它们之间的水力联系；地下水的补给、径流、排泄条件及动态变化；地下水与地表水之间的补给、排泄关系；地下水的物理性质和化学成分等。在此基础上分析水文地质条件对工程地质实践的影响。

泉、井等地下水的天然和人工露头以及地表水体的调查，有利于阐明测区的水文地质条件，故应对测区内各种水点进行普查，并将它们标测于地形底图上。对其中有代表性的以及与工程地质有密切关系的水点，还应进行详细研究，布置适当的监测工作，以掌握地下水动态和孔隙水压力变化等。泉、井调查内容可参阅水文地质学教程的有关内容。

2.3.5 不良地质作用

不良地质作用研究的目的，是评价建筑场地的稳定性，并预测其对各类工程的不良影响。由于不良地质作用直接影响建筑物的安全、经济和正常使用，所以工程地质测绘时对测区内影响工程建设的各种不良地质作用必须详加研究。

研究不良地质作用要以地层岩性、地质构造、地貌和水文地质条件的研究为基础，并搜集气象、水文等自然地理因素资料。不良地质作用研究内容包括各种不良地质作用（如岩溶、滑坡、崩塌、泥石流、冲沟、河流冲刷、岩石风化等）的分布、形态、规模、类型和发育程度，分析它们的形成机制和发展演化趋势，并预测其对工程建设的影响。

2.3.6 人类工程活动

测区内或测区附近人类的某些工程经济活动，往往影响建筑场地的稳定性。例如，人工洞穴、地下采空区、大挖大填、抽（排）水和水库蓄水等引起的地面沉降、地表塌陷、诱发性地震，渠道渗漏引起的斜坡失稳等，都会对场地稳定性带来不利影响，对它们的调查应予以重视。此外，场地内如有古文化遗迹和古文物，应妥善保护，并向有关部门报告。

2.3.7 已有建筑物

测区内或测区附近已有建筑物与地质环境关系的调查研究，是工程地质测绘中特殊的研究内容。因为某一地质环境内已兴建的任何建筑物对拟建建筑物来说，应看作一项重要的原型试验，往往可以获取很多在理论和实践两方面都极有价值的资料，甚至比用勘探、测试手段所取得的资料更为宝贵。应选择不同地质环境（包括良好的、不良的）中不同类型、结构的建筑物，调查其有无变形、破坏的标志，并详细分析其原因，以判明建筑物对工程地质环境的适应性。通过详细的调查分析后，就可以具体地评价建筑场地的工程地质条件，对拟建建筑物可能出现的变形、破坏情况做出正确预测，并采取相应的防治对策和措施。特别需要指出的是，在地质环境不良或分布特殊性岩土的建筑场地，应充分调查、了解当地的建筑经验，包括建筑结构、基础方案、地基处理和场地整治等方面的经验。

2.4　工程地质测绘和调查的方法及程序

2.4.1　工程地质测绘和调查的方法

工程地质测绘和调查的方法与一般地质测绘相近，主要沿一定观察路线做沿途观察和在关键地点(或露头点)上进行详细观察描述。选择的观察路线应当以用最短的线路观测到最多的工程地质条件和现象为原则。在进行区域较大的中比例尺工程地质测绘时，一般穿越岩层走向或横穿地貌、自然地质现象单元来布置观测路线。大比例尺工程地质测绘路线以穿越走向为主布置，但须配合一部分追索界线的路线以圈定重要单元的边界。在进行大比例尺详细测绘时，应追索走向和追索单元边界来布置路线。

在工程地质测绘和调查过程中最重要的是要把点与点、线与线之间观察到的现象联系起来，克服孤立地在各个点上观察现象、沿途不连续观察和不及时对现象进行综合分析的偏向。也要将工程地质条件与拟进行的工程活动的特点联系起来，以便能确切预测两者之间相互作用的特点。此外，还应在路线测绘过程中就将实际资料、各种界线反映在外业图上，并逐日清绘到室内底图上，及时整理，及时发现问题和进行必要的补充观测。

相片成图法是利用地面摄影或航空(卫星)摄影相片，在室内根据判读标志，结合所掌握的区域地质资料，将判明的地层岩性、地质构造、地貌、水系和不良地质作用，调绘在单张相片上，并在相片上选择若干地点和路线，去实地进行校对和修正，绘成底图，最后再转绘成图。由于航空摄影相片、卫星摄影相片能在大范围内反映地形地貌、地层岩性及地质构造等物理地质现象，可以迅速使人对测区有一个较全面整体的认识，因此与实地测绘工作相结合，能起到减少工作量、提高精度和速度的作用。特别是在人烟稀少、交通不便的偏远山区，充分利用航空摄影相片及卫星摄影相片更具有特殊重要的意义。这一方法在大型工程的初级勘察阶段(选址勘察和初步勘察)效果较为显著，尤其对铁路、高速公路的选线，大型水利工程的规划选址，其作用更为明显。

工程地质实地测绘和调查的基本方法有：

(1) 路线穿越法。它是沿着一定的路线(应尽量使路线与岩层走向、地质构造线方向及地貌单元走向相垂直，并应尽量使路线的起点具有较明显的地形、地物标志；此外，应尽量使路线穿越露头较多、覆盖层较薄的地段)穿越测绘场地，把走过的路线正确地填绘在地形图上，并沿途详细观察和记录各种地质现象和标志，如地层界线、地质构造线、岩层产状、地下水露头、各种不良地质作用，将它们绘制在地形图上。路线法一般适合用于中、小比例尺测绘。

(2) 布点法。布点法是工程地质测绘的基本方法，是根据不同比例尺预先在地形图上布置一定数量的观测路线和观测点。观测点一般布置在观测路线上，但观测点的布置必须有具体的目的，如为了研究地质构造线、不良地质作用、地下水露头等。观测线的长度必须能满足具体观测目的的需要。布点法适合用于大、中比例尺的测绘工作。

(3) 追索法。它是沿着地层走向、地质构造线的延伸方向或不良地质作用的边界线进行布点追索，其主要目的是查明某一局部的工程地质问题。追索法是在路线穿越法和布点法的基础上进行的，它属于一种辅助测绘方法。

2.4.2 地质点标测方法

地质点标测方法详见表 2-2。

表 2-2 地质点标测方法

<table>
<tr><th colspan="2">方法</th><th>仪器设备</th><th>说 明</th><th>适用比例尺</th></tr>
<tr><td colspan="2">目测法</td><td></td><td>利用地形图上地形地物的特点估测地质点位置</td><td>≤1∶25 000</td></tr>
<tr><td rowspan="3">半仪器法</td><td>交汇法</td><td>罗盘仪</td><td>选择 3 个明显地形地物点，用罗盘仪测出地质点相应的 3 个方位角，在地形图上画出上述方位角，这三条线的交点为地质点</td><td rowspan="3">1∶25 000～1∶5 000</td></tr>
<tr><td>导线法</td><td>罗盘仪
测绳</td><td>选择与地质点相邻的三角点、水准点、地物点为基点，用罗盘仪测方位，用测绳量距离，对地质点进行位置标测</td></tr>
<tr><td></td><td>气压计</td><td>用气压计测高程，结合地形地物进行地质点位置标测</td></tr>
<tr><td colspan="2">仪器法</td><td>经纬仪
水准仪</td><td>用经纬仪、水准仪等测定地质点位置和高程</td><td>≥1∶5 000</td></tr>
</table>

2.4.3 工程地质测绘和调查的程序

(1) 利用已有的地质资料，明确工程地质测绘和调查中需要重点解决的问题，编制工作计划。

(2) 利用已有遥感影像资料，如对卫星照片、航测照片进行解译，对区域工程地质条件做出初步的总体评价，以判明不同地貌单元各种工程地质条件的标志。

(3) 现场踏勘。选定观测路线，选定可测制标准剖面的位置。

(4) 正式测绘开始。测绘中随时总结整理资料，及时发现问题，及时解决，使整个工程地质测绘和调查工作目的更明确，测绘质量更好，工作效率更高。

2.5 工程地质测绘前的准备工作

在正式开始工程地质测绘之前，还应当做好资料收集和研究、踏勘和测绘纲要编制等准备工作，以保证测绘工作的正常有序进行。

2.5.1 资料收集和研究

应收集的资料包括如下几个方面：

(1) 区域地质资料：如区域地质图、地貌图、地质构造图、地质剖面图；

(2) 遥感资料：地面摄影和航空（卫星）摄影相片；

(3) 气象资料：区域内各主要气象要素，如年平均气温、降水量、蒸发量，对冻土分布地区，还要了解冻结深度；

(4) 水文资料：测区内水系分布图、水位、流量等资料；

(5) 地震资料：测区及附近地区地震发生的次数、时间、震级和造成破坏的情况；

(6) 水文地质及工程地质资料：地下水的主要类型、赋存条件和补给条件，地下水位及其变化情况，岩土透水性及水质分析资料，岩土的工程性质和特征等；

(7) 建筑经验：已有建筑物的结构、基础类型及埋深、所采用的地基承载力，建筑物的变形及沉降观测资料。

2.5.2 踏勘

踏勘是在收集研究资料的基础上进行的，目的在于了解测区的地形地貌及其他地质情况和问题，合理布置观测点和观测路线，正确选择实测地质剖面位置，拟订野外工作方法。

踏勘的内容和要求如下：

(1) 根据地形图，在测区范围内按固定路线进行踏勘，一般采用“之”字形、曲折迂回而不重复的路线，穿越地形、地貌、地层、构造、不良地质作用有代表性的地段。

(2) 踏勘时，应选择露头良好、岩层完整有代表性的地段并绘出野外地质剖面，以便熟悉和掌握测区岩层的分布特征。

(3) 寻找地形控制点的位置，并抄录坐标、标高等资料。

(4) 访问和收集洪水及其淹没范围等情况。

(5) 了解测区的经济、气候、住宿、交通运输等条件。

2.5.3 测绘纲要编制

测绘纲要是测绘的依据，其内容应尽量符合实际情况。测绘纲要一般包含在勘察纲要内，在特殊情况下可单独编制。测绘纲要应包括如下几方面内容：

(1) 工作任务情况(如目的、要求、测绘面积、比例尺等)；

(2) 测区自然地理条件(如位置、交通、水文、气象、地形地貌特征等)；

(3) 测区地质概况(如地层、岩性、地下水、不良地质作用等)；

(4) 工作量、工作方法及精度要求(其中工作量包括观测点、勘探点的布置，室内及野外测试工作)；

(5) 人员组织及经费预算；

(6) 材料物资器材及机具的准备和调度计划；

(7) 工作计划及工作步骤；

(8) 拟提供的各种成果资料、图件。

2.6 资料整理及成果资料

2.6.1 资料整理

(1) 检查各种外业记录所描述的内容是否齐全。

(2) 详细核对各种原始图件所划分的地层、岩性、构造、地形地貌、地质成因界线是否符合野外实际情况，在不同图件中相互间的界线是否吻合。

(3) 野外所填的各种地质现象是否正确。

(4) 核对收集的资料与本次测绘资料是否一致，如出现矛盾，应分析其原因。

（5）整理核对野外采集的各种标本。

2.6.2 成果资料

工程地质测绘和调查的成果资料一般包括工程地质测绘实际材料图、综合工程地质图或工程地质分区图、综合地质柱状图、工程地质剖面图（断面图）及各种素描图、照片和文字说明。

2.7 不同岩土分布区工程地质测绘和调查的要点

2.7.1 基岩分布区

在山区或丘陵地区进行大、中比例尺测绘时，其主要内容是对岩性和地质构造方面进行研究。测绘时应重点对岩体不同结构面及其组合关系开展研究，特别要注意连续性强、延伸范围较大、力学性质软弱的结构面，这是评价基岩岩体稳定性的关键。

1. 不同岩类分布区应重点研究的问题

（1）侵入岩及深变质岩分布区——这类地区岩石以花岗岩、闪长岩、片麻岩、石英岩为代表，在这些区域应着重研究的内容有：① 侵入岩的形态、产状及其与围岩的接触关系（特别应注意接触带的情况，这是因为接触带常常是软弱的结构面）；② 侵入岩体的流线、捕虏体、原生节理面等原生构造情况；③ 岩体的各向异性特征；④ 岩脉与构造断裂及岩层层面的交切关系；⑤ 古风化壳及现代风化壳的厚度、成分及分布规律。

（2）喷出岩分布区——这类地区岩石以玄武岩、安山岩、流纹岩、凝灰岩为主，在这些区域应着重研究的内容有：① 喷出时代、喷出旋回、喷出间隙的风化情况和喷出岩性质，特别应注意易胀缩的岩石（如凝灰岩等）的分布；② 岩石的孔隙性、洞穴和气孔的分布情况，气孔充填物的性质及化学稳定性；③ 原生节理的方向、密度及延伸情况；④ 喷出岩与上下围岩的接触关系和接触带情况；⑤ 构造破裂性状。

（3）沉积岩及浅变质岩分布区——这类地区岩石以砾岩、砂岩、泥岩、页岩、板岩、千枚岩为主，在这些区域应着重研究的内容有：① 岩性及岩石的各向异性特征、颗粒组成、胶结物的成分和性质，特别应注意软弱夹层、泥化夹层和可溶盐（盐岩、石膏、大理岩）的分布情况；② 岩层厚度、产状、层位关系、构造变动和层间错动情况以及层理层面裂隙发育情况；③ 泥质、石膏或钙质胶结的半坚硬岩石的强度及风化、溶蚀程度；④ 含水层的划分及顶、底板的强度和透水性能。

（4）岩溶发育地区——这类地区岩石以石灰岩为主，在这些区域除应研究上述沉积岩所需要研究的各项内容外，还应着重研究：① 岩石成分和化学性质，可溶成分的溶解速度，相对隔水层的可靠性；② 岩溶发育程度及分布特征、溶洞充填物的性质，特别要注意地下暗河的发育情况；③ 岩溶发育与地貌、地质构造的关系。

2. 地质构造的工程地质研究

地质构造条件是基岩分布区的重要工程地质条件之一，也是各类工程建筑选址的重要依据之一。因此，在基岩分布区进行工程地质测绘和调查时，必须重点查清测区内的地质构造条件。研究区域构造条件的目的是判明测绘区的构造体系、构造的发育历史及测区所处的构造部位，从而对区域稳定性和地基的稳定性做出初步评价，对施工或将来工程运行中可能出现的问题进行预测。

小比例尺的工程地质测绘多用于查明大范围的地质构造条件。此时应注意查明测区内主要构造线的分布、延伸情况，构造发育史和构造应力场的活动情况，构造的继承关系等。调查的方法主要是根据收集的地质资料，充分利用构造地质学、地质力学、地层学等原理，分析编制区域地质图，在此基础上辅以必要的野外现场工作，最后弄清区域地质的全貌。

大比例尺的工程地质测绘，主要是在了解区域构造特征的基础上，分析研究工作区的地质构造条件（如褶皱变形、断裂变位和节理裂隙等）对工程建筑的影响。这种小构造的具体分析，对工程具有重要的意义。这是因为它是决定岩体完整程度、强度、透水性的主要因素。如当构造软弱面或破碎带的强度较低时，有可能出现滑坡、崩塌及其他地基失稳的现象，从而影响到建筑物的稳定性。构造破碎带还可能成为地下水的良好通道，从而引起渗漏、潜蚀、管涌等不利于工程稳定的现象发生。下面将主要构造对工程建筑的不利影响概括如下：

（1）褶皱

① 倒转褶皱常常对抗滑稳定性不利；② 背斜轴部岩层破碎、风化剧烈、强度较低，对地基强度不利；③ 褶皱构造中如有软弱层，则容易产生层间错动和顺层断层，形成不利于抗滑稳定的主要软弱面；④ 当褶皱构造中存在刚性与塑性岩层互层时，刚性岩层裂隙往往比较发育而成为较好的裂隙承压含水层，而其顶、底板的塑性岩层会产生泥化现象，使岩体的整体稳定性下降；⑤ 较薄的塑性隔水层在倒转褶皱区易形成不连续的扁豆体，从而破坏了原隔水层的连续性，并使其力学强度不均一。

由此可见褶皱单元的空间分布会对建筑物和其他工程选址有很大影响。这一问题在水工建筑物和隧道建筑中最为明显，若选择褶皱轴部为隧道施工位置，则轴部破碎的岩层将对施工过程以及日后隧道运行的安全性产生很大影响。同时，破碎的岩层将会成为良好的渗漏通道，也会给蓄水建筑（如水库）的建设带来不小的麻烦。

（2）断层

① 逆掩断层倾角平缓，上盘尤为破碎，其工程地质条件较差。② 断层通过软弱岩层处，特别是多条断层接近或交接处，破碎带的宽度往往很大，岩层破碎程度加剧、风化程度较高，对岩基稳定性不利。③ 同一区域多条断层在其倾向相反或倾角不一致的情况下，特别是当倾角较缓时，往往会形成弧形软弱面或楔形体而影响岩体稳定性。例如，当水库大坝下游有倾向上游的缓倾角断层，而坝基又存在倾向下游的缓倾角断层时，就可能引起坝基的整体滑动。④ 断层带与相对完整的围岩之间弹性模量差别较大，可能导致不均匀沉降。⑤ 断层破碎带中的糜棱岩和断层泥的透水性一般较小，但断层带往往会成为集中渗漏带或岩溶发育带；在强弱透水带的交界处往往会出现管涌或潜蚀现象，从而对工程产生不利影响。⑥ 断层带易形成河谷深槽，其两侧往往会成为地下水的排泄区，其岩层的风化程度常常较高，应注意其对工程建筑的不利影响。

由此可见断层单元的空间分布对建筑物和其他工程会有很大影响。工程测绘中应着重研究断层的新老关系、断裂带的性质（尤其是未胶结的破碎带），具体包括精确测量断层带的产状，调查其延伸情况，分析断层性质、构造岩性、充填物性质、胶结程度，并对断裂的新老关系和其再活动性做出评价。

(3) 裂隙

① 裂隙破坏了岩体的完整性,对岩体的整体稳定性不利;② 裂隙加剧了岩石风化的速度,使其强度降低;③ 连通的裂隙是地下水的良好通道,对于水工建筑物和其他需要防水的建筑物会产生不利影响;④ 层面裂隙,特别是岩层倾角较缓时,易形成浅层滑动面。

工程地质测绘和调查时,应注意研究以下内容:① 裂隙的产状、宽度,充填物性质和胶结程度,裂隙的规模及与某些动力地质作用的关系;② 裂隙的数量统计;③ 裂隙成因分析。

2.7.2 第四纪松散沉积物分布区

在平原地区、山前地带以及有松散沉积物覆盖的丘陵地区进行工程地质测绘和调查时,工作重点应放在以下几个方面:

(1) 阶地地貌及微地貌研究,这是工程地质调查的一项重要内容。

(2) 分析第四纪沉积物的成因类型及可能的年代。根据现代工程地质学的基本观点,松软沉积物的成因类型是影响其工程地质性质的主要决定因素之一。沉积物的形成时代及历史反映了它的固结作用和成岩作用的发育程度,这将在很大程度上影响松散沉积物的强度。因此,在测绘、调查过程中,必须充分运用地貌学、第四纪地质学的基本理论,研究确定测区内第四纪沉积物的成因类型和年代。在进行大比例尺测绘时,除应确定松散沉积物的成因类型外,还要注意土质和沉积相对松散沉积物的影响。如对冲积成因的松散沉积物,还必须划分出河床相、河漫滩相及牛轭湖相等,这是因为同是冲积成因的松散沉积物,不同的沉积亚相,松散沉积物工程地质性质可能有很大的差异。

(3) 应对具有特殊成分、特殊状态和特殊性质的松散沉积物进行重点测绘和调查。如软土(淤泥及淤泥质土)、湿陷性黄土、膨胀土、污染土、人工填土等具有与一般土类不同的工程特点,不了解它们的特点,就容易忽视其对工程的不利影响。

(4) 注意强烈透水层、隔水层和承压水层的分布和性质。对需要进行基坑开挖的工程应当特别加以注意,因为地下水常常会成为影响基坑工程安全的决定性因素。

2.8 遥感技术在工程地质测绘中的应用

2.8.1 航空照片在工程地质测绘中的应用

(1) 航空照片的适用范围

航空照片适合用于铁路、公路的选线,地质灾害的整治,河流流域规划及水利枢纽工程选址等阶段采用。特别在通行困难的山区、人迹罕至的边疆区域等地质资料比较缺少的地区进行工程建设时,利用航空照片解译了解工程地质条件更具有独到的优势。即使在地质资料比较充足的地区,利用航空照片也有利于从总体上大范围了解与工程建设有关的地质条件,从而使获得的测区地质资料更加宏观而全面,并有利于进行针对性更强的勘察工作。因此,在有航空照片的地区进行工程地质测绘时,均应充分利用航空照片。

(2) 航空照片的工程地质解译

航空照片工程地质解译一般分四个步骤进行:① 现场工作区典型地段的认识,即对照片取得的地区地质条件特征成像反映的认识;② 室内照片判读,是根据已收集的资料及在野外对典型地段所取得的认识再加上工作人员的实践经验对照片进行工程地质观察,运用理论知识进行逻辑推理,把它们解释出来;然后将判读得到的地质构造线、地层界线、物理地质现象的发育范围、地下水露头等用一定的图例符号表示在照片上,或另行调绘在底图上;③ 外业验证核对,对于通过室内判读暂时不能正确解决的问题,必须进行外业校核工作,通过外业校核对室内判读未发现和未确定的问题予以补充,对室内判读错误的地方进行修正;④ 室内复判及资料整理。

航空照片工程地质判读的主要方法包括对比法和邻比法。对比法是根据工作地区已有的样片和参考资料及工作人员的现场经验,将已证实的对象与所要研究的对象进行对比,从而解译它的内容和实质;而邻比法主要根据相邻地物的不同而确定其界限。

航空照片工程地质解译的内容主要有:① 岩性的解译——首先要根据露头出现的界限及其他标志判别出不同类型的岩石。如沉积岩露头一般呈条带状,岩浆岩的露头一般呈块状或脉状,未胶结的松散沉积物通常为第四纪沉积物。然后根据不同性质的岩石具有的不同色彩特征确定其具体的性质种类。② 构造的解译——在地形切割比较强烈、中小型地貌发育、露头良好的情况下最有利于构造的判读。岩层产状的判读是以地面起伏和地质构造关系为依据的。水平岩层往往形成平顶山,直立岩层的露头为直线,倾斜岩层的露头常呈波曲状。如要确定褶皱构造必须注意三角面、梯面及其他构造要素的相互位置。如果呈一条线形,而且呈闭合线环,则可能是一褶皱。当三角面的顶点相同时则是背斜,反之则为向斜。高角度断层在地表的出露线一般为近似直线,地形上易形成陡崖、断裂河谷。低角度断层,其露头线常为曲线,地表多呈缓坡状。③ 地貌的解译——可从地形上直接判读,如河谷地貌的山坡、台地、河漫滩、牛轭湖、岩溶地貌等,在照片上均有直接反映。④ 物理地质现象的解译——与地貌判读具有密切关系,如冲积扇、洪积扇、滑坡等可根据地貌直接判读。

航空照片判读的准确性取决于工作地区的地质地貌特性、工作人员经验以及区域已有资料的多少。实践证明,通过航空照片判读进行地貌研究是非常有效的。此外利用航空照片观察了解大面积地区的地质构造发育的全貌也具有独到的优势。

2.8.2 卫星照片在工程地质测绘中的应用

(1) 卫星照片的特点

首先,一般卫星轨道的高度为905.5～918.0 km,相对飞机飞行高度要高得多,因此卫星照片的摄影范围非常大,这为人们宏观地研究地表各种地质现象提供了有利条件,避免了地面工作的局限性。其次,卫星照片包含的影像信息量多。一般卫星上都装有两种以上的多光谱遥感器,可以同时获得多个不同波段的光谱信息影像,这样就可以获得地面景物在不同谱带上的影像,从而可以从影像结构的差别以及不同波段光谱特性的差别来区分地形、地物,这对提高分析结果的可靠性起到关键作用。最后,卫星照片能迅速反映各种动态变化的现象,可用来研究活动物理地质现象。卫星照片的缺陷在于其比例尺小,不能反映更多的地面细节。

(2) 卫星照片的工程地质解译

卫星照片的解译主要依据两个基本地质信息,其一是形态特征信息,其二是色调特征信息。形态特征信息是地质体反射太阳光中的可见光波段并在卫星照片上形成的信息。

即使在同样岩性条件下，由于岩体各部分抵抗风化、侵蚀能力的差异，地表会表现为不同坡度、坡向的差异性，导致入射、反射的角度不同，从而形成了形态特征信息。根据形态特征的不同就可以识别地质体。色调特征信息是地质体反射、吸收、透射自然光源（主要为太阳发射来的可见光电磁波）并在卫星照片上形成的信息。

根据电磁波地质学理论，地质体的色调分为彩色地质体和消色地质体两大类。彩色地质体是对外来可见光具有选择性吸收或反射能力的地质体。如红色砂岩，能将可见光中除红色之外的其他单色光全部吸收，而只将红色光反射出来，所以呈现红色。消色地质体没有将外来可见光分解成单色光的能力，它们只能对外来可见光做全部吸收或全部反射。当地质体对外来可见光不能进行分解，且吸收很少反射很多时，地质体就呈现白色，如白云岩、石膏等。相反，当吸收很多而反射很少时，它们就呈现黑色，如碳质页岩及基性岩浆岩。当地质体介于上述两者的过渡状态时，就呈现不同程度的灰色（如浅灰、灰、深灰色等）。在非彩色的卫星照片上，所有地质体的色调特征均变成了消色地质体的特征，地质体的色调用灰度来表示，灰度一般可分成1～5级（也有分成10级的）。凡是本色为黑色或深色调的地质体，其在卫星照片上的影像为黑色或深灰色；而凡是本色为浅色调的地质体，其影像也是浅色或浅灰色的。因此，绝大部分酸性岩浆岩、白云岩、大理岩、石英砂岩、石英岩等浅色的岩石，其影像也是浅色的。相反，基性或超基性的岩浆岩，其影像色调为深色。但应当说明的是，影像色调的深浅除受岩性影响外，还受到许多其他因素的干扰，如岩石湿度大时，其影像色调会加深，这些因素在具体分析时应当加以注意。

2.8.3 无人机航测技术在工程地质测绘和调查中的应用

无人机航测技术以低速无人驾驶飞机为空中遥感平台，用彩色、黑白、红外、摄像技术在空中拍摄影像数据，并用计算机对图像信息做加工处理。全系统在设计和最优化组合方面具有突出特点，是集成了遥感、遥控、遥测技术与计算机技术的新型应用技术。

1. 无人机航测技术的特点

无人机航拍测绘系统可以携带数码相机、数字彩色航摄相机等设备，以便快速获取地表信息，获取具有高分辨率的影像，进而获取更精准的数据。而且最重要的是，系统可以利用所获得的信息生成数字高程模型（DEM）、数字正射影像图（DOM）、数字表面模型（DSM）、三维景观模型等二维、三维可视化数据，这些数据都可以直接运用于各类环境下应用系统的开发和应用，例如应用于精准农业、城市交通系统测试评估、三维地图、三维导航、地质灾害调查等。

相对传统的航天和航空影像，基于无人机的低空测绘除了具有携带运输方便、组装简单、工作效率高、不必申请空域飞行手续等优势外，还具有如下优势：

（1）影像获取快捷方便

无需专业航测设备，普通民用单反相机即可作为影像获取的传感器，操控人员经过短期培训学习即可操控整个系统。

（2）成本低

无人机航测技术利用飞行器结合摄影仪进行拍摄，不但降低了劳动力成本，缩短了测绘周期，而且减小了人力、物力、财力的投入力度。

（3）机动性和灵活性高

无人机的飞行高度低可至 50 m、高可达 1 000 m,无需专用起降场地,升空准备时间短,容易操控,特别适合应用在建筑物密集的城市地区和地形复杂地区。

(4) 受气候条件影响小

只要不下雨、不下雪并且空中风速小于 6 级,即使是光照不足的阴天,无人机也可上天航测。

(5) 分辨率高、多角度

由于是低航空摄影,空间分辨率能达到分米甚至厘米级,能够生产 1∶500 到 1∶2 000 各种大比例尺的 DEM、DOM 和数字线划地图(DLG)。可用于高精度数字地面模型的构建及三维立体景观图的制作。

使用 CCD 数码相机作为传感器,具备垂直与倾斜摄影能力,搭载 GNSS 定位装置,可低空多角度摄影获取地质体或建筑物的纹理信息,弥补了卫星遥感和普通航空摄影遇到的高层建筑物遮挡问题。

(6) 影像获取周期短、时效性强

无人机飞行前准备工作可少于 2 h,因此可快速获取满足要求的遥感影像,从准备航飞到获取影像周期短,影像获取后可立即处理得到航测成果,时效性强。

(7) 安全性高

能够在危险和恶劣环境下(如高海拔地区、泥石流发生区等)直接获取影像,即便设备出现故障、发生坠机也无人身伤害。因此,在地质灾害调查、复杂地形区线路测绘领域,无人机航测技术得到广泛应用。

同时,与传统的航天和航空影像相比,无人机航测技术存在以下问题:

(1) 姿态稳定性差、旋偏角大

无人机在飞行时由飞控系统自动控制或操控手远程控制,由于自身质量小,惯性小,受气流影响大,俯仰角、侧滚角和旋偏角较传统航测来说变化快,致使影像的倾角过大,倾斜方向没有规律,且幅度远超传统航测规范要求。

(2) 像幅小、数量多、基高比小

受顺风、逆风和侧风影响大,加上俯仰角和侧滚角的影响,航带的排列不整齐,主要表现为重叠度(包括航向和旁向重叠度)的变化幅度大,甚至可能出现漏拍的情况。为了保证测绘区没有漏拍,通常是通过提高航向和旁向重叠度的方法来实现这一点的,同时普通单反相机像幅相对专业数码航摄仪来说,像幅小,在保证预定重叠度的前提下,整个测区影像数量呈倍数增多,基高比相应变小。

(3) 影像畸变大

相比传统的航空摄影,无人机低航空摄影选取 CCD 数码相机作为成像系统,而较专业航摄仪来说,小数码影像(用普通单反拍摄)畸变大,边缘地方畸变可达 40 个像素以上。

2. 无人机航测技术在工程地质测绘中的应用

(1) 基础地质测绘

相比卫星遥感,无人机航测技术由于其飞行高度相对较低,获取的航片影像时空分辨率高,更适合大比例尺地形测绘,目前已成为基础地质数据采集的有效手段之一。

(2) 选线设计

无人机航测技术可应用于电力选线、公路选线、铁路选线,能够根据项目需求快速获取线状无人机航空影像,可为选线快速提供设计数据。

(3) 地质灾害早期识别

地质灾害发育是一个极为复杂的物理演化过程,加上其形成条件、地质过程和诱发因素的复杂多样性和随机性,高山峡谷、植被茂密的复杂山区地质灾害隐患人工排查存在诸多不足。近年来,卫星光学遥感、星载SAR(synthetic aperture radar,合成孔径雷达)、无人机遥感等技术在地质灾害早期识别的应用日益广泛。

通过三维地形、光谱纹理等不同视角进行观测,并对照识别特征标志去发现地表裂缝、微地貌形态、松散堆积体、环境变化等灾害物质组成和前期变形征兆,是航空遥感技术实现地质灾害早期识别的主要方式。无人机光学影像常作为卫星遥感的辅助手段为同震地质灾害的识别制图等提供有力的数据支撑。另外,随着无人机摄影测量技术的精细化程度越来越高,通过该技术生成的高精度三维实景模型在滑坡、崩塌、危岩体等灾害早期识别中的效果突出,能够清晰获取不稳定斜坡的前期变形征兆,特别是岩壁或坡表与周围环境有明显灰度纹理差异的形变裂缝。

(4) 地质灾害调查与评价

由于不同地质灾害发育背景与形成机制差别很大,为了评估各种灾害发生的可能性及威胁程度,地质灾害调查与评价往往需要从定性到定量角度描述不良地质体(或区域)的活动历史、发育特征、物质条件、诱发因素,综合分析并运用合理的物理模型进行稳定性(或失稳概率)计算,最后对失稳可能产生的后果进行模拟和评估。因此,调查方式需要从多角度、多层次感知地质灾害时空演化特征与分布规律,以达到精细化防控的目的。在这一过程中,无人机航测技术更为经济实惠且实用,特别是针对高山峡谷等危险区域的中小型单体地质灾害,无人机有能力到达地面人员无法到达且有人驾驶飞机难以飞越的狭窄区域,其不仅能生成厘米级高分辨率影像数据,而且可提供真实的三维实景模型。利用这些直观影像,专业地质人员可以准确地辨识出灾害地质体的形态特征和坡体变形迹象,这使得无人机已逐渐成为地质灾害调查评价的重要手段。

从广义上讲,无人机摄影测量(利用可见光)、多光谱探测等光学遥感技术大多适用于地质灾害浅表层的不稳定性特征调查,因为其仅能通过物体表面的色彩纹理感知地质环境条件(包括不良地质体所处的地形地貌、地层岩性、破坏特征、植被类型等),并以此推测灾害变形破坏机理。

在岩质边坡结构面特征描述与稳定性评估方面,可利用无人机航测技术通过获取岩体表面的高精度航片或点云数据完成岩体边坡三维数字化信息提取与结构面智能编录,并依次通过围岩质量分级、三维网络模拟、块体理论分析等手段实现岩质边坡的稳定性分析与评价。

2.9 本章小结

(1) 工程地质测绘和调查是工程勘察的基础工作,在诸项勘察方法中最先进行,可为布置勘探、测试等其他勘察工作提供依据。工程地质测绘对地质现象和作用的研究应围绕建筑物的精度要求而进行,要求的精度较高,常采用大比例尺进行专门性测绘。

(2) 工程地质测绘和调查的范围应以能解决工程实际问题为前提,适宜的测绘范围既能较好地查明场地的工程地质条件，又不至于浪费勘察工作量。工程地质测绘范围是随着设计阶段(即工程勘察阶段)的提高而缩小的。工程地质条件越复杂，研究程度越差，工程地质测绘范围越大。

(3) 工程地质测绘和调查应紧密结合工程建设规划、设计要求进行，工程地质测绘比例尺的选择主要取决于建筑物类型、设计阶段以及工程建筑所在地区工程地质条件的复杂程度及研究程度。

(4) 工程地质测绘研究的主要内容是工程地质条件的诸要素。此外，还应调查搜集自然地理和已建建筑物的有关资料。

(5) 工程地质实地测绘和调查的基本方法包括路线穿越法、布点法、追索法。在工程地质测绘和调查过程中重要的是要把点与点、线与线之间观察到的现象联系起来，还要将工程地质条件与拟进行的工程活动的特点联系起来，以便能确切预测两者之间相互作用的特点。

思 考 题

1. 工程地质测绘和调查的任务是什么?
2. 工程地质测绘研究的内容有哪些?
3. 工程地质测绘范围、比例尺和精度有何关系?
4. 工程地质测绘和调查中观测点布置有何要求?
5. 工程地质测绘和调查包括哪几种方法? 分别有什么要求?
6. 在不同岩土分布区工程地质测绘和调查的重点内容有什么区别?
7. 遥感技术在工程地质测绘中有何优势?

3 勘探与取样

3.1 概 述

3.1.1 勘探的任务和特点

人类工程活动对地壳表层岩土体的影响往往会达到一定的深度，且建筑物规模越大，影响深度越深。地面下的工程地质条件难以用工程地质测绘确切查明，因此需要采用勘探手段。勘探是采取某种方法去揭示地下岩土体(包括与其密切相关的地下水)空间分布和变化的一种手段。

首先，勘探工作的主要任务是全面、确切地查明地壳表层与建筑物相互作用的地带内的工程地质条件，包括如下几种。

① 地质结构：区分出基岩和表层沉积，区分结构、性质、天然状态不同的土层，划分出各种风化程度的岩层，按照岩石性质详细划分岩层并确定其产状和接触关系，详细研究断层和裂隙，研究地质结构的空间变化规律。

② 地貌特征及物理地质作用：查明各种地形如阶地、洪积扇、平原、斜坡、峡谷、埋藏河谷的位置、结构及其成因；研究各种物理地质作用，如岩溶的规模及发育深度，滑坡的范围及滑动面的位置、性状等。

③ 水文地质条件：查明含水层层数、位置、地下水位、水头及其动态变化、化学成分等。

其次，勘探工作可以为岩石的物理力学性质和地下水的水质、水量测定准备条件。应从勘探坑孔中有计划地采取岩样和水样，以备实验室分析、鉴定之用，并准备钻孔和坑道以便进行野外试验工作。

有时勘探工作还可为长期观测工作提供条件，如设置地下水长期观测孔、安装可观测某些地质作用的装置以及埋置水准基点等。

最后，在施工时还往往需要一些特殊的坑孔，如用于灌浆的钻孔及廊道、导坑等。

由于工程勘探面临上述任务，它就必然具有以下特点：

① 对地壳表层的地质结构需要进行特别细致的研究，对其他类型勘探工作所不注意的结构和现象都要详细研究、编录。如除研究砂矿外，一般地质勘探都不重视表层沉积的研究，而在工程地质勘探中就研究得特别仔细；风化岩石的特性及风化岩石的分层也是如此。

② 把建筑物影响带内的所有岩层都看作需要查明的目的层，既要找到好的持力岩层，也要指出不利的、对施工及建筑稳定性可能有危害的岩层或地质结构。

③ 在工程勘探中，需要注意保持岩石的原状结构和天然状态，以保证岩石物理力学性质研究的准确性。

④ 为实现工程地质、水文地质、岩石物理力学性质的综合研究，对勘探坑孔结构、勘探方法、实施程序都有许多特殊要求。

3.1.2 勘探手段选择

勘探的手段可分为直接的、半直接的和间接的三大类，如表 3-1 所示。

表 3-1 勘探手段简介

勘探手段		功能与特点	应用	限制
直接的	探井、探槽	可在掘进范围内直接观察地层岩性及地质构造； 可在其中采取高质量的岩土样； 可在其中进行大型的原位测试	可用人工开挖，适用于地形陡峻的山地； 应用于滑坡、断层、特殊土(如黄土)的勘探	受地下水限制，开挖深度不能太大
	竖井、平硐	可在掘进范围内直接观察地层岩性及地质构造； 可在其中采取高质量的岩土样； 可在其中进行大型的原位测试	应用于大型岩土工程，如大坝、隧道、地下硐室的勘探	费用高，施工难度大，施工时间长
半直接的	钻探	可采取岩心样，根据岩土样品、钻进参数、手感等鉴别地层； 可采取岩土样； 可进行孔内岩土测试； 可观测地下水位	普遍应用于各类工程的勘探	对地质构造、溶洞形态等只能做出推断，有时可能发生误判
间接的	触探	根据贯入指标间接划分地层，兼有原位测试功能； 可获得全断面的贯入曲线，对土层的细微变化反应灵敏	普遍应用于地基土的勘探，效率高，成本低	不能直接观察地层，有时贯入曲线具有多解性，可能发生误判
	物探	具有“透视性”，可简单快捷地获得有关地层岩性、地质构造、地下埋藏物信息； 可测得岩土层的某些物理力学性质参数	多作辅助手段配合其他勘探方法使用，效率高，成本低	不同方法均有各自的应用条件和局限性，常具有多解性，无其他方法配合易误判

直接的勘探指用人工或机械开挖探井、探槽、竖井、平硐以及大口径钻孔；半直接的勘探包括各类较小口径的取样钻探；间接的勘探包括触探和物探(地球物理勘探)。它们各有其特点和适用条件，需要根据具体情况合理选择。

勘探手段(主要指钻探和坑探)的选择取决于一系列因素，如气候因素、经济因素、技术设备因素等，但起主导作用的是工程地质条件、建筑物特征(类型、结构和规模)以及勘察阶段。

(1) 工程地质条件

地形地貌条件对勘探手段的选择有明显的作用。例如，勘探河谷陡岸时利用平硐要比竖井经济合理，在陡崖附近布置钻探是不合理的，当然，如果要进行压水等试验，有时可以配合少量钻孔；在地形平坦或缓坡处，则钻探和竖井比较合适；河底深槽则只有选用钻探才可予以查明。

岩性的作用也很明显，坚硬岩石以钻探为宜；软弱岩石钻探、坑探均可采用。砂、黏土地区，深部宜用钻探，表部可配合坑探。漫滩阶地卵石层较厚时多采用冲击钻进，但当黏性土层或黏粒含量较多黏住钻具时，应采用无水回转钻进；有时为了研究夹层变化及测定其渗透性，可采用浅井，但必须加强支护。

岩层产状对勘探手段的选择有一定作用，所选勘探类型最好与层面垂直，以便穿越较多岩层，了解岩性及构造变化。根据这一原则，再结合地形条件，选择合适的勘探手段。例如对岩层倾角较大的陡坡，平硐显然比较合理；而在岩层倾角很小的缓坡，则以竖井或斜井为宜。这两种情况下钻探都是可用的，如在岩层陡倾时可采用斜孔。对于断层破碎带，坑孔也最好与断层面垂直，以详细了解断层带的宽度及糜棱带、角砾带和影响带的特征。

地下水和岩层富水性的影响在于坑探的选择，当地下水丰富时，在地下水位以下进行坑探，排水困难而复杂且易发生坍塌，须谨慎考虑。一般浅井到达地下水位即停止向下掘进，所以只能了解地下水位以上的情况。

(2) 建筑物特征

不同类型建筑物对勘察的要求不同，勘探手段应与之适应。例如，地下建筑多沿轴线布置钻探或斜井，房屋建筑与构筑物则以钻探、浅井为主。坝址应用的勘探手段比较多样，大型水利枢纽除各种钻探外，平硐也大量采用，这在其他类型建筑物勘探中是比较少见的。而规模较小的工程则很少使用复杂的大型勘探手段。

(3) 勘察阶段

不同勘察阶段，依据需要对工程地质条件了解的深度选择勘察手段十分必要。规划、可行性研究阶段主要是在较大范围对工程地质条件作概略性了解，勘探工作只在重点地段布置，以了解某些比较关键的疑难问题，采用的勘探手段多是轻型的，没必要采用复杂手段。相反，在场地选定以后的勘察阶段，为了取得设计需要的详细的、定量的资料，并解决有关工程地质问题，就需要采用便于直接观察、能够进行原位测试和试验的勘探手段，同时应辅以各种轻型勘探手段。

3.2 钻　　探

钻探是工程勘察中重要的手段之一，其主要作用有：① 获得用于鉴别、分类和试验的岩心和土样，划分地层；② 了解地质构造和不良地质作用的分布；③ 在孔内进行岩土工程性能原位测试、水文地质试验、测井和现场监测；④ 获得有关地下水情况的资料。

3.2.1 工程钻探特点

(1) 钻探工程的布置，不仅要考虑工程地质条件，还要结合工程类型和特点，如水坝一般应顺坝轴线布孔，工业与民用建筑则需要按建筑物轮廓线布孔等。

(2) 钻探深度一般都不大。除了大型水利工程、深埋隧道、核电站以及为解决专门地质问题(如探测深部岩溶)外，孔深均为十几米至数十米，所以经常采用简易钻探法和使用轻便型钻机。

(3) 钻孔多具综合目的。一个钻孔除需要查明地层岩性、地质结构和水文地质条件外，还常用于各种试验(如岩土力学性质试验、水文地质试验、灌浆试验等)、长期观测和取样(如岩样、土样和水样等)。有时试验和钻进交替进行，所以钻探速度较慢。

(4) 在钻进方法、钻孔结构、钻进过程中的观测编录等方面，钻探均有特殊要求。

3.2.2 工程钻探特殊要求

工程钻探是为工程建设服务的，具有综合目的，因此在钻进方法、钻孔结构、钻进过程中的观测记录等方面具有特殊要求。

第一，工程钻探对岩心采取率要求高，一般岩层不能低于80%；对工程建筑物至关重要的较弱夹层和断层破碎带不能低于60%，但往往不易取得岩心。为保证获得较高的岩心采取率，应针对不同的勘探对象采用相应的钻进方法。如在软弱地层或断层破碎带中钻进时，要尽量减少冲洗液或用干钻，降低钻速，缩短钻程，最好采用双层岩心管。

第二，为了保证地下水位准确测定和水文地质试验工作的正常进行，必须按含水层的位置和试验工作的要求确定孔身结构及钻进方法。对不同含水层要换径并分层止水、加以隔离，含水层越多，换径和分层止水的次数就越多。一般的工程地质钻孔终孔直径为91 cm，根据换径次数及位置，即可确定孔身结构。若在基岩面以上的卵石层中做抽水试验，开孔口径以325 mm为宜。为了保证取得准确的水文地质参数，必须采用清水钻进或干钻，不允许使用泥浆加固孔壁的办法。通常钻孔要直，不能发生弯曲；要求孔壁光滑规则；同一层段孔径应大小一致。

第三，在工程地质钻探中，为研究岩土的物理力学性质，经常要采取岩土样。坚硬岩石的取样可利用岩心，但其中软弱夹层和断层破碎带取样时，须采取特殊措施(如采用套钻和化学树脂胶合办法等)。为了取得质量可靠的原状土样，必须配备专门的取土器，并应注意取样方法和操作工序，尽量使土样不受或少受扰动。

3.2.3 工程钻探方法的分类和选择

自然地质条件是复杂的，各种钻探方法和设备都有一定的适用条件，选择钻探方法和设备时，应视钻探的目的和地质条件而定。

根据岩土破碎的方法、冲洗介质的种类及循环方式、钻探设备与机具的特点，工程勘察中钻探的方法可主要分为回转、冲击、冲击回转、振动和冲洗几种钻探类型(图3-1)。

1. 回转钻探

回转钻探通过钻杆将旋转矩传递至孔底钻头，同时施加一定的轴向压力实现钻进。产生旋转力矩的动力源可以是人力或机械能，轴向压力则依靠钻机的加压系统以及钻具自重。

回转钻探包括硬质合金钻进、金刚石钻进、钢粒钻进、牙轮钻进、螺旋钻进等，但在工程勘察中，土层以硬质合金钻进为主，岩层以硬质合金、金刚石钻进为主。钻进规程涉及的钻进工艺参数主要有：钻压(即施加在钻头上的轴向载荷)、钻具转速、冲洗介质(如清水、钻井液、压缩空气等)的品质、冲洗液泵量。若采用干式无循环钻进，则工艺参数只涉及钻压与钻具转速。

2. 冲击钻探

冲击钻探利用钻具的重力和下冲击力使钻头冲击孔底以破碎岩土。破碎后的岩粉、岩

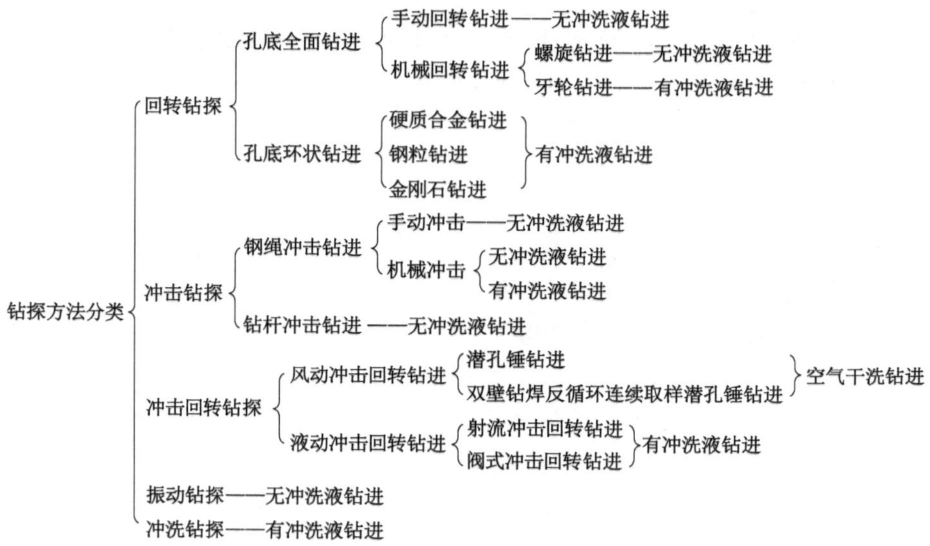

图 3-1 钻探方法分类

屑由循环液冲出地面，也可以采用带活门的抽沙筒提出地面。根据使用的工具不同，冲击钻探可分为钻杆冲击钻进和钢绳冲击钻进，但以钢绳冲击钻进较普遍。对于硬层（如基岩、碎石土等）一般采用孔底全面冲击钻进，对于土层通常采用圆筒形钻头的刃口并借助钻具冲击力切削土层钻进。

冲击钻探可应用于多种土类以及岩层，对卵石、碎石、漂石、块石尤为适合。

3. 冲击回转钻探

冲击回转钻探也称综合钻探。冲击回转钻探是在钻头承受一定载荷的基础上，以竖向冲击力和回转切削力共同破碎孔底岩土体的钻探方法。在工程勘察中，冲击回转钻探应用较广泛。

4. 振动钻探

振动钻探指通过钻杆将振动器激发的振动力迅速传递至孔底管状钻头周围的土中，使土的抗剪阻力急剧降低，同时在一定轴向压力下使钻头贯入土层中。这种钻探方式能取得较有代表性的土样，且钻进效率高，常用于黏性土层，砂层以及粒径较小的卵石层、碎石层。但这种钻探方式对孔底扰动较大，往往影响高质量土样的采取。

5. 冲洗钻探

冲洗钻探通过高压射水破坏孔底土层从而实现钻进。土层破碎后随水流冲出地面。这是一种简单、快速、成本低廉的钻进方法，适用于砂层、粉土层和不太坚硬的黏性土层；但冲出地面的粉屑往往是各土层物质的混合物，代表性很差，会给地层判断、划分带来困难。故该方法主要用于查明基岩起伏面的埋藏深度。

以上几种钻探方法适用于不同的岩土层，在工程勘察中较常使用，针对具体工程及岩土层情况，应选择合适有效的钻探方法。选择钻探方法应考虑的原则是：

① 明确地层特点和钻探方法的相关性；

② 明确能保证以一定的精度鉴别地层，了解地下水情况；

③ 尽量避免或减轻对取样段的扰动影响。

根据大量工程实践经验，在工程勘察中，工程钻探应首先选择回转钻探方法，其次选择冲击回转钻探、冲击钻探（或锤击钻探）、冲洗钻探方法。在滑坡及湿陷性土层、膨胀性土层中钻进，应注意采用干式无循环钻探方法或优质泥浆的有循环钻探方法。

《岩土工程勘察规范（2009 年版）》（GB 50021—2001）对常用几种钻探方法的适用范围做出了明确规定（表 3-2）。

表 3-2　钻探方法的适用范围

钻探方法		钻进地层					勘察要求	
		黏性土	粉土	砂土	碎石土	岩石	直观鉴别，采取不扰动试样	直观鉴别，采取扰动试样
回转钻探	螺旋钻探	++	+	+	−	−	++	++
	无岩心钻探	++	++	++	+	++	−	−
	岩心钻探	++	++	++	+	++	++	++
冲击钻探	冲击钻探	−	+	++	++	−	−	−
	锤击钻探	++	++	++	+	−	++	++
振动钻探		++	++	++	+	−	+	++
冲洗钻探		+	++	++	−	−	−	−

注：“++”表示适用；“+”表示部分适用；“−”表示不适用。

对岩土工程钻探亦有相应规定：

① 钻探口径和钻具规格应符合现行国家标准的规定。成孔口径应满足取样、测试和钻进工艺的要求。

② 钻进深度和岩土分层深度的量测精度，不应低于±5 cm。

③ 应严格控制非连续取心钻进的回次进尺，使分层进度符合要求。

④ 对用于鉴别地层天然湿度的钻孔，在地下水位以上应进行干钻，当必须加水或使用循环液时，应采用双层岩心管钻进。

⑤ 岩心钻探的岩心采取率，对完整和较完整岩体不应低于 80%，较破碎和破碎岩体不应低于 65%；对需要重点查明的部位（如滑动带、软弱夹层等）应采用双层岩心管连续取心。

⑥ 当需要确定岩石质量指标时，应采用 75 mm 口径（N 型）双层岩心管和金刚石钻头。

⑦ 钻探操作的具体方法，应按现行标准《建筑工程地质勘探与取样技术规程》（JGJ/T 87—2012）执行。

3.2.4　钻孔设计书编制、钻孔观测编录及钻孔资料整理

1. 钻孔设计书编制

钻探工作耗资较大，应尽可能使每一个钻孔都发挥综合效益，取得较多的资料。为此，工程地质人员除了编制整个工程地质勘探设计外，还应逐个钻孔编制设计书，以保证钻探工作达到预期目的。

钻孔设计书内容要点应包括以下五点：

① 钻孔附近的地形、地质概况及钻探目的。钻探目的必须充分说明，使施钻人员、观测人员、编录人员明确该孔的意义及钻进中应注意的问题，这对于保证钻进、观测、编录工作的质量都是至关重要的。

② 钻孔的类型、深度及孔身结构。应根据已掌握的资料，绘制钻孔设计柱状剖面图，说明将要遇到的地层岩性、地质构造及水文地质情况等，据以确定钻进方法、钻孔类型、孔深、开孔直径、终孔直径以及换径深度、钻进速度、固壁方法等。

③ 工程地质要求。这包括岩心采取率、取样、试验、观测、止水、编录等各方面的具体要求。编录项目及应取得的成果资料包括钻孔柱状剖面、岩心素描、钻进观测、试验记录图表及水文地质日志等。

④ 说明钻探结束后对钻孔的处理意见，如留作长期观测孔或封孔等。

⑤ 投资预算。

2. 钻孔的观测与编录

为了全面、准确地反映钻探工程第一手资料，在钻进过程中必须认真、细致地做好观测与编录工作。

(1) 岩心观察、描述和编录

应对岩心进行认真观察、鉴定，描述其颜色、矿物成分、颗粒成分、结构与构造，正确定名，必要时取样进行室内岩矿鉴定。对疏松砂砾土和黏性土，应观察其致密程度和稠度状态。对节理类型、裂隙类型、延续性、蚀变、充填情况、倾角、间距等进行描述及统计。对风化岩石，应将岩心按风化程度进行分带和描述。必要时编制岩心素描及岩心柱状图。

通过对岩心的各种统计，可以得到岩心采取率、岩心获得率和岩石质量指标等定量指标。

① 岩心采取率是指所取岩心的总长度与本回次进尺的百分比。总长度包括比较完整的岩心和破碎的碎块、碎屑及碎粉物质。

② 岩心获得率是指比较完整的岩心长度与本回次进尺的百分比。它不包括不成形的破碎物质。

③ 岩石质量指标(rock quality designation，RQD)由迪尔提出，它应以采用 75 mm 口径(N 型)双层岩心管和金刚石钻头获取的大于 10 cm 的岩心累计长度占钻探总进尺的比例确定，岩心的断开裂隙是岩体原有的天然裂隙而并非钻进破坏所致。故 RQD 可表示为：

$$\mathrm{RQD}=\frac{\text{大于 10 cm 的岩心累计长度}}{\text{钻探总进尺}}\times 100\% \tag{3-1}$$

上述三项定量指标可反映岩石的坚硬和完整程度。岩石越坚硬、完整，上述三项定量指标数值越高；而越软弱、破碎的岩石，其数值越低。它们还与钻进的工艺和技术水平有关。

每回次取出的岩心应顺序排列，并按有关规定进行编号、装箱和保管。应注明所取原状土样、岩样的数量及深度。

(2) 钻孔水文地质观测

应充分重视并记录钻进过程中冲洗液消耗量的变化。发现地下水后，应测定其初见水位和稳定水位，确定含水层顶底板标高及厚度并测量水温。应按规定深度抽取水样以进行水质分析。

(3) 孔内情况观察记录

钻进过程中应注意换层深度、回水颜色变化以及钻具陷落、孔壁坍塌、卡钻、埋钻和涌砂现象等,结合岩心判断孔内情况。如果孔壁坍塌及卡钻,岩心破碎,采取率低,就表明岩石裂隙发育或处于构造破碎带中。

当钻进过程中遇到严重风化或裂隙十分发育的岩层、断层破碎带、岩溶洞穴时,岩心采取率往往很低,甚至取不到岩心,给判断孔内情况带来困难。钻孔摄影和钻孔电视弥补了这一缺陷,通过对孔壁的探测观察,对岩层的裂隙发育程度及方向、岩层风化程度、断层破碎带、岩溶洞穴和泥化夹层等,可以取得较为清晰的照片或图像,这给人以孔内观察的感觉。

3. 钻孔资料整理

钻孔工作结束后,要进行钻孔资料整理,主要成果有:

① 钻孔柱状图。对孔内岩层情况,按一定比例尺编制柱状图,做出岩性描述;还应在相应位置上标明岩心采取率、冲洗液消耗量、地下水位、岩心风化分带、有代表性的岩土物理力学性质指标以及取样位置。如果孔内做过试验,则应将试验成果在相应位置标出。

② 钻孔操作及水文地质日志图。

③ 岩心素描图及其说明。

岩土心样可根据工程要求保存一定期限或长期保存,亦可拍摄岩心、土心获得彩照并纳入勘察成果资料。

3.3 坑 探

3.3.1 坑探的特点及适用条件

坑探是查明地下地质情况的最直观有效的勘探方法,包括井探、槽探和硐探等类型。当钻探难以查明地下地层岩性、地质构造时,可采用井探、槽探进行勘探。当在大坝坝址、地下硐室、大型边坡等工程勘察中,需要详细调查深部岩层性质、风化程度及构造特性时,则可采用硐探方法。

探井、探槽主要适用于土层之中,可用机械或人力开挖,以人力开挖居多。其开挖深度受地下水位影响。在交通不便的丘陵、山区或场地狭窄处,大型勘探机械难以就位,用人力开挖探井、探槽方便灵活,获取地质资料翔实准确,编录直观,勘探成本低。

探井的横断面可以为圆形,也可以为矩形。圆形井壁应力状态较有利于井壁稳定,矩形则较有利于人力挖掘。为了减小开挖方量,断面尺寸不宜过大,以能容纳一人下井工作为基本原则。通常,圆形探井直径为0.8~1.0 m,矩形探井断面尺寸为0.8 m×1.2 m。当施工场地许可且需要放坡或分级开挖时,探井断面尺寸可以增大;当探槽开挖断面为一长条形,宽度为0.5~1.2 m时,在场地允许和考虑土层实际的情况下,也可分级开挖。

在探井、探槽开挖过程中,应根据地层情况、开挖深度、地下水位情况采取井壁支护、排水、通风等措施,尤其是在疏松、软弱土层中或无黏性的砂、卵石层中,必须进行支护,且应有专门技术人员在场。此外,探井井口部保护十分重要,在多雨季节施工应设置防雨棚、修建排水沟,防止雨水流入或浸润井壁。土石方不能随意弃置于井口边缘,以免增加井壁的主动土压力，导致井壁失稳或支撑系统失效或土石块坠落伤人。通常，堆土区应布置在下坡方向且离井口边缘有不少于 2 m 的安全距离处。

探井、探槽开挖方量大，对场地的自然环境会造成一定程度的改变甚至破坏，还有可能对以后的施工造成不良影响。在制定勘探方案时，对此应有充分估计。当勘探结束后，探井、探槽必须妥善回填。

硐探主要依靠专门机械设备在岩层中掘进，通过竖井、斜井和平硐来观察描述地层岩性、构造特征，并进行现场试验以了解岩层的物理力学性质指标。因此，硐探包括竖井、斜井和平硐，是施工条件最困难、成本最高，而且最费时间的勘探方法。在掘进过程中，需要支护不稳定的围岩和排除地下水，掘进深度大时还需要有专门的出砟和通风设施，所以硐探的应用受到一定限制，但在一些水利水电、地下硐室等岩土工程中，为了获得有关地基和围岩中准确而详尽的地质结构和地层岩性资料，追索断裂带和软弱夹层或裂隙强烈发育带、强烈岩溶带等，以及为了进行原位测试（如测定岩土体的变形性能、抗剪强度参数、地应力等），硐探是必不可少的勘探方法，这在详细勘察阶段显得尤其重要。竖井由于不便出砟和排水，不便于观察和编录，往往用斜井代替。当地形陡峭、探测的岩层或断裂带产状较陡时，则广泛采用平硐勘探。

井探、槽探、硐探的特点及适用条件如表 3-3 所示。

表 3-3　井探、槽探、硐探的特点及适用条件

勘探种类	勘探实物名称	特　点	适用条件
井探	探井	断面有圆形和矩形两种，圆形直径为 0.8～1.0 m，矩形断面尺寸为 0.8 m×1.2 m。深度受地下水位影响，以 5～10 m 较多，通常小于 20 m	常用于土层中，查明地层岩性、地质结构，采取原状土样，兼用于原位测试
槽探	探槽	呈长条形，断面宽度为 0.5～1.2 m。深度受地下水位影响，一般为 3～5 m	剥除地表覆土，揭露基岩，划分土层岩性，追踪查明地裂缝、断层破碎带等地质结构线的空间分布及剖面组合情况
硐探	竖井	形状近似于探井，但口径大于探井，需进行井壁支护、排水、通风等	查明地层岩性、地质结构、覆盖土层厚度以及基岩情况
	斜井	具有一定倾斜度的竖井	查明地层岩性、地质结构、覆盖土层厚度以及基岩情况
	平硐	在地面有出口的水平通道，深度大，需要支护	常用于地形陡峭的基岩层中，查明河谷地段地层岩性、软弱夹层、破碎带、风化岩层等，并可进行一些原位测试

3.3.2 现场观察和描述并绘制展示图

1. 现场观察和描述

① 量测探井、探槽、竖井、斜井、平硐的断面形态尺寸和掘进深度。

② 详尽地观察和描述四壁与顶(底)的地层岩性,地层的接触关系、产状、结构与构造特征、裂隙及充填情况,基岩风化情况;绘出四壁与顶(底)的地质素描图。

③ 观察和记录开挖期间及开挖后井壁、槽壁、硐壁岩土体变形动态,如膨胀、裂隙、风化、剥落及塌落等现象,并记录开挖(掘进)速度和方法。

④ 观察和记录地下水动态,如涌水量、涌水点、涌水动态与地表水的关系等。

2. 绘制展示图

展示图是井探、槽探、硐探编录的主要成果资料。绘制展示图就是沿探井、探槽、竖井、斜井或平硐的壁、顶(底)把地层岩性、地质构造展示在一定比例尺的地质断面图上。井探、槽探、硐探类型特点不同,展示图的绘制方法和表示内容各有不同,其采用的比例尺一般为1∶100～1∶25,主要取决于勘察工程的规模和场地地质条件的复杂程度。

(1) 探井和竖井展示图

探井和竖井展示图的绘制方法有两种:一种是四壁辐射展开法,另一种是四壁平行展开法。四壁平行展开法使用较多,它避免了四壁辐射展开法因井较深而存在的不足。图 3-2 为采用四壁平行展开法绘制的探井展示图,其中探井和竖井四壁的地层岩性、结构构造特征很直观地被表示了出来。

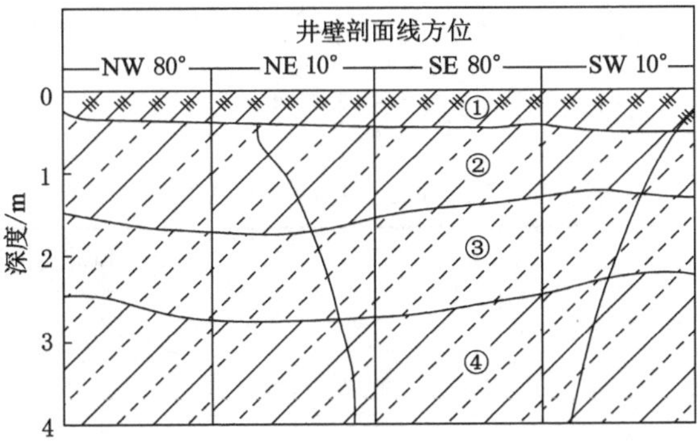

图 3-2 采用四壁平行展开法绘制的探井展示图

(2) 探槽展示图

探槽在追踪地裂缝、断层破碎带等地质界线的空间分布及查明剖面组合特征时使用很广泛。因此在绘制探槽展示图之前,确定探槽中心线方向及其各段变化,测量水平延伸长度、槽底坡度以及绘制四壁地质素描图显得尤为重要。

探槽展示图有以坡度展开法绘制的和以平行展开法绘制的两种展示图。其中平行展开法使用广泛,更适用于坡度陡立的探槽。

(3) 平硐展示图

绘制平硐展示图从硐口开始,到掌子面结束。其具体绘制方法是:按实测数据先画出硐底的中线,然后依次绘制硐底、硐两侧壁、硐顶、掌子面,最后按底、壁、顶和掌子面对应的地层岩性和地质构造填充岩性图例与地质界线，并应绘制硐底高程变化线，以便于分析和应用。

3.4 取样技术

3.4.1 土样质量等级和取样技术要求

1. 土样质量等级及取样工具和方法

根据试验目的，《岩土工程勘察规范（2009 年版）》（GB 50021—2001）把土样的质量分为四个等级（表 3-4）。

表 3-4 土样质量等级

等级	扰动程度	试验内容
Ⅰ	不扰动	土类定名、含水量、密度、强度试验、固结试验
Ⅱ	轻微扰动	土类定名、含水量、密度
Ⅲ	显著扰动	土类定名、含水量
Ⅳ	完全扰动	土类定名

注：① 不扰动是指原位应力状态虽已改变，但土的结构、密度、含水量变化很小，能满足室内试验各项要求。

② 除地基基础设计等级为甲级的工程外，在工程技术要求允许的情况下可用Ⅱ级土样进行强度和固结试验，但宜先对土样受扰动程度做抽样鉴定，判定用于试验的适宜性，并结合地区经验使用试验成果。

不同等级土样的取样工具和方法可按表 3-5 选择。

表 3-5 不同等级土样的取样工具和方法

土样质量等级	取样工具和方法		适用土类										
			黏性土					粉土	砂土				砾砂、碎石土、软岩
			流塑	软塑	可塑	硬塑	坚硬		粉砂	细砂	中砂	粗砂	
Ⅰ	薄壁取土器	固定活塞	++	++	+	−	−	+	+	−	−	−	−
		水压固定活塞	++	++	+	−	−	+	+	−	−	−	−
		自由活塞	−	+	++	−	−	+	+	−	−	−	−
		敞口	+	+	+	−	−	+	+	−	−	−	−
	回转取土器	单动三重管	−	+	++	++	+	++	++	++	−	−	−
		双动三重管	−	−	−	+	++	−	−	−	++	++	+
	探井（槽）中刻取块状土样		++	++	++	++	++	++	++	++	++	++	++

表 3-5(续)

土样质量等级	取样工具和方法		适用土类										
			黏性土					粉土	砂土				砾砂、碎石土、软岩
			流塑	软塑	可塑	硬塑	坚硬		粉砂	细砂	中砂	粗砂	
Ⅱ	薄壁取土器	水压固定活塞	++	++	+	−	−	+	+	−	−	−	−
		自由活塞	+	++	++	−	−	+	+	−	−	−	−
		敞口	++	++	++	−	−	+	+	−	−	−	−
	回转取土器	单动三重管	−	+	++	++	+	++	++	++	−	−	−
		双动三重管	−	−	−	+	++	−	−	−	++	++	++
	厚壁敞口取土器		+	++	++	++	++	+	+	+	+	+	−
Ⅲ	厚壁敞口取土器		++	++	++	++	++	++	++	++	++	+	−
	标准贯入器		++	++	++	++	++	++	++	++	++	++	−
	螺纹钻头		++	++	++	++	++	+	−	−	−	−	−
	岩心钻头		++	++	++	++	++	++	+	+	+	+	+
Ⅳ	标准贯入器		++	++	++	++	++	++	++	++	++	++	−
	螺纹钻头		++	++	++	++	++	+	−	−	−	−	−
	岩心钻头		++	++	++	++	++	++	++	++	++	++	++

注:1. “++”表示适用;“+”表示部分适用;“−”表示不适用。

2. 采取砂土样应有防止试样失落的补充措施。

3. 有经验时,可用束节式取土器代替薄壁取土器。

2. 取样技术要求

《岩土工程勘察规范(2009 年版)》(GB 50021—2001)规定,在钻孔中采取Ⅰ～Ⅱ级砂样时,可采用原状取砂器,并按相应的现行标准执行。在钻孔中采取Ⅰ～Ⅱ级土样时,应满足下列要求:

① 在软土、砂土中宜采用泥浆护壁;如使用套管,应保持管内水位等于或稍高于地下水位,取样位置应低于套管底约 3 倍孔径的距离。

② 采用冲洗、冲击、振动等方式钻进时,应在预计取样位置 1 m 以上改用回转钻进。

③ 下放取土器之前应仔细清孔,清除扰动土,孔底残留浮土厚度不应大于取土器废土段长度(活塞取土器除外)。

④ 采取土样宜用快速静力连续压入法。

⑤ 具体操作方法应按现行标准《建筑工程地质勘探与取样技术规程》(JGJ/T 87—2012)执行。

3. 土样封装、贮存和运输

对于Ⅰ、Ⅱ、Ⅲ级土样的封装、贮存和运输,应符合下列要求:

① 取出土样应及时妥善密封，以防止湿度变化，严防暴晒或冰冻。

② 土样运输前应妥善装箱、填塞缓冲材料，运输过程中避免震动。保存时间不宜超过三周。

③ 对于易振动液化和水分离析的试样宜就近进行试验。

3.4.2 取土样技术方法

1. 钻孔中不扰动土样的采取方法

(1) 击入法

击入法是用人力或机械力操纵落锤，将取土器击入土中的取土方法。按锤击次数分为轻锤多击法和重锤少击法；按锤击位置又分为上击法和下击法。经过取样试验比较认为：就取样质量而言，重锤少击法优于轻锤多击法，下击法优于上击法。

(2) 压入法

压入法可分为慢速压入法和快速压入法两种。

① 慢速压入法：用杠杆、千斤顶、钻机手把等加压，取土器进入土层的过程是不连续的。在取样过程中对土样有一定程度的扰动。

② 快速压入法：该方法将取土器快速、均匀地压入土中，采用这种方法对土样的扰动程度最小。目前普遍使用两种方式，一是活塞油压筒法，即对比取土器稍长的活塞油压筒加以高压，强迫取土器以等速压入土中；二是钢绳、滑车组法，即借机械力量通过钢绳、滑车装置将取土器压入土中。

(3) 回转法

回转法指使用回转式取土器取样，取样时将内管压入取样，外管回转削切的废土一般被机械钻机冲洗液带出孔口。这种方法可减少取样时对土样的扰动，从而提高取样质量。

2. 探井、探槽中不扰动土样的采取方法

探井、探槽中采取不扰动土样可采用两种方式，一种是用锤击敞口取土器取样，另一种是用人工刻切块状土样。后一种方法使用较多，这是因为块状土样的质量高。

人工采用块状土样一般应注意以下几点：

① 避免对取样土层的人为扰动破坏，开挖至接近预计取样深度时，应留下 20～30 cm 厚的保护层，待取样时再细心铲除。

② 防止地面水渗入，井底水应及时抽走，以免浸泡。

③ 防止暴晒导致水分蒸发，坑底暴露时间不能太长，否则会风干。

④ 尽量缩短切削土样的时间，及早封装。

块状土样可以切成圆柱状和方块状。也可以在探井、探槽中采取盒状土样，这种方法是将装配式的方形土样容器放在预计取样位置，边修切边压入，从而取得高质量的土样。

3. 复杂或特殊岩土层的取样方法

(1) 饱和软黏性土取样

饱和软黏性土强度低，灵敏度高，极易受到扰动，并且当受到扰动后，强度会显著降低。在严重扰动的情况下，饱和软黏性土强度可能降低 90%。

在饱和软黏性土中采取高质量等级试样时必须选用薄壁取土器。当土质过软时，不宜使用自由活塞取土器。取样之前应对取土器做仔细检查，刃口卷折、残缺的取土器必须更换。取样管应形状圆整，上、中、下部直径的最大、最小值之差不能超过 1.5 mm。取样管内壁加工光洁度应达到▽5～▽6。饱和软黏性土取样时应注意：

① 应优先采用泥浆护壁回转钻进。这种钻进方式对地层的扰动破坏最小。泥浆柱的压力可以阻止塌孔、缩孔以及孔底的隆起变形。泥浆还可在提升时对土样底产生一定的浮托力，掉样的可能性因而减小。

② 清水冲洗钻探也是可以使用的钻探方法，这是因为在孔内始终保持高水头是有利的，但应注意采用侧喷式冲洗钻头，不能采用底喷式钻头，否则对孔底冲蚀剧烈，对取样不利。

③ 螺旋钻头干钻虽是常用的方法，但螺旋钻头提升时难免引起孔底缩孔、隆起或管涌。因此采用螺旋钻头钻进时，钻头中间应设有水、气通道以使水、气能及时通达钻头底部，消除真空、负压。

④ 强制挤入的大尺寸钻具，如厚壁套管以及大直径空心机械螺旋钻进、冲击钻进、振动钻进均不利于取样。如果采用这类方法钻进，必须在预计取样位置以上一定距离停止钻进，改用对土层扰动较小的钻进方法。

在饱和软黏性土中取样应采用快速、连续的静压方法贯入取土器。

(2) 砂土取样

砂土在钻进和取样过程中，更容易受到结构的扰动。砂土没有内聚力，当提升取土器时，砂样极易掉落。在探井、探槽中直接采取砂样是可以获得高质量试样的，但开挖成本高，往往难以实施。

在钻探过程中为了采取砂样，可采用泥浆循环回转钻进。用泥浆护壁既可防止塌孔、管涌，又可浮托土样，在土样底端形成一层泥皮，从而减少掉样的危险。

此外，也可用固定活塞薄壁取土器和双层单动回转取土器采取砂样。前者只能用于较疏松细砂层，对密实的粗砂层宜采用后者。

采取高质量砂样的另一类方法是事先设法将无黏性的散粒砂土固化(胶凝或冷冻)，然后用岩心钻头刻切取样。

(3) 卵石土、砾石土取样

卵石土、砾石土粒径悬殊，最大粒径可达数十厘米，采样很困难。在通常口径的钻孔中不可能采取Ⅰ～Ⅲ级卵石土样。在必须要采取卵石、砾石土样时可考虑下述方法。

① 冻结法：将取样地层在一定范围内冻结，然后用岩心钻探取心。

② 开挖探坑：人工采取大体积块状试样。

(4) 残积土取样

残积土取样的困难在于土质复杂多变，软硬变化悬殊，一般的取土器很难完成取样。如非饱和的残积土遇水极易软化、崩解，应采用黏度大的泥浆作为循环液，用三重管取土器采取土样。在强风化层中可采用敞口取土器取样，取土器贯入时往往需要大能量多次锤击，在管靴需要加厚的同时，土层也受到较大扰动。因此，在残积土层中钻孔取样较好的方法是采用回转取土器，并以能自动调节内管超前值的皮切尔式三重管取土器为最好。为避免冲洗液对土样的渗透软化，泥浆应具有高黏度，并注意控制泵压和流量。

3.4.3 取岩样技术方法

岩石试样可利用钻探岩心制作或在探井、探槽、竖井和平硐中刻取。采取的毛样尺寸应满足试块加工的要求。在特殊情况下，试样形状、尺寸和刻取方向由岩体力学试验设计确定。

3.4.4 取水样要求

(1) 水试样采集的基本原则

采取的地下水试样必须可代表天然条件下的客观水质情况。应采集钻孔、观测孔、生产井和民用井、探井(坑)中刚从含水层进来的新鲜水。泉水应在泉口处取样。

(2) 水样采集的一般要求

① 盛水容器一般应采用带磨口的玻璃瓶或塑料瓶(桶)。取样前容器必须洗净，并经蒸馏水清洗。取样时先用所取的水冲洗瓶塞和容器三次以上，然后缓缓地将取得的水注入容器。容器顶应留出高为 10～20 mm 的空间，及时用石蜡或火漆封口，并做好采样记录，贴好水样标签，填写水样送检单，尽快送化验室。

② 采样过程中应尽量避免样品与大气发生接触，以防止样品发生变化。取不稳定成分的水样时，应及时加入稳定剂，并严防杂物混入，具体方法见表 3-6。

表 3-6 含某些不稳定成分的水样采集方法

需专门测定的不稳定成分	取样数量/L	处置方法及加入稳定剂数量	注意事项
侵蚀性 CO_2	0.25～0.30	加 2～3 g 大理石粉	同时取简(全)分析样
总硫化物	0.30～0.50	加 10 mL 1∶3 醋酸镉溶液或加 2～3 mL 25%的醋酸锌溶液和 1 mL 4%的氢氧化钠溶液	称水样(带瓶子)的质量
铜、铅、锌	1.0	加 5 mL 1∶1 盐酸溶液	所用盐酸不应含有欲测的金属离子，严格防止砂颗粒混入
铁	0.5	淡水加 15～25 mL 醋酸-醋酸盐缓冲液(pH 为 4)；矾水及酸性水加 5 mL 1∶1 硫酸溶液及 0.5～1.0 g 硫酸铵	如水样浑浊，应迅速过滤，再按左列步骤进行
溶解氧	0.3	加 1～3 mL 碱性碘化钾溶液，然后加 3 mL 氯化锰，摇匀密封。当水样含有大量有机物及还原物质时，首先加入 0.5 mL 溴水(或高锰酸钾溶液)，摇匀放置 24 h，然后放入 5 mL 水杨酸溶液，再按上述步骤进行	事先称取样瓶的容量，取样时注意瓶内不应留有空气并记录加入试剂总体积和水温
氰化物	0.5	每升水中加 2 g 氢氧化钠固体	保持冷凉，尽快运送分析

表 3-6(续)

需专门测定的不稳定成分	取样数量/L	处置方法及加入稳定剂数量	注 意 事 项
酚化物	0.5	每升水中加 2 g 氢氧化钠固体	保持冷凉,尽快运送分析
氨	1.0	加 0.7 mL 浓硫酸酸化	保持冷凉,尽快运送分析
镭	2～3	加 4～6 mL 浓盐酸酸化	
铀	0.5～1.0(荧光法)	盐酸酸化	比色法需要取 2～3 L
氡	0.1	用预先抽成真空的玻璃扩散器取样,无扩散器时,可用干净的带磨口玻璃塞的玻璃瓶	样瓶内不应留有空气,详细记录取样时间,避免搅动水样

③ 井孔中采样时动作要轻,避免搅动井水和底部沉积物;水样送验过程中,要防震、防冻、防晒,按规定采取存放措施,并不得超过水样最大保存期限。清洁水放置时间不宜超过 72 h,稍受污染的水不宜超过 48 h,受污染的水不宜超过 12 h。

3. 水样采集数量

进行简分析时,每件试样 500～1 000 mL,进行全分析时,每件试样 3 000 mL,进行专门(特殊)分析时,则应根据分析项目确定,具体可参阅表 3-6。通常还应考虑所需水的体积应超过各项水样体积(规定数量)的 20%～30%。

工程勘察中每个场地每层水不应少于 2 件,对建筑群每层水不宜少于 3 件。当存在对工程有影响的多层地下水时,应分层采取水样。水文地质单元不同、地下水受污染或水质变化较大时,应分区、分层采取水样,采样数量应满足分区、分层评价的要求。

3.5 物 探

凡利用地球物理的方法来探测地层岩性、地质构造等地质问题,统称为地球物理勘探,简称物探。它是基于地质体不同的物理性质(如导电性、弹性、磁性、密度、放射性等)和物理状态(如含水率、裂隙性、固结程度等)的特点,以地球物理的方法来探测地层的分界线、分界面及地质构造线面以及异常点(区域)的探察方法。物探主要通过岩土介质的电性差异、磁场差异、重力场差异、放射性辐射差异以及弹性波传播速度差异等,来解决地质问题。所探测的地质体各部分之间以及该地质体与周围地质体之间的物理性质和物理状态差异越大,使用这种方法就越能获得比较满意的效果。

物探的具体方法有很多种,主要可分为以下几大类:电法勘探、磁法勘探、重力勘探、地震勘探、放射性勘探、地球物理测井以及地球物理遥感测量等。

常见物探方法在工程勘察中的应用见表 3-7。

表 3-7　常见物探方法在工程勘察中的应用

方法名称		基本原理	适用范围
电法勘探	自然电场法	以各种岩土层的电学性质差异为前提，来探测地下的地质情况。电学性质主要指导电性(电阻率)、电化学活动性、介电性等	1. 探测隐伏断层、破碎带； 2. 测定地下水流速、流向
	充电法		1. 探测地下洞穴； 2. 测定地下水流速、流向； 3. 探测地下或水下隐伏物体； 4. 探测地下管线
	电阻率测深法		1. 测定基岩埋深，划分松散沉积层序和基岩风化带； 2. 探测隐伏断层、破碎带； 3. 探测地下洞穴； 4. 测定潜水面深度和含水层分布； 5. 探测地下或水下隐伏物体
	电阻率剖面法		1. 测定基岩埋深； 2. 探测隐伏断层、破碎带； 3. 探测地下洞穴； 4. 探测地下或水下隐伏物体
	高密度电阻率法		1. 测定潜水面深度和含水层分布； 2. 探测地下或水下隐伏物体
	激发极化法		1. 划分松散沉积层序； 2. 探测隐伏断层、破碎带； 3. 探测地下洞穴； 4. 测定潜水面深度和含水层分布； 5. 探测地下或水下隐伏物体
磁法勘探	甚低频法	利用特殊岩土体的磁场异常或电磁波的传播(包括在不同介质分界面上的反射、折射)异常情况进行勘探	1. 探测隐伏断层、破碎带； 2. 探测地下或水下隐伏物体； 3. 探测地下管线
	频率测探法		1. 测定基岩埋深，划分松散沉积层序和基岩风化带； 2. 探测隐伏断层、破碎带； 3. 探测地下洞穴； 4. 测定河床水深和沉积泥沙厚度； 5. 探测地下或水下隐伏物体； 6. 探测地下管线
	电磁感应法		1. 测定基岩埋深； 2. 探测隐伏断层、破碎带； 3. 探测地下洞穴； 4. 探测地下或水下隐伏物体； 5. 探测地下管线

表 3-7(续)

<table>
<tr><th colspan="2">方法名称</th><th>基本原理</th><th>适用范围</th></tr>
<tr><td rowspan="2">磁法勘探</td><td>地质雷达法</td><td rowspan="2">利用特殊岩土体的磁场异常或电磁波的传播(包括在不同介质分界面上的反射、折射)异常情况进行勘探</td><td>1. 测定基岩埋深,划分松散沉积层序和基岩风化带;
2. 探测隐伏断层、破碎带;
3. 探测地下洞穴;
4. 测定潜水面深度和含水层分布;
5. 测定河床水深和沉积泥沙厚度;
6. 探测地下或水下隐伏物体;
7. 探测地下管线</td></tr>
<tr><td>地下电磁波法</td><td>1. 探测隐伏断层、破碎带;
2. 探测地下洞穴;
3. 探测地下或水下隐伏物体;
4. 探测地下管线</td></tr>
<tr><td rowspan="6">地震勘探</td><td>折射波法</td><td rowspan="6">根据弹性波在不同介质中传播速度的差异,以及弹性波在具有不同声阻抗介质交界面处的反射、折射特征进行勘探</td><td>1. 测定基岩埋深,划分松散沉积层序和基岩风化带;
2. 测定潜水面深度和含水层分布;
3. 测定河床水深和沉积泥沙厚度</td></tr>
<tr><td>反射波法</td><td>1. 测定基岩埋深,划分松散沉积层序和基岩风化带;
2. 探测隐伏断层、破碎带;
3. 探测地下洞穴;
4. 测定潜水面深度和含水层分布;
5. 测定河床水深和沉积泥沙厚度;
6. 探测地下或水下隐伏物体;
7. 探测地下管线</td></tr>
<tr><td>直达波法(单孔法或跨孔法)</td><td>划分松散沉积层序和基岩风化带</td></tr>
<tr><td>瑞利波法</td><td>1. 测定基岩埋深,划分松散沉积层序和基岩风化带;
2. 探测隐伏断层、破碎带;
3. 探测含水层;
4. 探测地下洞穴和地下或水下隐伏物体;
5. 探测地下管线</td></tr>
<tr><td>声波法</td><td>1. 测定基岩埋深,划分松散沉积层序和基岩风化带;
2. 探测隐伏断层、破碎带;
3. 探测含水层;
4. 探测地下洞穴和地下或水下隐伏物体;
5. 探测地下管线;
6. 探测滑坡体的滑动面</td></tr>
<tr><td>声呐浅层剖面法</td><td>1. 测定河床水深和沉积泥沙厚度;
2. 探测地下或水下隐伏物体</td></tr>
</table>

表 3-7(续)

方法名称	基本原理	适用范围
地球物理测井	在探井中直接对被探测层进行各种各样的地球物理测量从而了解其各种物理性质的差异	1. 探测地下洞穴； 2. 测定潜水面深度和含水层分布； 3. 划分松散沉积层序和基岩风化带； 4. 探测地下或水下隐伏物体

由于具有透视性和高效性，物探方法在工程勘察中得到广泛应用，但是物性差异、勘探深度及干扰因素等使其具有条件性、多解性，从而使其应用受到一定限制。因此，对于一个勘探对象，只有使用几种物探方法，即综合物探方法，才能最大限度地发挥物探方法的优势，为地质勘察提供可客观反映地层岩性、地质结构与构造以及岩土体物理力学性质的可靠资料。

为了查明覆盖层厚度，了解基岩风化带的埋深以及溶洞、地下硐室、管线的位置，追踪断层破碎带、地裂缝等地质界线，常使用直流电阻率法、地震勘探或地质雷达方法。大量实践证明，只要目的层存在明显的电性或地震波波速差异，且有足够埋藏深度，都可以用电阻率法普查，再用地震勘探或地质雷达方法详查。图 3-3 为云南某水库工区采用联合剖面法、电测深法得到的电测综合剖面图，这种综合方法对地层岩性、断裂的解释与钻孔揭露情况完全一致。

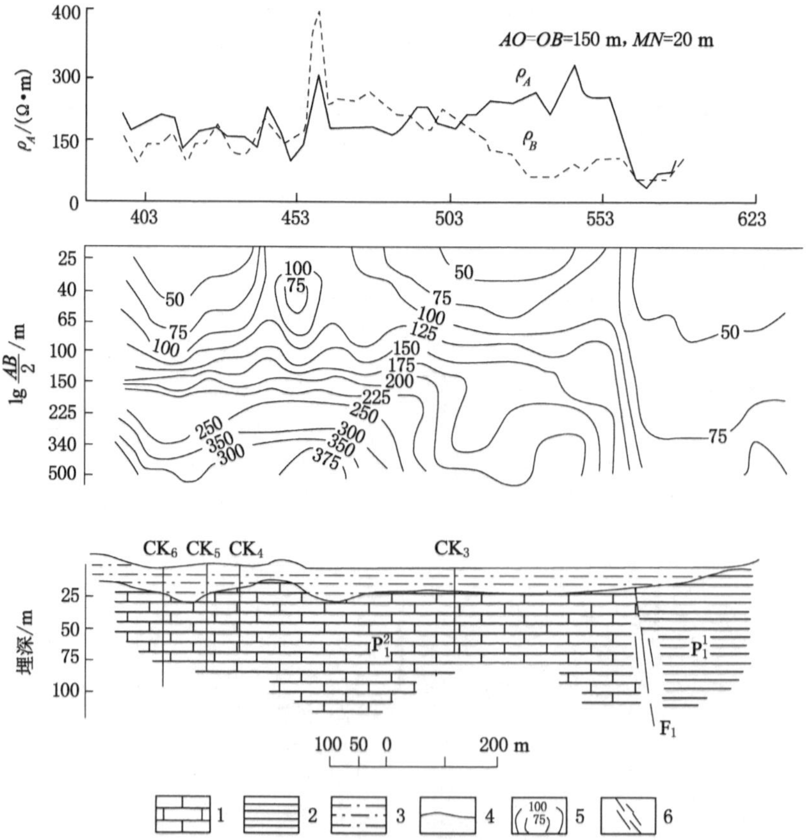

1—灰岩；2—页岩；3—粉土；4—联合剖面法电阻率曲线；5—电测深等电阻率断面图；6—断层。

图 3-3　云南某水库工区电测综合剖面图

此外，用直流电阻率法、磁法勘探和重力勘探联合寻找含水溶洞，用地震勘探、直流电阻率法、放射性勘探联合查明地裂缝三维空间展布的可靠程度均已接近100%。

3.6 岩土野外鉴别与现场描述

岩土野外鉴别主要依据分类标准，在现场施以目估、手感以及简易试验等手段，依此初步分类、定名、描述。

3.6.1 岩石的野外鉴别与描述

岩石的野外鉴别并不困难，但应有扎实的矿物岩石学基础，描述内容应包括地质年代、地质名称、风化程度、颜色、主要矿物、结构、构造和岩石质量指标(RQD)。对沉积岩应着重描述沉积物的颗粒大小、形状、胶结物成分和胶结程度；对岩浆岩和变质岩应着重描述矿物结晶大小和结晶程度。

这里仅结合最新规范介绍岩石坚硬程度和风化程度的鉴定描述。

岩石坚硬程度的定性鉴定可参阅表3-8。

表3-8 岩石坚硬程度的定性鉴定

坚硬程度等级		定性鉴定	代表性岩石
硬质岩	坚硬岩	锤击声清脆，有回弹，震手，难击碎，基本无吸水反应	未风化-微风化的花岗岩、闪长岩、辉绿岩、玄武岩、安山岩、片麻岩、石英砂岩、硅质砾岩、硅质石灰岩等
	较硬岩	锤击声较清脆，有轻微回弹，稍震手，较难击碎，有轻微吸水反应	微风化的坚硬岩；未风化-微风化的大理岩、板岩、石灰岩、钙质砂岩等
软质岩	较软岩	锤击声不清脆，无回弹，较易击碎，浸水后用指甲可刻出印痕	中等风化-强风化的坚硬岩或较硬岩；未风化-微风化的凝灰岩、千枚岩、砂质泥岩等
	软岩	锤击声哑，无回弹，有凹痕，易击碎，浸水后用手可掰开	强风化的坚硬岩或较硬岩；中等风化-强风化的较软岩；未风化-微风化的页岩、泥岩、砂质泥岩等
极软岩		锤击声哑，无回弹，有较深凹痕，手捏易碎，浸水后可捏成团	全风化的各种岩石；各种半成岩

岩石风化程度分类可参阅表3-9。

表3-9 岩石风化程度分类

风化程度	野外特征	风化程度参数指标	
		波速比 K_v	风化系数 K_f
未风化	岩石新鲜偶见风化痕迹	0.9～1.0	0.9～1.0
微风化	结构基本未变，仅节理面有渲染或略有变色，有少量风化裂隙	0.8～0.9	0.8～0.9
中等风化	结构部分破坏，沿节理面有次生矿物，风化裂隙发育，岩体被切割成岩块。用镐难挖，用岩心钻方可钻进	0.6～0.8	0.4～0.8

表 3-9（续）

风化程度	野外特征	风化程度参数指标	
		波速比 K_v	风化系数 K_f
强风化	结构大部分破坏，矿物成分显著变化，风化裂隙很发育，岩体破碎。用镐可挖，干钻不易钻进	0.4～0.6	<0.4
全风化	结构基本破坏，但尚可辨认，有残余结构强度，可用镐挖，干钻可钻进	0.2～0.4	—
残积土	组织结构全部破坏，已风化成土状，锹镐易挖掘，干钻易钻进，具可塑性	<0.2	—

注：1. 波速比 K_v 为风化岩石和新鲜岩石压缩波速度之比；

2. 风化系数 K_f 为风化岩石和新鲜岩石饱和单轴抗压强度之比。

3.6.2 土的野外鉴别与描述

（1）碎石土和砂土

碎石土和砂土的野外鉴别如表 3-10 所示。

表 3-10 碎石土和砂土的野外鉴别

土的名称		颗粒级配	干燥时状态	湿润时手拍击后状态	黏着感
碎石土	漂（块）石	粒径大于 200 mm 的颗粒质量超过总质量的 50%	颗粒完全分散	表面无变化	无黏着感
	卵（碎）石	粒径大于 20 mm 的颗粒质量超过总质量的 50%			
	圆（角）砾	粒径大于 2 mm 的颗粒质量超过总质量的 50%			
砂土	砂砾	粒径大于 2 mm 的颗粒质量为总质量的 25%～50%			
	粗砂	粒径大于 0.5 mm 的颗粒质量超过总质量的 50%	颗粒分散，个别黏结		
	中砂	粒径大于 0.25 mm 的颗粒质量超过总质量的 50%	颗粒基本分散，局部黏结，但一碰即散	表面偶有水印	
	细砂	粒径大于 0.075 mm 的颗粒质量超过总质量的 85%	颗粒大部分分散，少量黏结，稍碰即散	表面有水印	偶有轻微黏着感
	粉砂	粒径大于 0.075 mm 的颗粒质量超过总质量的 50%	颗粒少部分分散，大部分黏结，稍压即能分散	表面有显著水印	有轻微黏着感

（2）粉土和黏性土

粉土和黏性土的野外鉴别如表 3-11 所示。

表 3-11　粉土和黏性土的野外鉴别

<table>
<tr><th colspan="2">土的名称</th><th>塑性指数</th><th>颗粒分析</th><th>手摸时感受</th><th>黏着程度</th><th>湿润时刀切情况</th><th>湿土搓条情况</th><th>干土情况</th><th>其他特征</th></tr>
<tr><td colspan="2">粉土</td><td>$I_p \leqslant 10$</td><td>粒径大于 0.075 mm 的颗粒不超过全量的 50%</td><td>一般感觉有细颗粒存在或有粗糙感，有时有轻微黏滞感</td><td>一般不黏着物体，若黏着物体时，干燥后一碰即掉</td><td>无光滑面，切面粗糙</td><td></td><td>用手很易捏碎</td><td>能取上土样，但易扰动</td></tr>
<tr><td rowspan="2">黏性土</td><td>粉质黏土</td><td>$10 < I_p \leqslant 17$</td><td></td><td>仔细拈摸感觉到有少量细颗粒，稍有滑腻感，有黏滞感</td><td>能黏着物体，干燥后较易剥掉</td><td>稍有光滑面，切面规则，感觉有砂粒存在</td><td>能搓成 0.5～2.0 mm 的土条</td><td>用锤击易碎，用手难捏碎</td><td>表面无光泽，有较粗且宽的条纹</td></tr>
<tr><td>黏土</td><td>$I_p > 17$</td><td></td><td>湿土用手拈摸时有滑腻感，当水分较大时，极易黏手，感觉不到有颗粒存在</td><td>湿土极易黏着物体（包括金属、玻璃），干燥后不易剥去，用水反复冲洗才能去掉</td><td>切面非常光滑，刀刃有黏腻阻力</td><td>能搓成小于 0.5 mm 细长土条，长度不短于手掌，手持一端及弯曲时不致断裂</td><td>坚硬，用锤击方可打碎，不易击成粉末</td><td>表面有蜡状光泽，有细条纹</td></tr>
</table>

（3）土的描述

土的描述应符合以下规定：

① 碎石土应描述颗粒级配、颗粒形状、颗粒排列、母岩成分、风化程度、充填物的性质和充填程度、密实度等。

② 砂土应描述颜色、矿物组成、颗粒级配、颗粒形状、黏粒含量、湿度、密实度等。

③ 粉土应描述颜色、包含物、湿度、密实度、摇震反应、光泽反应、干强度、韧性等。

④ 黏性土应描述颜色、状态、包含物、光泽反应、摇震反应、干强度、韧性、土层结构等。

⑤ 特殊性土除应描述上述相应土类规定的内容外，尚应描述其特殊成分和特殊性质。如对淤泥尚应描述嗅味，对填土尚应描述物质成分、堆积年代、密实度和厚度的均匀程度等。

⑥ 对具有互层、夹层、夹薄层特征的土，尚应描述各层的厚度和层理特征。

通常，土的湿度野外判别如表 3-12 所示。

表 3-12　土的湿度野外判别

土的类别		稍湿($S_r\leqslant50\%$)	湿($50\%<S_r\leqslant80\%$)	饱和($S_r>80\%$)
砂土	砾砂土	呈松散状，手摸时感到潮	颗粒松散，手摸有温感	水可以从颗粒孔隙自由渗出
	粗砂土		颗粒松散，手摸有湿感，放在纸上能浸湿，加水吸收快	
	中砂土		颗粒基本松散，手握有湿感，较难成团，稍碰即散，放在纸上浸湿较快，表面偶有水印，加水吸收较慢	
	细砂土		颗粒稍微黏结，手握有湿感，可勉强成团，稍碰即散，放在纸上浸湿较快，表面偶有水印，加水吸收慢	
	粉砂土		颗粒能黏结，手握有湿感，手摇可成饼状，表面有显著水印，加水吸收很慢	水可以从颗粒孔隙自由渗出，在手中摇动可液化
粉土		手摸时感到潮，手握能成团，稍碰即散	手摸有湿感，颗粒能黏结，手摇可成饼状，表面有显著的水印(振动水析现象)，土块加水吸收很慢	水可从土块的孔隙中渗出
黏性土	粉质黏土	手捏不出水，滴水可迅速渗入土中，扰动后一般不能捏成饼，易成碎块或粉末	手摇时土表面稍见水，手上放土处有湿印，滴水时慢慢渗入土中，能捏成饼	用手捏时土表面出水，手上有明显湿印，扰动后土柱易变形
	黏土	手捏不出水，滴水能连续渗入土中但不快，扰动后能捏成饼，但边缘多裂口	滴水时慢慢渗入土中或在表面向外扩散。扰动后手捏较软，手上有湿印，易黏在手上	扰动后，手捏有明显湿印，并有土黏在手上，土柱极易变形

碎石土和砂土密实度的野外鉴别分别如表 3-13 和表 3-14 所示。

表 3-13　碎石土密实度的野外鉴别

密实度	骨架颗粒含量和排列	可挖性	可钻性
松散	骨架颗粒质量小于总质量的 60%，排列混乱，大部分不接触	锹可以挖掘，井壁易坍塌，从井壁取出大颗粒后，立即塌落	钻进较易，钻杆稍有跳动，孔壁易坍塌
中密	骨架颗粒质量等于总质量的 60%～70%，呈交错状排列，大部分接触	锹镐可以挖掘，井壁有掉块现象，从井壁取出大颗粒时能保持凹面形状	钻进较困难，钻杆、吊锤跳动不剧烈，孔壁有坍塌现象
密实	骨架颗粒质量大于总质量的 70%，呈交错状排列，连续接触	锹镐挖掘困难，用撬棍方能松动，井壁较稳定	钻进困难，钻杆、吊锤跳动剧烈，孔壁较稳定

注：密实度应按表中各项特征综合确定。

表 3-14　砂土密实度的野外鉴别

密实度	密实($N>30$)	中密($15<N\leqslant30$)	稍密($10<N\leqslant15$)	松散($N\leqslant10$)
特征	冲击钻进困难，回转钻进缓慢，挖井需用镐，井壁稳定	冲击、回转钻进皆可，比密实的砂土钻进稍快，用锹挖井时需用脚加压，井壁较稳定	用管钻易钻进，有时有漏砂现象，挖井用锹即可。探井不能挖梯坎，井壁不稳定，有小掉块	钻进时孔壁易坍塌，涌砂严重，需下套管方可钻进，挖井需支撑保护使井壁稳定。锹挖容易挖动，手亦可挖动

注：N 表示密实度。

土的稠度状态的野外鉴别如表 3-15 所示。

表 3-15　土的稠度状态的野外鉴别

土的类别	坚硬 ($I_L\leqslant0$)	硬塑 ($0<I_L\leqslant0.25$)	可塑 ($0.25<I_L\leqslant0.75$)	软塑 ($0.75<I_L\leqslant1.0$)	流塑 ($I_L>1.0$)
黏土	干而坚硬，难成块	捏时感觉硬，不易变形，用力捏则先裂块、后显柔状，手按无指印	捏后似橡皮，有柔性，手按有指印	捏觉很软，易变形，土块掰似橡皮，用力不大即按成坑	土柱不能直立，自行变形
粉质黏土	干硬能掰开，捏碎时成块，有棱角	捏时感觉硬，不易变形，用力捏散成块状，手按无指印	手按时土易变形，有柔性，掰时似橡皮、能按出浅坑	捏觉很软，易变形，土块剪似橡皮，用力不大即按成坑	
粉土	干，易捏散	用力捏即可成块末	捏则变形，松手后有弹性，一摇即散，扰动土块摇动时不易黏合	捏易变形，显弹性，摇动时显扁圆形，两小块一起摇动时能合成一体，但留有痕迹	土柱不能直立，往外滴水。两小块土一起摇动时可合为一体，无痕迹

注：I_L 表示稠度。

土的有机质含量特征鉴别如表 3-16 所示。

表 3-16　土的有机质含量特征鉴别

土名	有机质含量 W_u	现场鉴别特征	说　明
无机土	$W_u\leqslant5\%$		
有机质土	$5\%<W_u\leqslant10\%$	深灰色，有光泽，味臭，除腐殖质外尚有少量未完全分解的动植物体，浸水后水面出现气泡，干燥后体积收缩	1. 如现场能鉴别或有地区经验时，可不做有机质含量测定； 2. 当 $w>w_L$，$1.0\leqslant e<1.5$ 时，称淤泥质； 3. 当 $w<w_L$，$e\geqslant1.5$ 时，称淤泥
泥炭质土	$10\%<W_u\leqslant60\%$	深灰或黑色，有腥臭味，能看到未完全分解的植物结构，浸水体胀，易崩解，有植物残渣浮于水中，干缩现象明显	可根据地区特点和需要按 W_u 细分为弱泥炭质($W_u<10\%$)

表 3-16(续)

土名	有机质含量 W_u	现场鉴别特征	说　明
泥炭	$W_u > 60\%$	除泥炭质土特征外，结构松散，土质很轻，暗无光泽，干缩现象极为明显	

注：有机质含量(W_u)按灼失量试验确定；w 表示天然含水量；w_L 表示液限；e 表示天然孔隙比。

3.7 本章小结

(1) 工程勘探是查明地面以下工程地质条件的主要勘察方法，有钻探、坑探和物探三种手段，选择具体勘探手段时需综合考虑工程地质条件、建筑物特征以及勘察阶段。

(2) 钻探的特点包括综合考虑工程地质条件和工程类型与特点进行布置、孔深一般不大、多具综合目的、钻进过程中有特殊要求。

(3) 在钻进方式中，冲击-回转钻进应用较广泛，冲击钻进对卵石、碎石、漂石、块石更为适合，冲洗钻进在查明基岩起伏面的埋藏深度时更为简单快速。

(4) 坑探是查明地下地质情况的最直观有效的勘探方法。当钻探难以查明地下地层岩性、地质构造时，可采用井探、槽探方法进行勘探；当在大坝坝址、地下硐室、大型边坡等工程勘察中，需详细调查深部岩层性质、风化程度及构造特性时，则可采用硐探方法。

(5) 物探指利用地球物理的方法探测地层岩性、地质构造等地质问题，是一种间接的勘察手段，在工程勘察中具有快速、经济的特点，但结果解译存在多解性，因此应结合工程类型、地形特点选择物探手段。

(6) 土样质量等级可分为完全扰动、显著扰动、轻微扰动、不扰动四个等级。

思　考　题

1. 简述工程勘探的主要任务及特点。
2. 简述勘探的主要方法。
3. 如何选择勘探手段？
4. 何谓钻探？其特点是什么？
5. 钻探的目的和任务是什么？简述钻探的工作程序。
6. 简述主要的钻探设备。
7. 何谓坑探？有哪些类型？
8. 简述钻探、坑探的适用条件。
9. 何谓物探？有何作用？
10. 简述物探方法类型及其特点。
11. 简述土样的质量等级、取样方法及采样要求。
12. 野外如何鉴定和描述碎石土、砂土、粉土？

4 原位测试

4.1 概　　述

原位测试是工程勘察与地基评价中的重要手段之一，是指利用一定的试验手段在天然状态（天然应力、天然结构和天然含水量）下，测试岩土的反应或一些特定的物理、力学指标，进而依据理论分析或经验公式评定岩土的工程性能和状态。原位测试可以最大限度地减少钻探、取样、运输等作业流程对岩土体原生结构的扰动，而且所测岩土体体积大，代表性好，更能反映岩土宏观结构对其性质的影响。原位测试的主要类型如图 4-1 所示。

- 原位测试
  - 土体原位测试
    - 载荷试验
    - 静力触探试验
    - 圆锥动力触探试验
    - 标准贯入试验
    - 十字板剪切试验
    - 旁压试验
    - 抽、注水试验
  - 岩体原位测试
    - 波速测试
    - 岩体变形试验
    - 岩体应力测试
    - 岩体现场简易测试

图 4-1　原位测试的主要类型

原位测试方法应根据岩土条件、设计对参数的要求、地区经验等因素选用。常用原位测试方法的适用范围如表 4-1 所示。

表 4-1　常用原位测试方法的适用范围

测试方法	适用范围																		
	适用岩土类							测试成果及其应用											
	岩石	碎石土	砂土	粉土	黏性土	填土	软土	鉴别土类	划分剖面	物理状态	强度参数	模量	渗透系数	固结特征	孔隙水压力	侧压力系数	超固结比	承载力	判别液化
平板载荷试验(PLT)	+	++	++	++	++	++	++				+	++					+	++	
螺旋板载荷试验(SPLT)			++	++	++		+				+	++					+	++	
静力触探(CPT)			+	++	++	+	++	+	+	+	++							+	++
孔压静力触探(CPTU)			+	++	++	+	++	++	++	+	++		+	+	+		+	+	++
圆锥动力触探(DPT)		++	++	+	+	+	+		+	+								+	

表 4-1(续)

测试方法	适用范围																		
	适用岩土类							测试成果及其应用											
	岩石	碎石土	砂土	粉土	黏性土	填土	软土	鉴别土类	划分剖面	物理状态	强度参数	模量	渗透系数	固结特征	孔隙水压力	侧压力系数	超固结比	承载力	判别液化
标准贯入试验(SPT)			++	+	+			++	+	+	+	+						+	++
十字板剪切试验(VST)					++		++				++								
预钻式旁压试验(PMT)	+	+	+	+	++	+					+	++						++	
自钻式旁压试验(SBPMT)			+	++	++		++	+	+	+	+	++		++	++	++	+	++	+
现场直剪试验(FDST)	++	++			+						++								
现场三轴试验(FTT)	++	++			+						++								
岩体应力测试(RST)	++															+			
波速试验(WVT)	+	+	+	+	+	+	+				++								

注:++表示很适用;+表示适用。

4.2 载荷试验

载荷试验(loading test,LT)是在现场用一个刚性承压板逐级加荷,测定天然地基或复合地基的沉降随载荷的变化,用于确定地基的承载能力和变形特性的现场试验。根据承压板形式和设置深度的不同,载荷试验可分为平板载荷试验(plate load test,PLT)和螺旋板载荷试验(screw plate load test,SPLT)以及桩基载荷试验(pile load test)。平板载荷试验按测试岩土层深度可分为浅层平板载荷试验和深层平板载荷试验两种。本节以浅层平板载荷试验为主进行论述。

浅层平板载荷试验适用于地表浅层地基土,包括各种填土和含碎石的土。深层平板载荷试验可用于确定深部地基土层及大直径桩端土层在承压板应力主要影响范围内的承载力。

4.2.1 基本原理

在拟建建筑场地上,将一定尺寸和几何形状(方形或圆形)的刚性板放置在被测的地基持力层上,逐级增加载荷,并测得相应的稳定沉降,直至达到地基破坏标准,由此可得到载

荷 p 与相应沉降 s 的关系曲线，即 p-s 曲线，然后根据 p-s 曲线计算相应的地基土参数。典型的平板载荷试验 p-s 关系曲线如图 4-2 所示，可以划分为 3 个阶段。

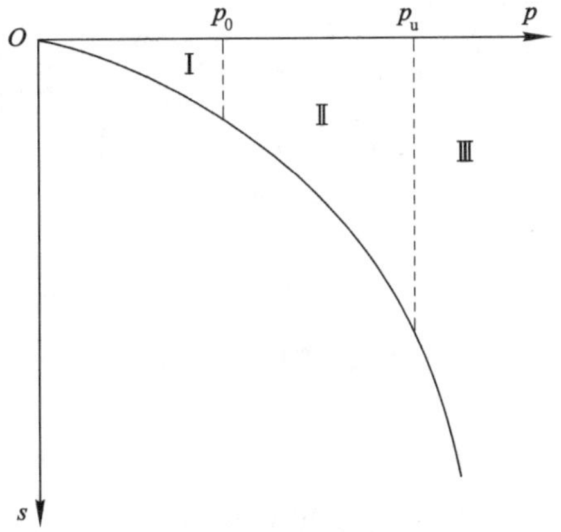

图 4-2 典型的平板载荷试验 p-s 关系曲线

第Ⅰ阶段：从 p-s 关系曲线的原点到比例界限载荷 p_0，近似为直线段。这一阶段内受荷土体中任意点的剪应力小于土的抗剪强度，土体变形主要是土体压密引起的，土粒主要是竖向变位，因此该阶段称为压密阶段。

第Ⅱ阶段：从比例界限载荷 p_0 到极限载荷 p_u，p-s 曲线由近似直线关系转为曲线关系。这一阶段除土的压密外，在承压板周围小范围土体内，土体剪应力已达到或超过了土的抗剪强度，土体局部产生剪切破坏，土粒兼有竖向和侧向变位，该阶段称为局部剪切阶段。

第Ⅲ阶段：极限载荷 p_u 之后，沉降急剧增加。该阶段即使载荷不增加，承压板仍会不断下沉，同时土体中形成连续的剪切破坏滑动面，在地表出现隆起及环状或放射状裂隙，此时滑动土体范围内各点的剪应力达到或超过土体抗剪强度，土体变形主要是由土粒剪切所引起的侧向变位，这一阶段称为整体破坏阶段。

4.2.2 试验设备

目前，国内普遍采用的平板载荷试验设备主要由加荷系统、反力系统和量测系统三部分组成，常见的平板载荷试验装置示意图如图 4-3 所示。

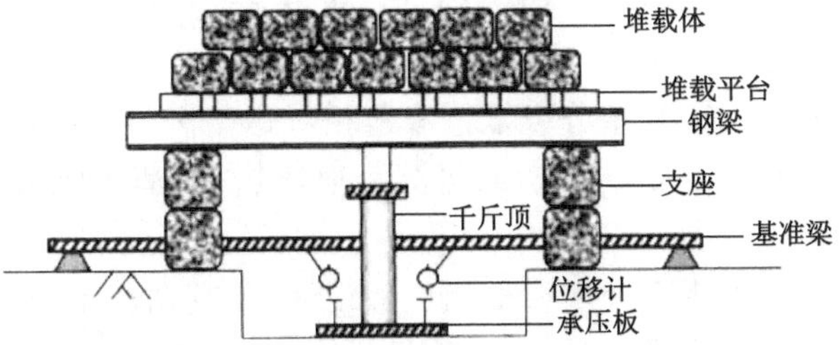

(a) 重物提供反力

图 4-3 常见的平板载荷试验装置示意图

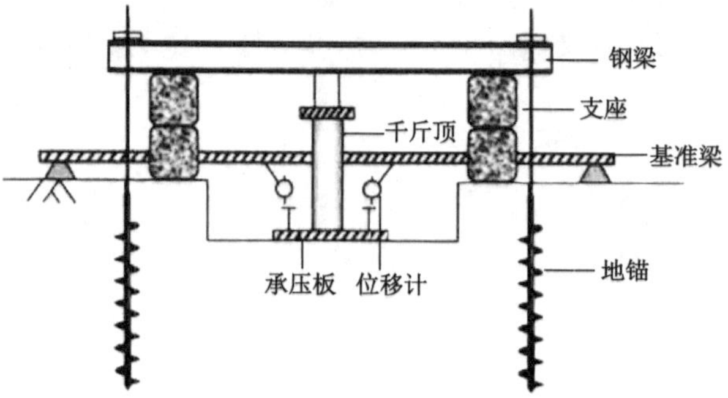

(b) 地锚提供反力

图 4-3(续)

加荷系统由向地基施加载荷的加荷装置和承压板构成。载荷试验的加荷方式有千斤顶加荷和重物加荷两种，对应的加荷装置分别为千斤顶和重物。通常在实际工作中，千斤顶加荷被普遍采用。千斤顶加荷是在反力装置配合下对承压板施加载荷，通过事先标定好的压力表或应力计读取施加的载荷大小。

载荷试验的反力系统为千斤顶加荷提供反力，反力可以由重物或地锚单独提供，也可以由地锚与重物联合提供，然后再与梁架组合成稳定的反力系统。通常在实践中采用地锚提供反力，地锚数量根据最大加载量和地层条件确定。

量测系统包括支撑柱、基准梁、位移测量元件和记录仪。根据载荷试验的技术要求，将支撑柱设在试坑内适当位置，将基准梁架设在支撑柱上，将位移测量元件固定在基准梁上，组成完整的沉降量测系统。位移测量元件可以采用百分表或位移计，采用位移计时可实现自动记录。

4.2.3 试验要点

(1) 浅层平板载荷试验的试坑宽度或直径不应小于承压板宽度或直径的三倍。

(2) 试坑底的岩土应避免扰动，保持其原状结构和天然湿度，并在承压板下铺设不超过 20 mm 的砂垫层找平，尽快安装试验设备。

(3) 载荷试验宜采用圆形刚性承压板，根据土的软硬或岩体裂隙密度选用合适的尺寸；土的浅层平板载荷试验承压板面积不应小于 0.25 m^2，对软土和粒径较大的填土不应小于 0.5 m^2。

(4) 载荷试验加荷方式应采用分级维持载荷相对稳定法(常规慢速法)；有地区经验时，可采用分级加荷沉降非稳定法(快速法)或等沉降速率法；加荷等级宜取 10～12 级，并不应少于 8 级。

(5) 承压板的沉降可采用百分表或电测位移计量测，其精度不应低于±0.01 mm。

(6) 对慢速法，当试验对象为土体时，每级载荷施加后，间隔 5 min、5 min、10 min、10 min、15 min、15 min 测读一次沉降，以后间隔 30 min 测读一次沉降，当连续两小时沉降量小于或等于 0.1 mm 时，可认为沉降已达相对稳定标准，施加下一级载荷。

(7) 满足设置的试验终止条件。

当出现下列情况之一时，可终止试验：① 承压板周边的土出现明显的侧向挤出，周边的岩土出现明显隆起或径向裂缝持续发展。② 本级载荷的沉降量大于前级载荷沉降量 5 倍，载荷与沉降关系曲线出现明显陡降。③ 在某级载荷下，24 h 沉降速率不能达到相对稳定标准。④ 总沉降量与承压板直径(或宽度)之比超过 0.06。

4.2.4 资料整理及成果应用

(1) 绘制压力 p 与沉降量 s 关系曲线

该曲线是确定地基承载力、地基土变形模量和土的应力-应变关系的重要依据。

(2) 确定地基土承载力特征值

依据《建筑地基基础设计规范》(GB 50007—2011)，地基承载力特征值 f_{ak} 的确定按下列规定取值。

① 当 p-s 关系曲线上有比例界限时，取该比例界限点所对应的载荷值，即：$f_{ak}=p_0$。

② 当极限载荷小于对应比例界限的载荷值的 2 倍时，取极限载荷值的一半，即：$f_{ak}=\frac{1}{2}p_u$。

③ 当不能按上述两点确定，承压板面积为 0.25～0.50 m^2 时，可取 $s/b=0.01$～0.015 所对应的载荷值，但其值不应大于最大加载量的一半。

(3) 计算地基土变形模量

浅层平板载荷试验的变形模量 E_0 可按式(4-1)计算：

$$E_0 = I_0(1-\mu^2)\frac{pd}{s} \tag{4-1}$$

式中，p 为 p-s 关系曲线直线段的压力值，kPa；s 为 p-s 关系曲线直线段上与压力值相对应的沉降量，mm；d 为承压板直径或宽度，cm；μ 为土的泊松比(碎石土取 0.27，砂土取 0.30，粉土取 0.35，粉质黏土取 0.38，黏土取 0.42)；I_0 为刚性承压板的形状系数，圆形承压板取 0.785；方形承压板取 0.886。

(4) 确定地基土的基床反力系数

依据平板载荷试验 p-s 关系曲线直线段的斜率，可以直接确定基准基床系数 K_v。《岩土工程勘察规范(2009 年版)》(GB 50021—2001)规定，当采用边长为 30 cm 的平板进行平板载荷试验时，可根据式(4-2)确定地基的基准基床系数 K_v。

$$K_v = \frac{p}{s} \tag{4-2}$$

如果 p-s 关系曲线初始无直线段，则 p 可取极限压力的一半，s 相当于该 p 值的沉降量，仍按式(4-2)确定基准基床系数 K_v。

此外，平板载荷试验成果还可用于评价地基土不排水时的抗剪强度，预估地基最终沉降量和检验地基处理效果是否达到地基承载力的设计值等。

4.3 静力触探试验

静力触探试验(static cone penetration test，CPT)是用准静力以恒定的速率将一个内部有传感器的触探头通过一系列探杆压入土中，同时测记贯入过程中探头受到的阻力，根据贯入阻力与土的工程地质性质之间的定性关系和统计相关关系间接判定土的物理力学性质的现场试验方法。

近20年来，静力触探试验朝着多功能化方向发展，在探头上增加了许多新型的功能，如测温、测斜以及地磁、土壤电阻或地下水pH值等的测量；另外，采用静力触探探杆传递量测数据的无绳静力触探仪的问世，开拓了静力触探技术新的应用领域。

静力触探试验适用于软土、一般黏性土、粉土、砂土和含少量碎石的土，但不适用于含较多碎石、砾石的土层和密实的砂层。

4.3.1 基本原理

静力触探试验的基本原理是：通过一定的机械装置，将一个内部装有阻力传感器的探头匀速地压入土中，同时利用传感器或机械量测仪表测试土层对探头的贯入阻力，由于土层的成分和结构不同，探头所受到的贯入阻力各异，根据测得的不同深度阻力情况来分析判断土层的物理力学性质。虽可利用很多的近似理论对静力触探的贯入机理进行模拟分析，但目前还没有一种理论能够圆满解释静力触探的机理。通常工程中仍主要采用经验公式将贯入阻力与土的物理力学参数联系起来，或根据贯入阻力的相对大小做定性分析。

4.3.2 试验设备

静力触探设备主要由贯入系统、探头和量测系统组成。

(1) 贯入系统

贯入系统包括触探主机、触探杆及反力装置。触探主机按其加压方式不同可划分为液压式、手摇链条式和电动机械式三种。触探杆是传递贯入力的媒介，每根触探杆长度一般为1 m。反力装置的作用是固定触探主机，提供探头在贯入过程中所需的反力，一般利用车辆自重或地锚作为反力装置。

(2) 探头

探头是静力触探试验设备中直接影响试验成果准确性的关键部件，有严格的规格与质量要求。在工程实践中主要使用的探头有只能测比贯入阻力的综合型单桥探头(图4-4)，可测锥尖阻力与侧壁摩阻力的双桥探头(图4-5)以及可测比贯入阻力、锥尖阻力、侧壁摩阻力、孔隙水压力的孔压静力探头(图4-6)三种。

(3) 量测系统

量测系统包括各种量测记录仪表与电缆线等。

4.3.3 试验要点

(1) 探头圆锥锥底截面积应为10 cm^2 或15 cm^2，单桥探头侧壁高度应为57 mm或70 mm，双桥探头侧壁面积应为150～300 cm^2，锥尖锥角应为60°。

(2) 探头应匀速垂直压入土中，贯入速率为1.2 m/min。

(3) 探头测力传感器应连同仪器、电缆进行定期标定。

(4) 深度记录的误差不应大于触探深度的±1%。

(5) 当贯入深度超过30 m或穿过厚层软土后再贯入硬土层时，应采取措施防止孔斜或

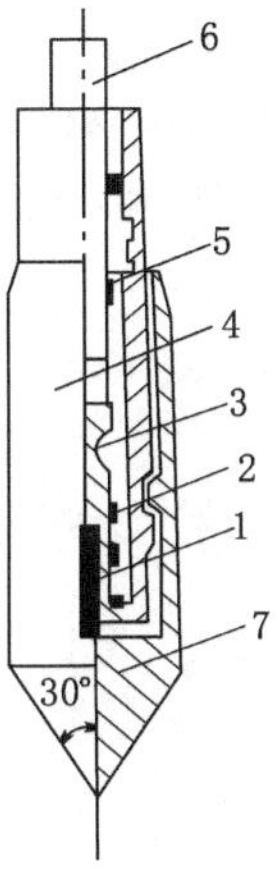

1—顶柱；2—电阻片；3—变形柱；4—探头筒；
5—密封圈；6—电缆；7—锥头。

图 4-4 单桥探头

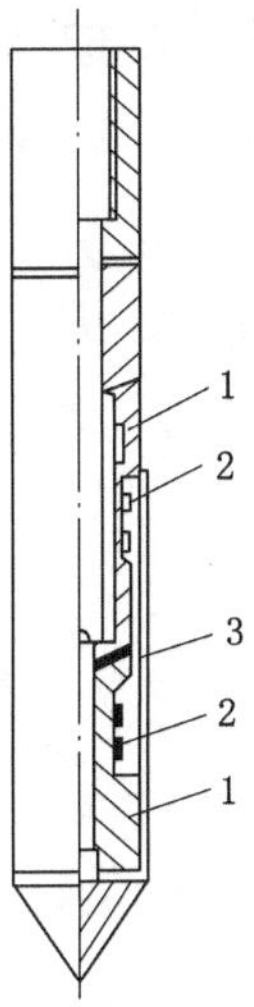

1—变形柱；2—电阻片；3—摩擦筒。

图 4-5 双桥探头

1—过滤片；2—孔压传感器；3—变形柱；4—电阻片。

图 4-6 孔压静力探头

断杆，也可配置测斜探头，量测触探孔的偏斜角，校正土层界限的深度。

(6) 孔压探头在贯入前，应在室内保证探头应变腔为已排除气泡的液体所饱和，并在现场采取措施保持探头的饱和状态，直至探头进入地下水位以下的土层为止。

(7) 当在预定深度进行孔压消散试验时，应量测停止贯入后不同时间的孔压值，其计时间隔由密而疏合理控制；试验过程中不得松动探杆。

4.3.4 资料整理及成果应用

1. 资料整理

(1) 计算比贯入阻力 p_s、锥头阻力 q_c、侧壁摩阻力 f_s、摩阻比 R_f 及孔隙水压力值 u。

(2) 对单桥和双桥探头应沿测试深度(z)绘制 p_s-z 曲线、q_c-z 曲线、f_s-z 曲线、R_f-z 曲线,部分如图 4-7 所示。

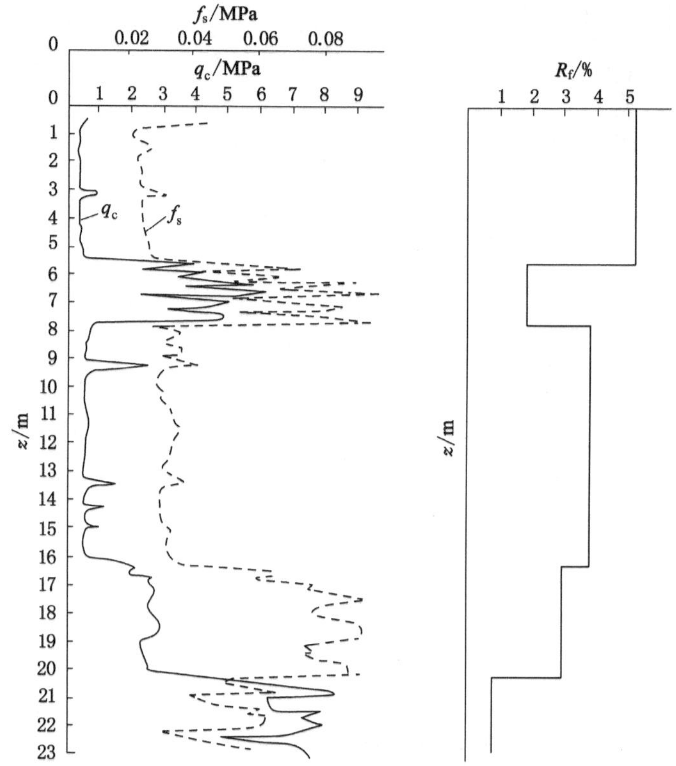

图 4-7 静力触探曲线

(3) 对孔压探头除应绘制 p_s-z 曲线、q_c-z 曲线、f_s-z_m 曲线、f_s-z 曲线外,还需绘制 u_i-z 曲线、q_t-z 曲线、f_t-z 曲线、B_q-z 曲线和孔压消散曲线、u_t-lg t 曲线。其中 q_t 为真锥头阻力(经孔压修正)。

2. 成果应用

(1) 划分土类

① 单桥综合型静力触探方法

单桥综合型静力触探方法主要根据比贯入阻力 p_s 值的大小对土类进行划分。单桥探头功能有限,故其划分土类的精度不高。

② 双桥探头静力触探方法

双桥探头可测得土层的锥尖阻力 q_c 和侧壁摩阻力 f_s,还可计算出摩阻比 R_f,故用此方法划分土类精度较高。常用的划分方法有:a. 根据 q_c、R_f 建立土类划分边界方程进行划分,该方法土的分类如图 4-8 所示。b. 根据 q_c 和 R_f 进行划分,该方法土的分类如图 4-9 所示，划分效果良好。

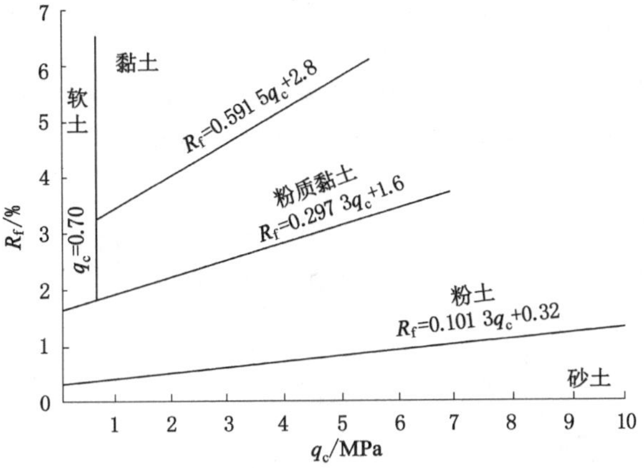

图 4-8　土的分类(用双桥探头触探参数判别土类)

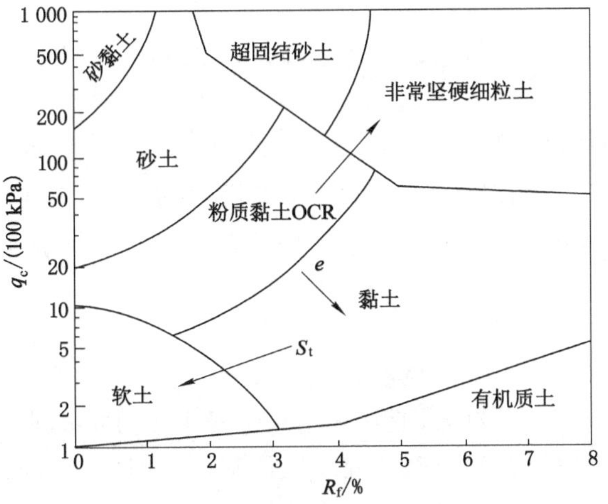

图 4-9　土的分类(双桥静力触探法)

③ 孔压探头静力触探方法

通常孔隙水压力值随土类、深度等的不同而变化很大，所以为便于比较和应用，一般采用静探孔压系数(B_q)进行土类划分。

$$B_q = \frac{u_i - u_0}{q_t - \sigma_{vo}} \tag{4-3}$$

式中，B_q 为试验系数(或称孔隙水压力参数比)；u_i 为开始贯入时($t=0$ 时)的孔隙水压力，kPa；u_0 为试验深度的静水压力，kPa；q_t 为真锥头阻力，kPa；σ_{vo} 为试验深度处总上覆压力，kPa($\sigma_{vo} = \sum_{i=1}^{n} \gamma_i h_i$。其中，$h_i$ 为第 i 层土的厚度或测试点与上层面的深度差，m；γ_i 为第 i 层土的平均天然重度，kN/m^3)。

(2) 划分土层剖面

划分土层剖面与划分土类密切相关，应根据静力触探曲线特征，并参照邻近钻孔分层资料进行土层剖面划分。

(3) 确定地基土承载力特征值

国内外均采用在实践基础上提出的经验公式。不同地区或部门对不同土层选用不同的经验公式。针对不同的土类，我国使用较广泛的经验公式如下。

对于砂土，计算公式如下：

粉细砂(当 $50 \leqslant p_s \leqslant 160$ 时)

$$f_{ak} = 0.019p_s + 0.6559 \tag{4-4}$$

中粗砂(当 $p_s \leqslant 120$ 时)

$$f_{ak} = 0.038p_s + 0.7555 \tag{4-5}$$

或

$$f_{ak} = 0.22q_c + 0.728 \tag{4-6}$$

对于一般黏性土(当 $3 \leqslant p_s \leqslant 60$ 时)，计算公式如下：

$$f_{ak} = 0.104p_s + 0.269 \tag{4-7}$$

或

$$f_{ak} = 0.128q_c + 0.205 \tag{4-8}$$

注意，式(4-4)至式(4-8)中 f_{ak}、p_s、q_c 的单位均为 100 kPa。

(4) 估算土的压缩模量 E_s 和变形模量 E_0

静力触探成果及应用除在以上几方面发挥作用外，还可利用地区经验估算土的压缩模量 E_s 和变形模量 E_0、土的强度参数、砂土的密实度、黏性土的稠度状态，判定饱和砂土和粉土的地震液化等级等。

(5) 估算单桩承载力

静力触探试验可以看作一小直径桩的现场载荷试验。对比结果表明，用静力触探成果估算单桩极限承载力是行之有效的，通常采用双桥探头实测曲线进行估算。

当根据双桥探头静力触探资料确定混凝土预制桩单桩竖向极限承载力标准值时，对于黏性土、粉土和砂土，如无当地经验时可按下式计算：

$$Q_{uk} = Q_{sk} + Q_{pk} = u \cdot \sum l_i \cdot \beta_i \cdot f_{si} + \alpha \cdot q_c \cdot A_p \tag{4-9}$$

式中，Q_{uk}、Q_{sk}、Q_{pk}分别为单桩竖向、桩侧和桩端极限承载力标准值；u 为桩身周长；l_i 为桩穿越第 i 层土的厚度；β_i 为第 i 层土桩侧阻力综合修正系数，对于黏性土、粉土 $\beta_i = 10.04(f_{si})^{-0.55}$，对于砂土 $\beta_i = 5.05(f_{si})^{-0.45}$；$f_{si}$为第 i 层土的探头平均侧阻力；α 为桩端阻力修正系数，对于黏性土、粉土取 2/3，饱和砂土取 1/2；q_c 为桩端平面上、下探头阻力，取桩端平面以上 $4d$（d 为桩的直径或边长）范围内按土层厚度算出的探头阻力的加权平均值，然后再和桩端平面以下 $1d$ 范围内的探头阻力进行平均；A_p 为桩端面积。

4.4 标准贯入试验

标准贯入试验(stand penetration test，SPT)属于动力触探的一类试验方法。

动力触探是利用一定的落锤能量，将一定尺寸、一定形状的探头打入土中，根据打入的难易程度(可用贯入度、锤击数或单位面积动贯入阻力来表示)判定土层性质的一种原位测试方法。动力触探可分为圆锥动力触探(dynamic penetration test,DPT)和标准贯入试验两种。

圆锥动力触探适用于强风化、全风化的硬质岩石,各种软质岩石及各类土。按锤击能量,可将圆锥动力触探分为轻型、重型、超重型三种,其中,轻型适用于一般黏性土及素填土,特别适用于软土;重型适用于砂土及碎石土;超重型适用于卵石、砾石类土。

标准贯入试验是一种在现场用 63.5 kg 的穿心锤,以 76 cm 的落距自由落下,将一定规格的带有小型取土筒的标准贯入器打入土中,记录打入 30 cm 的锤击数,即标准贯入锤击数 N,并以此评价土的工程性质的原位试验。该试验主要适用于一般黏性土、粉土和砂土,不适用于软塑-流塑性软土。

4.4.1 基本原理

在标准贯入试验中,一般以打入土中一定距离(贯入度)所需落锤次数(锤击数)来表示探头在土层中贯入的难易程度。在同样贯入度条件下,锤击数越多,表明土层阻力越大,土的力学性质越好;反之,锤击数越少,表明土层阻力越小,土的力学性质越差。通过锤击数的大小就能很容易定性了解土的力学性质,再结合大量的对比试验和统计分析就可以对土体的物理力学性质做出定量化的评估。标准贯入试验所使用的贯入器是空心的,因此,在冲击力作用下,将有一部分土体挤入贯入器,其工作状态和边界条件十分复杂。

4.4.2 试验设备

标准贯入试验设备主要由三部分组成:一是贯入器部分,二是穿心锤,三是穿心锤导向的触探杆。标准贯入试验除所用探头为对开管式贯入器外,其他试验设备与圆锥动力触探相类似。触探杆一般用直径为 42 mm 的钻杆,且抗拉强度应大于 600 MPa。标准贯入试验设备规格如表 4-2 所示,标准贯入试验设备如图 4-10 所示。

表 4-2 标准贯入试验设备规格

名称	量/单位	数值
落锤	锤的质量/kg	63.5
	落距/cm	76
贯入器的对开管	长度/mm	>500
	外径/mm	51
	内径/mm	35
管靴	长度/mm	50~76
	刃口角度/(°)	18~20
	刃口单刃厚/mm	1.6
钻杆	直径/mm	42
	相对弯曲	<1/1 000

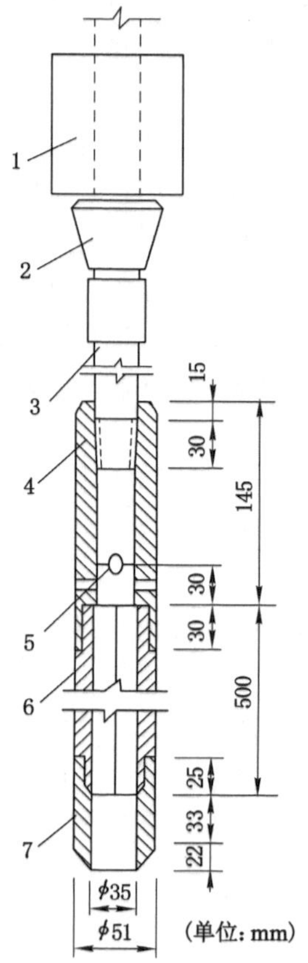

1—穿心锤;2—锤垫;3—触探杆;4—贯入器头;5—出水孔;6—贯入器身;7—贯入器靴。

图 4-10　标准贯入试验设备

3. 试验要点

(1) 标准贯入试验孔采用回转钻进,并保持孔内水位略高于地下水位。

(2) 采用自动脱钩的自由落锤法进行锤击,并减小导向杆与锤间的摩阻力,锤击速率小于 30 击/min。

(3) 贯入器打入土中 15 cm 后,开始记录每打入 10 cm 的锤击数,累计打入 30 cm 的锤击数为标准贯入试验锤击数 N。

4. 资料整理及成果应用

(1) 资料整理

① 绘制标准贯入试验锤击数 N 与贯入深度 H 的关系曲线。

② 结合钻探及其他原位试验,依据 N 值在深度上的变化对地基土进行分层。

③ 修正现场锤击数。实际应用 N 值时,应按具体工程地质问题,参照有关规范考虑是否做杆长修正或其他修正;勘察报告应提供不做杆长修正的 N 值。

(2) 成果应用

① 砂土的密实状态和相对密实度评定

根据标准贯入试验锤击数 N,可按表 4-3 评价砂土的密实度。

表 4-3 砂土的密实度评价

标准贯入试验锤击数 N/击	砂土的密实度	标准贯入试验锤击数 N/击	砂土的密实度
$N\leqslant 10$	松散	$15<N\leqslant 30$	中密
$10<N\leqslant 15$	稍密	$N>30$	密实

② 地基土承载力评定(略)

③ 地基土的液化判别(附条文说明)(2016 年版)

我国《建筑抗震设计规范》(GB 50011—2016)规定,当饱和砂土、粉土的初步判别结果认为需要进一步进行液化判别时,应采用标准贯入试验判别法判别地面以下 20 m 范围内土的液化。当饱和土的标准贯入试验锤击数实测值(未经杆长修正)小于或等于液化判别标准贯入试验锤击数临界值时,应判为液化土。

标准贯入试验成果除以上主要应用外,还可通过建立的地区经验 N 值确定黏性土的稠度状态和抗剪强度参数以及估算单桩承载力和确定桩基持力层等。

4.5 十字板剪切试验

十字板剪切试验(vane shear test,VST)指将插入软土中的十字板头以一定的速率旋转,测出土的抵抗力矩,进而换算出土的抗剪强度。

十字板剪切试验适用于灵敏度 $S_t\leqslant 10$、固结系数 $c_v\leqslant 100\ m^2/a$ 的均质饱和软黏土。对于不均匀土层,特别是夹有薄层粉细砂或粉土的软黏性土,十字板剪切试验会有较大误差,使用时必须谨慎。

4.5.1 基本原理

十字板剪切试验是在钻孔中进行的,以十字形的板头压入孔底需测定的土层中,通过在孔口地面上施加扭力,使十字板在土层中做等速转动,并把土体切出一个圆柱状的表面,根据已建立的扭力与土抗剪强度间的数学关系式,计算出地基土的抗剪强度。

4.5.2 试验设备

十字板剪切仪的基本构造包括十字板头、试验用的探杆、贯入主机和测力与记录装置等。从驱动形式上分为机械式和电测式两种。相对而言,电测式十字板剪切仪轻便灵活、操作简单、测试精度较高、试验结果较为稳定,目前应用较为广泛。图 4-11 所示为电测式十字板剪切仪的结构构成。

4.5.3 试验要点

(1) 十字板头形状宜为矩形,径高比为 1∶2,板厚宜为 2～3 mm。

(2) 十字板头插入钻孔底的深度不应小于钻孔或套管直径的 3～5 倍。

(3) 十字板插入至试验深度后,至少应静止 2～3 min,然后方可开始试验。

(4) 扭转剪切速率宜采用(1°～2°)/10 s,并应在测得峰值强度后继续测记 1 min。

(5) 在峰值强度或稳定值测试完,顺扭转方向连续转动 6 圈后,测定重塑土的不排水抗

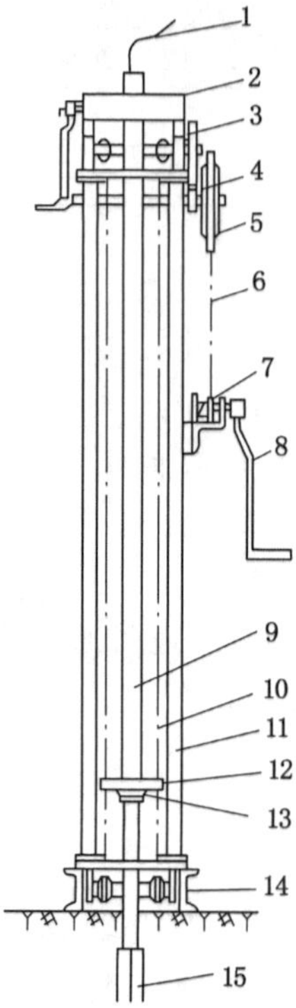

1—电缆；2—施加扭力装置；3—大齿轮；4—小齿轮；5—大链轮；
6—链条；7—小链轮；8—摇把；9—钻杆；10—链条；11—支架立杆；
12—山形板；13—垫压块；14—槽钢；15—十字板头。

图 4-11　电测式十字板剪切仪的结构构成

剪强度。

(6) 对开口钢环十字板剪切仪，应修正轴杆与土间摩阻力的影响。

4.5.4　试验资料整理和成果应用

(1) 计算土的抗剪强度 C_u、C'_u的公式为：

$$C_u = 10K'\xi R_u \tag{4-10}$$

$$C'_u = 10K'\xi R'_u \tag{4-11}$$

$$K' = \frac{2}{\pi D^2 H\left(1+\dfrac{D}{3H}\right)} \tag{4-12}$$

式中，C_u 为原状土抗剪强度，kPa；C'_u为重塑土抗剪强度，kPa；D 为十字板头直径，cm；H 为十字板头高度，cm；ξ 为十字板头传感器率定系数，N·cm/10^{-6}；R_u 为原状土剪切破坏时应变的读数；R'_u为重塑土剪切破坏时应变的读数；K'为与十字板头尺寸有关的常数，cm^{-3}；10 为单位换算系数。

(2) 计算土的灵敏度的公式为：

$$S_t = \frac{C_u}{C'_u} \tag{4-13}$$

式中，S_t 为土的灵敏度。

(3) 评定软土地基承载力

根据中国建筑科学研究院有限公司和中国电力工程顾问集团华东电力设计院有限公司积累的资料，可按式(4-14)评定地基土的承载力。

$$f_k = 2C_{u(使用值)} + \gamma h \tag{4-14}$$

式中，f_k 为地基承载力标准值，kPa；γ 为土的重度，kN/m^3；h 为基础埋置深度，m；$C_{u(使用值)}$ 为土的不排水抗剪强度，kPa。

4.6 波速试验

土的动弹性参数，在工程抗震设计和动力机器基础反应等方面有着广泛的用途。现场波速测试方法因能反映岩土体的天然结构构造和初始应力状态，测试成果实际应用价值大，因而受到勘察单位的重视。

该试验适用于各类岩土体，兼有勘探和原位测试双重功能。

4.6.1 基本原理

波速试验的基本原理是，利用弹性波在介质中传播速度与介质的动弹性模量、动剪切模量、动泊松比及密度等的理论关系，从测定波的传播速度入手，求取土的动弹性参数。在工程勘察中主要利用的是直达波的横波速度，方法主要有单孔法和跨孔法。

4.6.2 试验设备

试验设备主要包括以下组件：

(1) 激振器。可采用机械震源、爆炸震源和电火花等，但主要采用能正反向重复激振的井下剪切波锤。

(2) 检波器。单孔测试时，一般采用三分量检波器。这种检波器是由三个单个检波器按相互正交的方式固定并密封在一个无磁性的圆形筒内，其谐振频率一般为 8～27 Hz。

(3) 放大器、记录器、测斜仪、套管、零时触发器等。

4.6.3 试验要点

单孔法波速试验布置见图 4-12，单孔法波速测试的技术要点如下：

(1) 测试孔应竖直。

(2) 将三分量检波器固定在孔内预定深度处，并紧贴孔壁。

(3) 可采用地面激振或孔内激振。

(4) 应结合土层布置测点，测点的竖向间距宜取 1～3 m。层位变化处加密，并宜自下而上逐点测试。

4.6.4 资料整理及成果应用

(1) 计算激振点与检波点之间的距离。对于跨孔法，如孔有偏斜，应对孔距进行校准。

(2) 计算压缩波、剪切波和瑞利波的传播速度，其误差应在 5%以内。

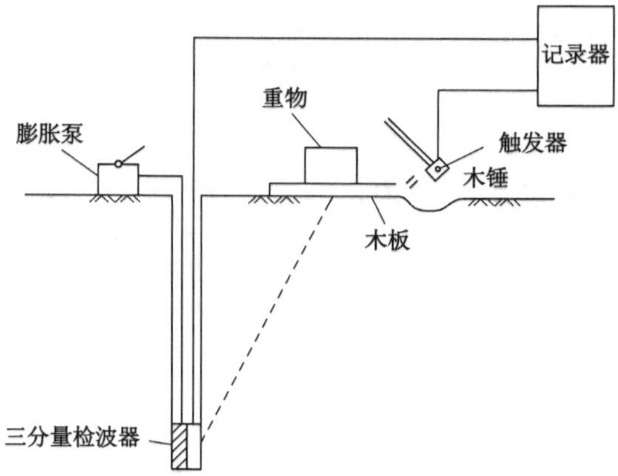

图 4-12　单孔法波速试验布置

(3) 根据整理和计算出的数据,绘出压缩波速度 v_p、剪切波速度 v_s、动剪切模量 G_d、动弹性模量 E_d 与深度变化的关系曲线,如图 4-13 所示。

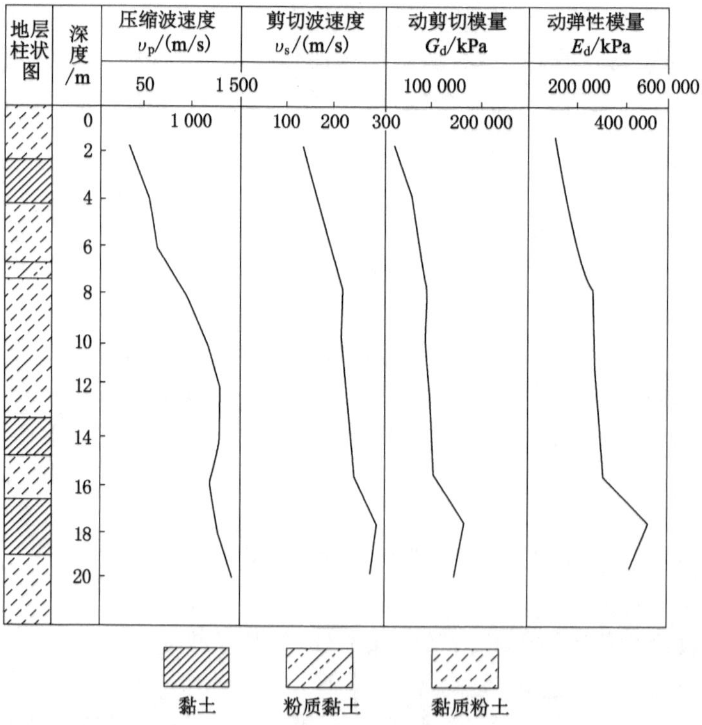

图 4-13　v_p、v_s、G_d、E_d 随深度变化的曲线

(4) 划分土的类型和建筑场地类别。剪切波波速可用于场地土的类型划分(见表 1-2)和建筑场地类别的划分(表 4-4)。

表 4-4 建筑场地类别的划分

等效剪切波速度 /($m \cdot s^{-1}$)	场地类别			
	Ⅰ	Ⅱ	Ⅲ	Ⅳ
$v_{se}>500$	$d=0$			
$500 \geqslant v_{se}>250$	$d<5$	$d \geqslant 5$		
$250 \geqslant v_{se}>140$	$d<3$	$3 \leqslant d \leqslant 50$	$d>50$	
$v_{se} \leqslant 140$	$d<3$	$3 \leqslant d<15$	$15<d<80$	$d>80$

注：d 为场地覆盖层厚度，m。

此外，利用波速测试还可以计算岩土体的弹性参数、地基土卓越周期以及进行砂土地基液化势的判别。

4.7 岩体变形试验

岩体的变形试验，通常是指在一定的载荷作用下，为研究岩体的变形规律，测定工程设计中所需要的岩体变形特征指标（如变形模量、弹性模量、泊松比及变形系数等）而进行的岩体现场试验。

岩体变形参数测试方法有静力法和动力法两种。静力法可分为承压板法、狭缝法、钻孔变形法及水压法等。动力法指用人工方法对岩体发射或激发弹性波，并测定弹性波在岩体中的传播速度，然后通过一定的关系式求岩体的变形参数。

承压板法又可分为刚性承压板法和柔性承压板法，我国多采用刚性承压板法。承压板法的优点是简便、直观，能较好地模拟建筑物基础的受力状态和变形特征。本节仅介绍刚性承压板法。

4.7.1 基本原理

刚性承压板法是通过刚性承压板施加力于半无限空间的岩体表面，测量岩体变形的一种方法。此方法视岩体为理想的弹性体（均质、连续、各向同性的）。按照半无限弹性体表面受局部载荷的布西内斯克问题，推导出测点在板内的圆形板计算公式，进而得到岩体的变形参数。

4.7.2 试验设备

刚性承压板法所需仪器设备如下。

(1) 加压系统：① 液压千斤顶 1～2 台；② 液压枕 1～2 个；③ 液压泵 1～2 台，手摇式或电动式均可；④ 高压油管及高压快速连接头；⑤ 压力表 1～2 个，精度为一级，量程 10～60 MPa；⑥ 稳压装置。

(2) 传力系统：① 承压板，金属质，应具有足够的刚度，厚度 3 cm，面积通常为 2 000～2 500 cm^2；② 钢垫板若干块，其面积等于或略小于承压板的面积，厚度 2～3 cm。③ 传力柱，应有足够的刚度和强度，其长度视试洞尺寸而定；④ 钢质楔形垫板若干块。

(3) 量测系统：① 测表支架两根，钢质，应有足够的刚度和长度；② 百分表 4～8 只；

③ 磁性表架或万能表架 4～8 个；④ 测量标点 4～8 个，铜质或不锈钢质，标点表面应平整光滑；⑤ 温度计一支，精度 0.1 ℃。

4.7.3 试验要点

（1）试验最大压力不宜小于预定压力的 1.2 倍。压力宜分为 5 级，应按最大压力等分施加。

（2）加压前应对测表进行初始稳定读数观测，每隔 10 min 同时测读各测表一次，连续三次读数不变，可开始加压试验，并应将此读数作为各测表的初始读数值。

（3）加压方式宜采用逐级一次循环法。根据需要可采用逐级多次循环法。

（4）每级压力加压后应立即读数，以后每隔 10 min 读数一次，当刚性承压板上所有测表相邻两次读数差与同级压力下第一次变形读数和前一级压力下最后一次变形读数差之比小于 5%时，可认为变形稳定，然后应进行退压。

（5）在加压、退压过程中，均应测读相应过程压力下测表读数一次。

4.7.4 资料整理及成果应用

（1）以压力 p(MPa)为纵坐标、变形量 W(10^{-4} cm)为横坐标，即可绘制 p-W 关系曲线（图 4-14）。在曲线上求取某压力条件下岩体的弹性变形量、塑性变形量及总变形量。

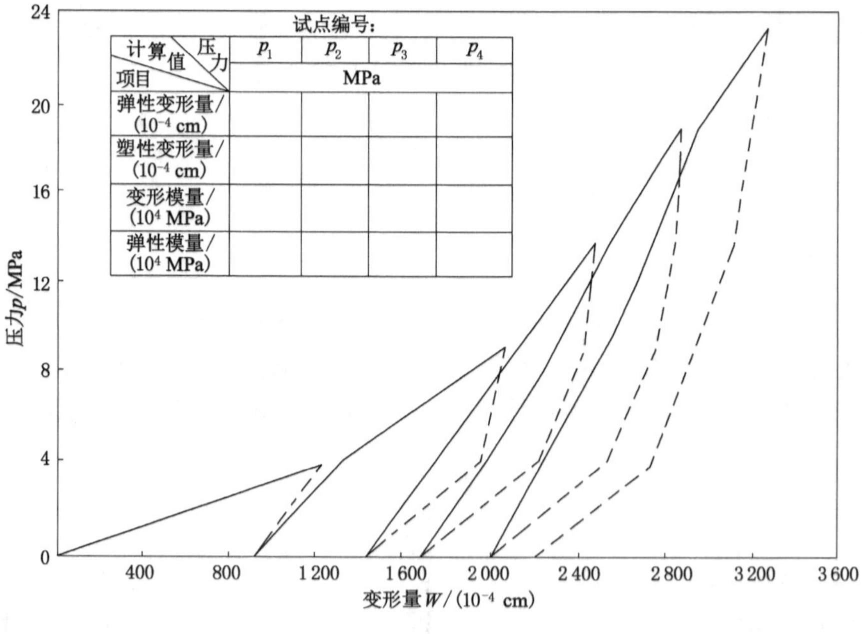

图 4-14　p-W 关系曲线

（2）计算岩体的变形模量或弹性模量。《工程岩体试验方法标准》(GB/T 50266—2013)规定，刚性承压板法岩体弹性(变形)模量应按下式计算：

$$E = I_0 \frac{(1-\mu^2)pD}{W} \tag{4-15}$$

式中，E 为岩体弹性（变形）模量，MPa，将总变形量 W_0 代入式中计算的为变形模量 E_0，将弹性变形量 W_e 代入式中计算的为弹性模量 E；W 为岩体变形量，cm；p 为按承压板面积计算的压力，MPa；I_0 为刚性承压板的形状系数，圆形承压板取 0.785，方形承压板取 0.886；μ 为岩体的泊松比；D 为承压板的直径（圆形板）或边长（方形板），cm。

承压板变形试验的主要成果是 p-W 关系曲线及由此计算得到的变形模量。这些成果可用于分析研究岩体的变形机理和变形特征，同时，岩体的变形模量等是工程岩体力学数值计算中不可缺少的参数。

4.8 岩体现场简易测试

岩体现场简易测试主要有岩体声波测试和岩石点载荷强度试验。其中岩体声波测试主要对岩体进行试验，而岩石点载荷强度试验主要对岩石进行试验。

4.8.1 岩体声波测试

岩体声波测试指对岩体激发不同的应力波，通过测定岩体中各种应力波的传播速度来确定岩体的动力学性质。岩体声波测试技术具有独特的优点，如方便简易、快速经济、测试内容多且精度易于控制等，因此具有广阔的发展前景。

岩体声波测试又分为单孔法、跨孔法和表面测试法几种，本节主要介绍表面测试法。

1. 基本原理

根据波动理论，传播于连续、均质、各向同性弹性介质中的纵波和横波传播速度与介质密度、介质动弹性模量以及介质动泊松比有关，由此可以通过测定岩体中的纵波和横波速度来确定岩体的动力学性质。

工程上声波测试通常指通过声波仪发出的电脉冲（或电火花）激发声波，并测定其在岩体中的传播速度，再据波动理论求取岩体动力学参数。

2. 试验设备

(1) 声波岩体参数测定仪。

(2) 换能器，包括发射与接收换能器，要求规格齐全，能适应不同测试方法。

(3) 其他材料，如黄油、凡士林、铝箔或铜箔纸等。

岩体表面声波测试装置如图 4-15 所示。

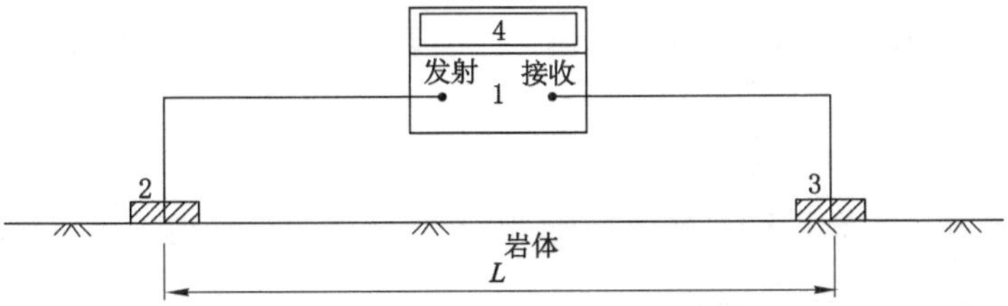

1—声波仪；2—发射换能器；3—接收换能器；4—显示器及计时装置。

图 4-15 岩体表面声波测试装置

3. 试验要点

(1) 测点可选择在硐室、钻孔、风钻孔或地表露头等位置。测点表面应大致修凿平整，对各测点应进行编号。

(2) 测线应根据岩体特性布置：当测点岩性为各向同性时，测线应按直线布置；当测点岩性为各向异性时，测线应分别按平行或垂直于岩体的主要结构面布置。

(3) 应擦净测点表面，将换能器放置在测点上，并应压紧换能器。在测点和换能器之间，应有耦合剂。

(4) 应量测发射换能器或锤击点与接收换能器之间的距离，测距相对误差应小于1%。

4. 资料整理与应用

(1) 按下式计算岩体的纵、横波速度：

$$\upsilon_{pm}=\frac{L}{t_p-t_{op}} \tag{4-16}$$

$$\upsilon_{sm}=\frac{L}{t_s-t_{os}} \tag{4-17}$$

式中，υ_{pm}、υ_{sm}分别为岩体的纵波与横波速度，km/s；L为发射、接收换能器间的距离，km；t_p、t_s分别为纵、横波传播时间，s，t_{op}、t_{os}分别为纵、横波零延时初始读数，s。

(2) 按下式计算岩体动弹性参数：

$$E_d=\rho\upsilon_{pm}^2\frac{(1+\mu_d)(1-2\mu_d)}{1-\mu_d} \tag{4-18}$$

或

$$E_d=2\rho\upsilon_{sm}^2(1+\mu_d) \tag{4-19}$$

$$\mu_d=\frac{\upsilon_{pm}^2-2\upsilon_{sm}^2}{2(\upsilon_{pm}^2-\upsilon_{sm}^2)} \tag{4-20}$$

$$G_d=\rho\upsilon_{sm}^2 \tag{4-21}$$

$$\lambda_d=\rho(\upsilon_{pm}^2-2\upsilon_{sm}^2) \tag{4-22}$$

式中，E_d为岩体的动弹性模量，GPa；μ_d为岩体的动泊松比；G_d为岩体的动剪切模量，GPa；λ_d为岩体的动拉梅常数，GPa；ρ为岩体的密度，g/cm^3；其余符号意义同前。

(3) 按下式计算岩体的完整性指数：

$$k_m=\left(\frac{\upsilon_{pm}}{\upsilon_{pr}}\right)^2 \tag{4-23}$$

式中，k_m为岩体的完整性系数，精确至0.01；υ_{pm}为岩体的纵波速度，km/s；υ_{pr}为岩块的纵波速度，km/s。

利用以上各种指标可以评价岩体的力学性质、岩体质量、风化程度及各向异性特征。此外，还可以利用波速指标进行岩体风化分带、岩体分类和确定地下硐室围岩松弛带等。

4.8.2 岩石点载荷强度试验

岩石点载荷强度试验主要用于岩石分级和估算岩石饱和单轴抗压强度。这项试验凭借其方法简便、成本低、便于现场试验、可对未加工成型的岩块进行测试等优点，得到广泛使用。

1. 基本原理

岩石点载荷试验指将岩块试件置于点载荷仪的两个球面圆锥压头间，对试件施加集中载荷直至破坏，然后以此为依据计算岩石的点载荷强度。

此项测试技术可以测试不规则岩石试件以及低强度和严重风化岩石的强度。但该项试验不适用于砾岩和岩石饱和单轴抗压强度不大于 5 MPa 的极软岩。

2. 试验设备

(1) 点载荷仪主要由加载系统和油压表组成(图 4-16)。

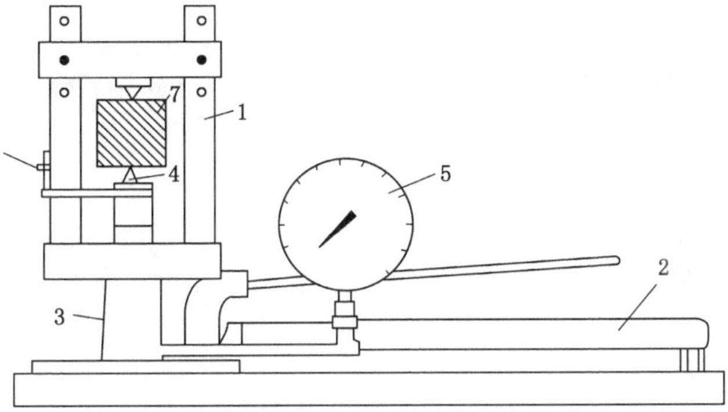

1—框架；2—手摇卧式液压泵；3—千斤顶；4—球面压头(简称加荷锥)；
5—油压表；6—游标卡尺；7—试样。

图 4-16　携带式点载荷仪组成

(2) 游标卡尺或钢卷尺。

(3) 其他仪器，如地质锤等。

3. 试验要点

(1) 径向试验时，应将岩心试件放入球面压头之间，应使上下锥端与试件直径两端紧密接触。

(2) 轴向试验时，应将岩心试件放入球面压头之间，加载方向应垂直于试件两端面，应使上下锥端连线通过岩心试件中截面的圆心并与试件紧密接触。

(3) 方块体与不规则块体试验时，应选择试件最小尺寸方向为加载方向。方块体或不规则块体试件，其尺寸宜为 50 mm±35 mm。

(4) 应稳定地施加载荷使试件在 10～60 s 内破坏，并记录破坏载荷。

(5) 有条件时，应量测试件破坏瞬间的加载点间距。

(6) 试验结束后，应描述试件的破坏形态。破坏面贯穿整个试件并通过两加载点的为有效试验。

4. 资料整理与应用

(1) 按下式计算岩石的点载荷强度：

$$I_s = \frac{P}{D_e^2} \tag{4-24}$$

式中，I_s 为未经修正的岩石点载荷强度，MPa；P 为破坏载荷，N；D_e 为等价岩心直径，mm。

(2) 当等价岩心直径不等于 50 mm，且试验数据较多，同一组试件中的等价岩心直径具有多种尺寸时，应对计算值进行修正。岩石点载荷强度指数应按下式计算：

$$I_{s(50)} = \frac{P_{50}}{2\ 500} \tag{4-25}$$

式中，$I_{s(50)}$表示等价岩心直径为 50 mm 的岩石点载荷强度指数，MPa；P_{50}表示根据 D_e^2-P 关系曲线求得的 D_e^2 为 2 500 mm^2 时的破坏载荷，N。

(3) 当等价岩心直径不等于 50 mm，且试验数据较少时，岩石点载荷强度指数应按下式计算：

$$I_{s(50)} = FI_s \tag{4-26}$$

式中，F 为修正系数；其他符号意义同上。

(4) 岩石点载荷强度与饱和单轴抗压强度之间有一定的相关性。《工程岩体分级标准》(GB/T 50218—2014)推荐采用下式计算岩石饱和单轴抗压强度。

$$R_c = 22.82 I_{s(50)}^{0.75} \tag{4-27}$$

式中，R_c 为岩石饱和单轴抗压强度，MPa。

此外，点载荷强度还可作为岩块与岩体工程分类及岩体风化分带的指标。

4.9 本章小结

(1) 原位测试指利用一定的试验手段在天然状态下(如天然应力、天然结构和天然含水量)，测试岩土的反应或一些特定的物理力学指标，进而依据理论或经验公式评定岩土的工程性能和状态。原位测试不需要采样，可减少对岩土体原生结构的扰动，而且所测岩土体体积大，代表性好，更能反映岩土宏观结构对其性质的影响。

(2) 载荷试验是在现场用一个刚性承压板逐级加荷，测定天然地基或复合地基的沉降量随载荷变化的情况，用于确定地基的承载能力和变形特性的现场试验。载荷试验可分为平板载荷试验和螺旋板载荷试验以及桩基载荷试验三种。载荷试验可适用于各种地基土，包括各种填土和含碎石的土。试验成果可以确定地基土的承载力、地基土的变形模量等参数。

(3) 静力触探试验是用准静力以恒定的速率将一个内部有传感器的触探头压入土中，同时测记贯入过程中探头受到的阻力，根据贯入阻力与土的工程地质性质之间的相关关系间接判定土的物理力学性质的现场试验。该试验适用于软土、一般黏性土、粉土、砂土和含少量碎石的土。试验成果可用于划分土类、确定地基土承载力特征值、估算土的压缩模量和变形模量等。

(4) 标准贯入试验是一种在现场用 63.5 kg 的穿心锤，以 76 cm 的落距自由落下，将一定规格的带有小型取土筒的标准贯入器打入土中，记录打入 30 cm 的锤击数，并以此评价土的工程性质的原位试验。该试验主要适用于一般黏性土、粉土和砂土，不适用于软塑-流塑性软土。试验成果主要用于砂土的密实状态评定、地基土承载力评定和地基土的液化判别等。

(5) 十字板剪切试验是将插入软土中的十字板头，以一定的速率旋转，测出土的抵抗力矩，从而换算出土的抗剪强度的试验。十字板剪切试验可用于原位测定饱和软黏土的不排水抗剪强度和估算软黏土的灵敏度。

(6) 波速试验是依据弹性波在岩土体内的传播理论，量测波在岩土体内的传播速度，间接推导出岩土体在小应变条件下动力参数的现场岩土测试技术。

(7) 岩体变形试验是在一定的载荷作用下，为测定岩体变形特征指标（包括岩体的变形模量、弹性模量、泊松比及变形系数）而进行的岩体现场试验。

(8) 岩体现场简易测试主要有岩体声波测试和岩石点载荷强度试验。岩体声波测试指对岩体试件激发不同的应力波，通过测定岩体中各种应力波的传播速度来确定岩体的动力学性质。岩石点载荷强度试验主要用于岩石分级和估算岩石饱和单轴抗压强度。

思 考 题

1. 岩土工程原位测试和室内试验各有何优缺点？
2. 如何利用载荷试验结果确定地基承载力特征值？
3. 通过静力触探试验可以获得哪些参数？如何获取？
4. 简述标准贯入试验的适用条件及成果应用情况。
5. 在何种条件下可采用十字板剪切试验？
6. 简述波速试验的方法及应用范围。
7. 如何通过现场试验确定岩体的变形参数？

5 现场检验与监测

5.1 概 述

现场检验与监测是工程勘察中的一种重要方法，其目的是控制勘察与施工质量，了解施工影响的程度，监测其变化规律和发展趋势，以便及时在设计、施工中采取相应的防治措施。在工程勘察中，利用现场检验与监测所获取的数据，可采用定量的方法预测一些不良地质作用的发展演化趋势及其对工程建筑物的可能危害，以便采取防治对策和措施；也可以通过试验进行反分析，求取岩土体的某些工程参数，以此为依据及时修正勘察成果，优化工程设计，必要时可要求补充勘察。

现场检验指的是在施工阶段对勘察成果的验证核查和施工质量的监控，主要包含两方面内容：

(1) 验证、核查工程勘察成果与评价建议，如果实际情况与勘察成果出入较大，则应进行施工阶段的补充勘察。例如，基坑施工时，通过开挖等手段揭露岩土体，所获得的第一手工程地质和水文地质资料较之勘察阶段更为确切，可以用来补充和修正勘察成果。

(2) 对岩土工程施工质量进行控制与检验。例如，天然地基基槽的尺寸、槽底标高的检验，桩基础施工中的一系列质量监控，地基处理施工质量的控制与检验，深基坑支护系统施工质量的监控等。

现场监测指对施工过程中及竣工后因施工及运营影响引起岩土体性状和周围环境条件发生变化而进行的各种观测工作，主要包含三方面内容：

(1) 对施工和各类载荷作用下岩土性状反应的监测。如土压力观测、岩土体中的应力量测、岩土体变形和位移监测、孔隙水压力观测等。

(2) 对施工或运营中结构物的监测。对于像核电站等特别重大的结构物，则在整个运营期间都要进行监测。

(3) 对环境条件的监测。包括对工程地质和水文地质条件中某些要素的监测，尤其是对工程构成威胁的不良地质作用(如滑坡、崩塌、泥石流等)，在勘察期间就应布置监测；除此之外，还有对相邻结构物及工程设施在施工过程中可能发生的变化、施工振动、噪声和污染等的监测。

现场检验与监测工作一般是在勘察和施工期进行的。但对有特殊要求的工程，则应在使用、运营期内继续进行。所谓"有特殊要求的工程"指的是：有特殊意义的重大建筑物；一旦损坏会造成生命、财产巨大损失或重大社会影响的工程；对建筑物和地基变形有特殊限制的工程；使用了新的设计、施工或地基处理方案，尚缺乏必要经验的工程。

5.2　地基基础检验与监测

5.2.1　天然地基基槽检验与监测

1. 现场检验

天然地基基坑(基槽)开挖后,应检验开挖揭露的地基条件是否与勘察报告一致。如有异常情况,应提出处理措施或修改设计建议。当与勘察报告出入较大时,应建议进行施工阶段勘察。检验内容应包括:① 岩土分布及其性质;② 地下水情况。

为了做好此项工作,应做好验槽的必要准备工作,其核心要求是:① 熟悉勘察报告,掌握地基持力层的空间分布和工程性质;② 研究基础设计图纸,了解拟建建筑物的类型和工作方式;③ 分析环境监测资料等。

验槽的要求包括以下 4 点:

(1) 核对基槽的施工位置、平面尺寸、基础埋深和槽底标高。平面尺寸由设计中心线向两边量测,长、宽尺寸不应偏小;槽底标高偏差一般应控制在 0～－50 mm 范围内。

(2) 在槽底基础范围内若遇到异常情况,则应结合具体地质、地貌条件提出处理措施。必要时可在槽底进行轻便钎探。当施工揭露的地基土条件与勘察报告有较大出入或者验槽人员认为有必要时,可有针对性地进行补充勘察。

(3) 验槽后应写出检验报告,内容包括岩土描述、槽底土质平面分布图、基槽处理竣工图、现场测试记录的检验报告等。

(4) 验槽报告是岩土工程的重要技术档案,应做到资料齐全,及时归档。

验槽注意事项包括以下 3 点:

(1) 检查槽底土质,应仔细观察刚开挖的结构未被破坏的原状土,检验人员应亲自挖土观察,冬季应注意槽底土是否有冰冻现象。

(2) 为了保持土的天然状态,不允许基槽内有积水,如发现有积水,应立即清除并检验淹没处土的湿度变化,当湿度变化大时,应采取处理措施。

(3) 审阅施工单位的钎探记录,应详细了解钎探规格和打钎过程情况,以便排除人为的异常现象。

2. 现场监测

若工程需要时,则应进行岩土体监测,包括以下内容:

(1) 硐室或岩石边坡的收敛监测;

(2) 深基坑开挖的回弹监测;

(3) 土压力或岩体应力监测。

本章仅讨论基坑底部回弹观测问题。

基坑工程监测方案,应根据场地条件和开挖支护的施工设计确定,并应包括下列内容:

(1) 支护结构的变形;

(2) 基坑周边的地面变形;

(3) 邻近工程和地下设施的变形;

(4) 地下水位变化;

（5）渗漏、冒水、冲刷、管涌等情况。

高层建筑在采用箱形基础时，由于基坑开挖面积大而深，卸除土层较大的自重应力后，普遍存在基坑底的回弹。基坑底的回弹再压缩量一般占建筑物完工时沉降量的 1/3～2/3，最大者达 1 倍以上；地基土质越硬则回弹所占比值越大（表 5-1）。说明基坑回弹不可忽视，应予监测，并将实测沉降量减去回弹量，才可得到真正的地基土沉降量；否则实际观测的沉降量偏大。除卸荷回弹外，在基坑暴露期间，当土中黏土矿物吸水膨胀，基坑开挖接近临界深度导致土体产生剪切位移以及基坑底部存在承压水时，这些因素皆可引起基坑底部隆起，观测时应予注意。基坑底回弹监测应在开挖完工后立即进行，在基坑的不同部位设置固定测点并用水准仪观测，且继续进行建筑物施工过程中以及竣工之后的地基沉降监测，最终可绘制基底的回弹、沉降与卸载、加载关系曲线（图 5-1）。

表 5-1　部分高层建筑基坑底回弹量与沉降量观测资料

土类名称	建筑物名称	平面尺寸 $(B\times L)/m^2$	基坑深度 /m	基坑底回弹量 /cm	完工时沉降量 /cm	基坑底回弹量与完工时沉降量之比/%
一般细粒土	北京市中医医院	14×87	5.7	1.3	2.3	56.5
	北京前三门 604[#] 工程	11.6×100	4.4	0.6	1.1	54.5
	北京昆仑饭店	57×150	10.1～11.6	2.9～3.5	2.0～2.7	130～145
沿海软土	上海康乐大楼	14×70	5.5	2.3	<14.0	>16.4
	上海四平大楼	10×50	5.2	3.4	<10.0	>34.0
	上海华盛大楼	14×58	5.6	4.5	22.0	20.5

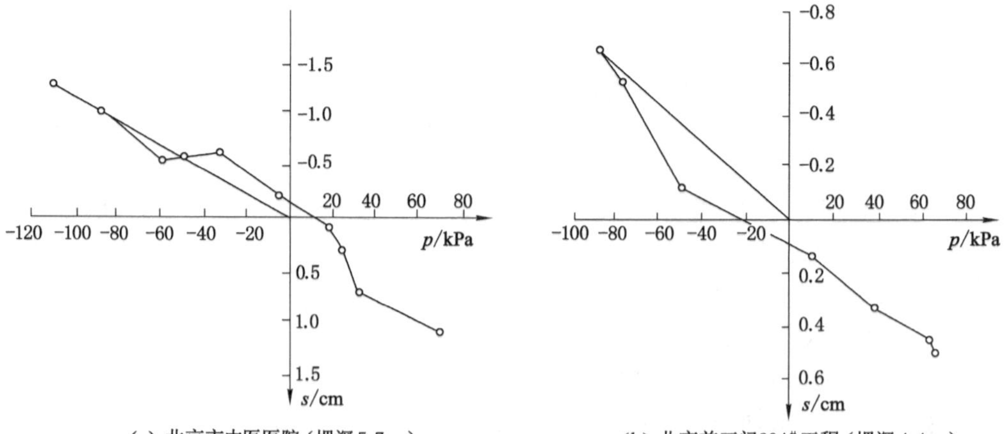

(a) 北京市中医医院（埋深 5.7 m）　(b) 北京前三门604[#]工程（埋深 4.4 m）

图 5-1　基底的回弹、沉降与卸载、加载关系曲线

5.2.2 桩基工程检测

1. 桩基工程检测的意义

桩基是高、重建筑物和构筑物的主要基础形式，属深基础类型。它的主要功能是将载

荷传递至地下较深处的密实土层或岩层上,以满足承载力和变形的要求。与其他类型的深基础相比较,桩基的几何尺寸较小,施工简便,适用范围广,所以是高、重建筑物和构筑物大量采用的基础形式,二十一世纪以来国内的桩基工程新技术获得迅猛发展。为了提高桩基的设计、施工水平,岩土工程师们都很关注桩基质量的检测。

桩基工程按施工方法,可分为预制桩和灌注桩两种。

一般钢筋混凝土预制桩都是采用锤击打入土层中的,其常见的质量问题有:① 桩身混凝土标号低或桩身有缺陷,锤击过程中桩头或桩身破裂;② 桩无法穿透硬夹层而达不到设计标高;③ 由于沉桩挤土引起土层中出现高孔隙水压力,大范围土体隆起和侧移,以至对周围建筑物、管线、道路等产生危害;④ 在桩基施工中,由于相邻工序处理不当,造成基桩过大侧移而引起基桩倾斜、位移。

灌注桩由于成桩过程在"地下作业",因此质量控制的难度大,存在的质量问题较多。常见的是:① 由于混凝土配合比不合适、存在稀释和离析等现象,通常桩身混凝土强度不够;② 夹泥、断桩、缩颈等易造成桩身结构缺陷(不完整);③ 桩底虚土、沉砟过厚和桩周泥皮过厚,使桩长和桩径不够。

上述预制桩和灌注桩的质量问题都会导致其满足不了承载力和变形的要求,所以需要加强桩基质量的检测工作。

2. 桩基工程检测的内容

桩基工程应通过试钻或试打,检验岩土条件是否与勘察报告一致。如遇异常情况,应提出处理措施。当与勘察报告差异较大时,应建议进行施工阶段勘察。单桩承载力的检验,应采用载荷试验与动测相结合的方法。对大直径挖孔桩,应逐桩检验孔底尺寸和岩土情况。

桩基工程检测的内容,除了核对桩的位置、尺寸、间距、数量、类型,核查选用的施工机械、置桩能量与场地条件和工程要求,核查桩基持力层的岩土性质、埋深和起伏变化,以及核查桩尖进入持力层的深度等以外,通常应包括桩基强度、桩基变形和桩的几何受力条件等三个方面,尤以桩基强度为主。

(1) 桩基强度

桩基强度检验包括桩身结构完整性和桩承载力的检验。桩身结构完整性是指桩是否存在断桩、缩颈、离析、夹泥、孔洞、沉砟过厚等施工缺陷。常采用声波法、动测法和静力载荷试验等检测。

(2) 桩基变形

桩基变形需要通过长期的沉降观测才能获得可靠结果,而且应以群桩在长期载荷作用下的沉降为准。一般工程只要桩身结构完整性和桩承载力满足要求,桩尖已达设计标高,且土层未发生过大隆起,就可以认为已符合设计要求。但重要工程必须进行沉降观测。

(3) 桩的几何受力条件

桩的几何受力条件指对桩位、桩身倾斜度、接头情况、桩顶及桩尖标高等的控制。在软土地区因打桩或基坑开挖造成桩的位移或上浮是经常发生的,通常应以严格的桩基施工工艺流程来控制。必要时应对置桩过程中出现的土体变形、超孔隙水压力以及对相邻工程的影响进行观测。

3. 桩身质量检测方法

桩身质量检测包括桩的承载力、桩身混凝土灌注质量和结构完整性等内容。

桩的承载力：静力载荷试验法是最传统的桩承载力检测方法，此法为我国法定确定单桩承载力的方法，其试验要点在国家标准《建筑地基基础设计规范》(GB 5007—2011)等有关规范、手册中均有明确规定，在工程实践中普遍采用。

桩身混凝土灌注质量和结构完整性：该项检测主要用于大直径灌注桩。检测方法有钻孔取心法、声波法和动测法。钻孔取心法可以检查桩身混凝土质量和孔底沉砟。由于心样小，灌注桩的局部缺陷往往难以被发现。声波法检测灌注桩的混凝土质量，轻便、可靠而直观，已得到广泛应用。用此法可检测因施工质量造成的断桩、夹泥、缩颈、孔洞等缺陷。目前多以声波值的变化作为判别的基本依据，而波幅和波形仅作为解释的辅助参量。动测法指在桩顶施加瞬态作用力或简谐振动力，使桩产生振动响应。通过安装在桩顶的传感器，接收桩土系统在动载荷作用下的响应信号，并用时域波形分析、频域波形分析或传递函数分析方法等进行分析，从而对桩身结构完整性及承载力做出判断。动测法在对预制桩和灌注桩等不同桩型的检测中已得到广泛应用。动测的方法较多，按桩身与周围土的相对位移大小可分为高应变法和低应变法两大类。其中，高应变法主要有史密斯法、凯斯法、波形拟合法和锤击贯入法等，可以反映桩土体系的弹塑性响应，可通过波动方程求解桩的极限承载力和评价桩身结构的完整性。低应变法主要有机械阻抗法、应力波反射法和动力参数法等，桩土动力响应处于完全弹性范围内，较适用于桩身结构完整性检测。

桩基工程检测的具体要求包括以下5点：

(1) 对预制打入桩和静力压桩，应提供经确认的施工过程有关参数，施工完成后，尚应进行桩顶标高、桩位偏差等检验。

(2) 对混凝土灌注桩应提供经确认的施工过程有关参数，包括原材料的力学性能检验报告、试件留置数量及制作养护方法、混凝土抗压强度试验报告、钢筋笼制作质量检查报告，施工完成后，尚应进行桩顶标高、桩位偏差等检验。

(3) 人工挖孔桩终孔时应进行桩端持力层检验。单柱单桩的大直径嵌岩桩，应视岩性检验桩底下3倍桩身直径或5 m深度范围内有无空洞、破碎带、软弱夹层等不良地质条件。

(4) 施工完成后的工程桩应进行桩身质量检验，直径大于800 mm的混凝土嵌岩桩，应采用钻孔取心法或声波透射法检测，测桩数不得少于总桩数的10%，且每根柱下承台的抽检桩数不得少于1根。直径小于和等于800 mm的混凝土嵌岩桩及直径大于800 mm的非嵌岩桩，可根据桩径和桩长的大小结合桩的类型和实际需要，采用钻孔取心法或声波透射法或可靠的动测法进行检测，检测桩数不得少于总桩数的10%。

(5) 施工完成后的工程桩，应进行竖向承载力检验，竖向承载力检验的方法和数量可根据地基基础设计等级和现场条件，结合当地可靠的经验和技术确定。复杂地质条件下的工程桩竖向承载力的检验，宜采用静载荷试验，验桩数不得少于同条件下总桩数的1%，且不得少于3根。大直径嵌岩桩的承载力可根据终孔时桩端持力层岩性报告，结合桩身质量检验报告核验。

5.2.3 地基加固和改良的检验与监测

当地基土的强度和变形不能满足设计要求时，往往需要采用加固与改良的措施。地基加固与改良的方案、措施较多，各有其适用条件。为了保证地基处理方案的适宜性、使用材料和施工的质量以及确切的处理效果，据《建筑地基基础设计规范》(GB 50007—2011)规定，应做现场检验与监测。

现场检验的内容包括：① 核查选用方案的适用性，必要时应预先进行一定规模的试验性施工；② 核查换填或加固材料的质量；③ 核查施工机械特性、输出能量、影响范围和深度；④ 对施工速度、进度、顺序、工序搭接的控制；⑤ 按有关规范、规程要求，对施工质量的控制；⑥ 按计划在不同期间和部位对处理效果的核查；⑦ 检查停工、气候变化或环境条件变化对施工效果的影响。

现场监测的内容包括：① 对施工中土体性状的改变，如地面沉降、土体变形、超孔隙水压力等的监测；② 用取样试验、原位测试等方法，对场地处理前后性状比较和处理效果的监测；③ 对施工造成的振动、噪声和环境污染的监测；④ 必要时作处理后对地基长期效果的监测。

各种地基加固与改良方案常用的现场检验与监测方法如表 5-2 所示。

表 5-2　常用的现场检验与监测方法

地基加固与改良		适用性	施工质量控制	效果检验与施工监测
置换及拌入法	开挖置换法和垫层法	暗埋的塘、浜、沟、穴等局部软弱地基，湿陷性土、膨胀性土和杂填土的浅层处理；垫层材料主要有灰土、素黏性土、砂和砂石，也可用矿渣及其他性能稳定、无侵蚀性的材料	灰土及素填土地基： 1. 对灰、土材料的检验。土料中不得含有机杂质，粒径不得大于 15 mm；灰料中不得夹有未熟化的生石灰块或过多水分。粒径不得大于 5 mm。活性 CaO+MgO 不低于 50%。 2. 对灰土配合比的检验及均匀性控制。 3. 对施工含水量的控制。 4. 对压、夯或振动压实机械的自重、振动力的选择及与之相应的换土铺设厚度、夯压遍数及有效加密深度的控制与检验。 砂和砂石地基： 1. 对材料级配(不均匀系数不宜小于 10)、粒径(一般宜小于 50 mm)及是否含有机杂质和含泥量(不宜超过 3%～5%)的检验。 2. 对压、夯或振动压实机械的自重、振动力的选择及与之相应的换土铺设厚度、施工含水量、夯压遍数及有效加密深度的控制与检验	用环刀法测干重度，推算压实系数；用贯入仪测贯入度或用其他常用原位测试方法检验。 用环刀取样或灌砂法测干重度；贯入法测贯入度。 用以上两类方法在施工中都应该注意下卧软弱土层发生塑性流动易引起侧向隆起及填料下陷。必要时应对建筑物进行沉降观测
	振冲地基	松散砂土、黏粒含量小于 25% ～ 35% 的黏性土	1. 对振冲机具及其适用性、振冲施工技术参数，如水压、水量、贯入速度、密实电流控制值及加固时间等的监控与调整。 2. 对填料规格、质量、含泥量、杂质含量等的监控。 3. 对孔位及造孔顺序施工质量的监控	用标准贯入、动力触探、静力触探或载荷试验检验振冲效果

表 5-2(续)

地基加固与改良		适用性	施工质量控制	效果检验与施工监测
置换及拌入法	旋喷地基	砂土、黏性土、湿陷性黄土、淤泥及人工填土	1. 对旋喷机具性能、技术参数如喷嘴直径、提升速度、旋转速度、喷射压力及流量等的监控与调整。 2. 对水泥质量、用量、水泥浆的水灰比及外加剂用量的监控。 3. 对旋喷管倾斜度位置偏差和置入深度的监控。 4. 对固结体的整体性、均匀性、有效直径、垂直度、强度特性、溶蚀性、耐久性的检验	1. 用取样的标准贯入、静力触探、载荷试验等原位测试方法检验旋喷效果。 2. 必要时可用开挖检查方法对旋喷体的几何尺寸和力学性质进行检验
振密或挤密法	重锤夯实	地下水位以上稍湿的黏性土、砂土、湿陷性黄土、杂填土和素填土	1. 对夯锤质量、底面直径、落距的选择与检查。 2. 对基坑夯实宽度、预测夯实土层厚度、夯击遍数及夯击路线的确定与核查。 3. 对夯实地基土含水量的控制。 4. 对夯实标准的确定与检验	1. 对最后夯沉量的检验(包括与试夯下沉量的比较)。 2. 取土样测孔隙比和密实度。 3. 用原位测试方法检验。 4. 监测夯击振动对邻近建筑设施的影响
	强夯	碎石土、砂土、湿陷性黄土及人工地基的施工	1. 对夯锤质量、锤底面积、落距的选定与检查。 2. 对夯击点、各点夯击次数、夯击遍数及各遍之间间歇时间的确定、核查及必要的修正	1. 埋设孔隙压力计监测孔隙压力的变化。 2. 夯后平均沉降量的监测。 3. 用原位测试法检验强夯效果。 4. 监测夯击振动对邻近建筑设施的影响
	砂桩挤密	软土、人工填土和松散砂石地基	1. 对砂料规格、质量、含泥量、含水量的检验。 2. 对砂桩位置、孔径、垂直度、孔深、成孔质量、成桩工艺顺序的监控与检查。 3. 对灌砂量及加密工艺的核查	1. 用标准贯入或轻便钎探对桩身及桩周土加密效果的检测。 2. 用锤击法检验砂桩的密实度和均匀性
	土或灰土桩挤密	地下水位以上,及地下10 m之内的湿陷性黄土、素填土和杂填土	1. 对填料质量、含水量及配合比的监控。 2. 对砂桩位置、孔径、垂直度、孔深、成孔质量、成桩工艺顺序的监控与检查。 3. 对填料数量及夯实工艺的核查	1. 用轻便钎探对桩身及桩周土加密效果的检测。 2. 用环刀法测桩身的干重度。 3. 进行现场载荷试验或浸水载荷试验

表 5-2(续)

地基加固与改良	适用性	施工质量控制	效果检验与施工监测
灌浆法	砂土、湿陷性黄土、软弱黏土	1. 根据灌浆目的、地质条件和工程性质，检验灌浆法的适用性。 2. 对浆液的化学成分、流动性、析水性、凝结时间、杂质含量、浓度、比重及注浆方法、灌注速度及压力进行监测。 3. 采用电动法时对电压梯度、通电时间和方法进行监控。 4. 对灌注机具、管路或电极棒的适用性、置入位置进行监控	1. 监测加固区域的地面变形和沉降量。 2. 用常用原位测试方法对加固效果进行监测。 3. 对浆体钻孔取样测定浆体密度、结石性质、浆体填充率以及无限抗压强度等物理力学性质。 4. 在防渗灌浆中，通过浆体钻孔测定地下水流量和地基的渗流特性。 5. 对浆液的毒性和可能造成的污染进行监测
排水固结法(堆载预压、砂井堆载预压及真空预压)	软土或充填土地基	1. 对砂井位置、砂料规格质量、砂量或砂袋以及其他排水装置规格质量、施工工艺的监测。 2. 对水平排水垫层的材料及施工进行监控。 3. 对预压载荷大小、加荷速率的监控。 4. 真空预压中对真空度的监控。 5. 对卸载进度的监控	1. 对地表日沉降量及最终沉降量的控制。 2. 用测斜仪进行土体水平位移的监测。 3. 对孔隙水压力变化的监测。 4. 对卸载后的沉降和回弹情况的监测
加筋法	垫层、桥台、堤坝的挡土结构和岸边防护	1. 对土工织物或加筋体的力学性质、耐久性及渗水性的监控。 2. 检测填土的规格、质量及压实性能。 3. 对施工铺设要求，特别是整体性和端头锚固的监控。 4. 对回填土施工含水量、填筑施工顺序及施工要求的监控	1. 对加筋体整体稳定性的监测。 2. 对加筋体垂直、水平位移量的监测。 3. 对用于反滤排水的进行现场效果监测

5.2.4 深基坑开挖和支护的检验与监测

随着高层建筑基坑开挖深度不断加大，复杂的环境地质条件也对支护结构的工作状态和位移有了越来越严格的限制，这就要求岩土工程师在不断发展、创立新的支护理论和结构系统的同时，实施严格的检验与监测，以保证安全、顺利地施工。

深基坑开挖支护系统的施工质量，对整个系统的工作状态有重大影响。施工质量的好坏主要表现在支护系统的类型、材料、构造尺寸、装设的位置和方法是否符合设计要求，装设施工是否及时，施工顺序是否与设计要求一致，地下水控制施工是否满足设计要求等方面。一个设计合理的支护系统，可能由于施工质量差而导致重大事故。为避免事故的发生，就要求检验与监测工作应在整个施工场地的各个部分同时进行，在系统的整个工作期间内不得间断。

基坑工程监测方案应根据场地条件和开挖支护的施工设计确定，其监测内容包括：① 支护结构的变形；② 基坑周边的地面变形；③ 邻近工程和地下设施的变形；④ 地下水位；⑤ 渗漏、冒水、冲刷、管涌等情况。

基坑开挖支护检验与监测工作内容主要有以下几方面：

(1) 对支护结构施工安设工作的现场监理。检查结构尺寸、规格、质量、施工方法及支撑程序是否与设计一致。在装设过程中，当客观情况致使支护系统构造、尺寸或装设位置不能与设计相符时，施工人员与设计人员应协商，及时采取调整措施，以保证施工正常进行。

(2) 监测土体变形与支护结构的位移。观测的时间间隔视气象条件和施工进度而定，可为每日、每三日或每周进行一次。

(3) 对地下水控制设施的装设及运营情况进行监测。观测地下水及土体中孔隙水压力的变化情况，注意施工影响及渗漏、冒水、管涌、流土等不良地质作用的发生。在支护系统运营过程中，观测时间间隔亦视气象条件和施工进度而定，可定为每日、每三日或每周进行一次。

(4) 对邻近的建筑物和重要设施进行监测。注意有无沉降、倾斜、裂缝等现象发生。观测的时间间隔，亦应根据施工进度、气象条件、施工影响的范围和程度来确定。

基坑开挖支护检验与监测的具体要求有：

(1) 对地下连续墙应提交经确认的有关成墙记录和报告。地下连续墙完成后尚应进行质量检验，检验方法可采用钻孔抽芯或声波透射法，检验槽段数不得小于同条件下总槽段数的 20%。

(2) 抗浮锚杆完成后应进行抗拔力检验，检验数量不得少于锚杆总数的 3%，且不得少于 6 根。

(3) 基坑开挖应根据设计要求进行监测并实施动态设计和信息化施工。

(4) 基坑开挖监测内容包括支护结构的内力和变形、地下水位变化及周边建(构)筑物地下管线等市政设施的沉降和位移等监测内容。基坑监测项目选择如表 5-3 所示。

表 5-3 基坑监测项目选择

地基基础设计等级	监测项目											
	支护结构水平位移	监控范围内建(构)筑物沉降与地下管线变形	土方分层开挖标高	地下水位	锚杆拉力	支撑轴力或变形	立柱变形	桩墙内力	基坑底隆起	土体侧向变形	孔隙水压力	土压力
甲级	√	√	√	√	√	√	√	√	√	√	△	△
乙级	√	√	√	√	√	△	△	△	△	△	△	△

注：△为宜测项目；√为必测项目。

(5) 基坑开挖对邻近建(构)筑物的变形监控，应考虑基坑开挖造成的附加沉降与原有沉降的叠加。

很多工程实例表明：对施工场地及周围环境的肉眼巡检是很有意义的，应安排有经验的工程师逐日进行。施工条件的改变、现场堆载的变化、管道渗漏和施工用水不适当的排放、温度骤变或降雨等，都应在工程师的监视之下，并应有完整的记录。地面裂缝、支护结构工作失常、渗漏、管涌、流土等，更是可以通过肉眼巡检在早期发现的。此外，预先确定各方面临界状态报警值，及时反馈监测结果，使出现的问题得到及时处理，将能大大减少可能出现的事故。

5.2.5 建筑物的沉降变形监测

1. 沉降变形监测的对象

下列建筑物应在施工期间及使用期间进行沉降变形观测：

① 地基基础设计等级为甲级的建筑物；② 复合地基或软弱地基上的设计等级为乙级的建筑物加层扩建建筑物；③ 受邻近深基坑开挖施工影响或受场地地下水等环境因素影响的建筑物；④ 需要积累建筑经验或进行设计反分析的工程。

2. 观测点的布置

一般是在建筑物周边的墙、柱或基础的同一高程处设置多个固定的观测点，且在墙角、纵横墙交叉处和沉陷缝两侧都应有测点控制。距离建筑物一定范围设基准点，从建筑物修建开始直至竣工以后的相当长时间内定期观测各测点高程的变化。

3. 建筑物观测工作

观测次数和时间间隔应根据观测目的、加载情况和沉降速率确定。当沉降速率小于 0.01 mm/d 时可停止经常性的观测。建筑物竣工后的观测时间间隔如表 5-4 所示。

表 5-4 建筑物竣工后的观测时间间隔

沉降速率/(mm/d)	观测时间间隔/d
>0.3	15
0.1～0.3	30
0.05～0.1	90
0.02～0.05	180
0.01～0.02	365

(1) 施工期间的观测：当基础砌好安上观测标志后，即开始观测，以后按建筑物完成的层次观测，每增加 1～2 层观测一次；或按增加荷重观测，每增加总载荷的 25%、50%、70%、100%时各观测一次；对高耸塔仓类构筑物还可按增加的高度进行观测。

(2) 竣工后的观测：竣工投产后的观测时间间隔，视沉降量的大小和沉降速度而定，一般第一年内 1～3 个月观测一次，以后每年观测 2～3 次，直至沉降稳定为止。沉降稳定标准为沉降速率小于 0.02～0.04 mm/d。

(3) 观测期限：视地基土层而定，一般砂土地基二年，黏性土地基五年，软土地基更长。

根据观测结果绘制加载、沉降与时间的关系曲线。由此可以较好地划定地基土的变形性和均一性；与预测的结论对比，可检验计算采用的理论公式、方案和参数的可靠性；可获得在一定土质条件下选择建筑结构型式的经验。也可由实测结果进行反分析，即反求土层模量或确定沉降计算经验系数。

某大厦系一剪力墙内筒外框结构的高层建筑，地面以上 28 层（高 104.1 m）。地下两层，采用箱形基础，埋深 12.73 m。该工程自箱基的隔水架空层浇筑完毕起沿基础的纵横轴线安设了 138 个观测点进行系统的沉降观测，在竣工后约 4 年内的观测资料如图 5-2 和图 5-3 所示。

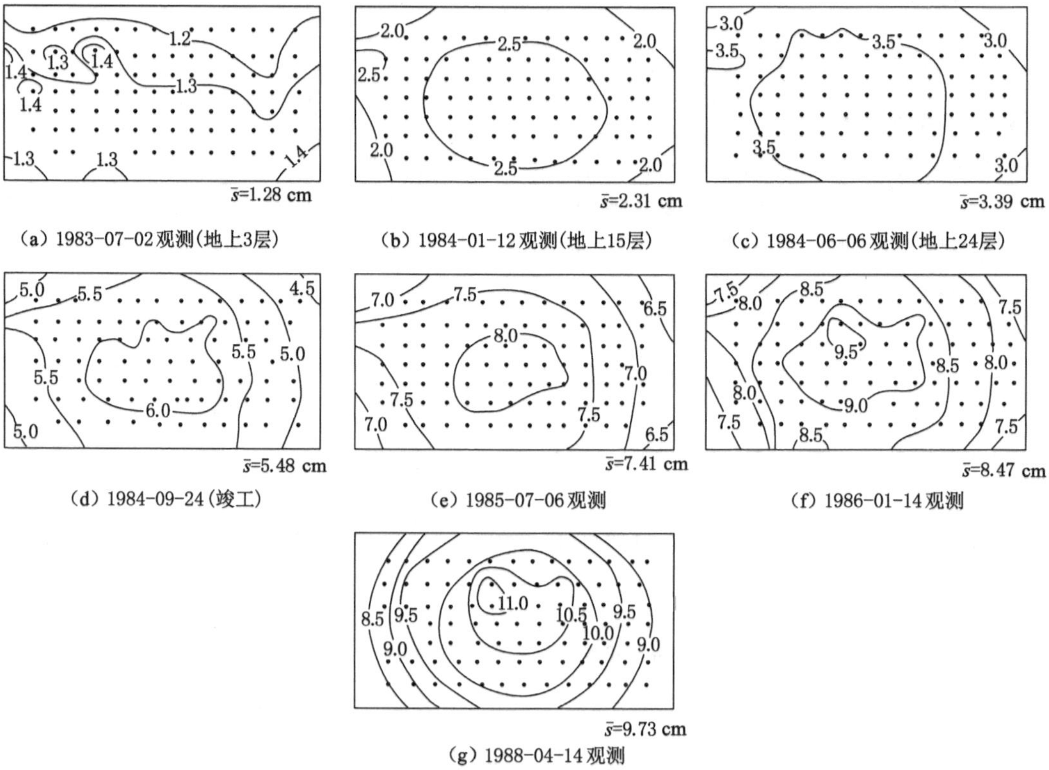

图 5-2　某大厦的沉降等值线图（$\bar{s}$ 为平均沉降量，cm）

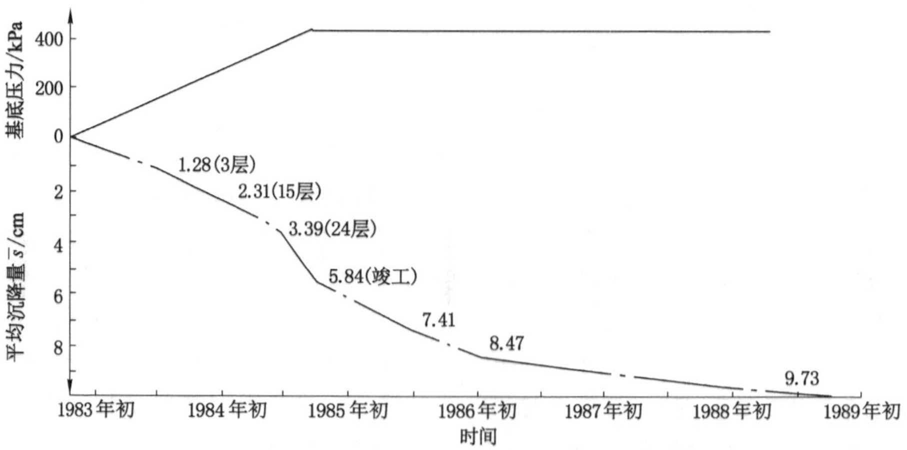

图 5-3　某大厦基底压力、平均沉降量随时间的变化曲线图

5.3 岩土体性质与状态的监测

5.3.1 岩土体变形监测

1. 岩土体变形监测的意义

岩土体的变形量是评价岩土体及建筑物稳定状态或建筑物是否能正常使用最直接的指标，监测结果亦可用作反演计算的参数或可用于检验计算方法的适宜性。对工程岩土体采取加固措施时也需要以变形监测资料为依据。

由于岩土体的工程性质复杂而多变，勘察时往往难以掌握清楚，以致所做的评价不够确切。对一些重大工程，尤其是复杂地质条件的工程，进行岩土体和建筑物变形监测就十分必要。不仅可及时发现问题，采取对策和措施，以保证工程的正常施工和使用，而且可积累有价值的经验资料，对发展岩土力学和提高勘察工作水平皆有重要意义。

2. 岩土体变形监测的内容和方法

岩土体变形监测内容广泛，主要包括各种不良地质作用和各类工程（各种地基基础工程、边坡工程和地下工程）所涉及的岩土体内部的压缩、拉伸及剪切变形和表面位移量的监测。这里着重介绍边坡工程和滑坡监测的内容和方法。

边坡工程和滑坡监测的目的，一是正确判定其稳定状态，预测位移、变形的发展趋势，做出边坡失稳或滑坡临滑前的预报；二是为整治提供科学依据以及检验整治的效果。规范中规定：边坡工程施工过程中应严格记录气象条件、挖方、填方堆载等情况。爆破开挖时，应监控爆破对周边环境的影响。土石方工程完成后，尚应对边坡的水平位移和竖向位移进行监测直到变形稳定为止，且不得少于三年。

滑坡监测的内容应包括：① 滑坡体的位移；② 滑面位置及错动；③ 滑坡裂缝的发生和发展；④ 滑坡体内外地下水位、流向、泉水流量和滑带孔隙水压力；⑤ 支挡结构及其他工程设施的位移、变形、裂缝的发生和发展。

边坡当须判定崩塌剥离体或危岩的稳定性时，应对张裂缝进行监测。对可能造成较大危害的崩塌，应进行系统监测，并根据监测结果对可能发生崩塌的时间、规模、塌落方向和途径、影响范围等做出预报。

按上述监测内容可分地面位移监测、岩土体内部变形和滑动面位置监测以及地下水观测三项。本节只论述前二项内容，后一项内容将在下节中讨论。

① 地面位移监测。主要采用经纬仪、水准仪或光电测距仪重复观测各测点的位移方向和水平、铅直距离，以此来判定地面位移矢量及其随时间变化的情况。测点可根据具体条件和要求布置成不同型式的线、网，一般在条件较复杂和位移较大的部位测点应适当加密。图 5-4 为长江三峡工程库区内新滩滑坡地面位移观测点平面布置图，测点主要集中布置在地面位移量较大的姜家坡一带。对于规模较大的滑坡，还可采用航空摄影测量和全球导航卫星系统进行监测，也可采用伸缩仪和倾斜计等简易方法监测。

监测结果应整理成曲线图，以此来分析滑坡或工程边坡的稳定性发展趋势，并做临滑预报。图 5-5 为新滩滑坡铅直位移-时间关系曲线，从图上可以清晰地看出，该滑坡从 1985 年 5 月开始铅直位移量显著增大，到 6 月 12 日便发生了整体下滑，滑坡方量约 3×10^7 m^3。

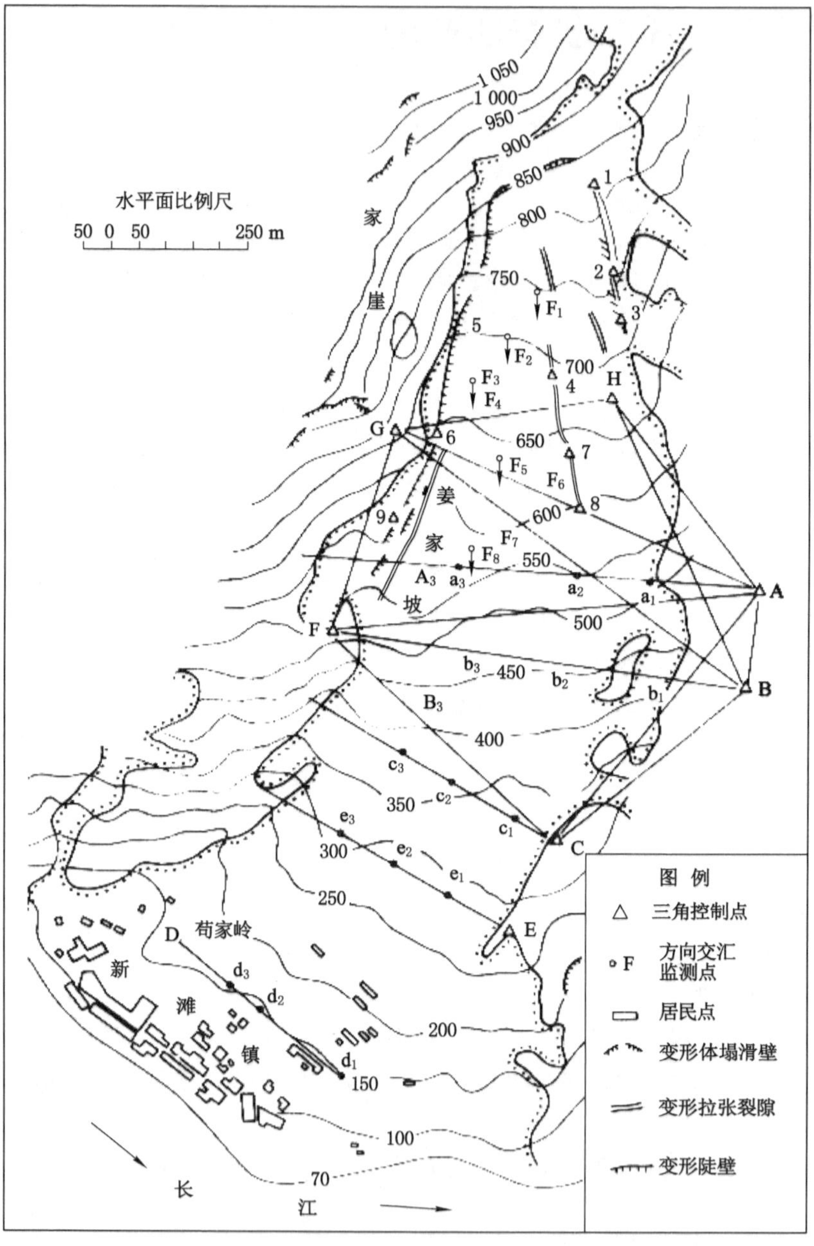

图 5-4 新滩滑坡地面位移观测点平面布置图

由于临滑预报非常成功，避免了人员伤亡的重大事故。

除了绘制位移时间关系曲线外，还应绘制各监测点的位移矢量图。图 5-6 是某滑坡用光电测距仪监测所获得的位移矢量图，可以看出滑坡的位移范围、方向和各部位位移的大小。铁路线和国道位于滑坡位移区之外，不受该滑坡的影响。

② 岩土体内部变形和滑动面位置监测。准确地确定滑动面位置是进行滑坡稳定性分析和整治的前提条件，它对正处于蠕滑阶段的滑坡效果显著。目前常用的监测方法有管式

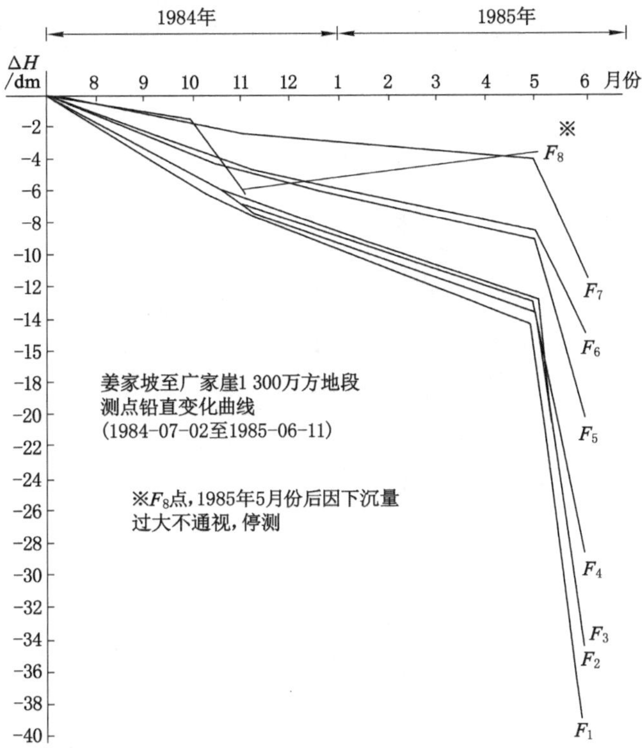

图 5-5　新滩滑坡铅直位移-时间关系曲线（dm 表示分米）

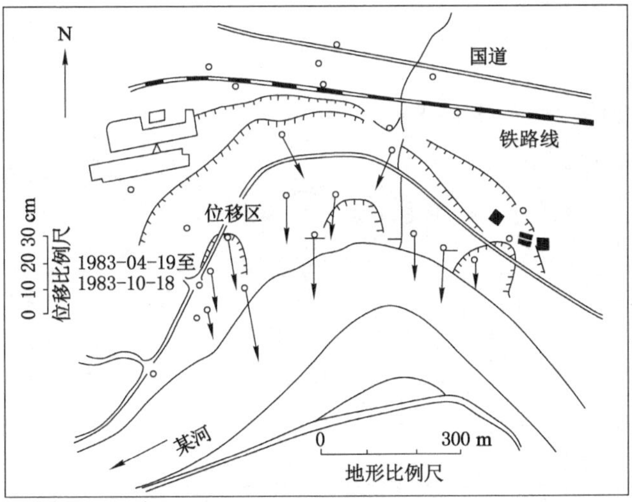

图 5-6　用光电测距仪测量的位移矢量图

应变计、倾斜计和位移计等。它们皆是借助钻孔进行监测的。下面简要介绍这几种方法。管式应变计监测是在聚氯乙烯管上隔一定距离贴电阻应变片，随后将其埋置于钻孔中，然后测量由于滑坡滑动引起管子的变形。管式应变计安装如图 5-7 所示。安装变形管时必须使应变片正对着滑动方向。测量结果可清楚地显示出滑坡体随时间和深度的位移变形情况以及滑动面的位置。图 5-8 所示为某滑坡用管式应变计监测的成果,滑动面深度为 4.4 m。该方法较简便,在国内外使用最为广泛。

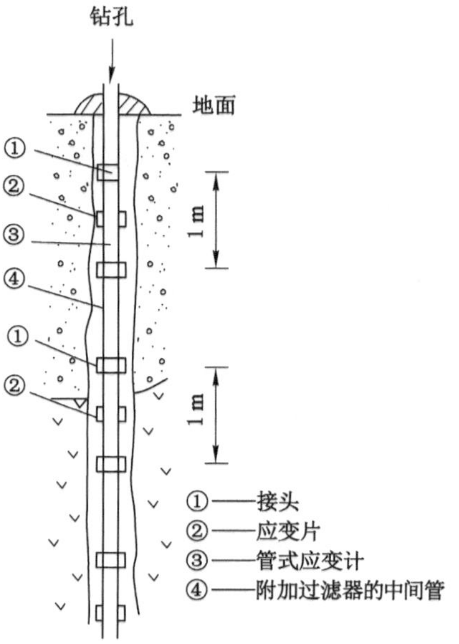

图 5-7 管式应变计安装

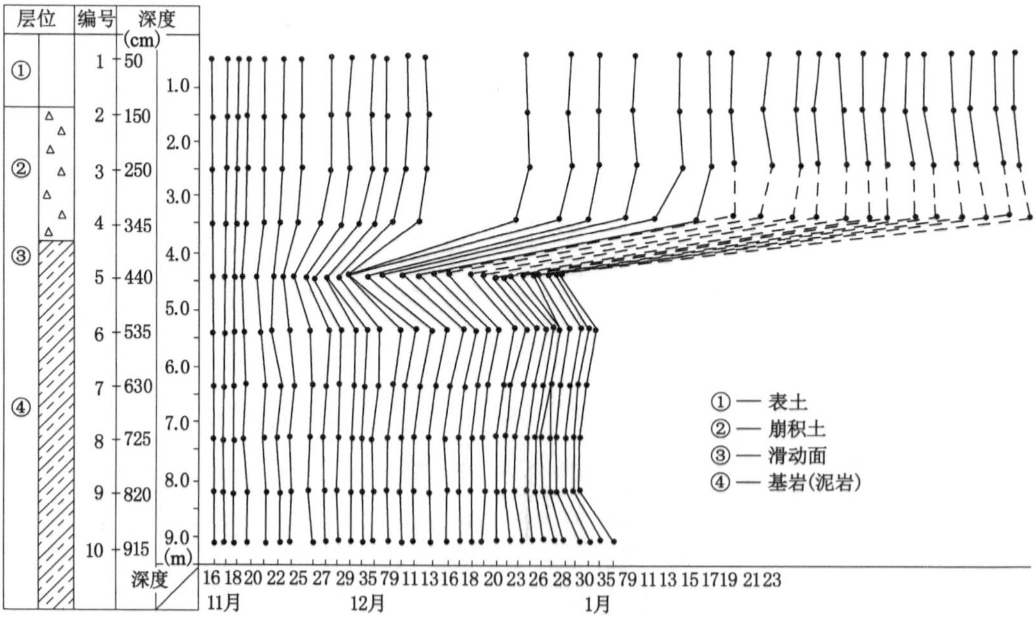

图 5-8 某滑坡管式应变计监测成果

倾斜计是一种利用钻孔被动弯曲量测滑坡的装置,可以有效地了解滑动面的深度。该装置有两种型式:一种是由地面悬挂一个传感器至钻孔中,量测预定各深度的弯曲(图 5-9);另一种是在钻孔中按深度安装固定的传感器(图 5-10)。倾斜计测量结果如图 5-11 所示,滑动面深度为 3.5 m。

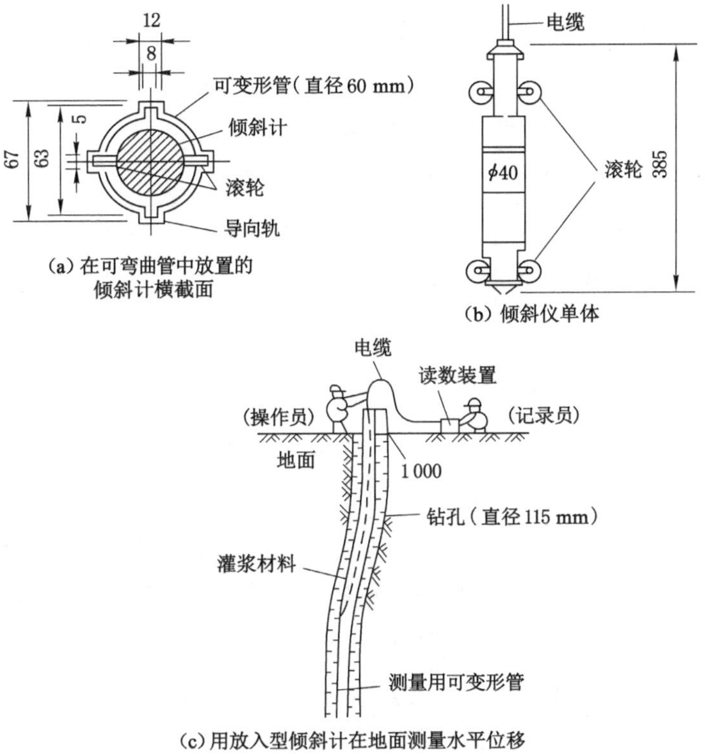

图 5-9 放入型倾斜计测量实例(单位:mm)

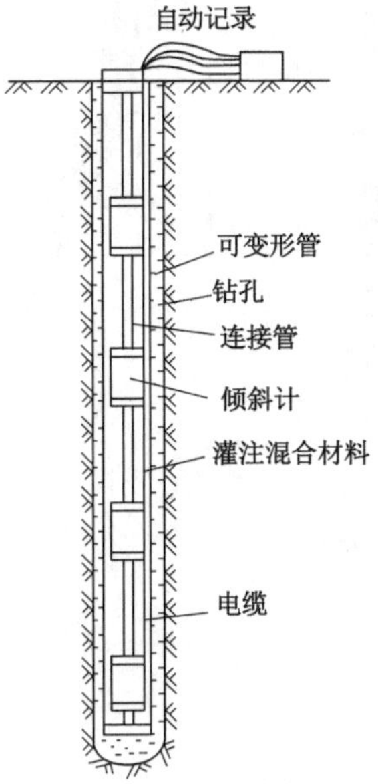

图 5-10 固定型倾斜计测量实例(可变型管和连接管两者共用)

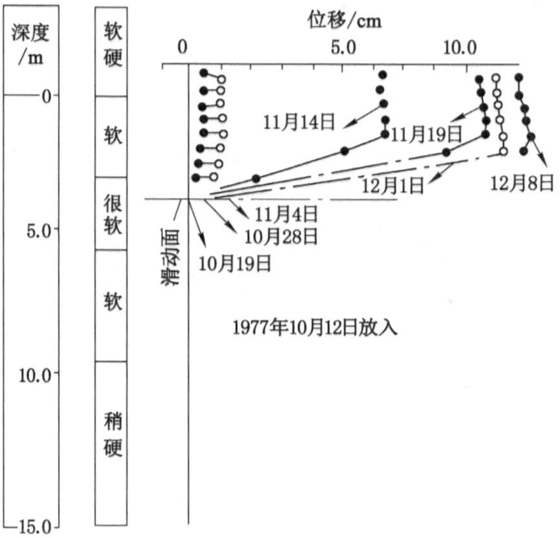

图 5-11　倾斜计测量结果示意图(图中时间均为 1977 年)

位移计是一种靠测量金属线伸长情况来确定滑动面位置的装置,一般采用多层位移计量测,将金属线固定于孔壁的各层位上,末端固定于滑床上(图 5-12)。它可以用来判断滑动面的深度和滑坡体随时间的位移变形情况。

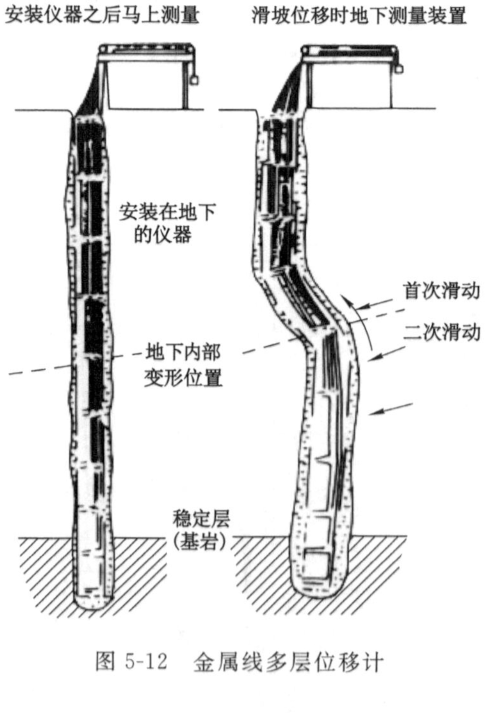

图 5-12　金属线多层位移计

3. 硐室壁面收敛量测

收敛量测是直接量测岩体表面两点间距离的改变量,它被用于了解硐室壁面间的相对变形和边坡上张裂缝的发展变化,据以对工程稳定性趋势做出评价和对破坏时间做出预报。边坡张裂缝量测方法比较简单,一般在裂缝两侧埋设固定点,用钢卷尺直接量测即可。硐室壁面收敛量测则需借助专用的收敛计,下面做简要介绍。

当进行收敛量测时,首先要选择有代表性的硐段,量测前在壁面设测桩,收敛计的选择可根据量测方向、位移大小和观测精度确定。收敛计分垂直方向的、水平方向的和倾斜方向的几种。

当用垂直收敛计量测硐室顶、底板之间的相对变形时,可使用悬挂型和螺栓型两种收敛计(图 5-13)。前者可免除每次量测时的攀高问题,对高边墙硐室具有明显的优点,且这种收敛计可以在顶板上的基点处做硐壁全断面放射状量测,使用方便。后者不但具有悬挂型的优点,且因螺栓测点可以紧靠开挖工作面埋设,尽可能取得岩体的全变形资料。

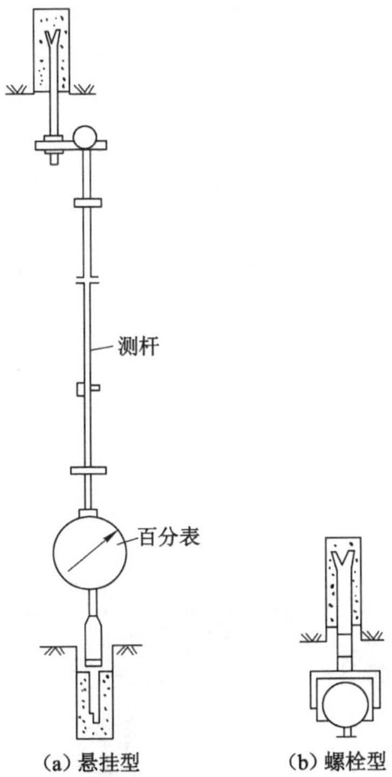

图 5-13 悬挂型及螺栓型垂直收敛计

常用的水平收敛计是带式收敛计和钢尺式收敛计,它们可在跨度不大的硐室中使用,携带方便,安装简单。但是当硐室跨度较大时,收敛计挠曲变形会使量测精度明显降低,因而要增加收敛计钢尺(带)的刚度并施加一定的拉力,以减少钢尺(带)的挠曲变形,在分析收敛量读数时还应进行适当的挠曲校正。一般钢尺(带)的材料为铟钢,每次量测时需用恒定的拉力,需精确量测时尚应消除温度的影响。

倾斜方向的变形量测,也可以使用水平收敛计,但此时收敛计与测桩间应改为球铰连接方式,以适应不同方向量测的要求。

当硐室稳定性出现问题时,应设带有限位开关的多点地表位移伸长计及报警装置。当对硐室稳定性进行评价时,应分析变形(位移)与时间的关系曲线;当变形加速发展时,可根据曲线的延伸趋势做出破坏时间的预报。

5.3.2 岩土体内部应力量测

岩土体内部应力量测与变形量测的意义一样，可用来监测建筑物的安全性，亦可检验计算模型和计算参数的适用性和准确性。

岩土体内部的应力可分为初始应力和二次应力。初始应力又称地应力，它的概念和量测原理及方法已在前一章中论述过，这里仅讨论工程建筑物兴建后的二次应力。二次应力问题主要指的是房屋建筑基础底面与地基土的接触压力、挡土结构上的土压力以及硐室的围岩压力等的量测问题。

岩土体压力的量测是借助压力传感器装置来实现的，一般将压力传感器埋设于结构物与岩土体的接触面上。目前国内外采用的压力传感器多数为压力盒，有液压式、气压式、钢弦式和电阻应变式等不同型式和规格的产品，以后两种较常用。由于压力观测是在施工和运营期间进行的，互有干扰，所以务必要防止量测装置被破坏。为了保证量测数据的可靠性，压力盒应有足够的强度和耐久性，加压、减压线性良好，能适应温度和环境条件变化而保持稳定。应注意压力盒与岩土体刚度的协调性问题，埋设时应避免对土体的扰动，回填土的性状应与周围土体性状一致。

通过定时观测，便可获得岩土体压力随时间变化的资料，图 5-14 为某硐室工程结构物上所作用的围岩压力图。

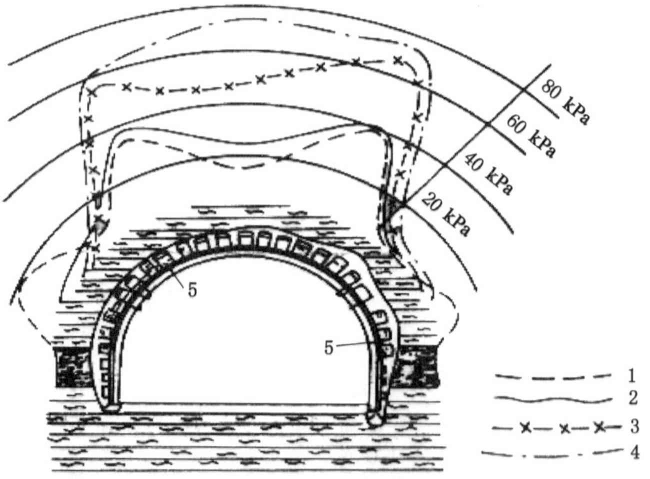

1—开挖后的 30 d；2—开挖后的 60 d；3—开挖后的 90 d；4—开挖后的 120 d；5—测力计。

图 5-14　某硐室工程结构物上所作用的围岩压力图

5.4 地下水的监测

5.4.1 地下水监测的意义和条件

地下水对工程岩土体的强度和变形以及对建筑物稳定性的影响，都是极为重要的。例如，在高层建筑深基坑开挖和支护中，地下水的作用可能会导致坑底上鼓溃决、流沙突涌、支护结构移位倾倒，降水会引起周围地面沉降甚至建筑物破坏。因此在深基坑施工过程中要加强对地下水的监测。地下水是导致各种不良地质作用产生的重要因素。例如，作用于滑坡上的孔隙水压力、浮托力和动水压力，可直接影响滑坡的稳定性；饱水砂土的管涌和液化、岩溶区的地面塌陷等，无不与地下水的作用息息相关。当前，我国高层建筑深基坑工程和大型地下构筑物与日俱增，而且各类建筑物和构筑物往往兴建于不同的复杂地质环境中，因此要对地下水压力、孔隙水压力进行准确控制，以保证工程安全施工和正常运行。

对地下水进行监测，不同于水文地质学中"长期观测"的含义。长期观测是针对地下水的天然水位、水量和水质的时间变化规律的，一般仅需要提供动态观测资料成果。而监测则不仅仅是观测，还要根据观测资料提出问题，制定处理方案和措施。

1．地下水监测适用条件

根据《岩土工程勘察规范（2009 年版）》（GB 50021—2001）规定，以下几种情况应进行地下水监测：

（1）地下水位升降影响岩土稳定时；

（2）地下水位上升产生的浮托力对地下室或地下构筑物的防潮、防水或稳定性产生较大影响时；

（3）施工降水对拟建工程或相邻工程有较大影响时；

（4）施工或环境条件改变造成的孔隙水压力、地下水压力变化，对工程设计或施工有较大影响时；

（5）地下水位的下降造成区域性地面沉降时；

（6）地下水位升降可能使岩土产生软化、湿陷、胀缩时；

（7）污染物运移对环境影响需要进行评价时。

2．地下水监测的具体要求

（1）大面积填方、填海等地基处理工程应对地面沉降进行长期监测，施工过程中还应对土体变形、孔隙水压力等进行监测。

（2）施工过程中需要降水而周边环境被要求监控时，应对地下水位变化和降水对周边环境的影响进行监测。

（3）对于挤土桩，当周边环境保护要求严格、布桩较密时，应对打桩过程中造成的土体隆起和位移、邻桩桩顶标高及桩位、孔隙水压力等进行监测。

3．监测工作布置的原则

监测点、监测线的布置应根据研究区地貌、水文地质条件、岩土体性状和工程要求而确定，一般原则如下：

（1）在平原及地质条件简单的地区，监测点可布置成方格网状，监测线应平行或垂直地下水流向布置，间距不宜大于 400 m。

（2）在狭窄地区，当无地表水体时，监测点可按三角形布置；当有地表水体时，监测线应垂直地表水体的岸边线布置。

（3）在水位变化大的地段、上层滞水或裂隙水集聚的地段应布置监测点。当有多层含水层存在时，必要时可分层设置监测孔，以了解不同含水层的水位、水质、水压、水温及其联系情况。

（4）在滑坡、岸边地段，应在坝肩、坝基、坝的上下游和滑动带设置监测点。对于基坑，可垂直基坑长边布置监测线。

(5) 监测点的间距视地下水的梯度或地形坡度的大小及离地表水体的远近而确定。当地下水流梯度大(或地形坡变大)或靠近地表水体时,间距可小些;否则可大些,但不宜超过 400 m。

(6) 监测孔深度应达到可能最低水位或基础施工最大降深以下 1 m 处。

地下水监测的内容包括地下水位的升降、变化幅度及与地表水、大气降水的关系;工程降水对地质环境及附近建筑物的影响;当深基、硐室施工,评价斜坡、岸边工程稳定性以及加固软土地基等时进行孔隙水压力和地下水压力的监控;管涌和流土现象对动水压力的监控;当工程可能受腐蚀时,对地下水水质的监测;等等。

下面主要就孔隙水压力、地下水压力(水位)和水质监测进行讨论。

5.4.2 孔隙水压力监测

孔隙水压力对岩土体变形和稳定性有很大的影响,因此在饱和土层中进行地基处理和基础施工以及研究滑坡稳定性等问题时,对孔隙水压力的监测很有必要。其具体监测目的如表 5-5 所示。

表 5-5 孔隙水压力监测项目和监测目的

监测项目	监测目的
加载预压地基	估计固结度以控制加载速度
强夯加固地基	控制强夯间歇时间和确定强夯深度
预制桩施工	控制打桩速度
工程降水	监测减压井压力和控制地面沉降
研究滑坡稳定性	监控和治理

监测孔隙水压力所用的孔隙水压力计型号和规格较多,应根据监测目的、岩土的渗透性和监测期长短等条件进行选择,其精度、灵敏度和量程必须满足要求。现将仪器的类型、适用条件和计算公式列于表 5-6 中。

表 5-6 孔隙水压力计类型、适用条件及计算公式

仪器类型		适用条件	计算公式
立管式(敞开式)		渗透系数大于 10^{-4} cm/s 的岩土层	$\mu=\gamma_w h$
水压式(液压式)		渗透系数小的土层,量测精度>2 kPa,监测期<1 个月	$\mu=\gamma_w+p$
气动式(气压式)		各种岩土层,量测精度≥10 kPa,监测期<1 个月	$\mu=c+\alpha p$
电测式	振弦式	各种岩土层,量测精度≤2 kPa,监测期>1 个月	$\mu=K(f_0^2-f^2)$
	电阻应变式	各种岩土层,量测精度≤2 kPa,监测期<1 个月	$\mu=K(\varepsilon_1-\varepsilon_0)$
	差动变压式	各种岩土层,量测精度≤2 kPa,监测期>1 个月	$\mu=K'(A-A_0)$

注:μ—孔隙水压力(kPa);p—压力表读数(kPa);γ_w—水的重度(kN/m³);h—观测点的水柱高或其与压力计基面间的高差(m);c、a—气压表的标定常数;K—压力计的灵敏系数(单位:振弦式 kPa/Hz²,电阻应变式 kPa/10^{-6});f_0—压力机零压时的频率(Hz);f—压力机受压时的频率(Hz);ε_0—压力机受压前的测读数;ε_1—压力机受压时的测读数;K'—率定系数(kPa/V);A_0—初读数(V);A—测定数(V)。

孔隙水压力监测点的布置视不同目的而异，一般是将多个压力计顺孔隙水压力变化最大的方向埋置以形成监测剖面和监测网，各点的埋置深度可不相同，以能观测到孔隙水压力变化为准；压力计可采用钻孔法或压入法埋设。压入法只适用于软土。采用钻孔法时，当钻达埋置深度后先于孔底填入少量砂子，待置入测头后再在周围和上部填砂，最后用膨胀性黏土球将钻孔全部严密封堵。由于埋设压力计时会改变土体中的应力和孔隙水压力的平衡条件，所以需要一定时间待其恢复原状后才能进行正式观测。

观测结果应整理成曲线图。图 5-15 所示为上海某海堤试验段孔隙水压力和填土载荷的关系曲线。从图 5-15 中可以看出，当载荷达到 49 kPa 时，各测点孔隙水压力增量有一个拐点，表明地基土有塑流趋势，此时应降低加荷速率使孔隙水压力消散，否则将导致地基土滑动破坏。

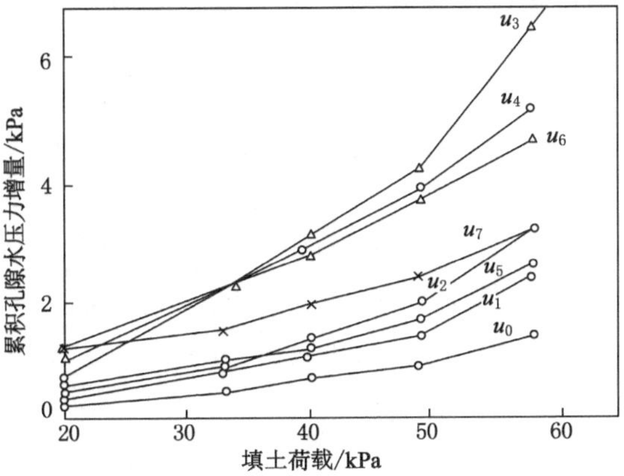

图 5-15　上海某海堤试验段孔隙水压力和填土载荷的关系曲线

5.4.3　地下水压力(水位)和水质监测

地下水压力(水位)和水质监测工作的布置，应根据岩土体的性状和工程类型确定。一般应顺地下水流向布置观测线，为了监测地表水与地下水之间的关系，则应垂直地表水体的岸边线布置观测线。前已述及，在水位变化大的地段、上层滞水或孔隙水聚集地带，皆应布置观测孔。基坑开挖工程降水的监测孔应垂直基坑长边布置观测线，其深度应达到基础施工的最大降水深度以下 1 m 处。动态监测时除可布置监测孔外，还可以利用地下水天然露头式水井。

地下水动态监测时间应不少于 1 个水文年。观测内容除了地下水水位外，还应包括水温、泉的流量，在某些监测孔中有时尚应定期取水样做化学分析和抽水试验。观测时间间隔视目的和动态变化缓急时期而定，一般雨汛期加密、干旱季节放疏。可以 3～5 天或 3～10 天观测一次，而且每年不宜少于 4 次。观测上述各项内容的同时，还应观测大气降水、气温和地表水体(河、湖)的水位等，借以相互对照。

监测成果应及时整理，将现场监测收集的原始资料逐旬、逐月、逐年地进行整理编制，并提出以下成果：

(1) 地下水和降水量的动态变化曲线；地下水与地表水体的动态变化曲线；地下水压动

态变化曲线。

（2）不同时期的水位埋深图、等水位线图；不同时期有害化学成分等值线图、矿化度等值线图等。

（3）预测地下水水位、水质的变化趋势；分析地下水与地表水体的补排关系；对地下水受污染的可能性进行判断分析等。

（4）论述地下水对岩土工程的不良现象、危害程度及防治措施。

5.5 本章小结

（1）现场检验指的是在施工阶段对勘察成果的验证核查和施工质量的监控。现场监测是对施工过程中及竣工后因施工及运营影响，引起岩土体性状和周围环境条件变化而进行的各种观测工作。

（2）桩基检测内容主要有桩基强度、桩基变形、几何受力条件三个方面；基坑工程监测主要包括支护结构的变形、基坑周边的地面变形、邻近工程和地下设施的变形、地下水位变化等情况。

（3）岩土体性质与状态监测主要包括地面位移监测以及岩土体内部变形和滑动面位置监测，监测设备有倾斜计、位移计、应变计等。

（4）地下水监测主要包括孔隙水压力、地下水压力（水位）和水质监测。

思考题

1. 现场检验与监测的主要内容是什么？
2. 简述天然地基基槽验槽的要求。
3. 简述现场监测的工程类型及主要内容。
4. 简述桩基工程检测的内容和方法。
5. 简述地基加固和改良的检验与监测的主要内容。
6. 简述深基坑开挖和支护的检验与监测的主要内容和具体要求。
7. 简述建筑物沉降监测的对象和工作方法。
8. 简述岩土体变形监测的主要内容和方法。
9. 简述地下水监测的条件和具体要求。

6 工程勘察分析评价和勘察报告

通过对建筑场地进行工程地质测绘与调查、勘探与取样、原位测试与室内试验等工程勘察工作，取得了一系列岩土工程资料、参数，如何运用这些资料和参数进行工程勘察分析与评价，是工程勘察的重要环节之一。通过对建设场地的工程勘察分析与评价，编写出合理的工程勘察报告，从而为拟建建筑工程提供技术可行、经济合理的科学依据，是工程勘察的最终目的。

6.1 工程勘察分析评价

6.1.1 工程勘察分析评价的内容与要求

1. 工程勘察分析评价的内容

工程勘察分析评价应在勘探、测试及岩土指标统计分析等工作的基础上，结合工程特点和要求进行。评价应针对拟建场地和地基基础进行，应评价场地稳定性和工程建设适宜性，以及地质条件可能造成的工程风险，提出防治措施的建议，提供设计所需的岩土参数。工程勘察分析评价应包括以下 3 个方面的内容。

(1) 场地稳定性和适宜性评价

场地稳定性和适宜性评价内容包括：① 评价场地稳定性；② 综合分析评价场地适宜性；③ 对存在影响场地稳定性的不良地质作用提出防治措施的建议。

(2) 场地地震效应评价

对于场地地震效应评价，应在搜集场地地震历史资料和地质资料的基础上结合工程情况进行。地震效应评价应符合下列规定：① 应明确评价依据，勘察工作应满足评价要求。② 应划分场地类型，以及划分对建筑抗震有利、一般、不利和危险的地段。③ 存在饱和砂土或饱和粉土的场地，当场地抗震设防烈度为 7 度及 7 度以上时应进行液化判别；对可液化场地应评价其液化等级和危害程度，提出抗液化措施的建议。

(3) 地基基础评价

场地地基岩土参数，应根据岩土测试指标统计成果结合地区性工程经验确定。对于主要地基持力层，当测试数据统计成果代表性差时应提供建议值。地基基础评价，应根据拟建工程的设计条件、拟建场地工程地质条件、地下水情况、拟采用施工方法和周边环境因素，并结合工程经验进行。

地基基础评价应符合下列规定：① 分析评价地基均匀性；② 对拟采用的地基基础方案进行评价；③ 提出安全可靠、技术可行的地基基础方案建议，并提供设计所需岩土参数；④ 分析施工可能遇到的地质问题以及工程与周边环境的相互影响，并应提出防治措施和监测的建议。

地基基础评价包括天然地基评价、桩基础评价、地基处理评价以及地下工程和基坑工程评价等几个方面。

天然地基评价内容应包括：① 采用天然地基的可行性；② 提出天然地基持力层的建议；③ 提供地基承载力，挡土墙应提供基底摩擦系数；④ 存在软弱下卧层时，应提供验算软弱下卧层的计算参数；⑤ 需要进行地基变形计算时，应提供变形计算参数。

桩基础评价内容应包括：① 提供桩基础设计及施工所需的岩土参数；② 提出可选的桩基类型和施工方法，建议桩端持力层位置；③ 对存在欠固结土及有大面积堆载、回填土、自重湿陷性黄土的项目，分析桩侧产生负摩阻力的可能性及其影响；④ 评价成桩可能遇到的风险以及桩基础施工对环境的影响，提出设计、施工应注意的问题；⑤ 提出桩基础检测建议。

地基处理评价内容应包括：① 地基处理的必要性、处理方法的适宜性；② 提出地基处理方法、范围建议，提供地基处理设计和施工所需的岩土参数；③ 提出地基处理设计施工可能遇到的风险及对环境的影响；④ 提出应注意的问题和检测建议。

地下工程和基坑工程评价内容应包括：① 说明地下工程、基坑工程地基岩土和地下水以及周围环境概况；② 提供岩土的重度和抗剪强度指标，并说明抗剪强度的试验方法，提供锚固体与地层摩阻力等岩土参数；③ 提出基坑和地下工程开挖与支护方法建议；④ 采用暗挖、盾构等方法的隧道工程应划分围岩等级，评价地基及围岩的稳定性；⑤ 当基坑开挖须进行地下水控制时，应提出地下水控制所需参数及防治措施建议；⑥ 评价地质条件可能造成的工程风险；⑦ 提出施工阶段的环境保护和监测建议。

2. 工程勘察分析评价的要求

为了做好分析评价工作规定的各项内容，工程勘察分析评价应符合下列要求：

(1) 充分了解工程结构的类型、特点、载荷情况和变形控制要求。

(2) 掌握场地的地质背景，考虑岩土材料的非均质性、各向异性及其随时间的变化情况，评估岩土参数的不确定性，确定其最佳估值。

(3) 充分考虑当地经验和类似工程的经验。

(4) 对于理论依据不足、实践经验不多的工程地质问题，可通过现场模型试验或足尺试验取得实测数据并进行分析评价。

(5) 必要时可通过施工监测调整设计和施工方案。

6.1.2 工程勘察分析评价的方法

工程勘察分析评价的方法有定性分析和定量分析两种。定性分析和定量分析都应在详细整理分析有关资料和数据的基础上，运用成熟的理论和类似工程的经验进行论证，并宜提出多个方案进行比较。

1. 定性分析

定性分析是工程勘察分析评价的首要步骤和基础，是宏观和属性的判断，在某种情况下，只需要进行定性分析。《岩土工程勘察规范(2009 年版)》(GB 50021—2001)规定，对场地的适宜性和场地地质条件的稳定性，可仅作定性分析。

2. 定量分析

(1) 定量分析的应用范围

定量分析是微观和量的评价，应在定性分析的基础上进行，不经过定性分析不能直接进行定量分析。《岩土工程勘察规范(2009 年版)》(GB 50021—2001)规定，对岩土体的变形量、强度和稳定性应进行定量分析。具体包括：① 岩土体的变形性状及其极限值；② 岩土体的强度、稳定性及其极限值，包括斜坡及地基的稳定性；③ 岩土压力及岩土体中应力的分布与传递；④ 其他各种临界状态的判定问题。

(2) 定量分析方法

定量分析可采用解析法(可分为定值法和概率分析法)、图解法或数值法。一般工程采用定值法(又称稳定系数法)，当特殊工程需要时可辅助概率分析法或数值法进行综合评价。

解析法是使用最多的方法，它以经典的刚性体极限平衡理论为基础。这种方法的数学意义比较严格，但是由于实际的岩土体是不完全刚性体，岩土体边界条件的确定和计算参数的选取都存在误差和不确定性，甚至有一定的经验性，所以采用解析法对工程勘察进行定量分析时，应有足够的安全储备以保证工程的可靠性。

① 定值法

定值法又称稳定系数法。它是将设计变量作为非随机变量，即将所求的岩土参数作为一个确定值。由于稳定性系数是各种参数的函数，即 $k=f(c,\varphi,\gamma,\cdots)$，因而所获得的稳定性系数也是一确定值。为可靠起见，根据工程的重要性以及地质条件的复杂程度，一般用安全系数来保证计算的安全度。即在强度上根据经验打一折扣，作为安全储备。稳定性系数的表达式见式(6-1)：

$$k=\frac{R}{S}\geqslant[k] \tag{6-1}$$

式中，R、S、k、$[k]$分别为抗力、作用力、稳定性系数和安全系数。

② 概率分析法

概率分析法是将设计变量作为随机变量，对作用力、抗力、安全度进行概率分析，按失效概率量度设计变量的可靠性，将安全储备建立在概率分析的基础上。在实际工程中，由于岩土性质的差异性以及勘探、取样和测试的误差，许多参数并不是一个确定值，而是具有某种分布的随机变量，所获取的稳定性系数亦是相应的随机变量。因而采用概率分析法进行稳定性评价更为合理。概率分析法的表达式见式(6-2)：

$$p_f=p(k<1)\leqslant[p_f] \tag{6-2}$$

式中，p_f，$[p_f]$分别为破坏概率和目标破坏概率。而稳定概率的表达式见式(6-3)：

$$R=1-p_f \tag{6-3}$$

确定稳定性系数 k 和各种计算参数需要进行多次随机抽样，最终可获得 k 值的概率分布图(见图 6-1)。在图 6-1 中，阴影部分为破坏概率。

③ 反分析法

反分析法是通过对工程实体试验或施工监测岩土体实际表现性状所取得的资料，反求岩土工程技术参数的一种技术方法。根据反分析结果可以验证设计计算结果的合理性、查验工程效果以及分析事故的技术原因等。例如，根据建筑物沉降观测结果，反求地基土层

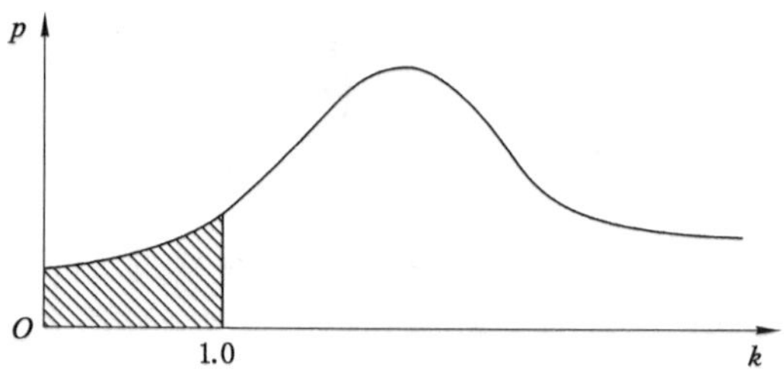

图 6-1　k 值的概率分布图

的模量或确定沉降计算的经验系数，并由此验证地基沉降量计算结果的正确性。

反分析可分为非破坏性（无损的）反分析和破坏性（已损的）反分析两种情况。非破坏性和破坏性反分析应用表分别如表 6-1 和表 6-2 所示。

表 6-1　非破坏性反分析应用表

工程类型	实　测　参　数	反演参数
建筑物工程	沉降量和基坑回弹量观测	岩土变形参数
动力机器工程	稳态或非稳态动力反应，包括位移、加速度	岩土动刚度，动阻尼
支挡工程	水平及铅直位移、倾斜、岩土压力、结构应力	岩土抗剪强度
公路	路基及路面变形	变形模量，承载比
降水工程，生产井	涌水量及水位降深	渗透系数

表 6-2　破坏性反分析应用表

工程类型	实　测　参　数	反演参数
各类场地	地基失稳滑移后的几何参数	岩土强度
滑坡	滑坡体的几何参数，滑动前后的观测数据	滑动面岩土参数
饱水粉细砂	地震前后的密度、强度、水位、上覆压力、标高等	液化临界值
膨胀性土，湿陷性土	土的含水率和变形，建筑物变形的动态观测数据	膨胀压力、湿陷性指标

为了提高反分析结果的可信度，不论何种类型的工程都应做到以下几点：

a. 反分析之前，必须进行详细的工程勘察工作，掌握地层情况、水文地质条件、岩土性质指标以及它们在施工过程中的变化情况。

b. 了解工程实体或足尺结构物在施工和运营过程中实际外加载荷的大小、方向、加荷方式和作用时间。

c. 掌握岩土体的初始状态和应力历史数据以及施工和运营过程中的观测数据。

d. 合理确定分析过程中的边界条件和排水条件。

e. 合理确定岩土体的本构关系并选择相应的计算模型。

f. 恰当确定反分析法中所需的岩土体辅助参数，如土的质量、孔隙比、含水率等。

g. 当进行数据统计时，一般只能在内插范围内选取参数，只有在确有把握的情况下，才采用外延方法。

h. 在进行量纲分析、理论分析、统计分析时，应注意反分析工程与设计工程之间在尺寸上的差异。

任务需要时，可根据工程原型或足尺试验岩土体性状的量测结果，用反分析的方法反求岩土参数，验证设计计算结果，查验工程效果或事故原因。

6.2 工程勘察报告

工程勘察应根据工程建设不同阶段的要求进行策划、实施，勘察成果应正确反映工程地质条件，查明不良地质作用，提供资料真实、结构完整、评价合理、结论可靠、建议可行的勘察报告。

6.2.1 工程地质图

工程地质图是综合反映地区工程地质条件并给予综合评价的图面资料。它综合了通过各种勘察方法（工程地质测绘和调查、勘探和取样、原位测试和室内试验以及现场检验和监测）所取得的成果，结合建筑需要编制而成。工程地质图与工程勘察报告一起，作为工程勘察的总结性文件，提供规划、设计或施工之用。

工程地质图是由一套图件组成的，平面图是主图，其他图件如工程地质剖面图、立体图以及一系列表格称辅图。主图是最主要的，而辅图也是必不可少的，它可以补充平面图所反映不够的工程地质条件，有了辅图就能使主图的内容更易理解，更加清晰，而且共同充分反映场区的工程地质条件，说明分区特征。

1. 工程地质图的类型

工程地质图按其表示内容和目的可以分为以下几种类型：

(1) 分析图。这种图只反映工程地质条件中某一种或两种要素，或者岩土体某一指标的变化规律。如天然地基持力层的埋深和厚度等值线图、基岩（或某一土层）等深线图等。这种图件所表示的内容对规划设计或拟建工程的某些特殊要求有重要意义，或者在分析某重大工程地质问题时有必要性。这种图也可以作为综合性工程地质图的辅助图件。

(2) 综合性工程地质图。这种图针对建筑类型把与之有关的工程地质条件综合反映在图上，对建筑场区的工程地质条件提出总体评价，但不分区。

(3) 综合工程地质分区图。这种图是反映工程地质条件的综合资料，可按建筑的适宜性和具体工程地质条件的相似性进行分区、分亚区、分段等。对各区、段要系统地反映对说明工程地质条件、分析工程地质问题有重要意义的资料，并附有分区、段的工程地质特征说明表。有时也有针对工程地质条件某一特定因素的分区图，如天然地基承载力分区图、液化土层分区图等。

工程地质图按其所示内容精度、图件比例尺的分类如下：

(1) 一览图。比例尺小于 1∶50 万，该图可供在大面积地区进行工程建筑时制定远景规划使用，或用于解决工程地质条件一般理论问题。

(2) 区域图。又称小比例尺图。比例尺为1∶20万～1∶10万,该图多用于城市、大型工业区、大型线性工程的规划设计。

(3) 略图。又称中比例尺图。比例尺为1∶5万～1∶1万,该图多用于城市建设总体规划、大型工程的初步设计、线性建筑物选线。

(4) 详图。又称大比例尺图。比例尺为1∶1万～1∶1 000或更大。该图多供建筑物的技术设计使用,需有足够数量的定量指标。

2. 工程地质图的编制原则、表示的内容和编制方法

(1) 工程地质图的编制原则

工程地质图是工程地质测绘和调查、勘探和取样、原位测试和室内试验等各项工作的综合性成果。它不像地质图或地貌图那样主要是通过测绘而“制”成的,而是以地质图、地貌图为基础图,再把通过勘探和取样、原位测试和室内试验所获得的地质资料综合起来“编”成的,因而工程地质图是综合反映地区工程地质条件并给予综合评价的图面资料。工程地质图的编制原则概括而言就是根据不同类型工程地质图的具体编图目的和要求,尽可能多地把工程地质条件各要素都反映在图面上。当然,图面上反映的内容越多,则图面线条、符号、数字代码等就越多,这样也势必使图面负担过重,造成图面不够清晰,难以应用。当产生图面内容过多不易判读时,可依据图件的使用目的适当取舍某些内容。总之,工程地质图图面内容应既丰富翔实又便于应用。

(2) 工程地质图上表示的内容

工程地质图的类型很多,使用目的各异,所以图面上反映的内容不尽相同。其原则是内容与目的的统一。

总体说来,正式的工程地质图上(一般指综合工程地质分区图)都应有工程地质条件的综合表现,并进行分区和做出工程地质评价。工程地质条件表示的内容主要有:

① 地形地貌

地形地貌条件对建筑场地或线路的选择,对建筑物的布局和结构型式以及施工条件都有直接影响;对水文地质条件,不良地质作用的发育情况等起控制性作用。合理利用地形地貌条件能在工程建设的经济合理性方面取得显著的效果,尤其是在规划阶段对不同方案的比较,地形地貌条件往往成为首要因素。

为此,在编制工程地质图时,必须重视反映地形地貌条件,包括:地形起伏变化、高程和相对高差、地面切割情况,如冲沟发育程度、形态、方向、密度、深度及宽度;场地范围内山坡形态、高度、坡度及河流冲刷和阶地情况等;山脊形态、夷平面及其等级;岩溶地貌形态类型等。

② 岩土类型及其工程地质性质

岩土类型及其工程地质性质是工程地质条件中比较根本和重要的方面。作为编制工程地质图的原始图件之一的地质图、第四纪地质图提供了有关岩土方面的资料,其中应有注重反映的第四纪沉积物的年代、成因类型及岩相变化及分布方面的材料。因为工程上最常涉及的第四纪沉积物的工程性质与沉积环境、固结程度、成岩条件以及后生一系列变化有密切关系。

在工程地质图上应反映岩土体类型、成因、年代、厚度、分布以及物理力学性质指标的代表值或范围值。

③ 地质结构

在工程地质图上特别是基岩地区或有地震影响的软土分布区，应反映地质结构特征。其内容一般应包括：各岩层的分布范围、产状要素；褶皱形态及轴线位置，断裂构造性质及断裂破碎带位置，特别是活动性断层应准确地加以表示，在大比例尺图上尚须表示其实际宽度及延展产状；在裂隙发育地段要做裂隙统计工作，可用玫瑰花图表示其性质和产状，也可用赤平投影图表示。

④ 水文地质条件

在工程地质图上反映水文地质条件的内容包括：井、泉位置，地下水位，隔水层、含水层的分布及富水性，地下水的化学成分及腐蚀性等。对工程有影响的承压水及其变化幅度，一般可用等水位线、等压线等表示。

⑤ 不良地质作用

工程地质图上应表示出不良地质作用的类型、形态、发育强度等级及活动性。各种不良地质作用的形态类型一般用规定的符号在发育地段表示。在大比例尺图上对大规模的不良地质作用，可按实际情况绘在图上，并对其活动性、危害程度专门用文字说明。

(3) 工程地质图的编制方法

编制工程地质图需要一套相应比例尺的有关图件：

① 地质图、第四纪地质图；

② 地貌及不良地质作用图；

③ 水文地质图；

④ 各种工程地质剖面图、钻孔柱状图；

⑤ 各种原位测试及室内试验成果图表等。

在使用这些基本底图上的资料时，必须从分析研究入手，根据编图目的，对这些资料加以选择，选取对反映工程地质条件、分析工程地质问题最有用的资料，突出重点加以运用。工程地质图上将划出许多界线，诸如：不同年代、不同成因类型、不同性质的土层界线；地貌类型界线；不良地质作用分布界线；地质构造类型界线；工程地质分区界线；等等。这些界线有许多又是相互重合的，这是因为工程地质条件各方面往往是密切相关的。当几种界线重合时，应按相对重要性予以取舍或合并，但当分区界线与其他界线重合时，应突出表示分区界线。当分区界线由高级区向低级区划分时线条可由粗逐渐变细；如用颜色表示时，可在主色一致的原则下，用色调(深、浅)予以区别。界线确定时用实线，不确定时用虚线。

工程地质图上还可以用各种花纹、线条、符号、代号、数字等来区分各种岩性、构造线、不良地质作用、年代、成因等。有时也可用小柱状图表示土层随深度的变化情况。工程地质图上使用颜色非常讲究。一般以浅色为主，色彩搭配谐调、柔和，避免大红大绿。

工程地质图上反映的内容较多，虽经精心筛选，但图面上线条、符号仍会相当拥挤。所以必须注意应恰当地运用色彩、花纹、线条、符号、代号，妥善加以安排，疏密浓淡相间，使工程地质图既能充分表示工程地质条件，又清晰易读、整洁美观。

现以工程勘察常用图件为例，简述其编制方法。

① 勘探点平面布置图

该图应绘在与建设场地相同比例尺的地形图上。勘探点平面布置图应包括的内容有：

a. 拟建工程的轮廓线及其与红线或已有建筑物的关系，层数(或高度)、名称、编号以及拟定的场地整平标高，当勘察场地地形起伏较大时应有地形等高线；b. 已有建筑物的轮廓线层数(或高度)及名称；c. 勘探点及原位测试点的位置、类型、编号、孔(井)口标高等要素；d. 剖面线的位置和编号；e. 方向标、比例尺等。

② 工程地质柱状图

柱状图是根据钻孔的现场记录整理出来的。记录中除了注明钻进的工具、方法和具体事项外，其主要内容是关于地层的分布(层面的深度、层厚)以及地层的名称和特征的描述。绘制柱状图之前，应根据土工试验成果及保存于钻孔岩心箱中的土样对分层情况和野外鉴别记录进行认真的校核，并做好分层和并层工作。当测试成果与野外鉴别不一致时，一般应以测试成果为主，只有当试样太少，缺乏代表性时才以野外鉴别为准。绘制柱状图时，应自上而下对地层进行编号和描述，并用一定的比例尺、图例和符号绘图，如图 6-2 所示。

钻孔(探井)柱状图应包括的内容有：a. 钻孔(探井)编号、直径、深度、勘探日期以及孔(井)口标高等；b. 地层编号、年代和成因、层底深度、层底标高、层厚、岩性柱状图、取样及原位测试位置，岩土描述、地下水位、测试成果，岩心采取率或岩石质量指标 RQD(对于岩石)等；c. 孔(井)位置坐标。

③ 工程地质剖面图

工程地质柱状图只反映场地某一勘探点处地层的竖向分布情况，而工程地质剖面图依据勘探点、测试点的室内外试验成果绘制而成。用若干条剖面图的资料则可以清晰地反映出工程地质条件的变化情况，由于勘探线的布置是平行和垂直建筑物主要轴线的，所以工程地质剖面图能有效地揭示勘察场地垂直和水平两个方向一定深度范围内地基岩土体的工程地质特性，是工程勘察报告最基本的图件。

在绘制工程地质剖面图之前，应对勘探、测试工作的成果进行检查整理、复核确认，在资料准确可靠的基础上，方可着手绘制工程地质剖面图。因为剖面图上所注示的各种数据在施工设计时均可使用，剖面图的质量高低在很大程度上标志着勘察质量的高低，因此，剖面图的编制决不能草率行事，必须认真对待。

工程地质剖面图的垂直、水平比例尺可采用不同比例尺，但两种比例尺的差异不宜过大，以免使剖面图上反映的地形及地层受到歪曲变形而得出不正确的概念。

在编制工程地质剖面图时，可先按地形高程和勘探点标高将地形剖面画出，然后将各钻孔、测试孔、探井等按其深度、比例尺在剖面图的位置上画好，并标上各分层位置，然后将相邻孔相同土层分界线连接起来。当某一土层在这一钻孔中出现，而在相邻孔未出现，该土层界线可绘在两孔中间并尖灭。在钻孔线两侧分别标上各土层的埋深及标高数据。绘出取原状土样、进行标贯等试验点的位置及符号。各土层岩性用规定的图例表示，并写上统一顺序编号，如图 6-3 所示。

工程地质剖面图应根据具体条件合理布置：a. 勘探孔(井)的位置编号、地面高程、勘探深度、勘探孔(井)间距；b. 岩土分层、分层编号、分层界限；c. 实测或推测的岩石分层、岩性分界、断层、不整合面的位置和裸露岩石的产状；d. 溶洞、土洞、塌陷、滑坡、地裂缝、古河道、埋藏的湖滨、古井、防空洞、孤石及其他埋藏物；e. 地下水稳定水位高程(或埋深)；f. 取样位置类型或等级；g. 静力触探曲线、圆锥动力触探曲线或随深度的试验值；h. 标准贯入等原图幅编号：

工程名称	西安××高层住宅						
工程编号	20230626			钻孔编号	ZK1		
孔口高程/m	396.09	坐标	X=5 307.04	开工日期	2023-04-20	稳定水位深度/m	15.40
孔口直径/mm	127.00		Y=10 349.58	竣工日期	2023-04-20	测量水位日期	2023-04-20

地层时代	时代成因	层底高程/m	层底深度/m	分层厚度/m	钻孔柱状图 1:500	岩性描述	取样编号/取样深度/m	标贯击数/击 / 锤击深度/m	水位/m / 观测日期
①	Q_4^{ml}	389.19	6.90	6.90	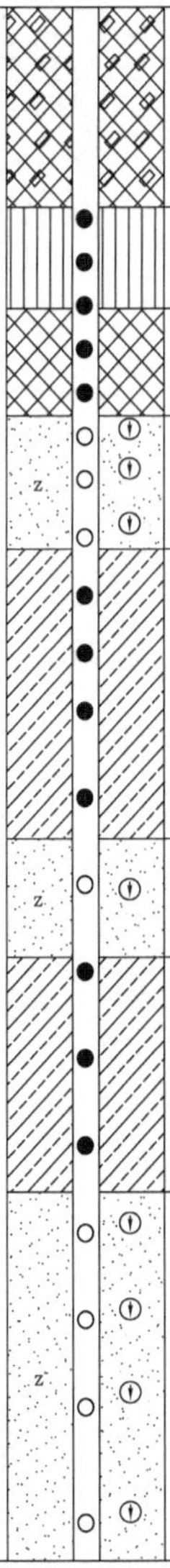	杂填土：杂色，以褐色为主，主要由建筑垃圾及黏性土组成，成分杂乱，结构松散。局部地段黏性土含量较多			
②	Q_3^{eol}	385.69	10.40	3.50		黄土：褐黄色，可见孔隙及虫孔，可塑-软塑	ZK1-1 / 7.00~7.15 ZK1-2 / 8.50~8.65 ZK1-3 / 10.00~10.15		
③	Q_3^{eol}	381.99	14.10	3.70		古土壤：褐红色，见白色钙质条纹，含钙质结核较多。可塑	ZK1-4 / 11.50~11.65 ZK1-5 / 13.00~13.15		
④	Q_3^{al+pl}	377.39	18.70	4.60		中砂：灰黄色，褐灰色，以长石石英为主，含少量圆砾，饱和，中密	ZK1-6 / 14.50~14.65 ZK1-7 / 16.00~16.15 ZK1-8 / 18.00~18.15	25 / 14.50~14.80 29 / 16.00~16.30 34 / 18.00~18.30	15.40 / 2023-04-20
⑤		367.39	28.70	10.00		粉质黏土：褐黄色，土质较均匀，见氧化铁条纹及砂粒，可塑-软塑	ZK1-9 / 20.00~20.15 ZK1-10 / 22.00~22.15 ZK1-11 / 24.00~24.15 ZK1-12 / 27.00~27.15		
⑥		363.29	32.80	4.10		中砂：灰黄色、褐灰色，以长石石英为主，含少量圆砾，饱和，密实	ZK1-13 / 30.00~30.15	31 / 30.50~30.80	
⑦		355.19	40.90	8.10		粉质黏土：褐黄色、灰黄色，土质较均匀，见氧化铁条纹及砂粒，可塑-软塑，局部见中砂薄夹层	ZK1-14 / 33.00~33.15 ZK1-15 / 36.00~36.15 ZK1-16 / 39.00~39.15		
⑧			53.60	12.70		中砂：灰黄色，以长石石英为主，含少量圆砾，饱和，密实	ZK1-17 / 42.00~42.15 ZK1-18 / 45.00~45.15 ZK1-19 / 48.00~48.15 ZK1-20 / 52.00~52.15	40 / 42.00~42.30 41 / 45.00~45.30 48 / 48.00~48.30 100 / 52.00~52.30	

西安××高层住宅	钻孔柱状图ZK1	项目负责：	审核：	制图：	制图日期：

图 6-2　钻孔柱状图示例

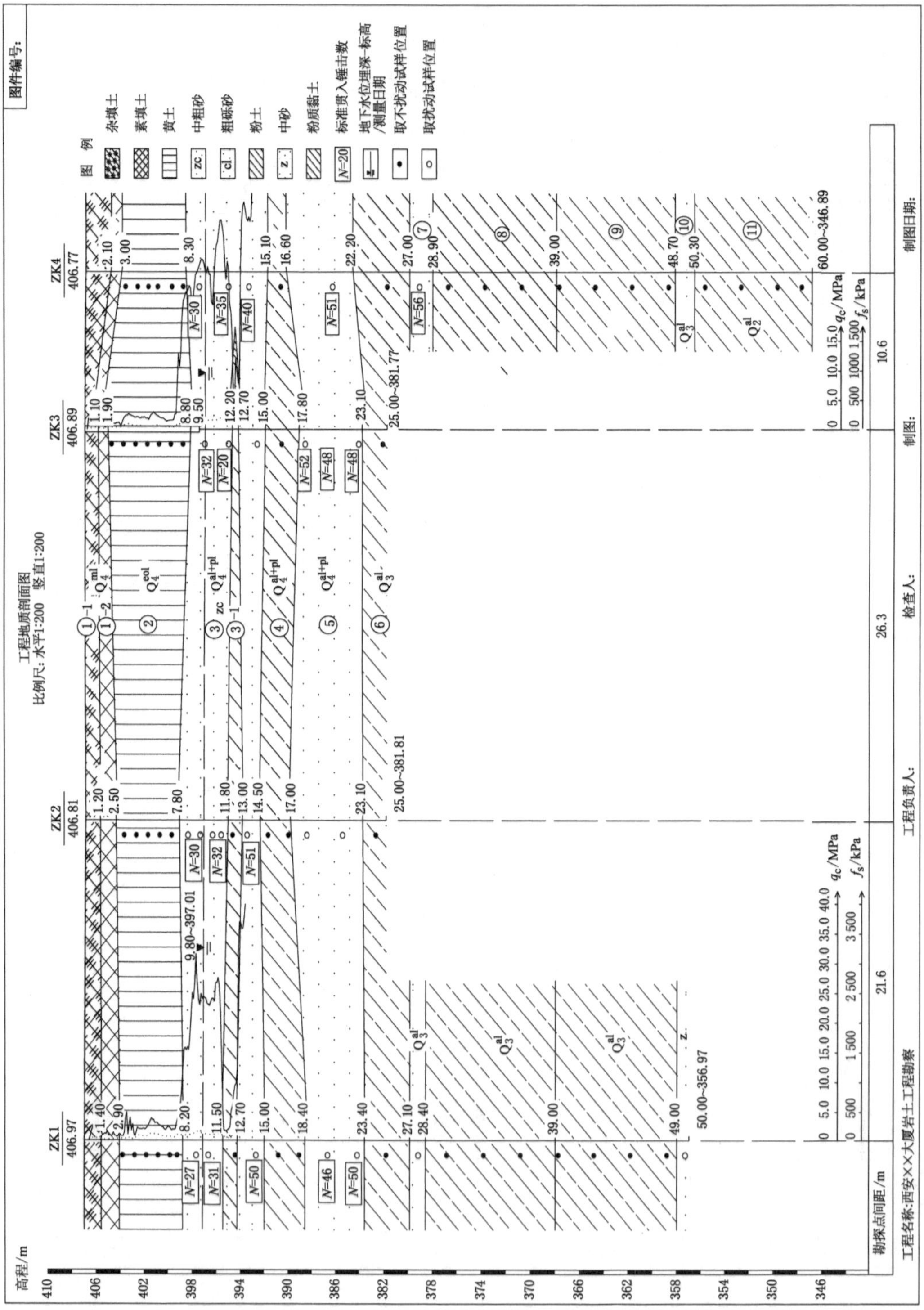

图 6-3 工程地质剖面图示例

位测试的位置、测试值;i. 标尺;j. 地形起伏较大或设计条件明确时,标明拟建工程的基底位置和场地整平标高。

④ 现场原位测试图表

将各种原位测试成果整理成表,并附测试成果曲线。

⑤ 岩石和土的土工试验图表

岩土的物理力学性质指标是地基基础设计的重要依据。岩土的室内试验成果列表和有关试验成果曲线(如固结—压缩曲线、剪切试验成果曲线)由实验室按规范规定的统一格式、内容提供,这种成果表要与文字报告装订在一起,一并交给建设单位(甲方)。

⑥ 其他图件

这里的其他图件指为专门目的而绘制的一些图件,如用以表示地下某一高程的地质结构的平切面图、某一岩土层的等高线图、等深线图等。

6.2.2 工程勘察报告

工程勘察报告是工程勘察的总结性文件,应包括文字部分和图表部分。工程勘察报告应资料完整、真实准确、数据无误、图表清晰、结论有据、建议合理、便于使用和适宜长期保存,并应因地制宜,重点突出,有明确的工程针对性。同时,还应符合下列规定:① 工程勘察报告应有单位公章、相关负责人签章;② 图表应有名称、项目名称及相关负责人签字。此项工作是在勘察过程中所形成的各种原始资料编录的基础上进行的。因此,对工程勘察分析所依据的一切原始资料,均应及时整编和检查。

工程勘察报告的任务是阐明工作地区的工程地质条件,分析论证存在的工程地质问题,针对工程设计、施工的具体要求,得出结论和提出建议。

1. 工程勘察报告的内容

工程勘察报告的内容,必须配合相应的勘察阶段,针对建筑场地的工程地质条件、建筑物的规模、项目性质及设计和施工要求,对场地的适宜性、稳定性进行定性和定量的评价,提出建筑物地基基础方案选择的依据和设计计算参数,指出存在的问题以及解决问题的途径和办法。鉴于工程勘察的类型、规模各不相同,目的要求、工程特点和自然地质条件等差别很大,因此只能提出报告的基本内容。报告书文字部分的内容一般可分为绪论、通论、专论和结论四大部分,这几个部分是紧密相连的,但也有其各自的具体表述内容:

绪论。具体内容是介绍委托单位、勘察工作的目的与任务、工作方法、投入具体工作量和取得的工作成果。在绪论中通常还应说明拟建建筑物的位置、类型、规模、用途、勘察阶段以及重点需要解决的问题。

通论。具体内容是全面系统地阐明工作地区的工程地质条件,包括地形地貌、岩土类型及其工程地质性质、地质结构、水文地质条件和不良地质作用等内容,并对场地稳定性和适宜性做出评价。对工程地质条件的形成与演化有意义的自然地理概况、环境地质背景等区域资料亦应予以论述。阐述的内容应既能表明建筑地区的工程地质条件特征及其一般规律,又须结合工程实际要求有选择性地表述。

专论。专论部分是报告书的核心,其具体内容是结合工程项目对各种可能出现的工程地质问题做出论证,并回答勘察任务书中提出的各项要求及问题。其具体内容包括岩土参数的分析与选用,各项岩土性质指标的测试成果及其可靠性和适宜性,评价其变异性,提出其特征值；地下水埋藏情况、类型、水位及其变化；土和水对建筑材料的腐蚀性；对工程施工和运营期间可能发生的工程地质问题的预测及监控、预防措施的提出；根据地质和岩土条件、工程结构特点及场地地质环境情况，提出地基基础方案、不良地质作用整治方案、开挖和边坡加固方案等岩土利用、整治和改造方案的建议，并进行技术经济论证等。

结论。作为技术性很强、责任重大的工程勘察报告的结论，其内容应该是在专论基础上对任务书中提出的以及实际工作中所发现的各项工程地质问题做出简短明确的回答；对建筑结构设计和监测工作的建议、工程施工和使用期间应注意的问题、下一步工程勘察工作的建议等，要做到观点明确、措辞简练、评价具体、指标可靠；对各种地基治理方案的建议，应该做到经济合理、技术可行、效果显著。

工程勘察报告应根据任务要求、勘察阶段、工程特点和地质条件等编写，并应包括下列内容：

① 拟建工程概况；

② 勘察目的、任务要求和依据的技术标准；

③ 勘察方法和勘察工作布置；

④ 场地地形、地貌、地层、地质构造、岩土性质及其均匀性；

⑤ 场地各岩土层的物理力学性质指标，提供设计所需岩土参数；

⑥ 地下水埋藏情况、类型、水位及其变化，需要进行地下水控制时应提供相关水文地质参数；

⑦ 土和水的腐蚀性评价；

⑧ 可能影响工程稳定的不良地质作用和对工程危害程度的评价；

⑨ 场地的地震效应评价；

⑩ 场地稳定性和适宜性评价；

⑪ 地基基础分析评价；

⑫ 结论与建议；

⑬ 相关图表。

工程勘察报告应对岩土利用、整治和改造的方案进行分析论证，提出建议；对工程施工和使用期间可能发生的工程地质问题进行预测，提出监控和预防措施等建议。

工程勘察报告应附必要的图表，主要包括：

① 勘探点平面布置图；

② 工程地质柱状图；

③ 工程地质剖面图；

④ 原位测试成果图表；

⑤ 室内试验成果图表。

当需要时，尚可附综合工程地质图，综合地质柱状图，地下水等水位线图，素描，照片，综合分析图表，岩土利用、整治、改造方案的有关图表，岩土工程计算简图及计算成果图表等。

最后需要指出的是，工程勘察报告的内容可根据工程勘察等级酌情简化或加强。例如，对丙级工程勘察的成果报告可适当简化，采用以图表为主，辅以必要的文字说明；而对甲级工程勘察的成果报告除编写综合性勘察报告外，尚可对专门性的工程地质问题提交专门的试验报告、研究报告或监测报告。

2. 与工程勘察有关的专题报告

除上述综合性工程勘察报告外,也可根据任务要求提交专题报告,主要有:

① 岩土工程测试报告;

② 岩土工程检验或监测报告;

③ 岩土工程事故调查与分析报告;

④ 岩土利用、整治或改造方案报告;

⑤ 专门工程地质问题的技术咨询报告。

对下列特殊工程地质问题,应进行专门工程勘察或分析研究,并提出专题咨询报告:

① 场地及附近存在活动性断裂及地裂缝、高边坡、地下采空区等不良地质作用的工程。

② 水文地质条件复杂或环境特殊,需要现场进行专门水文地质试验以确定水文地质参数的工程;或需要进行专门的施工降水、截水设计,并需要分析研究降水、截水对建筑本身及邻近建筑和设施影响的工程。

③ 当地下水埋藏较浅(或可能上升)、建筑地下室或地下构筑物存在上浮问题时,尚应进行抗浮验算的工程。

④ 在同一整体大面积上建有多栋高层和低层建筑,应该按照上部结构、基础与地基的共同作用进行变形计算的工程。

⑤ 根据工程要求,需要对地基基础方案进行优化、比选分析论证的工程。

⑥ 抗震设计需要进行时程分析及地震安全性评价等的工程。

3. 工程勘察报告的质量要求

工程勘察报告必须经过主管部门审验后,才能提交委托方并生效。对工程勘察报告要求如下:

① 应阐明本项工程的勘察目的、任务和要求,拟建建(构)筑物的类型、安全等级、结构、层数、高度、平面尺寸、载荷、基础类型和尺寸、特殊要求等。

② 应说明本项工程的勘察技术要求,需要解决的主要问题和所遵循的技术标准。

③ 采用勘探、测试手段和工作方法必须是适用的;勘探点的布置及数量和深度必须满足规范要求,且是合理的;使用的勘探设备和仪器的规格、性能应能满足勘察技术的要求。

④ 对场地工程地质条件的论述应包括以下内容和要求:

a. 有充分的正确的原始数据,并正确地提供参数的统计值;

b. 根据统计值正确分析和评价岩土的工程性能;

c. 采用正确的选值方法,提供安全并且经济的主要岩土工程参数的建议值(特征值)。

⑤ 对于特殊性地基土应进行特殊性评价。如湿陷性黄土地基应定量评价其湿陷类型和湿陷等级,膨胀土地基应评价其膨胀性等。

⑥ 正确划分场地抗震地段、场地土类型和建筑场地类别,并说明划分依据;当场地内存在饱和砂土或粉土时,应对其液化趋势做出判定,并确定可液化指数和液化等级。

⑦ 对地基基础方案的分析、论证应包括天然地基、人工地基、桩基础。

⑧ 对各项岩土工程定量分析和评价均应说明采用的计算公式、参数选值、计算过程或计算表。

⑨ 报告书应编排得当、叙述清楚、用词恰当、语法通顺、文字精练、单位符号符合现行规范。

⑩ 报告书所附图表内容齐全、比例合适、图面清晰、符合规范。

6.3 本章小结

1. 工程勘察分析评价应在工程地质测绘、勘探、测试及岩土指标统计分析等工作的基础上，结合工程特点和要求进行；同时应根据工程勘察等级区别进行。

2. 工程勘察分析评价应针对拟建场地和地基基础进行，应评价场地稳定性和工程建设适宜性以及地质条件可能造成的工程风险，提出防治措施的建议，提供设计所需的岩土参数。评价内容包括场地稳定性与适宜性评价、场地地震效应评价以及地基基础评价。

3. 工程勘察分析评价应充分了解工程结构的类型、特点、载荷情况和变形控制；掌握场地的地质背景，考虑岩土材料的非均质性、各向异性和随时间的变化规律，评估岩土参数的不确定性，确定其最佳估值；充分考虑当地经验和类似工程的经验；对于理论依据不足、实践经验不多的工程地质问题，可通过现场模型试验或足尺试验取得实测数据进行分析评价；必要时可建议通过施工监测，调整设计和施工方案等。

4. 工程勘察分析评价的方法有定性分析和定量分析两种。定性分析是工程勘察分析评价的首要步骤和基础；定量分析应在定性分析的基础上进行。定量分析可采用解析法、图解法或数值法。一般工程采用定值法，当特殊工程需要时可辅助概率分析法或数值法进行综合评价。

5. 工程地质图是综合反映地区工程地质条件并给予综合评价的图面资料。它综合了工程地质调查和测绘、勘探和取样、原位测试和室内试验以及现场检验和监测等各种方法所取得的成果，结合建筑需要编制而成。工程地质图是由一套图件组成的，平面图是主图，其他图件以及一系列表格称辅图。

6. 工程勘察报告是工程勘察的总结性文件，应包括文字部分和图表部分。工程勘察报告的内容，必须配合相应的勘察阶段，针对建筑场地的工程地质条件、建筑物的规模、项目的性质及设计和施工要求，对场地的适宜性、稳定性进行定性和定量评价，提出建筑物地基基础方案选择的依据和设计计算参数，指出存在的问题以及解决问题的途径和办法。报告书文字部分的内容一般可分为绪论、通论、专论和结论四大部分。

思 考 题

1. 试述工程勘察分析评价的内容。
2. 进行工程勘察分析评价时有哪些要求?
3. 试述工程勘察分析评价的方法及其应用范围。
4. 什么是工程地质图? 它的编制原则是什么? 包括哪些图件?
5. 简述工程地质图上应表示的内容。
6. 试述工程勘察报告应包括的内容。

7 不良地质作用勘察

不良地质作用指由地球内力或外力产生的对工程可能造成危害的地质作用，常见的不良地质作用包括滑坡、崩塌、泥石流、地面塌陷、地面沉降、地裂缝、地震等。由不良地质作用引发的，危及人身、财产、工程或环境安全的事件称为地质灾害。

不良地质作用是影响工程建设场地稳定性的主要原因。因此，对工程建设场地及其周围进行不良地质作用的勘察与评价，是工程勘察的重要内容。

7.1 滑　　坡

滑坡是斜坡失稳的主要形式之一。由于受到地层岩性、水的作用、地震及人类工程活动等因素影响，坡体沿贯通的剪切破坏面或破坏带，以一定加速度下滑，形成滑坡，对工程建筑及人民生命财产构成威胁。

7.1.1 滑坡的分类

在实际工程中，按岩土体组成及结构形式、滑体厚度、滑动形式、滑体体积等因素的分类最为常见。按岩土体组成和结构形式的滑坡分类如表 7-1 所示，按其他因素的滑坡分类如表 7-2 所示。

表 7-1　按岩土体组成和结构形式的滑坡分类

类型	亚　类	特　征　描　述
堆积层（土质）滑坡	滑坡堆积体滑坡	由前期滑坡形成的块（碎）石堆积体，沿下伏基岩面或滑坡体内软弱面滑动
	崩塌堆积体滑坡	由前期崩塌等形成的块（碎）石堆积体，沿下伏基岩面或滑坡体内软弱面滑动
	黄土滑坡	由黄土构成，大多发生在黄土体中，或沿下伏基岩面滑动
	残坡积层滑坡	由基岩风化壳、残坡积土等构成，通常为浅表层滑动
	冰水（碛）堆积物滑坡	冰川消融沉积的松散堆积物，沿下伏基岩面或滑坡体内软弱面滑动
	人工填土滑坡	由人工开挖堆积弃渣构成，沿下伏基岩面或滑坡体内软弱面滑动
岩质滑坡	近水平层状滑坡	沿缓倾岩层或裂隙滑动，滑动面倾角不大于 10°
	顺层滑坡	沿顺坡岩层层面滑动
	切层滑坡	沿倾向坡外的软弱面滑动，滑动面与岩层层面相切
	逆层滑坡	沿倾向坡外的软弱面滑动，岩层倾向坡内，滑动面与岩层层面倾向相反
	楔体滑坡	厚层状块状结构岩体中多组弱面切割分离楔形体并使其滑动

表 7-1(续)

类型	亚　类	特 征 描 述
变形体	岩质变形体	由岩体构成,受多组软弱面控制,存在潜在滑面,已发生局部变形破坏,但边界特征不明显
	堆积层变形体	由堆积体构成(包括土体),以蠕滑变形为主,边界特征和滑动面不明显

表 7-2　按其他因素的滑坡分类

有关因素	名称类别	特 征 说 明
滑体厚度	浅层滑坡	滑体厚度在 10 m 以内
	中层滑坡	滑体厚度在 10～25 m 之间
	深层滑坡	滑体厚度在 25～50 m 之间
	超深层滑坡	滑体厚度超过 50 m
滑动形式	推移式滑坡	上部岩(土)层滑动,挤压下部产生变形,滑动速度较快,滑体表面呈波状起伏,多见于有堆积物分布的斜坡地段
	牵引式滑坡	下部下滑,使上部失去支撑而变形滑动。一般速度较慢,多具上小下大的塔式外貌,横线张性裂隙发育,表面多呈阶梯状或陡坎状
发生原因	工程滑坡	由于切脚或加载等人类工程活动引起的滑坡
	自然滑坡	由于自然地质作用产生的滑坡
现今活动程度	活动滑坡	发生后仍继续活动的滑坡,或暂时停止活动,但在近年内活动过的滑坡
	不活动滑坡	发生后已停止发展
发生年代	新滑坡	现今正在发生滑动的滑坡
	老滑坡	全新世以来发生滑动,现今整体稳定的滑坡
	古滑坡	全新世以前发生滑动,现今整体稳定的滑坡
滑体体积 V/m^3	小型滑坡	$V<10\times10^4$
	中型滑坡	$10\times10^4\leqslant V<100\times10^4$
	大型滑坡	$100\times10^4\leqslant V<1\ 000\times10^4$
	特大型滑坡	$1\ 000\times10^4\leqslant V<10\ 000\times10^4$
	巨型滑坡	$V\geqslant10\ 000\times10^4$

7.1.2　影响滑坡稳定性的因素

凡是可使斜坡外形改变、岩土体性质恶化以及增加附加载荷等而导致滑坡发生的因素称为影响滑坡稳定性的因素。这些因素概括起来主要包括：

(1) 斜坡外形。斜坡的存在,使滑动面能在斜坡前缘临空出露。这是滑坡产生的先决条件。同时,斜坡不同高度、坡度、形状等要素可使斜坡内应力状态发生变化,内应力的变化可导致斜坡稳定或失稳。当斜坡越陡、高度越大以及当斜坡中上部凸起而下部凹进,且坡脚无抗滑地形时,滑坡容易发生。

(2) 岩性。滑坡主要发生在易亲水软化的土层中和一些软岩中,例如黏质土、黄土、黄土类土、风化岩以及遇水易膨胀和软化的土层。软岩有页岩、泥岩和泥灰岩、千枚岩以及风化凝灰岩等。

(3) 构造。斜坡内的一些层面、节理、断层、片理等软弱面若与斜坡坡面倾向几乎一致，则此斜坡的岩土体容易失稳成为滑坡。这时，此类软弱面可组合成为滑动面。

(4) 水。水的作用可使岩土软化、强度降低，可使岩土体加速风化。若为地表水作用，还可以使坡脚被侵蚀冲刷；地下水位上升可使岩土体软化、水力坡度增大等。不少滑坡有"大雨大滑，小雨小滑、无雨不滑"的特点，说明水对滑坡作用的重要性。

(5) 地震。地震可诱发滑坡，此现象在山区非常普遍。地震首先将斜坡岩土体结构破坏，可使粉砂层液化，从而降低岩土体抗剪强度；同时，地震波在岩土体内传递，使岩土体承受地震惯性力，增加滑坡体的下滑力，促使滑坡的发生。

(6) 人为因素。在兴建土建工程时，由于切坡不当，斜坡支撑系统被破坏，或者在斜坡上方任意堆填岩(土)方、兴建工程、增加载荷，都会破坏原来斜坡的稳定条件。人为地破坏表层覆盖物可引起地表水下渗作用增强，或破坏自然排水系统，或排水设备布置不当、泄水断面大小不合理而引起排水不畅，漫溢乱流，使坡体含水率增加。引水灌溉或排水管道漏水将会使水渗入斜坡内，促使滑动因素增加。

7.1.3　滑坡稳定性计算

滑坡稳定性计算是滑坡稳定性评价的基础。滑坡稳定性计算应符合下列要求：

(1) 正确选择有代表性的分析断面，正确划分牵引段、主滑段和抗滑段；

(2) 正确选择强度指标，宜根据测试成果、反分析法和当地经验综合确定；

(3) 有地下水时，应计入浮托力和水压力；

(4) 根据滑面(带)条件，按平面、圆弧或折线选用正确的计算模型；

(5) 当有局部滑动可能时，除验算整体稳定性外，尚应验算局部稳定性；

(6) 当有地震、冲刷、人类活动等影响因素时，应计入这些因素对稳定性的影响。

在滑坡稳定性计算中，一般采用极限平衡理论计算方法，除此之外，还有有限单元法、边界元法、离散化法等数值模拟法。以下主要介绍极限平衡理论计算方法。

1. 极限平衡理论计算方法

极限平衡理论计算方法应用岩、土力学的理论，分析、计算特定条件下各类斜坡的整体稳定系数 F_s，当 F_s 大于或等于 1.15 时，滑坡可认为是整体稳定的。

(1) 滑动面为单一平面。当岩质边坡的主要结构面走向平行于坡面，结构面倾角小于坡角且大于其内摩擦角时，易发生平面破坏，如图 7-1 所示。

整体稳定性系数 F_s 可按下列公式计算：

$$F_s = \frac{cL + (W\cos\beta - u - v\sin\beta)\tan\varphi}{W\sin\beta + v\cos\beta} \tag{7-1}$$

$$L = (H - z)\csc\beta \tag{7-2}$$

$$u = \frac{1}{2}\gamma_w z_w (H - z)\csc\beta \tag{7-3}$$

$$v = \frac{1}{2}\gamma_w Z_w^2 \tag{7-4}$$

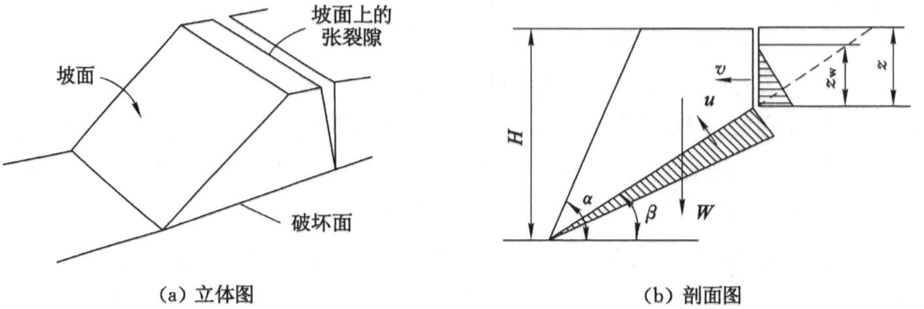

图 7-1　坡面上有张裂隙的岩质边坡的平面破坏

$$W=\frac{1}{2}\gamma H^{2}\left\{\left[1-\left(\frac{z}{H}\right)^{2}\right]\cot\beta-\cot\alpha\right\} \tag{7-5}$$

式中，γ_w 为水的重度，kN/m³；γ 为岩体的重度，kN/m³；α 为坡角，(°)；β 为结构面倾角，(°)；W 为滑体所受的重力，kN；c、φ 分别为结构面物质内聚力(kPa)和内摩擦角(°)，可用直接快剪或三轴不排水剪试验求得。

(2) 滑动面为圆弧形。对于均匀土质边坡及节理发育的岩体或弃土(石)堆边坡，易发生旋转破坏，滑面呈圆弧形(图 7-2)，可采用总应力法或有效应力法计算。

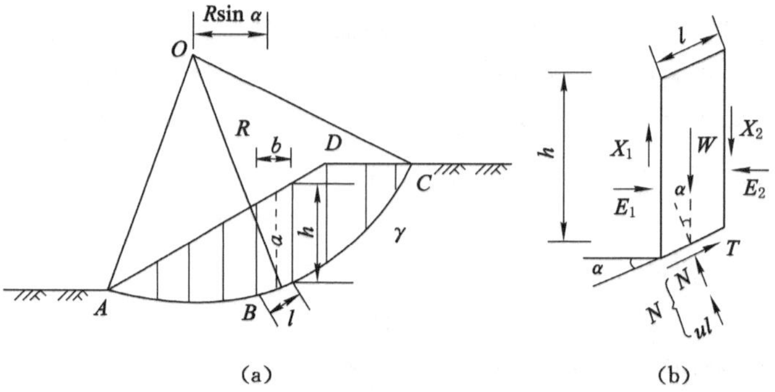

图 7-2　均匀边坡中圆弧形滑动面稳定性分析图

当采用总应力法时，稳定系数按下式计算：

$$F_s=\frac{\sum N\tan\varphi+cl}{\sum T} \tag{7-6}$$

式中，N 为分条条块重力垂直于潜在滑面的分量，kN/m；c、φ 分别为边坡物质的内聚力(kPa)和内摩擦角(°)，可用直接快剪或三轴不排水剪试验求得；l 为潜在滑弧长度，m；T 为分条条块重力平行于潜在滑面的分量，kN/m。

当采用有效应力法时，稳定系数可按下式计算：

$$F_s=\frac{\sum(N-u)\tan\varphi'+\sum c'l}{\sum T} \tag{7-7}$$

式中，u 为孔隙水压力，kPa；c'、φ' 分别为边坡物质的有效内聚力(kPa)和有效内摩擦角(°)，可用直接快剪或三轴不排水剪试验求得；其他符号意义同上。

(3) 滑动面呈楔形。当岩质边坡的两组结构面的交线倾向坡面、交线倾角小于坡角且大于其摩擦角时，易发生楔形破坏，滑动面为楔形，楔体沿结构面交线下滑，如图 7-3 所示。

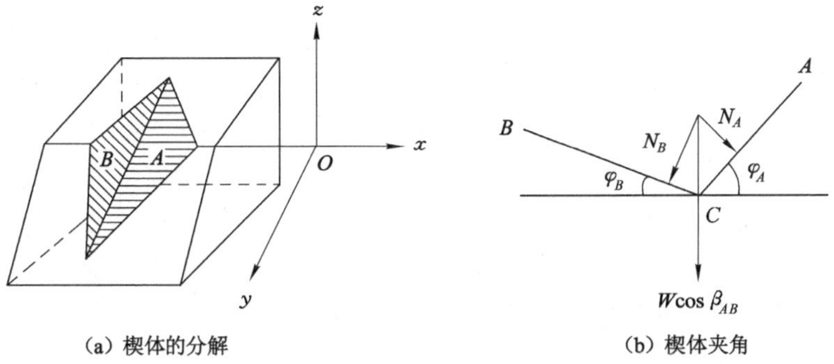

图 7-3　滑坡面为楔形的稳定性分析示意图

稳定系数可按下式计算：

$$F_s = \frac{N_A \tan \varphi_A + N_B \tan \varphi_B + c_A A_A + c_B A_B}{W \sin \beta_{AB}} \tag{7-8}$$

式中，N_A、N_B 分别为由 W 引起的作用于结构面 A、B 上的法向力，kN；φ_A、φ_B 分别为结构面 A、B 的内摩擦角，(°)；c_A、c_B 分别为结构面 A、B 的内聚力，kPa；A_A、A_B 分别为结构面 A、B 的面积，m^2；W 为楔体所受的重力，kN；β_{AB} 为 A、B 结构面交线的倾角，(°)。

需要注意的是：当边坡中有地下水活动、边坡位于强震区或边坡上有载荷作用时，稳定性验算应考虑静水压力、动水压力和水平地震力的影响。

(4) 滑动面为折线。当滑动面不规则时，可根据所查明的滑动面起伏情况，划分为折线形地段，如图 7-4 所示，按下列公式计算其稳定性系数：

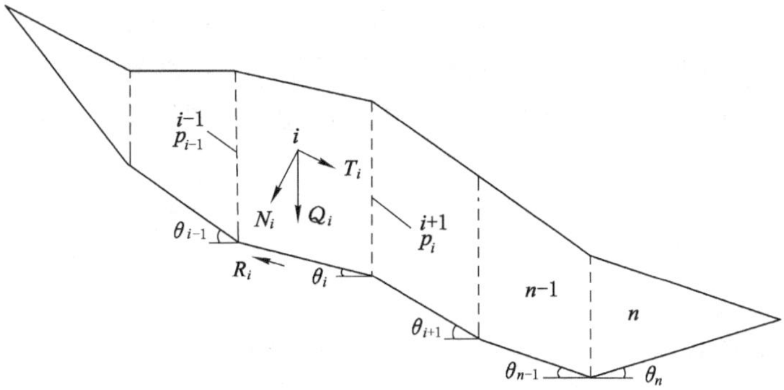

图 7-4　滑坡稳定性系数计算示意图

$$F_s = \frac{\sum_{i=1}^{n-1} \left(R_i \prod_{j=i}^{n-1} \psi_j \right) + R_n}{\sum_{i=1}^{n-1} \left(T_i \prod_{j=1}^{n-1} \psi_j \right) + T_n} \tag{7-9}$$

$$\psi_i = \cos(\theta_i - \theta_{i+1}) - \sin(\theta_i - \theta_{i+1}) \tan \varphi_{i+1} \tag{7-10}$$

$$\prod_{j=i}^{n-1}\psi_j = \psi_i\psi_{i+1}\psi_{i+2}\cdots\psi_{n-1} \tag{7-11}$$

$$R_i = N_i\tan\varphi_i + c_i l_i \tag{7-12}$$

式中，F_s 为稳定性系数；θ_i 为第 i 块段滑动面与水平面夹角，(°)；R_i 为作用于第 i 块段的抗滑力，kN/m；N_i 为第 i 块段滑动面的法向分力，kN/m；φ_i 为第 i 块段土的内摩擦角，(°)；c_i 为第 i 块段土的内聚力，kPa；l_i 为第 i 块段滑动面长度，m；T_i 为作用于第 i 块段滑动面上的滑动分力，kN/m，当出现与滑动方向相反的滑动分力时 T_i 应取负值；ψ_j 为第 i 块段的剩余下滑力传递至 $i+1$ 块段时的传递系数($j=i$)。

当采用极限平衡方法验算滑坡的稳定性时，除分以上四种情况计算滑坡的稳定性系数 F_s 进行整体验算外，还应视具体情况验算局部滑动的可能性。

此外，当滑动面(带)为折线时，应选择平行方向的断面(不宜少于 3 个，其中应有一个是主滑断面)计算滑坡推力，并根据不同断面的计算推力值设计相应的抗滑结构。滑坡推力计算一般均按考虑传递系数 ψ 值的计算方法，用下列公式计算：

$$p_i = p_{i-1}\psi + F_{st}T_i - R_i \tag{7-13}$$

式中，p_i、p_{i-1} 分别为第 i 块、第 $i-1$ 块滑体的剩余下滑力，kN/m；F_{st} 为滑坡推力计算安全系数，应根据滑坡现状及其对工程的影响等因素确定，宜取 1.05～1.25。

滑坡推力作用点，宜取滑体厚度的 1/2。

2. Sarma 法

该方法的基本思路是：只有边坡岩体沿一个理想的平面或圆弧面滑动，才可以作为一个完整的刚体运动；否则，岩土体必须先破裂成多块可相对滑动的块体，即在滑体内部发生剪切破坏才可能滑动。

该方法的独特优点是：① 它可以用来评价各种类型滑坡的稳定性，计算时同时考虑滑体底面和侧面的抗剪强度参数，且各滑块可具有不同的 c、φ 值；② 滑块的两侧可以任意倾斜，并不仅限于竖直边界，因而能分析具有各种滑坡结构特征的滑坡稳定性；③ 由于引入了临界水平加速度判据，因此该方法还可以用来分析地震对斜坡稳定性的影响。许多工程分析实例表明，Sarma 法能比较全面客观地反映斜坡的实际情况，计算结果与实际情况拟合较好。

7.1.4 滑坡稳定性评价

滑坡稳定性评价采用综合评价法，应根据滑坡的规模、主导因素、滑坡前兆、滑坡区的工程地质和水文地质条件，以及稳定性验算结果进行评价，并应分析滑坡发展趋势和危害程度，提出治理方案相关建议。

1. 滑坡稳定性综合评价的内容

(1) 确认形成滑坡的主导因素和影响滑坡稳定性的环境因素。

(2) 评定滑坡的稳定程度。

(3) 论证工程修建或环境改变，促使滑坡复活或发展的可能性。

(4) 论证防治滑坡的工程方案的合理性、经济性和可能性。

2. 滑坡稳定性综合评价的要求

(1) 评定滑坡处于稳定状态，除满足定量解析结果为稳定状态外，还应满足定性分析结论为稳定状态的要求。

(2) 评定滑坡处于不稳定状态，除满足定量解析结果为不稳定状态外，还应满足定性分析结论为不稳定状态的要求。

(3) 当滑坡定量解析结果与滑坡定性分析结论矛盾时，应重新分析、计算和评定。

7.1.5 滑坡勘察要点

滑坡工程勘察的主要目的和任务，是查明滑坡的范围、规模、地质背景、性质及其危害程度，分析滑坡的主、次条件和滑坡原因，并判断其稳定程度，预测其发展趋势和提出预防与治理方案的建议。所以，在滑坡勘察中，勘察要点主要包括以下内容：

1. 滑坡勘察阶段划分

滑坡勘察一般分为初步勘察、详细勘察和补充勘察3个阶段。对于小型滑坡，或勘察地质条件简单、治理工期短的滑坡，可根据实际情况合并勘察阶段，简化勘察程序。此外，滑坡勘察阶段划分不一定与具体工程的设计阶段完全一致，而要看滑坡的规模、性质对拟建工程的可能危害潜势而定。例如，有的滑坡规模大，对拟建工程影响严重，那么即使为初步设计阶段，对滑坡也要进行详细勘察，以免工程所进行的勘察、设计已进行到详细阶段却由于滑坡问题被否定场址，造成浪费。

2. 滑坡勘察的工程地质测绘和调查

滑坡勘察应进行工程地质测绘和调查，调查范围应包括滑坡及其邻近地段。测绘比例尺宜满足表7-3所示的要求。

表7-3 测绘比例尺

滑坡长度(L)或宽度(W)/m	平面测绘比例尺	剖面测绘比例尺
$L(W)<500$	1∶500～1∶100	1∶500～1∶100
$500\leqslant L(W)<1\ 000$	1∶1 000～1∶200	1∶1 000～1∶200
$L(W)\geqslant 1\ 000$	1∶5 000～1∶500	1∶5 000～1∶500

滑坡地区工程地质测绘和调查的主要内容包括：

(1) 搜集当地地质、水文、气象、地震和人类活动等相关资料。

(2) 滑坡的形态要素和演化过程，圈定滑坡周界。即调查微地貌形态及其演化过程，圈定滑坡周界、滑坡壁、滑坡平台、滑坡舌、滑坡裂缝、滑坡鼓丘等要素；查明滑动带部位、划痕指向、倾角、滑带的组成和岩土状态，裂缝的位置、方向、深度、产生时间、切割关系和力学属性；分析滑坡的主滑方向、主滑段、抗滑段及其变化；分析滑动面的层数、深度和埋藏条件及向上下发展的可能性。

(3) 调查滑带和地下水的情况，泉水出露地点及流量，地表水体、湿地的分布及变迁情况。

(4) 调查滑坡体内外树木的异态，工程设施的形态、位移及破坏时间和破坏过程。

(5) 调查当地整治滑坡的经验。

(6) 对滑坡的重点部位宜摄影和录像。

3. 滑坡勘察的勘探

滑坡勘察中勘探以钻探、触探、坑探(包括井探、槽探、硐探)和物探为主,其工作量布置应根据工程地质条件、地下水情况和滑坡形态确定,并应符合下列要求:

(1) 勘探线和勘探点的布置应根据工程地质条件、地下水情况和滑坡形态确定。除沿主滑方向应布置勘探线外,在其两侧滑坡体外也应布置一定数量勘探线。勘探点间距不宜大于 40 m,在滑坡体转折处和预计采取工程措施的地段,也应布置勘探点。

(2) 勘探孔的深度应穿过最下一层滑面进入稳定地层,控制性勘探孔的深度应进入稳定地层一定深度,满足滑坡治理需要。

(3) 在滑坡体、滑动面(带)和稳定地层中应采取土样,必要时尚应采取水试样。

(4) 应查明地下水的层数,各层地下水的位置,含水层厚度,水的流向、流速、流量、补给来源及承压性质。

(5) 对于规模较大的滑坡,宜布置物探工作。

4. 确定滑坡滑动面位置

对工程地质测绘和调查及其他勘探成果进行综合分析,确定可靠的滑坡滑动面位置及其形态。可利用以下 2 种方法:

(1) 直接连线法。将工程地质测绘确定的前后缘位置和勘探获得的软弱面及地下水位(一般初见水位在软弱面之上)相连线即可得到滑坡滑动面位置及其形态。这种方法在顺层滑坡中被广泛应用。

(2) 综合分析法。比较复杂的滑坡,如切层滑坡、风化带中的滑坡,其滑面深度及形态都较复杂,难以确定,这就需要用工程地质测绘和调查、滑坡动态观测、工程物探、钻探等勘察技术方法获取的地质、水文地质、工程地质等方面资料进行综合分析确定。

5. 滑坡滑动面岩土抗剪强度的确定

确定滑坡滑动面岩土抗剪强度,主要可采用试验方法确定,也可采用反分析方法检验滑动面抗剪强度指标。

当采用试验方法确定滑动面岩土抗剪强度时,其试验应满足如下要求:

(1) 滑带宜作重塑土或原状土的多次剪试验,并求出多次剪和残余剪的抗剪强度。

(2) 采用与滑动受力条件相似的方法(快剪、饱和快剪或固结快剪、饱和固结快剪)。

(3) 采用反分析方法检验滑动面的抗剪强度指标,并应符合以下要求:① 采用滑动后实测的主滑断面进行计算。② 对正在滑动的滑坡,其稳定系数 F_s 可取 0.95～1.00;对处于暂时稳定的滑坡,稳定系数 F_s 可取 1.00～1.05。③ 宜根据抗剪强度的试验结果及经验数据,给定内聚力 c 或内摩擦角 φ 值,反求另一值。

反分析时,当滑动面上下土层以黏性土为主时,可以假定 φ 值,反求 c 值;当滑动面上下土层为砂土或碎石土时,可假定 c 值,反求 φ 值,这样比较容易判断反求的 c、φ 值的合理性和正确性。

7.1.6 滑坡治理措施

滑坡治理措施是整治滑坡灾害最终手段,是以根除滑坡灾害为目的的。其一般适用条件是:① 已判明是滑坡,滑坡性质清楚;② 滑坡位置很重要,如果侧滑致灾,损失巨大;③ 采取预防或简单工程措施,难以消除其危害;④ 难以避免,必须根治。

治理滑坡的主旨是综合治理，包括：① 改变滑坡几何形状；② 排水措施；③ 支挡结构物；④ 斜坡内部加固。这些方法的综合使用，可有效控制滑坡灾害，避免灾害损失。

1. 改变滑坡几何形态

改变滑坡几何形态主要是消减推动滑坡产生区的物质和增加阻止滑坡产生区的物质，即通常所谓的“砍头压脚”，对滑坡前部加载（“压脚”），以增加抗滑力；对滑坡后部（主滑段和牵引段）削方减重（“砍头”），以减少下滑力，达到稳定滑坡目的。

该方法的使用，宜遵循“具体问题，具体分析”的原则，概括如下：

(1) 宜用于中、小型滑坡的治理。据国外经验，此法能增加的坡体安全系数不大，通常在5%～10%之间。因此，对中、大型滑坡仅宜作为辅助工程。

(2) 对推移式滑坡，可采用削方措施，反压高度难以控制；对牵引式滑坡，宜采用反压措施，清方位置难定，可能造成“挖脚”而扩大滑坡范围。

(3) 对范围不定、性质不明的滑坡，切勿使用此法。

(4) 削方宜选用合适的坡率（参考极限坡坡率），在主滑段及其上部，由上而下进行；反压应明确抗滑段位置，有针对性进行，无抗滑段滑坡，可在滑坡前缘外反压。

(5) 建议此法与其他工程措施联合使用。

2. 排水措施

水在滑坡灾害中的不利影响，已是不争的事实，故有“无水不滑”之说。

滑坡排水措施包括将地表水引出滑动区外的地表排水和降低地下水位的地下排水。

地表排水工程在技术上简单易行且加固效果好、造价低，应用极广，几乎所有滑坡整治工程都包括地表排水工程。若运用得当，仅地表排水沟工程即可抑制滑坡。

地下排水工程，因其能大幅度降低孔隙水压力，增加有效正应力，从而提高抗滑力；加固效果好、工程造价低，所以应用很广泛。尤其是大型滑坡的整治，深部大规模的排水往往是首选的整治措施。

将排水措施与改变滑坡几何形态联合可以获得更好的整治效果。

3. 支挡结构物

当改变滑坡几何形态和排水措施不能保证滑坡稳定时，常采用支挡结构物，如抗滑挡墙（重力式挡墙、锚杆挡墙）、被动桩、墩、沉井；或斜坡内部加强措施，如采用锚钉、锚索、抗滑键、支撑盲沟等来防止或控制斜坡岩土体运动。恰当的设计，这类措施可用于大多数滑坡的治理。一般应遵循如下原则和方法：① 支挡结构物应依据地形条件，布置在滑坡的中前部；② 根据滑坡特征、推力大小等选择支挡结构物型式；③ 对于简单的中、小型滑坡，可设置于滑坡前缘；④ 对于中下部有稳定岩层锁口的滑坡，可将其设置于锁口处；⑤ 如滑坡出口在坡面的较高处，可视地基情况设置明洞，或设置其他锚固措施，如锚索、框架锚索等；⑥ 对大型、复杂滑坡，可根据实际情况，设置一级或多级支挡结构物；⑦ 支挡结构物的基础必须置于滑面以下一定深度；⑧ 支挡结构物的布置应视滑体地质条件、推力变化而选择多个断面，设计不同截面。

4. 斜坡内部加固

斜坡内部加固包括对坡面、坡脚的加固和对滑带土（软弱层带）的加固两个方面。

(1) 坡面、坡脚加固

对人类工程所影响的坡体，采用必要的坡面、坡脚加固措施，常常能起到事半功倍的效果，这与滑坡治理中“治小、治早”的原则相吻合。目前依据不同的地质条件常用的方法是采用系统锚杆、素喷、锚喷、锚杆框架等工程措施，取得了一定的实效。

这些措施的设计和使用，尚没有统一的规范和标准，多根据经验据现场情况决定。

(2) 滑带土加固

可用不同方法改变滑带土，提高其强度，增加阻滑力，在一些小型滑坡上曾试用过灌水泥浆法、打砂桩法、旋喷桩法、焙烧法、电渗排水法、硅化法、沥青法等，取得过成功，但时效性还难以定论，故目前应用尚不多。

7.2 崩　　塌

崩塌和危岩(即潜在崩塌)是威胁工程建设的主要地质灾害。危岩指岩体被结构面切割，在外力作用下产生松动和塌落；崩塌是指危岩或土体在重力或其他外力作用下的塌落过程及其产物。崩落的岩体顺坡向猛烈地翻滚、跳跃、相互撞击，最后堆积于坡脚。崩塌和危岩一般发生在厚层坚硬的脆性岩体中(一些垂直裂隙发育的土质斜坡中也有发生)。巨型崩塌常常发生在块体状斜坡中；在平缓的岩性软硬相间的层状或互层状陡坡中，则多以局部崩塌或危岩坠落为主，如图 7-5、图 7-6 所示。

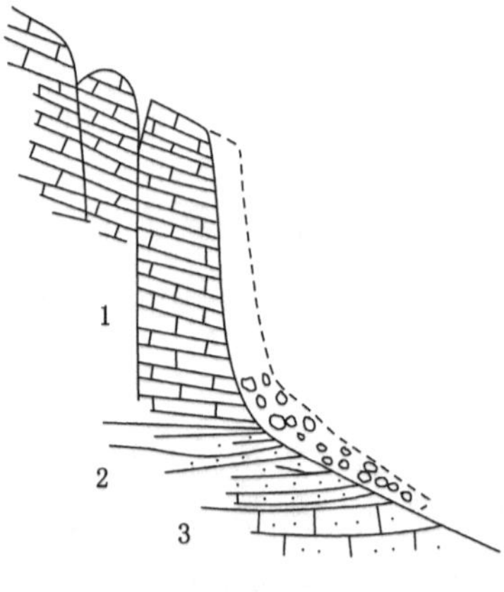

1—灰岩；2—砂质岩互层；3—砂岩。

图 7-5　由坚硬岩石组成的斜坡前缘卸荷裂隙导致的崩塌示意图

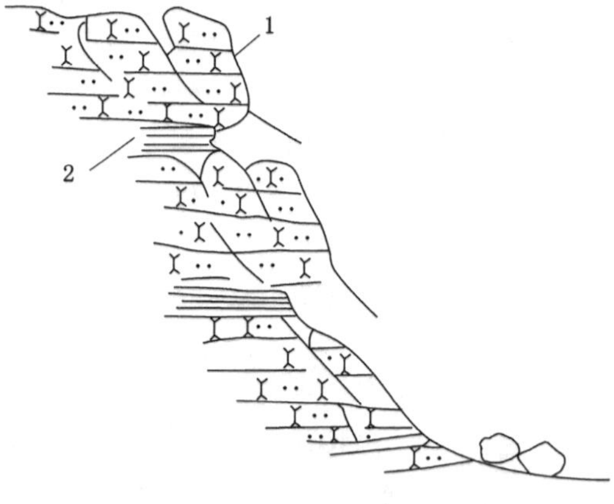

1—砂岩；2—页岩。

图 7-6　软硬相间岩石互层的陡坡局部崩塌示意图

7.2.1　崩塌分类

1997 年，刘广润院士按动力成因，把崩塌分为自然动力型(降雨型、冲蚀型、风化剥蚀型、地震型、堆积加载型)和人工动力型(明挖型、洞掘型、爆破型、水库型、渗漏型、人工加载型)。以下对一些典型的有一定代表性的崩塌分类、分级内容做简要阐述(表 7-4 至表 7-9)。

表 7-4　按崩塌物质组成分类

类型名称	简要描述
崩积物崩塌	山坡上已有的崩塌岩屑和沙土等物质，由于它们的质地很松散，当有雨水浸湿或受地震震动时，可再一次形成崩塌
表层风化物崩塌	当地下水沿风化层下伏基岩面流动时，风化层沿基岩面崩塌
沉积物崩塌	有些由厚层的冰积物、冲积物或火山碎屑物组成的陡坡，由于结构松散，易形成崩塌
基岩崩塌	在基岩坡体中，常沿节理面、地层面或断层面等发生崩塌

表 7-5　按崩塌规模等级分类

崩塌规模	巨型	特大型	大型	中型	小型
体积 $V/(\times 10^4\ m^3)$	$V \geqslant 1\,000$	$100 \leqslant V < 1\,000$	$10 \leqslant V < 100$	$1 \leqslant V < 10$	$V < 1$

表 7-6　按崩塌体移动形式分类

类型名称	简要描述
散落型崩塌	在节理或断层发育的陡坡，或是软硬岩层相间的陡坡，或是由松散沉积物组成的陡坡，常形成散落型崩塌
滑动型崩塌	沿某一滑动面发生崩塌，有时崩塌体保持了整体形态，和滑坡很相似，但垂直移动距离往往大于水平移动距离
流动型崩塌	松散岩屑、砂、黏土，受水浸湿后产生流动崩塌。这种类型的崩塌和泥石流很相似，称为崩塌型泥石流

表 7-7　按崩塌发展模式分类

类型	岩性	结构面	地貌形态	崩塌体形状	受力状态	失稳主要因素
倾倒式崩塌	黄土、灰岩等直立岩层	垂直节理、柱状节理、直立岩层面	峡谷、直立岸坡	板状、长柱状	主要受倾覆力矩作用	静动水压力、地震力、重力
滑移式崩塌	多为软硬相间的岩层	有倾向临空面的结构面(平面、楔形或弧形)	陡坡通常大于55°	板状、楔形、圆柱状	滑移面主要受剪切力	重力、静动水压力、地震力
错断式崩塌	坚硬岩石或黄土	垂直裂隙发育，通常无倾向临空面的结构面	大于45°的陡坡	多为板状、长柱状	自重引起的剪切力	重力
拉裂式崩塌	多见于软硬相间的岩层	多为风化裂隙和重力拉张裂隙	突出的悬崖	上部的硬岩层以悬臂梁形式凸出	拉张	重力
鼓胀(塑流)式崩塌	直立的黄土、黏土或坚硬岩石下较厚的软岩层	上部为垂直节理、柱状节理，下部为近水平的结构面	陡坡	岩体高大	下部软岩受垂直挤压	重力、水的软化作用

表 7-8 按崩塌破坏模式分类

破坏模式	主要岩性组合	崩 塌 方 式
滑移式	多为软硬相间的岩层、黄土、黏土、坚硬岩层下伏软弱岩层	岩土体沿结构面滑移或沿软弱岩土体不利方向剪出塌落
倾倒式	多为黄土、直立或陡倾坡内的岩层	危岩转动倾倒塌落
坠落式	多见于软硬相间的岩层	悬空、悬挑式岩(土)块拉断或剪断塌落

表 7-9 按危岩相对坡脚高度分类

危岩相对崖底高度 H/m	$H \leqslant 15$	$15 < V \leqslant 50$	$50 < V \leqslant 100$	$H > 100$
危岩类型	低位危岩	中位危岩	高位危岩	特高位危岩

7.2.2 崩塌稳定性评价

崩塌稳定性评价是崩塌勘察中的重要问题，通常用定性分析、半定量的图解分析和定量的稳定性验算方法对不同发展模式的危岩和崩塌进行稳定性评价。在此主要介绍稳定性验算方法。

1. 基本假设

(1) 在崩塌发展过程中，特别是在突然崩塌运动以前，把危岩崩塌视为整体。

(2) 把崩塌体复杂的空间运动问题简化成平面问题，取单位宽度的崩塌体进行验算。

(3) 崩塌体两侧和稳定岩体之间，以及各部分崩塌体之间均无摩擦作用。

2. 倾倒式崩塌的稳定性验算

当倾倒式危岩、崩塌体发生倾倒时，将以其坡脚外侧为转点发生转动，在进行稳定性验算时除应考虑危岩、崩塌体本身重力作用外，还应考虑其他附加力作用，如静水压力、地震力等，一般以最不利组合考虑。崩塌体的抗倾覆稳定性系数 F_s 可按下式计算：

$$F_s = \frac{\text{抵抗力矩}}{\text{倾倒力矩}} \tag{7-14}$$

式中，抵抗力矩由崩塌体受到的重力产生，倾倒力矩由后缘拉裂隙中静水压力和水平地震力产生。当抗倾覆稳定性系数 $F_s > 1$ 时，即可认为是稳定的。

3. 滑移式崩塌的稳定性验算

滑移式崩塌有平面滑动、圆弧面滑动、楔形面滑动三种情况，其关键在于起始的滑移面是否形成，可按滑坡稳定性验算方法进行。

4. 鼓胀式崩塌的稳定性验算

鼓胀式危岩体下部常有较厚的软弱岩层，如断层破碎带、风化破碎岩体等，易在水的作用下软化。一旦上部岩体传来的压应力大于软弱岩层的无侧限抗压强度，软弱岩层就会被挤出。因此，鼓胀是这类崩塌的关键。

鼓胀式崩塌的稳定性系数可用危岩体下部软弱岩层在天然状态下的无侧限抗压强度(雨季用饱水抗压强度)与上部岩体在软弱岩层顶面产生的压应力的比值来计算，即

$$F_s = \frac{R}{W/A} = \frac{AR}{W} \tag{7-15}$$

式中，W 为上部危岩崩塌体重力，kN；A 为上部危岩崩塌体底面积，m^2；R 为危岩体下部软弱岩层在天然状态下的无侧限抗压强度（雨季用饱水抗压强度），kPa。

当 $F_s \geqslant 1.2$ 时，即认为是稳定的。

5. 拉裂式崩塌的稳定性验算

拉裂式危岩体表现为以悬臂梁形式凸出的岩体，其后缘某一竖向截面承受最大的弯矩和剪力，当该面上的拉应力集中超过岩石的抗拉强度时，即产生拉裂面，凸出的危岩体发生崩塌。

拉裂式崩塌的稳定性系数可用岩石的抗拉强度与最大拉裂面上拉应力的比值来计算。即

$$F_s = [\sigma_\tau]/\sigma_\tau \tag{7-16}$$

式中，$[\sigma_\tau]$为岩石的抗拉强度；σ_τ 为最大拉裂面上的拉应力。

6. 错断式崩塌的稳定性验算

若不考虑静水压力、地震力等附加作用力时，错断式危岩体在岩体自重作用下，在过外底角点与铅直方向成 45°的截面上产生最大剪应力。故其稳定性系数可用最大剪应力面上的抗剪强度与最大剪应力比值计算，即

$$F_s = [\tau]/\tau \tag{7-17}$$

式中，$[\tau]$为岩石最大剪应力面上的抗剪强度；τ 为岩石最大剪应力。

当 $F_s \geqslant 1.2$ 时，可认为稳定。

7.2.3 崩塌勘察要点

1. 崩塌勘察阶段划分

对于规模大、难以查清的崩塌宜分为初步勘察和详细勘察两个阶段，对其他情况的崩塌可直接进行详细勘察。在施工过程中，当地质条件与原勘察资料不符并有可能影响防治工程质量时可进行施工勘察。长度较大、地质环境复杂程度差异较大的崩塌，应根据危岩体分布特征、可能的破坏模式和运动方向，以分区、分段、分块和分组的形式布置勘察工作。

初步勘察应在充分收集以往地质资料的基础上，进行调查测绘、勘探和测试等工作，初步查明崩塌的基本特征、成因、形成机制，并对危岩体在现状和规划状态下的稳定性做出初步分析评价。

详细勘察应考虑现有和规划中的保护对象的需要，依据初步勘察的结果，结合可能采取的治理方案部署勘察工作，分析评价危岩在现状和规划状态下的稳定性和发生灾害的可能性，并提出防治方案建议。

2. 崩塌勘察的工作方法和手段

崩塌勘察工作方法和手段应以工程地质测绘与调查为主，以勘探为辅，宜采用三维激光扫描、陆地摄影测量（无人机）、干涉雷达（InSAR）或孔内成像、孔间 CT 探测等新技术新方法。

3. 崩塌勘察的工程地质测绘和调查

崩塌调查对象应包括危岩体、陡崖和崩塌堆积体。

崩塌调查范围应包括陡崖和相邻的地段，坡顶应达到陡崖岩体卸荷带之外的稳定区域，坡底应达到崩塌堆积体区外及崩塌堆积体可能转化为滑坡或泥石流的影响范围外。

崩塌勘察野外工作的测绘精度在初勘阶段不宜小于 1∶1 000，详勘阶段不宜小于 1∶500，其中复杂场地勘察宜取较大值。采用的比例尺及精度宜能够清楚表达危岩的形态特征、结构面特征等。危岩的剖面测绘比例尺不宜小于 1∶200。

4. 崩塌勘察应查明的内容

(1) 勘察区位置与交通；

(2) 气象、水文；

(3) 工程地质条件，包括地形地貌、地层岩性、地质构造与地震、水文地质条件等；

(4) 人类工程活动；

(5) 陡崖或陡坡基本特征，包括危岩风化程度、裂隙发育程度，陡崖卸荷带分布范围；

(6) 危岩的位置、分布高程、空间几何形态、控制性结构面特征、变形特征等；

(7) 崩塌体的运动特征，包括危岩破坏模式、危岩崩落的方向和影响范围等；

(8) 崩塌堆积体情况；

(9) 分析崩塌产生的原因，评价危岩在可能的最不利条件下的稳定性、失稳特征、规模及危害程度等；

(10) 提供防治工程设计所需要的地质资料、参数及防治措施建议等。

经调查，当初步判断崩塌堆积体未达到稳定时，宜根据成灾类型并按相应规范的要求进行勘察。

5. 监测

对有明显变形迹象和稳定性较差的危岩应进行监测。监测宜根据勘察平面图在现场踏勘的基础上确定监测范围、布设监测工作量，并根据批准的工作量及方法开展工作，编制的监测成果及图表应供勘察使用。监测内容应包括变形或位移(水平、垂直)、裂缝充水情况。

7.2.4 崩塌治理措施

按崩塌治理措施作用方式，可分为直接治理、间接治理两大类。崩塌治理措施如表 7-10 所示。在实际治理工作中，可采用一种或多种工程措施构成综合治理方案，效果更好。但要注意，治理方案应根据灾害体的特征、性质、成因、危险性、发展趋势、受灾范围、受灾对象、经济承受能力等具体情况综合确定。

表 7-10 崩塌治理措施

治理方法	治 理 措 施	适用对象
直接治理方法	主动防护网(SNS、注浆等)	危岩(土)体
	锚固工程(框架锚索、喷锚等)	危岩(土)体
	支挡工程(挡墙、格栅等)	崩塌堆积体、危岩(土)体
	支撑工程(支撑墙、支撑柱等)	危岩(土)体

表 7-10(续)

治理方法	治 理 措 施	适用对象
间接治理方法	被动防护网	危岩(土)体
	拦挡工程(防崩墙、落石槽等)	危岩(土)体
	遮挡工程(棚洞、明洞等)	危岩(土)体
	系统排水工程(截排水沟、仰斜排水孔、平硐等)	崩塌堆积体、危岩(土)体

下面就各种治理措施的适用条件做简要分析。

(1) 主动防护网

对存在变形、规模不大、但清除困难(或可能引发其他灾害隐患)、具备实施主动防护网工程的危险岩(土)体,可以采用注浆、SNS(soft net system,柔性防护网)主动防护网等措施进行加固治理。但要注意对注浆压力、防护网格大小、锚杆长度等进行专项设计。

(2) 锚固工程

对于规模较大、危害严重、必须治理的崩塌,应该采用锚固工程。可以采用框架锚索、单墩锚索、地梁锚索等结构型式,主要依据崩塌岩(土)体的强度、完整性、规模、变形方式、结构面特征、稳定状态等,进行专项设计。

(3) 支挡工程

对于规模较大、可能发生滑移式破坏的崩塌堆积体、危险岩(土)体,可以采用挡墙、格栅、抗滑桩等措施,具体可参考滑坡治理工程。

(4) 支撑工程

对于规模不大、底部悬空、可能发生错落式破坏的危险岩(土)体,可以采用支撑墙、支撑柱等措施,主要依据危险岩(土)体位置、强度、完整性、规模、结构面特征等,具体问题应具体分析。

(5) 被动防护网

对于难以采用主动防护网或者造价太大不能选用主动防护网的危险岩(土)体,可以采用此结构型式,但要注意结合危险岩(土)体的具体特征,如破坏方式、危害范围、破坏力等,设计合适的布网位置、布网形式等。

(6) 拦挡工程

对于规模不大、以坠石和落石为主要破坏形式的危险岩(土)体,可以采用落石槽(拦石沟)、落石平台、拦石桩、拦石墙、拦石网等将崩落过程中的岩土体消能拦挡,隔离崩塌体与受灾体。具体布设位置、结构型式及强度等,应依据危险岩(土)体的块度、可能运行轨迹和距离、冲击力等,必要时进行专项设计。

(7) 遮挡工程

当危险岩(土)体下方有交通线路和其他建筑物时,可采用明洞、棚洞等遮挡工程,避免人员、设施受灾。具体布设范围、结构强度等,应依据危险岩(土)体的块度、可能运行轨迹、冲击力等,必要时进行专项设计。

(8) 系统排水工程

该措施几乎适用于所有的崩塌治理，换句话说，所有崩塌治理都应该考虑排水问题。该措施可能不能根除灾害，但其效果稳定，不能忽视。具体应依据崩塌堆积体、危险岩（土）体自身特征和周围环境，地表（下）水补给、径流、排泄特征以及其对崩塌的影响方式等进行专门设计。

7.3 泥　石　流

泥石流是发生在山区的一种自然地质灾害，是洪水侵蚀山体，夹带大量泥、沙、石块等固体物质，沿陡峭的山间沟谷下泻的特殊洪流。它往往突然暴发，来势凶猛，具有强大的破坏力；它常常堵塞江河，使江河泛滥成灾，严重影响山区场地设施及居民生命安全。

7.3.1 泥石流分类

泥石流的分类由于依据的划分标准不同而有多种，既可以依据单一指标特征划分，也可按泥石流的综合特征划分。以下介绍几种常见的划分类型。

1. 按水源和物源成因的分类

泥石流按水源和物源成因的分类如表 7-11 所示。

表 7-11　泥石流按水源和物源成因的分类

<table>
<tr><th colspan="2">水源成因分类</th><th colspan="3">物源成因分类</th></tr>
<tr><th>泥石流类型</th><th>特　　征</th><th colspan="2">泥石流类型</th><th>特　　征</th></tr>
<tr><td>暴雨泥石流</td><td>泥石流一般在充分的前期降雨和当场暴雨激发作用下形成，激发雨量和雨强因不同沟谷而异</td><td rowspan="5">混合泥石流</td><td>坡面侵蚀型泥石流</td><td>坡面侵蚀、冲沟侵蚀和浅层塌滑提供泥石流形成的主要土体。固体物质多集中于沟道，在一定水分条件下形成泥石流</td></tr>
<tr><td rowspan="3">冰川泥石流</td><td rowspan="3">冰雪融水冲蚀沟床，侵蚀岸坡而引发泥石流。有时也有降雨的共同作用</td><td>崩滑型泥石流</td><td>固体物质主要由滑坡崩塌等重力侵蚀提供，也有滑坡直接转化为泥石流者</td></tr>
<tr><td>冰碛型泥石流</td><td>形成泥石流的固体物质主要是冰碛物</td></tr>
<tr><td>火山泥石流</td><td>形成泥石流的固体物质主要是火山碎屑堆积物</td></tr>
<tr><td>溃决泥石流</td><td>水流冲刷、地震、堤坝自身不稳定性引起的各种拦水堤坝溃决以及形成堰塞湖的滑坡坝、终碛堤溃决，造成突发性高强度洪水冲蚀而引发的泥石流</td><td>弃渣泥石流</td><td>形成泥石流的松散固体物质主要是开渠、筑路、矿山开挖的弃渣，是一种典型的人为泥石流</td></tr>
</table>

2. 按集水区地貌特征的分类

泥石流按集水区地貌特征的分类如表 7-12 所示。

表 7-12 泥石流按集水区地貌特征的分类

坡面型泥石流特征	沟谷型泥石流特征
1. 无恒定地域与明显沟槽，只有活动周界。轮廓呈保龄球形	1. 以流域为周界，受一定的沟谷制约。形成区、堆积区和流通区较明显。轮廓呈哑铃形
2. 限于30°以上斜面，下伏基岩或不透水层浅，物源以地表覆盖层为主，活动规模小，破坏机制更接近塌滑	2. 以沟槽为中心，物源区松散堆积体分布在沟槽两岸及河床上，崩塌滑坡、沟蚀作用强烈，活动规模大，由洪水、泥沙两种汇流形成，破坏机制更接近洪水
3. 发生时空不易识别，成灾规模及损失范围小	3. 发生时空有一定规律性，可识别，成灾规模及损失范围大
4. 坡面土体失稳，主要由有压地下水作用和后续强暴雨诱发。暴雨过程中的狂风可能造成林木、灌木拔起或倾倒，使坡面局部破坏	4. 主要是暴雨对松散物源的冲蚀作用和汇流水体的冲蚀作用
5. 总量小，重现期长，无后续性，无重复性	5. 总量大，重现期短，有后续性，能重复发生
6. 在同一斜坡面上可以多处发生，呈梳状排列，顶缘距山脊线有一定距离	6. 构造作用明显，同一地区多呈带状或片状分布，应列入流域防灾整治范围
7. 可知性低，防范难	7. 有一定的可知性，可防范

3. 按泥石流规模的分类

泥石流按规模可分为特大型、大型、中型、小型四种类型。具体的划分依据见表 7-13。

表 7-13 按泥石流规模的分类

指　　标	类　　型			
	特大型	大型	中型	小型
流域单位面积固体物质储量/($\times10^4$ m^3/km^2)	>100	10～≤100	5～≤10	≤5
固体物质一次最大冲出量/($\times10^4$ m^3)	≥50	20～<50	2～≤20	≤2
洪峰流量/(m^3/s)	≥200	100～<200	20～≤100	≤20

4. 按泥石流流体性质分类

泥石流按流体性质可分为黏性和稀性两个大类，泥流、泥石流、水石流三个亚类(表 7-14)

表 7-14 按泥石流流体性质的分类

参数或特征	黏　　性		稀　　性		
	泥流	泥石流	泥流	泥石流	水石流
泥石流流体密度 ρ_c/(kg/m^3)	$>1.5\times10^3$	$1.6\times10^3\sim2.3\times10^3$	$1.3\times10^3\sim1.5\times10^3$	$1.2\times10^3\sim1.8\times10^3$	$1.2\times10^3\sim1.6\times10^3$
黏度 η/(Pa·s)	>0.3	>0.3	<0.3	<0.3	<0.3

表 7-14(续)

参数或特征	黏性		稀性		
	泥流	泥石流	泥流	泥石流	水石流
流态特征	呈层流状态,固液两相物质呈整体等速运动,阵流明显,黏滞性强,浮托力大	呈层流状态,固液两相物质呈整体等速运动,无垂直交换,流体黏稠,浮托力大,能使巨大的漂石悬移或滚动,阵流明显	呈紊流状态,有时具波状流,泥浪、砾石、碎石、块石呈滚动或跃移式前进	呈紊流状态,漂块石流速慢于浆体流速、呈滚动或跃移式前进	呈紊流状态,无阵流现象,固体流速慢于浆体流速,砾石、块石呈推移式前进
堆积特征	多呈舌状或坎坷不平的土堆,表层常有"泥球"	呈崩状或舌状,表面坎坷不平	呈扇状或垄岗状,间有"泥球"	呈扇状或垄岗状	一般呈扇状
危害作用	大量泥石流冲出沟口或沟外,堵塞桥涵,淤埋道路或农田村庄	泥石流来势迅猛,冲击破坏力大,能使大型桥梁、房屋建筑等在短时间内遭受破坏	冲击力较小、对建筑物产生慢性冲刷破坏,可淹没农田、道路	冲击力较大,侵蚀力较弱,对建筑物产生慢性冲刷破坏	以冲刷为主,可对护岸及桥梁等构筑物产生慢性冲刷破坏

5. 泥石流工程分类

泥石流工程分类旨在解决泥石流沟谷作为各类建筑场地的适应性问题,它综合反映了泥石流成因、物质组成、流体特征、流域特征、危害程度等,属于综合性的分类,对泥石流的整治更有指导意义。泥石流工程分类见表 7-15。

表 7-15　泥石流工程分类

沟谷类别	泥石流特征	流域特征	亚类	严重程度	流域面积 /km^2	固体物质一次冲出量 /($\times 10^4 m^2$)	流量 /(m^3/s)	堆积区面积 /km^2
高频率泥石流沟谷 Ⅰ	基本上每年均有泥石流发生,固体物质主要来源于沟谷的滑坡、崩塌。泥石流暴发雨强小于 0.2～0.4 mm/min,除岩性因素外,滑坡、崩塌严重的沟谷多发生黏性泥石流,规模大;反之多发生稀性泥石流,规模小	多位于强烈抬升区,岩层破碎,风化强烈,山体稳定性差,沟床和扇形地上泥石流堆积新鲜,无植被或仅有稀疏草丛。黏性泥石流沟谷中,下游沟床坡度大于 4%	I_1	严重	>5	>5	>100	>1
			I_2	中等	1～5	1～5	30～100	<1
			I_3	轻微	<1	<1	<30	—

表 7-15(续)

沟谷类别	泥石流特征	流域特征	亚类	严重程度	流域面积/km^2	固体物质一次冲出量/($\times10^4 m^2$)	流量/(m^3/s)	堆积区面积/km^2
低频率泥石流沟谷Ⅱ	泥石流暴发周期一般在 10 a 以上。固体物质主要来源于沟床,泥石流发生时“塌床”现象明显,暴雨时破面产生的浅层滑坡往往是激发泥石流形成的重要因素。泥石流暴发雨强一般大于 0.4 mm/min,规模一般较大。性质有黏有稀	山体稳定性相对较好,无大型活动滑坡、崩塌。中、下游沟谷往往切于老台地,扇形地上巨砾遍布。植被较好,常常有“山清水秀”,沟床内灌木丛密布,扇形地多已为农田。黏性泥石流沟谷中、下游沟床坡度小于 4%	$Ⅱ_1$	严重	>10	>5	>100	>1
			$Ⅱ_2$	中等	1~10	1~5	30~100	<1
			$Ⅱ_3$	轻微	<1	<1	<30	—

注:① 表中流量对高频率泥石流沟谷指百年一遇流量,对低频率泥石流沟谷指历史最大流量;② 泥石流的工程分类宜采用野外特征与定量指标相结合原则,定量指标指满足其中一次即可。

7.3.2 泥石流识别

能否产生泥石流可从形成泥石流的条件分析判断;已经发生过泥石流的流域,可以从下列几种现象来识别:

(1) 中游沟身通常不对称,参差不齐,往往凹岸发生冲刷坍塌,凸岸堆积成延伸不长的“石堤”,或凸岸被冲刷的凹岸堆积,有明显的截弯取直现象。

(2) 沟槽经常被大量松散固体物质堵塞,构成跌水。

(3) 由于被多次规模不同的泥石流下切淤积,沟的中下游常存在多级阶地,在较宽阔地带常常有垄岗状堆积物。

(4) 下游堆积扇的轴部一般较高耸,稠度大的堆积物其扇角小,呈丘状。

(5) 堆积扇上沟槽不固定,扇体上杂乱分布着垄岗状、舌状、岛状堆积物。

(6) 堆积的石块均具尖锐的棱角,无方向性,无明显的分选层次。

上述现象不是所有泥石流地区都具备的,调查时应从多方面综合判定。

此外,对泥石流沟不同发展阶段的识别,可参照表 7-16。

表 7-16 泥石流沟发展阶段的识别

识别标记	形成期(青年期)	发展期(壮年期)	衰退期(老年期)	停歇或终止期
主支流侵蚀	主沟侵蚀速度小于或等于支沟侵蚀速度	主沟侵蚀速度大于或等于支沟侵蚀速度	主沟侵蚀速度小于或等于支沟侵蚀速度	主沟、支沟侵蚀速度均等
沟口扇形	沟口出现扇形堆积地形或扇形地处于发展中	沟口扇形堆积地形发育,扇缘及扇高在明显增长中	沟口扇形堆积在萎缩中	沟口扇形地貌稳定

表 7-16(续)

识别标记		形成期(青年期)	发展期(壮年期)	衰退期(老年期)	停歇或终止期
沟口河型		堆积扇发育逐步挤压主河,河型间发生变形,无较大变形	大(主)河河型受堆积扇发展控制,河型受迫弯曲变形,或被暂时性堵塞	大(主)河河型基本稳定	大(主)河河型稳定
挤压主流		仅主流受迫偏移,对对岸尚未构成威胁	主流明显被挤偏移,冲刷对岸河堤、河滩	主流稳定或向恢复变形前的方向发展	主流稳定
新老扇叠压		新老扇叠置不明显或为外延式叠置,呈叠瓦状	新老扇叠置覆盖外延,新扇规模逐步增大	新老扇呈后退式覆盖,新扇规模逐步变小	无新堆积扇发生
扇面变幅/m		+0.2～+0.5	>+0.5	−0.2～+0.2	≤0
沟域松散物模量/($\times10^4$ m^3/km^2)		5～10	>10	1～<5	0.5～<1
松散物边坡	高度/m	5～30	>30	<30	<5
	坡度/(°)	25～32	>32	15～<25	<15
滑崩塌岸泥沙补给		不良地质作用在扩展中	不良地质作用发育	不良地质作用在缩小控制中	不良地质作用逐步稳定
沟槽侵蚀变形	纵向	中强切蚀,溯源冲刷,沟槽不稳	强切蚀,溯源冲刷发育,沟槽不稳	中弱切蚀,溯源冲刷不发育,沟槽趋稳	平衡稳定
	横向	以纵向切蚀为主	以纵向切蚀为主,横向切蚀发育	以横向切蚀为主	无变化
沟坡坡型		变陡	陡峻	变缓	缓
沟道沟型		截弯取直、变窄	顺直束窄	弯曲展宽	河槽固定
植被覆盖率		覆盖率在下降,为10%～30%	以荒坡为主,覆盖率小于10%	覆盖率在增长,为>30%～60%	覆盖率较高,为>60%
触发雨强		逐步变小	较小	较大并逐步增大	

7.3.3 泥石流地区工程建设适宜性评价

泥石流地区工程建设适宜性评价,一方面,应考虑泥石流的危害性,确保工程安全,不能轻率地将工程设在有泥石流影响的地段;另一方面,不能认为凡属泥石流沟谷均不能兴建工程,而应根据泥石流的规模、危害程度等按泥石流工程分类区别对待。

(1) I_1 类、II_1 类泥石流沟谷规模大,危害性大,防治工作困难且不经济,故不能作为各类工程的建设场地。

(2) I_2 类、II_2 类泥石流沟谷,一般以避开为好,不宜作为工程建设的场地;当必须作为建设场地时,应提出综合防治措施类建议;对线路工程(包括公路、铁路和穿越线路工程)宜在流通区或沟口选择沟床固定、沟形顺直、沟道纵坡比较一致、冲淤变化较小的地段设桥或墩通过,并尽量选择在沟道比较狭窄的地段以一孔跨越通过,当不可能一孔跨越时,应采用大跨径，以减少桥墩数量。

(3) I_3类、II_3类泥石流沟谷，由于其规模及危害性均较小，防治也较容易和经济，堆积扇可作为工程建设场地；线路工程可以在堆积扇通过，但宜用一沟一桥，不宜任意改沟、并沟，根据具体情况做好排洪、导流等防治措施。

(4) 当沟口上游存在大量弃渣或进行工程建设改变了沟口的原有供排平衡条件时，应重新判定产生新的泥石流的可能性。

7.3.4 泥石流勘察要点

1. 泥石流勘察阶段划分

泥石流勘察一般分为初步勘察、详细勘察、补充勘察三个阶段。在条件简单或应急抢险治理时，可合并相关阶段进行勘察。

初步勘察阶段应初步查明泥石流的形成条件、基本特征和危害。提出两个或两个以上防治工程方案，并针对所提方案在拟建工程区进行工程地质条件初步勘察，精度应满足可行性研究工作需要。

详细勘察阶段应在初步勘察成果的基础上，针对可行性研究阶段确定的治理方案，详细查明泥石流形成区、流通区和堆积区的地质条件、物性特征以及拟建工程区工程地质特征及岩土物理力学参数，精度应满足初步设计工作需要。

补充勘察阶段应在详细勘察成果的基础上，进一步查明拟建工程区工程地质特征及施工条件，精度应满足施工图设计工作需要。在施工过程中当地质环境条件和施工条件发生变化，且不能满足设计要求时，应进行补充勘察，精度应满足施工图设计变更需要。

2. 工程地质测绘和调查

泥石流勘察应以工程地质测绘和调查为主要勘察手段，一般情况下不进行勘探和测试。

工程地质测绘范围应包括沟口至分水岭的全部地段(包括泥石流的形成区、流通区和堆积区)和可能受泥石流影响的地段。测绘比例尺，对全流域宜采用1∶50 000；对中下游可采用1∶2000～1∶10 000，并应调查下列内容：

① 冰雪融化，暴雨强度、前期降雨量、一次最大降雨量，平均及最大流量，地下水活动等情况。

② 地形地貌特征，包括沟谷的发育程度、切割情况，坡度、弯曲程度、粗糙程度，并划分泥石流的形成区、流通区和堆积区，圈绘整个沟谷的汇水面积。

③ 形成区的水源类型、水量、汇水条件、山坡坡度，岩层性质及风化程度；查明断裂、滑坡、崩塌、岩堆等不良地质作用的发育情况及可能形成泥石流固体物质的分布范围、储量。

④ 流通区的沟床纵横坡度、跌水、急弯等特征；查明沟床两侧山坡坡度、稳定程度，沟床的冲淤变化和泥石流的痕迹。

⑤ 堆积区的堆积扇分布范围，表面形态，纵坡、植被，沟道变迁和冲淤情况；查明堆积物的性质、层次、厚度，一般粒径和最大粒径；判定堆积区的形成历史、堆积速度，估算一次最大堆积量。

⑥ 泥石流沟谷的历史，历次泥石流的发生时间、频数、规模、形成过程、暴发前的降雨情况和暴发后产生的灾害情况。

⑦ 开矿弃渣、修路切坡、砍伐森林、陡坡开荒和过度放牧等人类活动情况。

⑧ 当地防治泥石流的经验。

3. 勘探

当需要对泥石流采取防治措施时，应进行勘探测试，进一步查明泥石流堆积物的性质、结构、厚度、固体物质含量、最大粒径、流速、流量、冲出量和淤积量等。具体应按照以下几点实施：

① 当需要查明泥石流堆积物的组成与厚度时，可采用钻探、坑探等方法，条件适合时也可采用物探。查明泥石流堆积物厚度的钻孔应钻入基岩的深度，宜超过沟内最大块石直径3～5 m。

② 泥石流试验的取样工作应在工程地质测绘与调查之后进行，并应选取流域内的代表性泥石流堆积物土样。

③ 泥石流流体密度 ρ_c、固体颗粒密度 ρ_s、颗粒分析试验应在现场进行；泥石流的颗粒分析侧重进行粉砂和黏土粒组含量百分数、小于 1 mm 的颗粒含量百分数、平均粒径的分析；黏性泥石流要做湿陷性试验及可溶盐含量测试；稀性泥石流还要采取补给区的固体物质试样进行颗粒分析试验。

④ 对严重危害铁路、公路等线路工程的大规模泥石流应建立观测试验站，以获取泥石流各项特征值的定量指标。

4. 泥石流地区的建筑适宜性评价

先对泥石流进行工程分类，再针对泥石流地区的建筑适宜性做出评价。

5. 泥石流动态监测

在泥石流的治理过程中，对泥石流的动态监测是采取和调整治理措施的依据。泥石流动态监测可采用下列方法：

① 采用遥感技术进行泥石流规模、发育阶段、活动规律的中、长周期监测。

② 采用地面多光谱陆摄法、地面立体摄影测量技术，进行泥石流基本参数变化的短周期动态监测。

7.3.5 泥石流防治措施

泥石流的防治应以“以防为主，防治结合，避强制弱，重点治理”为原则，宜对上游形成区、中游流通区和下游堆积区统一规划和采取生物措施与工程措施相结合的综合治理方案。防治的方法、途径很多，现将其结合经验汇总于表 7-17。

表 7-17 泥石流灾害防治措施一览表

防治措施分类		措施名称	适用对象
预防措施	技术管理措施	地质灾害危险性评估 监测预警、预报 搬迁避让	所有沟谷流域及其沟口建设场地 有泥石流记载或预判可能发生泥石流沟谷流域 所有沟谷流域及其沟口建设场地
	工程建设措施	穿越工程（明洞、廊道、隧道、渡槽） 跨越工程（桥梁、涵洞等）	灾害不明或治理投保比低的泥石流沟

表 7-13(续)

防治措施分类		措施名称	适用对象
治理措施	拦挡工程措施	拦挡坝(实体坝、格栅坝等) 拦淤库和停淤场(储淤工程) 底坎坝(铅丝笼、钢筋混凝土)	拟治理的所有泥石流沟 拟治理的所有泥石流沟,排导困难 拟治理的所有泥石流沟,下游下蚀强烈
	支挡工程措施	护坡与挡墙	需要采用此措施的泥石流沟
	排(输)导工程措施	蓄(引)水工程(调洪水库、截水沟和引水渠等) 排导渠(沟) 导流堤与顺水坝	需要采用此措施的泥石流沟 拟治理的所有泥石流沟,有输排条件 需要采用此措施的泥石流沟
	生物工程措施	植树造林	拟治理的所有泥石流沟

(1) 形成区宜采取植树造林、种植草被的方法进行水土保持;修建引水、储水工程以及防护工程,稳定土体。流通区宜修建拦沙坝、谷坊,采取拦截固体物质、固定沟床和减缓纵坡的工程措施。堆积区宜修筑排导沟、急流槽、导流堤、停淤场,采取改变流路、疏排泥石流的工程措施。

(2) 对于稀性泥石流宜修建调洪水库、截水沟、引水渠和种植水源涵养林,采取调节径流、削弱水动力、制止泥石流形成的措施。对黏性泥石流宜修筑拱石坝、谷坊、支挡结构以及种植树木,采取稳定土体、制止泥石流形成的措施。

7.4 地面沉降

地面沉降是一种环境地质灾害。它是由于人为开采地下水、石油和天然气而造成地层压密变形,从而导致区域地面高程下降的地质现象。由于长期或过量开采地下承压水而产生的地面沉降在国内外均较普遍,而且多发生在人口稠密、工业发达的大中城市地区。例如,我国的上海、天津、西安、太原等城市地面沉降曾一度严重影响到城市规划和经济发展,使城市地质环境恶化,建(构)筑物不能正常使用,给国民经济造成极大损失。《岩土工程勘察规范(2009 年版)》(GB 50021—2001)规定:地面沉降适用于抽吸地下水引起水位或水压下降而造成大面积地面沉降的工程勘察。本节主要针对由于人为抽取地下承压水引起的大面积地面沉降,即抽水-地面沉降。

7.4.1 地面沉降计算

国内外关于地面沉降的计算方法较多,归纳起来大致有理论计算方法、半理论半经验方法、经验方法三种。由于地面沉降区地质条件和各种边界条件的复杂性,半理论半经验方法或经验方法,经实践证明是较简单实用的计算方法。

以下主要介绍半理论半经验的分层总和法和经验的单位变形量法。

1. 分层总和法

（1）砂层应按下式计算：

$$S_{\infty}=\frac{\Delta PH}{E} \tag{7-18}$$

（2）黏性土或粉土层按下式计算：

$$S_{\infty}=\frac{\alpha_{v}}{1+e_{0}}\Delta PH \tag{7-19}$$

式中，S_{∞} 为最终沉降量，cm；α_{v} 为黏性土或粉土的压缩系数或回弹系数，MPa^{-1}；e_0 为初始孔隙比；ΔP 为水位变化施加于土层上的平均载荷，MPa；H 为计算土层厚度，cm；E 为砂土的弹性模量，压缩时为 E_c，回弹时为 E_s，MPa。

总沉降量应等于各土层沉降量的总和，即

$$S=\sum_{i=1}^{n}S_{i} \tag{7-20}$$

2. 单位变形量法

以已有的地面沉降实测资料为根据，计算在某一特定时段内（水位上升或下降），含水层水头每变化 1 m 相应的变形量，称为单位变形量，可按式（7-21）、式（7-22）计算：

$$I_{s}=\frac{\Delta S_{s}}{\Delta h_{s}} \tag{7-21}$$

$$I_{c}=\frac{\Delta S_{c}}{\Delta h_{c}} \tag{7-22}$$

式中，I_s、I_c 分别为水位升、降期的单位变形量（mm/m）；Δh_s、Δh_c 分别为同时期水位升、降幅度，m；ΔS_s、ΔS_c 分别为相应水位升、降期的土层变形量，mm。

为了反映地质条件和土层厚度与 I_s、I_c 参数的关系，将上述单位变形量除以土层的厚度 H（mm），称为该土层的比单位变形量，按式（7-23）、式（7-24）计算：

$$I'_{s}=\frac{I_{s}}{H}=\frac{\Delta S_{s}}{\Delta h_{s}H} \tag{7-23}$$

$$I'_{c}=\frac{I_{c}}{H}=\frac{\Delta S_{c}}{\Delta h_{c}H} \tag{7-24}$$

式中，I'_s、I'_c分别为水位升、降期的比单位变形量（L/m）。

在已知预期的水位升降幅度和土层厚度的情况下，土层预测回弹量或沉降量按式（7-25）、式（7-26）计算：

$$S_{s}=I_{s}\Delta h=I'_{s}\Delta hH \tag{7-25}$$

$$S_{c}=I_{c}\Delta h=I'_{c}\Delta hH \tag{7-26}$$

式中，S_s、S_c 分别为水位上升或下降 Δh 时厚度为 H 的土层预测沉降量，mm。

3. 黏性土固结过程计算

为预测地面沉降的发展趋势，在水位升降已经稳定的情况下，土层变形量与时间变化关系可用式（7-27）至式（7-29）计算：

$$S_{t}=S_{\infty}U \tag{7-27}$$

$$U=1-\frac{8}{\pi^{2}}\left(e^{-N}+\frac{1}{9}e^{-9N}+\frac{1}{25}e^{-25N}+\cdots\right)\approx 1-0.8e^{-N} \tag{7-28}$$

$$N = \frac{\pi^2 C_v}{4H^2} \tag{7-29}$$

式中，S_t 为预测 t 月以后的土层变形量，mm；S_∞ 为最终变形量，mm；U 为固结度，%；t 为时间(月)；N 为时间因子；C_v 为固结系数，压缩时为 C_{vc}，回弹时为 C_{vs}，mm^2/月；H 为土层的计算厚度，两面排水时取实际厚度的一半，单面排水时取全部厚度，mm。

7.4.2　地面沉降勘察要点

地面沉降勘察的目的任务主要有：

(1) 对已发生地面沉降的地区，应查明地面沉降的原因和现状，并预测其发展趋势，提出控制和治理方案。

(2) 对可能发生地面沉降的地区，应结合水资源评价预测发生地面沉降的可能性，并对可能的沉降层位做出估计，对沉降量进行估算，提出预防和控制地面沉降的建议。

地面沉降勘察主要包括以下内容：

1. 对地面沉降原因调查

地面沉降研究成果表明：地面沉降区都位于厚度较大的第四纪松散堆积区，地面沉降机制与产生沉降的土层地质、成因及其固结历史、固结状态、孔隙水赋存形式及其释水机理等有密切关系，故调查地面沉降原因应从工程地质条件、地下水埋藏条件和地下水动态三方面进行。

(1) 工程地质条件

① 场地的地貌和微地貌。

② 第四纪堆积物年代、成因、厚度、埋藏条件和土性特征，硬土层和软弱压缩层的分布。

③ 地下水位以下可压缩层的固结状态和变形参数。

(2) 地下水埋藏条件

① 含水层和隔水层的埋藏条件和承压性质，含水层的渗透系数、单位涌水量等水文地质参数。

② 地下水的补给、径流、排泄条件，含水层间或地下水与地面水的水力联系。

(3) 地下水动态

① 历年地下水位、水头的变化幅度和速率。

② 历年地下水的开采量和回灌量，开采或回灌的层段。

③ 地下水位下降漏斗及回灌时地下水反漏斗的形成和发展过程。

2. 对地面沉降现状调查

对地面沉降现状的调查主要包括对地面沉降量观测、地下水观测、地面沉降范围内已有建筑物的调查三个方面。

(1) 应按精密水准测量要求进行长期观测，并按不同的地面沉降结构单元设置高程基准标、地面沉降标和分层沉降标。

(2) 对地下水的水位升降、开采量和回灌量、化学成分、污染情况以及孔隙水压力消散、增长情况进行观测。

(3) 调查地面沉降对建筑物的影响，包括建筑物的变形、倾斜、出现裂缝及它们的发生时间和发展过程。

(4) 绘制不同时间的地面沉降等值线图，并分析地面沉降中心与地下水位下降漏斗的关系以及地面回弹与地下水位反漏斗的关系。

(5) 绘制以地面沉降为特征的工程地质分区图。

3. 地面沉降勘察的技术方法

地面沉降勘察主要采用以下技术方法：

(1) 工程地质测绘与调查。

(2) 精密水准监测。通常设置三种标点：① 高程基准标(也称背景标)，设置在地面沉降所不能影响的范围内；② 地面沉降标，是用于观测地面升降的水准点；③ 分层沉降标，用于观测某一深度范围内土层沉降幅度的观测标。

(3) 勘探。通过钻探、槽探、井探，观察、鉴别地层情况，采取水样、原状土样。

钻探孔可以有水文地质孔和工程地质孔两种，其中水文地质孔主要包括抽水试验孔和水位观测孔；工程地质孔主要用于土层鉴别、原状土样采取以及孔隙水压力测试等。

(4) 土工试验。土工试验包括室内土工试验和现场原位测试。室内土工试验主要包括颗粒分析试验，含水率、重度、土粒比重、液塑限、抗剪强度试验，常规压缩、固结试验，以及水质分析、高压固结试验、循环加荷固结试验等特殊性试验。现场原位测试主要有抽水试验、孔隙水压力测试等。

土工试验的目的，是为地面沉降分析计算提供有关岩土物理力学及水化学性质指标。

7.4.3 地面沉降治理与控制的对策和措施

地面沉降一旦产生，很难恢复。因此，应因地制宜采取治理措施，以减轻或消除危害：

(1) 对已发生地面沉降的地区，可根据工程地质、水文地质条件采取相应的控制和治理方案，包括：① 减小地下水开采量及水位降深；② 对地下水进行人工补给、回灌，但应控制回灌水源的水质标准，以防止地下水被污染，并应根据地下水动态和地面沉降规律制定合理的开采回灌方案；③ 调查地下水开采层次，进行合理开采，适当开采深层地下水或岩溶裂隙水；④ 采取开源与节流并举的措施。

(2) 对可能发生地面沉降的地区应预测地面沉降的可能性和估算沉降量，可采取的预测和防治措施包括：① 根据场地工程地质与水文地质条件，预测可压缩层和含水层的分布；② 根据室内、室外测试(包括抽水试验、渗透试验、先期固结压力试验、流变试验、反复载荷试验等)和沉降观测资料，评价地面沉降和发展趋势，并估算地面沉降量；③ 提出地下水资源的合理开采方案。

7.5 采 空 区

人类为采掘地下资源而留下的地下空间称为地下采空区，根据开采现状可分为老采空区、现采空区及未来采空区三类。老采空区是指建筑物兴建时，历史上已经采空的场地；现采空区是指建筑物兴建时，地下正在开采的场地；未来采空区是指建筑物兴建时，地下赋存有工业价值的矿层，目前尚未开采，而规划中要开采的场地。

地下开采造成一定的地下空间，导致周围岩体向此空间移动。如果开采空间的位置很深或尺寸不大，则围岩的变形破坏将局限在一个很小的范围内，不会波及地表。但是，当开采空间位置很浅或尺寸很大，这时围岩变形破坏往往波及地表，使之产生沉降，形成地表移动盆地，甚至出现崩陷和裂缝，以致危及地面建筑物安全，形成采空区场地特有的工程地质问题。

另外，作为地下采空区场地，不同部位其变形类型和大小各不相同，且是随时间变化的。这种变形对建筑物选址和选型都是很重要的，如铁路、公路及大型引水工程选线，房屋建筑物和构筑物、隧洞等工程的选址及其地基处理都必须考虑地下采空区场地变形特性及发展趋势。正因为采空区场地的特殊性，与一般建筑场地相比，地下采空区场地的勘察内容、研究方法及建筑设计都是不一样的，甚至对不同类型的采空区也是有区别的。地下采空区场地评价的主要任务是：查明老采空区上覆岩层的稳定性，预测现采空区和未来采空区地表移动、变形的特征和规律，判定其作为建筑场地的适宜性和对建筑物的危害程度。

本节主要针对的是煤矿采空区治理、采空塌陷防治及在采空区影响范围内工业与民用建筑物等工程建设的工程勘察。

7.5.1　采空区地表移动变形特征

1. 地表移动变形的分区与分类

当地下开采影响到达地表以后，在采空区上方地表将形成一个凹陷盆地，或称地表移动盆地。一般来说，地表移动盆地的范围要比采空区面积大得多，形状近似椭圆形。在矿层平缓和充分采动的情况下，发育完全的地表移动盆地可分为三个区域(图 7-7)：

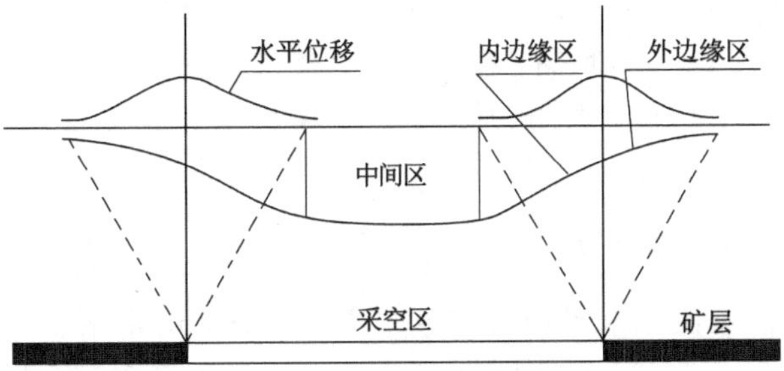

图 7-7　地表移动盆地分区图

① 中间区。位于采空区正上方，其地表下沉均匀，地面平坦，一般不出现裂缝，地表下沉值最大。

② 内边缘区。位于采空区内侧上方，其地表下沉不均匀，地面向盆地中心倾斜，呈凹形，一般不出现明显的裂缝。

③ 外边缘区。位于采空区外侧矿层上方，其地表下沉不均匀，地面向盆地中心倾斜，呈凸形，常有张裂缝出现。

地表移动盆地的外边界，常以地表下沉 10 mm 为标准来圈定。

地表移动盆地内各区域虽然其变形各不相同，但可划分出下沉(垂直位移)、水平位移(伸张与压缩)、倾斜、弯曲(曲率)及水平变形等五种变形。下沉 W 是指盆地内任一点铅直方向的位移分量(mm)，又称为垂直位移；水平位移 U 是指盆地内任一点水平方向的位移分量(mm)。倾斜 i 是指任意两点间的沉降差 ΔW 与两点间的水平距离之比(mm/m),如图 7-8 所示,A、B 两点间的倾斜为:

$$i=\frac{W_A-W_B}{L_{AB}}=\frac{\Delta W}{L_{AB}} \tag{7-30}$$

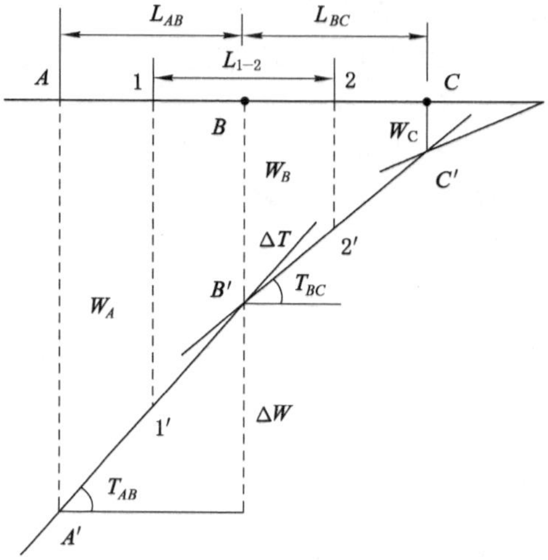

图 7-8　倾斜、曲率分布图

曲率是指任意一点处的平均倾斜变化率。如图 7-8 所示,设 A、B、C 为某断面未变形前的三点,变形终止后相应的位置为 A'、B'、C'。由图得知,AB 的倾斜 $i_{AB}=(W_A-W_B)/L_{AB}$,相当于 $A'B'$ 中点 $1'$ 处的倾斜;BC 的倾斜 $i_{BC}=(W_B-W_C)/L_{BC}$,相当于 $B'C'$ 中点 $2'$ 处的倾斜;$1'$、$2'$ 两处的倾斜差 Δi 与 1、2 两点间的距离之比为平均倾斜变化率,以此作为该处的平均曲率,据此 B 点处的曲率 K_B(mm/m^2)为:

$$K_B=\frac{T_{AB}-T_{BC}}{L_{1-2}}=\frac{\Delta T}{L_{1-2}} \tag{7-31}$$

水平变形 ε 是指任意两点水平位移之差 ΔU 与两点间的水平距离 L 之比(mm/m)。

根据实测数据和以上定义,可得地表移动盆地各处的各种变形参数。此外,当矿层平缓或地表变形平缓连续时,还可用表 7-18 所示的经验公式预测现采空区和未来采空区地表移动盆地的各种变形参数。

表 7-18　地表位移变形最大值预测经验公式

变　形	计算公式	备　注
最大下沉值 W_{cm}	$W_{cm}=M\cdot q\cdot\cos\alpha$	M 为采出矿层法向厚度;q 为下沉系数;α 为煤层倾角
最大水平位移值 U_{cm}	$U_{cm}=b\cdot W_{cm}$	b 为水平移动系数
最大倾斜变形值 i_{cm}	$i_{cm}=W_{cm}/r$	r 为主要影响半径
最大曲率变形值 K_{cm}	$K_{cm}=1.52W_{cm}/r^2$	
最大水平变形值 ε_{cm}	$\varepsilon_{cm}=1.52b\cdot W_{cm}/r$	

2. 影响地表移动变形的因素

研究表明,采空区地表变形的大小及其发展趋势、地表移动盆地的形态与范围等受多种因素影响,归纳起来有如下几种。

(1) 矿层因素

表现在矿层埋深越大(即开采深度越大),变形扩展到地表所需的时间越长,地表变形值越小,变形比较平缓均匀,且地表移动盆地范围较大。矿层厚度越大,采空区越大,地表变形值越大。矿层倾角越大,水平位移越大,地表出现裂缝的可能性越大,且盆地与采空区的位置越不对称等。

(2) 岩性因素

上覆岩层强度高且单层厚度大时,其变形破坏过程长,不易影响到地表。有些厚度大的坚硬岩层,甚至长期不产生地表变形,而强度低、单层厚度薄的岩层则相反。脆性岩层易出现裂缝,而塑性岩层则往往表现出均匀沉降变形。另外,地表第四系堆积物越厚,则地表变形值越大,但变形平缓均匀。

(3) 地质构造因素

岩层节理裂隙发育时,会促进变形加块,变形范围增大,扩大地表裂缝区。而断层则会破坏地表变形的正常规律,改变移动盆地的范围和位置,同时,断层带上的地表变形会更加剧烈。

(4) 地下水因素

地下水活动会加快变形速率,扩大变形范围,增大其地表变形值。

(5) 开采条件因素

矿层开采和顶板处理方法、采空区的大小和形状、工作面推进速度等,都影响着地表变形值、变形速度和变形方式。如以柱房式开采和全充填法处理顶板时,对地表变形影响较小。

3. 地表移动变形的监测

地表移动变形监测指在选定的地区或建筑物上,设置一定数量的监测点(水准点或三角测量点),定期监测这些点在地下采动过程中变形随时间变化的情况,确定其位移和变形大小,用以分析研究地表变形特征,预测其变化趋势,以便针对其变形情况采取必要的处理措施。这是研究采空区地表移动变形简单而有效的途径。

采空区变形监测内容应包括地表水平位移、地表垂直位移、地表裂缝监测、建筑物变形监测、深部位移监测等。

地表移动变形监测一般至少布置两条测线,一条平行于矿层走向,另一条垂直于矿层走向。方法是先确定矿层走向,然后根据矿区已有地表位移资料确定其观测线。观测线长度应稍超过地表移动盆地边界一定距离,以便确定盆地边界,盆地边界可据矿区已有地表位移资料、观测资料或类似矿区资料综合确定。

观测点可根据开采深度、监测目的等距离布设,间距不宜超过 50 m。在移动盆地边缘、拐点和最大下沉点附近,地质条件变化、变形异常及地貌单元分界处,建筑物等重点部位,应根据具体情况加密布设。

观测周期宜根据开采深度、覆岩性质、变形速率、观测时间等综合确定,对于长壁垮落法采空区,观测周期可按表 7-19 确定,观测期间可根据变形速率、工程重要性等加密或延长；其他非长壁垮落法采空区，其观测周期可根据开采方式和回采率延长。

表 7-19 观测周期

开采深度 H/m	≤50	50～200	200～300	≥300
观测周期/d	5～10	10～20	20～30	30～50

注：地面变形活跃期内，观测周期宜取较小值；地面变形衰退期及以后，可取较大值。

根据系统观测可得到如下成果：① 观测区和各观测点的下沉曲线、下沉等值线及水平位移分布图等；② 根据下沉 $W \geq 10$ mm，圈定地表移动盆地范围，同时根据一定标准进行变形分区；③ 根据表 7-18 中的公式计算相关点的地表下沉（W）、倾斜（i）、曲率（K）和水平位移值（U）。

7.5.2 采空区地表移动和变形预测

7.5.2.1 预测内容

新采空区和未来（准）采空区的地表移动和变形计算或预测，应包括地表任意点的下沉、水平移动、水平变形、曲率变形、倾斜变形等。

对于老采空区应计算地表剩余变形值，计算方法如下：

(1) 地表剩余移动变形值可通过开采条件下引起的地表移动变形预计值，扣除已发生的地表移动变形值确定。

(2) 已发生的地表移动变形值宜按现状地形与原始地形的差值确定，也可在地表移动变形过程曲线中引入下沉折减系数或时间因子，并应计算开采时段对应的下沉率及相应的地表移动剩余变形值。

7.5.2.2 地表移动和变形预测

1. 计算方法

地表移动变形计算方法宜采用概率积分法。有经验地区，可采用典型曲线法、负指数函数法等。地表移动与变形预测应根据地质、采矿条件等，选择计算参数和计算公式。

对于多煤层、多工作面开采，地表移动与变形计算可采用叠加原理计算。计算块段宜按实际开采工作面划分，也可将邻近工作面合并计算；对于倾角、采厚变化较大的工作面，应根据倾角、采厚变化进行分割划分。

2. 计算参数

计算参数应包括下沉系数、水平移动系数、主要影响角正切、开采影响传播角、拐点偏移距等。已有实测资料的矿区，应采用本矿区的实际观测资料确定。当无实测资料时，概率积分法地表移动变形计算参数，可根据岩性、地质、采矿条件等近似确定，或参考地质采矿条件相似的其他矿区经验进行工程类比求取预测参数。

(1) 可根据覆岩岩性按表 7-20 近似确定地表移动一般参数，按表 7-21 选取松散层移动角值。

表 7-20 按覆岩岩性确定地表移动一般参数

覆岩类型	覆岩岩性		下沉系数 q	水平移动系数 b	移动角/(°)			边界角/(°)			主要影响角正切 $\tan\beta$	拐点偏移距 S_0/H	开采影响传播角 θ/(°)
	主要岩性	饱和单轴抗压强度/MPa			δ	γ	β	δ_0	γ_0	β_0			
坚硬岩	以中生代地层硬砂岩、硬灰岩为主，其他为砂质页岩、页岩、辉绿岩	>60	0.27~0.54	0.2~0.4	75~80	75~80	$\delta-(0.7\sim0.8)\alpha$	60~65	60~65	$\delta_0-(0.7\sim0.8)\alpha$	1.20~1.91	0.31~0.43	$90-(0.7\sim0.8)\alpha$
较硬岩	以中生代地层中硬砂岩、石灰岩、砂质页岩为主，其他为软砾岩、致密泥灰岩、铁矿石	30~60	0.55~0.84	0.2~0.4	70~75	70~75	$\delta-(0.6\sim0.7)\alpha$	55~60	55~60	$\delta_0-(0.6\sim0.7)\alpha$	1.92~2.40	0.08~0.30	$90-(0.6\sim0.7)\alpha$
较软岩至极软岩	以新生代地层砂质页岩、页岩、泥灰岩及黏土、砂质黏土等松散层为主	<30	0.85~1.00	0.2~0.4	60~70	60~70	$\delta-(0.3\sim0.5)\alpha$	50~55	50~55	$\delta_0-(0.3\sim0.5)\alpha$	2.41~3.54	0.00~0.07	$90-(0.5\sim0.6)\alpha$

表 7-21 松散层移动角值 单位：(°)

松散层厚度 h/m	干燥、不含水	含水较强	含流沙层
小于 40	50	45	30
40~60	55	50	35
>60	60	55	40

(2) 依据覆岩综合评价系数 P 及地质、开采技术条件等确定地表移动计算参数。

① 覆岩综合评价系数 P 可按式(7-32)计算：

$$P=\frac{\sum_{i=1}^{n} m_i \cdot Q^i}{\sum_{i=1}^{n} m_i} \tag{7-32}$$

式中，m_i 为覆岩分层法线厚度，m；Q^i 为覆岩 i 分层的岩性评价系数，可由表 7-22 查得；当无实测强度值时，Q^0 值可参照《煤矿采空区岩土工程勘察规范(2017 年版)》(GB 51044—2014)由经验值表确定。

表 7-22 分层岩性评价系数

岩性	饱和单轴抗压强度/MPa	岩 性 名 称	初次采动 Q^0	重复采动	
				Q^1	Q^2
坚硬岩	≥90	很硬的砂岩、石灰岩和黏土页岩、石英矿脉、很硬的铁矿石、致密花岗岩、角闪石、辉绿岩	0	0	0.1
	80 70 60	硬的石灰岩、硬砂岩、硬大理石、不硬的花岗岩	0 0.05 0.1	0.1 0.2 0.3	0.4 0.5 0.6
较硬岩	50 40 30	较硬的石灰岩、砂岩和大理石 普通砂岩、铁矿石	0.2 0.4 0.6	0.45 0.7 0.8	0.7 0.95 1.0
软质岩	20 >10	砂质页岩、片状砂岩 硬黏土质页岩、不硬的砂岩和石灰岩、软砾岩	0.8 0.9	0.9 1.0	1.0 1.1
	≤10	各种页岩(不坚硬的)、致密泥灰岩 软页岩、很软石灰岩、无烟煤、普通泥灰岩 破碎页岩、烟煤、硬表土-粒质土壤、致密黏土 软沙质土、黄土、腐殖土,松散砂层	1.0	1.1	1.1

② 覆岩综合评价下沉系数可按式(7-33)计算：

$$q = 0.5 \cdot (0.9 + P) \tag{7-33}$$

③ 覆岩综合评价主要影响角正切可按式(7-34)计算：

$$\tan \beta = (D - 0.0032H) \cdot (1 - 0.0038\alpha) \tag{7-34}$$

式中,D 为岩性影响系数,其数值与综合评价系数 P 的关系可由表 7-23 确定。

表 7-23 岩性综合评价系数 P 与系数 D 的对应关系

岩性										
坚硬岩	P	0	0.03	0.07	0.11	0.15	0.19	0.23	0.27	0.30
	D	0.76	0.82	0.88	0.95	1.01	1.08	1.14	1.20	1.25
较硬岩	P	0.30	0.35	0.40	0.45	0.50	0.55	0.60	0.65	0.70
	D	1.26	1.35	1.45	1.54	1.64	1.73	1.82	1.91	2.00
软质岩	P	0.70	0.75	0.80	0.85	0.90	0.95	1.00	1.05	1.10
	D	2.00	2.10	2.20	2.30	2.40	2.50	2.60	2.70	2.80

④ 水平移动系数可按式(7-35)计算：

$$b_c = b \cdot (1 + 0.0086\alpha) \tag{7-35}$$

⑤ 开采影响传播角可按式(7-36)和式(7-37)计算：

$$当\ \alpha \leqslant 45^\circ\ 时,\theta_0 = 90^\circ - 0.68\alpha \tag{7-36}$$

$$当\ \alpha > 45^\circ\ 时,\theta_0 = 28.8^\circ + 0.68\alpha \tag{7-37}$$

⑥ 坚硬、较硬和软弱覆岩的拐点偏移距,宜分别取$(0\sim0.07)H$、$(0.08\sim0.30)H$ 和 $(0.31\sim0.43)H$。

7.5.3 采空区场地稳定性和工程建设适宜性评价

采空区场地稳定性应根据采空区勘察成果进行分析和评价，并应根据建筑物重要性等级、结构特征、变形要求以及采空区类型和特征，采用定性与定量相结合的方法，分析采空区对拟建工程和拟建工程对采空区稳定性的影响程度，综合评价采空区场地工程建设适宜性及拟建工程地基稳定性。

1. 采空区场地稳定性评价

采空区场地稳定性评价，应根据采空区类型、开采方法及顶板管理方式、终采时间、地表移动变形特征、采深、顶板岩性及松散层厚度、煤（岩）柱稳定性等，宜采用定性与定量评价相结合的方法划分，类型包括稳定、基本稳定和不稳定三种。

采空区场地稳定性可采用开采条件判别法、地表移动变形判别法、煤（岩）柱稳定分析法等进行评价。

（1）开采条件判别法

开采条件判别法可用于各种类型采空区场地稳定性定性评价。对不规则、非充分采动等顶板垮落不充分、难以进行定量计算的采空区场地，可采用开采条件判别法进行定性评价。开采条件判别法判别标准应以工程类比和本区经验为主，并应综合各类评价因素进行判别。无类似经验时，宜以采空区终采时间为主要因素，结合地表移动变形特征、顶板岩性及松散层厚度等因素，按表 7-24 至表 7-26 综合判别。

表 7-24　按终采时间确定顶板垮落充分的采空区场地稳定性等级

稳定性等级	终采时间 t/年		
	软弱覆岩	较硬覆岩	坚硬覆岩
稳定	$t>1.0$	$t>2.5$	$t>4.0$
基本稳定	$0.6<t\leqslant1.0$	$1.5<t\leqslant2.5$	$2.5<t\leqslant4.0$
不稳定	$t\leqslant0.6$	$t\leqslant1.5$	$t\leqslant2.5$

注：软弱覆岩指采空区上覆岩层的饱和单轴抗压强度小于或等于 30 MPa；较硬覆岩指采空区上覆岩层的饱和单轴抗压强度大于 30 MPa 且小于或等于 60 MPa；坚硬覆岩指采空区上覆岩层的饱和单轴抗压强度大于 60 MPa。

表 7-25　按地表移动特征确定采空区场地稳定性等级

评价因素	稳定性等级		
	不稳定	基本稳定	稳定
地表移动变形特征	非连续变形	连续变形	连续变形
		盆地边缘区	盆地中间区
	地面有塌陷坑、台阶	地面倾斜、有地裂缝	地面无地裂缝、台阶、塌陷坑

表 7-26　按顶板岩性及松散层厚度确定浅层采空区场地稳定性等级

评价因素	稳定性等级		
	不稳定	基本稳定	稳定
顶板岩性	无坚硬岩层分布或呈薄层或软硬岩层互层状分布	有厚层状坚硬岩层分布且层厚在 5.0 m 至 15.0 m 之间	有厚层状坚硬岩层分布且层厚大于或等于 15.0 m
松散层厚度 h/m	$h\leqslant5$	$5<h\leqslant30$	$h>30$

(2) 地表移动变形判别法

地表移动变形判别法可用于顶板垮落充分、规则开采的采空区场地的稳定性定量评价。对顶板垮落不充分且不规则开采的采空区场地稳定性，也可采用等效法的计算结果判别评价。地表移动变形值宜以场地实际监测结果为判别依据，有成熟经验的地区也可采用经现场核实与验证后的地表变形预测结果作为判别依据。利用地表移动变形值确定场地稳定性等级评价标准，宜以地面下沉速度及下沉值为主要指标，并结合其他参数按表 7-27 综合判别。

表 7-27　按地表剩余移动变形值确定场地稳定性等级

稳定性状态	下沉速度 V_w/(mm/d)及累计下沉值 s/mm	地表剩余移动变形值		
		剩余倾斜值 Δi/(mm/m)	剩余曲率值 ΔK/($\times10^{-3}$/m)	剩余水平变形值 $\Delta\varepsilon$/(mm/m)
稳定	$V_w<1.0$，且连续 6 个月累计下沉值 $s<30$	$\Delta i<3$	$\Delta K<0.2$	$\Delta\varepsilon<2$
基本稳定	$V_w<1.0$，且连续 6 个月累计下沉值 $s\geqslant30$	$3\leqslant\Delta i<10$	$0.2\leqslant\Delta K<0.6$	$2\leqslant\Delta\varepsilon<6$
不稳定	$V_w\geqslant1.0$	$\Delta i\geqslant10$	$\Delta K\geqslant0.6$	$\Delta\varepsilon\geqslant6$

(3) 煤(岩)柱稳定分析法

煤(岩)柱稳定分析法可用于穿巷、房柱及单一巷道等类型采空区场地的稳定性定量评价。巷道(采空区)的空间形态、断面尺寸、埋藏深度、上覆岩层特征及其物理力学性质指标等计算参数，应通过实际勘察的成果并结合矿区经验确定。煤(岩)柱安全稳定性系数参照《煤矿采空区岩土工程勘察规范(2017 年版)》(GB 51044—2014)规定进行计算，场地稳定性等级应按表 7-28 判别。

表 7-28　按煤(岩)柱安全稳定性系数确定场地稳定性等级

稳定性状态	不稳定	基本稳定	稳定
煤(岩)柱安全稳定性系数 K_p	$K_p\leqslant1.2$	$1.2<K_p\leqslant2$	$K_p>2$

下列地段宜划分为不稳定地段：

① 当采空区垮落时，地表出现塌陷坑、台阶状裂缝等非连续变形的地段。

② 特厚煤层和倾角大于 55°的厚煤层浅埋及露头地段。

③ 由于地表移动和变形引起的边坡失稳、山崖崩塌及坡脚隆起地段。

④ 非充分采动顶板垮落不充分，采深小于 150 m，且地下水被大量抽取的地段。

2. 采空区场地工程建设适宜性评价

采空区场地工程建设适宜性，应据采空区场地稳定性、采空区与拟建工程的相互影响程度、拟采取的抗采动影响技术措施的难易程度、工程造价等，按表 7-29 划分。

表 7-29 采空区场地工程建设适宜性评价分级

级别	分级说明
适宜	采空区垮落裂缝带密实，对拟建工程影响小；工程建设对采空区稳定性影响小；采取一般工程防护措施(限于规划、建筑、结构等措施)可以建设
基本适宜	采空区垮落裂缝带基本密实，对拟建工程影响中等；工程建设对采空区稳定性影响中等；采取规划、建筑、结构、地基处理等措施可以控制采空区剩余变形对拟建工程的影响，或虽需进行采空区地基处理，但处理难度小，且造价低
适宜性差	采空区垮落不充分，存在地面发生非连续变形的可能性，工程建设对采空区稳定性影响大或者采空区剩余变形对拟建工程的影响大，需结合规划、建筑、结构、采空区治理和地基处理等的综合设计，处理难度大且造价高

(1) 采空区对各类工程的影响程度

采空区对各类工程的影响程度，应根据采空区场地稳定性、建筑物重要程度和变形要求、地表变形特征及发展趋势、地表移动变形值、采深或采深采厚比、垮落裂缝带的密实状态、活化影响因素等，采用工程地质类比法、采空区特征判别法、活化影响因素分析法、地表剩余移动变形判别法等综合评价，并宜按表 7-30 至表 7-33 的规定划分。

表 7-30 按场地稳定性及工程重要程度和变形要求定性分析采空区对工程的影响程度

场地稳定性	拟建工程重要程度和变形要求		
	重要拟建工程，变形要求高	一般拟建工程，变形要求一般	次要拟建工程，变形要求低
稳定	中等	中等—小	小
基本稳定	大—中等	中等	中等—小
不稳定	大	大—中等	中等

表 7-31 采用工程类比法定性分析采空区对工程的影响程度

影响程度	类比工程或场地的特征
大	地面、建(构)筑物开裂、塌陷，且处于发展、活跃阶段
中等	地面、建(构)筑物开裂、塌陷，但已经稳定 6 个月以上且不再发展
小	地面、建(构)筑物无开裂，或有开裂、塌陷，但已经稳定 2 年以上且不再发展；邻近同类型采空区场地有类似工程的成功经验

表 7-32　根据采空区特征及活化影响因素定性分析采空区对工程的影响程度

影响程度	采空区特征			活化影响因素
	采空区采深 H/m 或采深采厚比 H/M	采空区的密实状态	地表变形特征及发展趋势	
大	浅层采空区	存在空洞，钻探过程中出现掉钻、孔口窜风	正在发生不连续变形，或现阶段相对稳定，但发生不连续变形的可能性大	活化的可能性大，影响强烈
中等	中深层采空区	基本密实，钻探过程中采空区部位大量漏水	现阶段相对稳定，但存在发生不连续变形的可能	活化的可能性中等，影响一般
小	深层采空区	密实，钻探过程中不漏水、微量漏水，但返水或间断返水	不再发生不连续变形	活化的可能性小，影响小

表 7-33　根据采空区地表剩余移动变形值确定采空区对工程的影响程度

影响程度	地表剩余移动变形值			
	剩余下沉值 ΔW/(mm/m)	剩余倾斜值 Δi/(mm/m)	剩余水平变形值 $\Delta\varepsilon$/(mm/m)	剩余曲率值 ΔK($\times 10^{-3}$/m)
大	$\Delta W \geqslant 200$	$\Delta i \geqslant 10$	$\Delta\varepsilon \geqslant 6$	$\Delta K \geqslant 0.6$
中等	$100 \leqslant \Delta W < 200$	$3 \leqslant \Delta i < 10$	$2 \leqslant \Delta\varepsilon < 6$	$0.2 \leqslant \Delta K < 0.6$
小	$\Delta W < 100$	$\Delta i < 3$	$\Delta\varepsilon < 2$	$\Delta K < 0.2$

(2) 拟建工程对采空区稳定性的影响程度

拟建工程对采空区稳定性的影响程度，应根据建筑物载荷及影响深度等，采用载荷临界影响深度判别法、附加应力分析法、数值分析法等并宜按表 7-34 划分。

表 7-34　根据载荷临界影响深度定量评价工程建设对采空区稳定性影响程度的评价标准

评价因子	影响程度		
	大	中等	小
载荷临界影响深度 H_D 和采空区采深 H	$H_D \geqslant H$	$H_D < H \leqslant 1.5H_D$	$H > 1.5H_D$
附加应力影响深度 H_a 和垮落裂缝带深度 H_{lf}	$H_D \geqslant H_{lf}$	$H_a < H_{lf} \leqslant 2.0H_a$	$H_{lf} > 2.0H_a$

注：1. 采空区采深 H，指巷道(采空区)等的埋藏深度，对于条带式开采和穿巷开采指垮落拱顶的埋藏深度。2. 垮落裂缝带深度 H_{lf} 指采空区垮落裂缝带的埋藏深度，H_{lf} = 采空区采深 H − 垮落裂缝带高度 H_{lf}，宜通过钻探及其岩心描述并辅以测井资料确定；当无实测资料时，也可根据采厚、覆岩性质及岩层倾角等计算确定。

采空区场地工程建设适宜性，应用定性和定量相结合的评价方法综合确定。对于位于稳定或基本稳定的采空区场地上的可不作变形验算的次要建(构)筑物，可仅采用工程类比法等定性方法评价。

3. 采空区建(构)筑物地基稳定性分析

建(构)筑物地基稳定性，应据场地稳定性、采空区覆岩垮落状况、工程建设和采空区稳定性的相互影响程度、地基基础设计等级等综合评价。

7.5.4 采空区勘察要点

1. 采空区勘察阶段划分

采空区勘察可划分为可行性研究勘察、初步勘察和详细勘察三个阶段，对场地工程地质条件复杂或有特殊要求的工程，或施工期间需针对某一特定问题进行专项研究的工程，宜进行补充勘察或施工勘察。

2. 工程地质测绘和调查

煤矿采空区工程地质测绘和调查，宜在工程项目的可行性研究或初步设计阶段进行；在详细勘察阶段，应针对专门工程地质问题与现象做补充性的工程地质测绘和调查。

煤矿采空区工程地质测绘和调查范围，应包括拟建场地内及其周边对场地稳定性有影响的采空区，可结合保护煤(岩)柱的宽度，按开采移动角计算范围。可行性研究阶段测绘的比例尺宜为 1∶5 000～1∶2 000；初步勘查阶段测绘的比例尺宜为 1∶2 000～1∶1 000；其他阶段或采空区分布复杂地段或为解决某一特殊地质问题时，比例尺可放大。

工程地质测绘和调查应包括搜集、分析、利用煤矿采空区已有资料以及进行实地踏勘、调查、测绘工作。实地测绘方法可根据采空区特征采用测线测绘法、界线追踪法、露头标绘法等。

测绘的观测点可用手持卫星导航系统定位并拍摄照片，同时应记录观测点的地形地貌、地表裂缝宽度及沉陷变形情况等；当测点处于边坡地段时，还应查明边坡变形破坏情况等。对于开采年代久远的小煤窑，应预测可能的开采深度等。

3. 勘探

煤矿采空区勘探工作是验证采空区、巷道的分布范围及其覆岩破坏类型与发育特征、地表裂缝的埋深和延展状况，并应开展稳定性评价计算参数确定所需的原位测试和试验工作。

钻探、井探、槽探等方法的选择，应根据地层、采空区和地表裂缝的埋深、取样、原位测试要求及场地现状确定。岩土样的采取方法应结合勘察目的、勘察阶段要求、地层条件、采空区覆岩破坏特征、试验要求等确定。

对拟建工程影响大的采空区场地，当资料缺乏或可靠性较差时，应进行地球物理勘探。

采空区勘探过程中应采取防止采空区内有害气体、地表裂缝、隐伏塌陷等对人员、设备、环境等造成潜在危害的措施。

4. 采空区勘察应查明的内容

地下采空区勘察的主要目的是查明老采空区的分布范围、埋深、充填程度及上覆岩层的稳定性，预测现采空区和未来采空区的地表变形特征和规律，为建筑工程选址、设计和施工提供可靠的地质和岩土工程资料。具体内容如下：

(1) 矿区地层岩性、地质构造及水文地质条件。

(2) 矿层的分布、层数、厚度、倾角、埋深及上覆岩层性质。

(3) 开采方法、开采深度、开采厚度、顶板管理方法、开采边界及工作面推进方向与速度。

(4) 地表变形特征和分布规律，包括地表陷坑、台阶及裂缝等的位置、形状、大小、深度、延伸方向及这些特征与采空区、地质构造、开采边界及工作面推进方向等的关系。

(5) 对老采空区，应通过调查访问和物探、钻探工作查明采空区的分布范围、采厚、埋深、充填情况和密实程度、开采时间、开采方式，评价上覆岩层的稳定性，预测残余变形的影响，判定可作为建筑场地的适宜性和应采取的措施。

(6) 对现采空区和未来采空区，应分析预测地表移动盆地的特征，划分出中间区、内边缘区和外边缘区。计算地表下沉、倾斜、曲率、水平位移和水平变形等值的大小。根据建筑物的允许变形判断采空区对建筑物的危害程度，提出加固保护方案和措施。

(7) 采空区附近的抽水、排水情况及对采空区稳定性的影响。

(8) 已有建筑物的类型、结构及其对地表变形的适宜程度和建筑经验等。

(9) 建筑场地的地形及地基岩土物理力学性质。

7.5.5 采空区场地的建筑设计原则及处理方法

在地下采空区场地进行建筑时，应在充分掌握地表移动和变形规律，分析地表变形对建筑物影响的基础上，合理规划并采取有效的结构与建筑措施，以减少地表变形对建筑物的影响，保证建筑物安全稳定与正常使用。

(1) 建筑规划

由于采空区场地受地下开采的影响，地表变形程度各处不同，建筑用地受到限制。进行建筑时，有必要先进行总体规划，即首先根据地表变形分析预测结果和建筑适宜性分区结果，选择有利的建筑场址；然后规划各种建筑物的位置、型式和轴线方位等。其基本原则是：① 建筑物的轴线与回采工作面推进方向平行或垂直，避免斜交，以免建筑物受到较大的扭曲变形。② 根据建筑物在地表移动盆地中的位置确定建筑物的长轴方向；位于盆地中间区的建筑物，其长轴应与回采工作面推进方向垂直；位于盆地边缘区的建筑物，其长轴应与采空区边界平行。③ 重要和体型较复杂的大型建筑物应优先置于地表变形简单且已趋于稳定的盆地中间区，轻型建筑可以置于盆地边缘。

(2) 建筑措施

为了减少地下开采及地表变形对建筑物的影响，建筑上一般可采取如下措施：建筑物体型力求简单、对称，平面形状以矩形或方形为宜，且各部分高度相同；设置沉降缝，将体型复杂、长度过长及各部分刚度或载荷相差较大的建筑物，划分为若干个体型简单、长度较短及刚度与载荷均匀的独立单元，这是设计采空区场地建筑物的基本建筑措施。

沉降缝应设置在如下部位：① 长度过长的建筑物，每隔约 20 m 设一道沉降缝；② 平面形状复杂的建筑物的转折部位及高度或载荷差异处；③ 建筑结构类型不同处及地基强度明显差异处；④ 局部地下室边缘等。为保证建筑单元的空间刚度，沉降缝处应设置双承重墙。

(3) 结构措施

为了提高建筑物抵抗地表变形引起的附加作用力的能力，结构上可采取如下措施：采用混凝土或钢筋混凝土十字交叉条形基础，以增加基础的整体性和刚度；设置圈梁和纵横贯通式对称承重墙，以增加建筑物的整体性和刚度，提高砖砌体的抗弯、抗剪和抗拉强度；在地表曲率变形较大时，为提高墙体的抗剪强度、增加建筑物的整体刚度，可在墙内受剪力较大或单元墙体转角部位设置钢筋混凝土构造柱等。

(4) 采空区处理措施

为保证采空区场地的安全，可采用注浆、注砂等方法充填采空区。

7.6 岩　　溶

岩溶是地壳岩石圈内可溶岩层(如石灰岩、白云岩等)在具有侵蚀性和腐蚀性能力的水体作用下,以近代化学溶蚀作用为特征的综合地质作用以及由此产生的现象的统称。可溶岩层被溶蚀后产生溶沟、溶槽、石芽、漏斗、洞穴、洼地、峰林等不同类型的岩溶形态;覆盖在岩溶形态之上的土层经过岩溶水体的潜蚀等作用则形成洞隙、土洞甚至地面塌陷。各种岩溶形态及其土洞、地面塌陷会严重危及地面建筑物的稳定性和人类生命财产的安全。

7.6.1 岩溶分类

岩溶形成和发育必须同时具备三个条件:① 具有可溶性岩层,且岩性不同、溶蚀强度不一;② 具有溶解可溶性岩层的溶蚀体(主要是 CO_2 和地下水体);③ 具有溶蚀体进入可溶性岩体的侵蚀通道(主要是裂隙、节理)。由此可见,岩溶的形成、发育及发展是一个复杂的漫长的地质作用过程,存在与岩溶发育关系密切的岩性、地质构造、新构造运动、地形及大气降水的差异或强弱,就会形成不同形态和类型的岩溶。

按埋藏条件、形成时代、区域气候可进行岩溶分类(表 7-35)。

表 7-35　岩溶基本类型

类型划分依据	基本类型	主　要　特　征
埋藏条件	裸露型	岩层大部分出露地表,低洼地带分布厚度不超过 10 cm 的第四系覆盖层,地表岩溶景观显露,地表水同地下水连通密切
	浅覆盖型	岩层大部分被第四系覆盖,厚度一般不超过 30 cm,少部分岩溶景观显露地表,地表水同地下水连通较密切
	深覆盖型	岩层基本被第四系覆盖,第四系厚度一般不超过 30 cm,几乎没有岩溶景观显露地表,地表水和地下水连通不密切
	埋藏型	可溶岩层被不可溶岩层(如砂岩、页岩等)覆盖,没有岩溶景观显露地表,地表水和地下水连通不密切
形成时代	古岩溶型	岩溶形成于新生代以前,溶蚀凹槽和溶洞中常填有新生代以前沉积的岩石
	近代岩溶型	岩溶形成于新生代以后,溶槽和溶洞呈空洞状或新生代沉积物
区域气候	寒带型	地表和地下岩溶发育强度均弱,岩溶规模较小
	温带型	地表岩溶发育强度较弱,规模较小,地下岩溶较发育
	亚热带型	地表岩溶发育,规模较大、分布较广,地下溶洞、暗河较常见
	热带型	地表岩溶发育较强,规模较大、分布较广,地下溶洞、暗河常见

7.6.2 岩溶地区的主要工程地质问题

岩溶与土洞作用的结果,可产生一系列对工程很不利的工程地质问题,如岩土体中空洞的形成,岩石结构的破坏,地表突然塌陷,地下水循环改变等。这些现象严重影响建筑场地的使用和安全。岩溶与土洞地区对建(构)筑物稳定性和安全性的影响表现在如下 4 个方面：

（1）溶蚀岩石的强度大为降低。岩溶水在可溶岩体中溶蚀，可使岩体发生孔洞，岩体结构松散，从而降低岩石强度和增大透水性能。

（2）造成基岩面不均匀起伏。石芽、溶沟、溶槽的存在，使地表基岩参差不整、起伏不均匀，造成地基的不均匀性。

（3）漏斗对地面稳定性的影响。漏斗是包气带中与地表接近部位所发生的岩溶和潜蚀作用的现象，这种漏斗在地表近似圆形，深可达几十米，表面口径由几米到几十米。土洞或溶洞顶塌落作用也可以形成漏斗，崩落的岩块堆于洞穴底部成一漏斗状洼地，这种漏斗因其塌落的突然性，使地表建（构）筑物遭受破坏性威胁。

（4）对地基稳定性的影响。在岩溶与土洞地区的地基稳定性分析应考虑三个问题：第一，溶洞和土洞分布密度和发育情况。建筑物场地和地基的选择应避开溶洞或土洞发育密集且溶洞或土洞的发育处在地下水交替最强烈的循环带内，洞径较大、顶板薄并且裂隙发育地带。第二，溶洞和土洞的埋深对地基稳定性影响。一般认为，溶洞特别是土洞如埋置很浅，则溶洞的顶板可能不稳定，甚至会发生地表塌落。第三，抽水对土洞和溶洞顶板稳定性的影响。一般认为，在有溶洞或土洞的场地，特别是土洞大片分布，如果进行地下水的抽取，由于地下水位大幅度下降，使保持多年的水位均衡遭到急剧破坏，大大减弱地下水对土层的浮托力；此外，由于抽水时加大地下水的循环，动水压力会破坏一些土洞顶板的平衡，从而引起一些土洞顶板的破坏和地表塌陷。

在岩溶地区建设场地的主要工程地质问题有：

（1）由于地下岩溶水的活动，或因地面水的消失洞穴被阻塞，导致基底冒水、水淹地基、水冲地基以及隧道涌水等。

（2）地下洞穴顶板的坍塌，引起位于其上建筑物及其附属构造物发生塌陷、下沉或开裂。

（3）如何正确地利用天生桥以跨越地表河流，利用暗河、溶洞以扩道等岩溶形态的改造问题。

7.6.3 岩溶场地岩土工程稳定性评价

1. 岩溶场地稳定性判定

（1）当场地存在下列情况之一时，可判定为未经处理不宜作为地基的不利地段。

① 浅层洞体或溶洞群，洞径大、顶板破碎且可见变形迹象、洞底有新近塌落物的不稳定地段；

② 埋藏的漏斗、槽谷等，并覆盖有软弱土体地段；

③ 土洞或塌陷成群发育地段；

④ 岩溶水排泄不畅，可能暂时淹没地段。

（2）当地基属于下列条件之一时，对安全等级为二级和三级工程可不考虑岩溶稳定性的不利影响。

① 基础底面以下土层厚度大于独立基础宽度的 3 倍或条形基础宽度的 6 倍，且不具备形成土洞或其他地面变形的条件；

② 基础底面与洞体顶板间岩土厚度虽小于独立基础宽度的 3 倍或条形基础宽度的 6

倍，但符合下列条件之一：

a. 洞隙或岩溶漏斗被密实的沉积物填满且无被水冲蚀的可能；

b. 洞体的基本质量等级为Ⅰ级或Ⅱ级岩体，顶板岩石厚度大于或等于洞跨；

c. 洞体较小，基础底面大于洞的平面尺寸，并有足够的支撑长度；

d. 宽度或直径小于 1.0 m 的竖向洞隙、落水洞近旁地段。

(3) 当不符合前述条件(1)、(2)时，应进行洞体地基稳定性分析，并应符合下列规定：

① 顶板不稳定，但洞内有密实堆积物充填且无流水活动时，可认为堆积物受力，可按不均匀地基进行评价；

② 当能取得计算参数时，可将洞体顶板视为结构自承重体系进行力学分析；

③ 有工程经验的地区，可按工程地质类比法进行稳定性评价；

④ 在基础近旁有裂隙及临空面时，应验算向临空面倾覆或沿裂面滑移的可能性；

⑤ 当地基为石膏、盐岩等易溶岩时，应考虑溶蚀继续作用的不利影响；

⑥ 对不稳定的岩溶洞隙可建议采用地基处理或桩基础。

2. 岩溶地基稳定性半定量评价

岩溶地基稳定性评价由于受条件限制，主要以半定量评价为主。

(1) 裸露型溶洞地基

对于裸露型溶洞地基，溶洞的顶板稳定性与地层岩性、不连续面的空间分布及其组合特征、顶板厚度、溶洞形态和大小、洞内充填物质情况、地下水运动以及建筑物载荷大小和性质等有关。常用的几种半定量评价方法有如下几种：

① 载荷传递交汇法。在剖面上从基础边缘沿 30°～45°扩散角向下作应力传递，若溶洞位于该传递所确定的扩散范围以外，即认为溶洞不会危及建筑物的安全，此岩溶地基稳定。

② 溶洞顶板坍塌堵塞法。按顶板坍塌后塌落体较原岩体有一定膨胀的原理，估算塌落体填满原溶洞空间所需顶板塌落的高度。该方法适用条件是：顶板有坍塌的可能（如顶板裂隙发育，特别是薄层、中厚层、易风化的软弱岩层）；已掌握了溶洞的原最大高度；溶洞内无地下水搬运现象。

溶洞坍塌的高度可按式(7-38)计算：

$$Z = \frac{H_0}{K-1} \tag{7-38}$$

式中，Z 为塌落体填满原溶洞空间所需顶板塌落的高度，m；H_0 为溶洞塌落前的最大高度，m；K 为岩石的膨胀系数，对于碳酸盐岩，$K=1.2$。

若溶洞顶板的实际厚度大于计算的 Z 值，则认为此溶洞地基安全。

③ 塌落拱理论分析法。假定岩体为一均匀介质，溶洞顶板岩体自然塌落后呈一平衡拱。拱上部的岩体自重及外载荷由该平衡拱承担（图 7-9），当溶洞顶板厚度大于或等于平衡拱高度加上上部载荷作用所需的岩体厚度时，溶洞地基才是安全稳定的。此方法适用于高度大于宽度的竖直溶洞。

塌落平衡拱的高度 H 可按式(7-39)计算：

$$H = \frac{0.5b + H_0 \tan(90^\circ - \varphi)}{f} \tag{7-39}$$

式中，b、H_0 分别为溶洞跨度（宽度）和高度，m；φ 为岩体的内摩擦角，(°)；f 为岩土的坚固性系数，对松散性岩石及土 $f=\tan\varphi$，对坚硬岩石 $f=R_b/100$，R_b 为岩石的抗压极限强度，MPa。

除以上方法外，对于裸露型溶洞地基，还可按梁板受力弯矩情况估算，用弹性力学有限单元分析法、模拟试验等方法评价其稳定性。

(2) 覆盖型岩溶地基

覆盖型岩溶地基的评价，需同时考虑土洞的规模、形状以及土洞地基上部建筑物的载荷情况。一般按下述方法进行半定量评价。

对于特定的建筑物载荷，处于极限状态的上覆土层厚度(计算模型见图 7-10)H_K 可用式(7-40)表达：

$$H_K = h + Z + D \tag{7-40}$$

式中，H_K 为处于极限状态的上覆土层的厚度，m；h 为土洞的高度，m；Z 为基础底板以下建筑载荷的有效影响深度，m；D 为基础砌置深度，m。

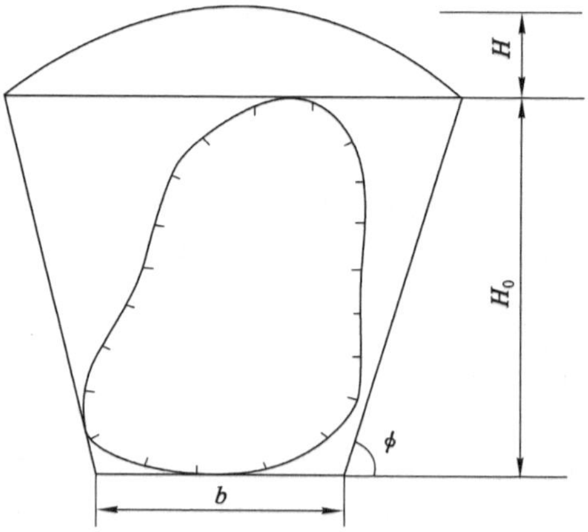

图 7-9　塌落拱理论分析试验图

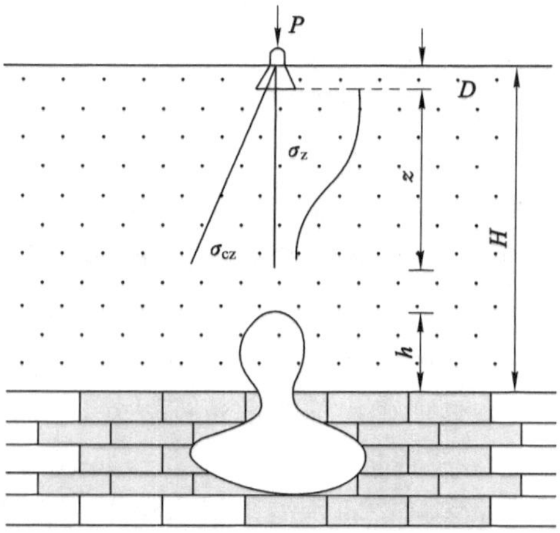

σ_z—附加应力；σ_{cz}—自重应力。

图 7-10　覆盖型岩溶地基稳定性计算模型

当土层实际厚度 $H>H_K$ 时，地基稳定；当土层实际厚度 $H<H_K$ 时，地基不稳定。

如果土洞已经形成，然后在其上进行建筑，土洞处于建筑物的有效影响深度范围内，这样将使处于平衡状态的土洞发生新的坍塌，从而影响地基稳定；若土洞形成于建筑物兴建之后，已经处于稳定状态的地基，则会在土洞的影响下，地基发生沉降而使建筑物地基失稳。

7.6.4 岩溶场地勘察要点

1. 岩溶勘察的主要内容

岩溶是影响工程建设的一种常见的不良地质作用。岩溶区的工程建设，尤其是大型的重要的工程项目，岩溶会带来许多特殊的不良建筑条件和工程稳定性问题。岩溶场地的勘察应按勘察等级分阶段进行勘察评价，各勘察阶段应符合下列要求：

(1) 可行性研究勘察。应查明岩溶洞隙、土洞的发育条件，并对其危害程度和发展趋势做出判断，对场地的稳定性和建筑适宜性做出初步评价。

(2) 初步勘察。应查明岩溶洞隙及其伴生土洞、地表塌陷等的分布、发育程度和发育规律，并按场地的稳定性和建筑适宜性进行分区。

(3) 详细勘察。应查明建筑物范围或对建筑有影响地段的各种岩溶洞隙和土洞的位置、规模、埋深、岩溶堆填物性状和地下水埋藏特征，对地基基础的设计和岩溶的治理提出建议。

(4) 施工勘察。应针对某一地段或尚待查明的专门问题进行补充勘察。当采用大直径嵌岩桩时，尚应进行专门的桩基勘察。

此外，对于岩溶场地的工程地质测绘和调查，除应遵循有关的规定外，尚应调查下列内容：

(1) 岩溶洞隙的分布、形态和发育规律。

(2) 岩面起伏、形态和覆盖层厚度。

(3) 地下水赋存条件、水位变化和运动规律。

(4) 岩溶发育与地貌、构造、岩性、地下水的关系。

(5) 土洞和塌陷的分布、形态和发育规律。

(6) 土洞和塌陷的成因及其发展趋势。

(7) 当地治理岩溶、土洞和塌陷的经验。

2. 在岩溶发育的下列部位应查明土洞和土洞群的位置

(1) 土层较薄、土中空隙及土层下岩体洞隙发育部位。

(2) 岩面张开裂隙发育，石芽或外露的岩体与土体交接部位。

(3) 两组构造裂隙交汇或宽大裂隙带。

(4) 隐伏溶沟、溶槽、漏斗等，其上有软弱土分布的负岩面地段。

(5) 地下水强烈活动于岩土交界面的地段和大幅度人工降水地段。

(6) 低洼地段和地面水体近旁。

3. 采取有效勘察方法，合理布置勘探工作量

岩溶勘察宜采用工程地质测绘和调查、物探、钻探等多种手段相结合的方法进行，根据勘察阶段、岩溶发育特征、工程等级、载荷大小等综合确定。

(1) 在可行性研究和初步勘察阶段以采用工程地质测绘和调查、综合物探方法为主，在测绘和物探发现的异常地段，应选择有代表性的部位布置验证性钻孔，并在岩溶分区及规模较大的地下洞隙地段适当增加勘探孔，控制性钻孔的深度应穿过表层岩溶发育带。勘探点间距视地基复杂程度等级而定。

(2) 在详细勘察阶段，以工程物探、钻探、井下电视、波速测试等方法为主，并采用多种方法判定异常地段及其性质。其勘探线应沿建筑物轴线布置，勘探点间距视地基复杂程度等级，对一级、二级、三级分别取 10～15 m、15～30 m、30～50 m。对建筑物基础以下和近旁的物探异常点或基础顶面载荷大于 2 000 kN 的独立基础，均应布置验证性勘探孔；当发现有危及工程安全的洞体时，应采取加密钻孔或无线电磁波透视、井下电视、波速测试等措施。必要时可采取顶板及洞内堆填物的岩土样，测定其工程地质性质指标。

此阶段勘探工作应符合下列规定：

① 当基底土层厚度不足时，应根据载荷情况，将部分或全部勘探孔钻入基岩；当预定深度内有洞体存在，且可能影响地基稳定时，应钻入洞底基岩面的深度不少于 2 m，必要时应

圈定洞体范围。

② 对一柱一桩的基础，宜逐柱布置勘探孔。

③ 在土洞和塌陷发育地段，可采用静力触探、轻型动力触探、小口径钻头等手段，并详细查明其分布情况。

④ 当需查明断层、岩组分界、洞隙和土洞形态、塌陷等情况时，应布置适当的探槽或探井。

⑤ 物探应根据物性条件采用有效方法，对异常点采用钻探验证，当发现或可能存在危害工程的洞体时，应加密勘探点。

⑥ 凡人员可以进入的洞体，均应入洞勘查；人员不能进入的洞体，宜用井下电视等手段探测。

(3) 施工勘察工作量应根据岩溶地基设计和施工要求布置。在土洞、地表塌陷地段，可在已开挖的基槽内布置触探和钎探。对重要或载荷较大的工程，可在槽底采用小口径钻探进行检测。对大直径嵌岩桩或墩基，勘探点应逐桩（墩）布置，底面以下勘探深度应不小于桩径的 3 倍且不应小于 5 m，当相邻桩底的基岩面起伏较大时应适当加深。

4. 岩溶勘察的测试和观测宜符合相应要求

(1) 当追索隐伏洞隙的联系时，可进行连通试验。

(2) 当评价洞隙稳定时，可采用洞体顶板岩样及充填物土样作物理力学性质试验，必要时可进行现场顶板岩体的载荷试验。

(3) 当需要查明土的性状与土洞形成的比例关系时，可进行湿化、胀缩、可溶性试验和剪切试验。

(4) 当查明地下水动力条件、潜蚀作用，地表水与地下水的联系，预测土洞和塌陷的发生、发展时，可进行流速、流向测定以及水位、水质的长期观测。

7.6.5 岩溶防治措施

(1) 重要建筑物宜避开岩溶强烈发育区；当地基含石膏、盐岩等易溶岩时，应考虑溶蚀持续作用的不利影响。

(2) 不稳定的岩溶洞隙应以地基处理为主，采取清爆换填、浅层楔状填塞、洞底支撑、梁板跨越、调整柱距等处理方法。

(3) 岩溶水的处理宜以输导为主，但为了防止引发地面塌陷，有时采用堵塞的方法。

(4) 在未经有效处理的隐伏土洞或地表塌陷影响范围内，不应作天然地基；对土洞和塌陷宜采用地表截流、防渗堵漏、通气降压、挖填灌堵岩溶通道等方法进行处理，同时采用梁板跨越；对重要建筑物应采用桩基或墩基，并应优先采用大直径墩基或嵌岩桩。

7.7 地裂缝

地裂缝是指在内力作用（地壳活动等）或外力作用（地下开采、抽水、灌溉等）下岩土体发生变形，当力的作用累积超过岩土体本身强度时，岩土体发生破裂，其连续性遭到破坏，并在地表形成一定长度和宽度裂缝的一种宏观地表破坏现象。裂隙在地下因遭受周围岩土层的限制和上部岩土层的重压作用其闭合比较紧密，而在地表则由于其围压作用力减小，又具一定的自由空间，裂隙一般较宽，表现为裂缝，即地裂缝。

7.7.1 地裂缝分类

目前，地裂缝分类最常见的有地裂缝的形态分类和成因分类，现分述如下。

1. 地裂缝的形态分类

地裂缝的形态分类主要依据它在平面上所展现的图形。一般来说，在地裂缝的形态分类中，既要考虑单条地裂缝的形态，又要考虑多条地裂缝的组合形态，并需要把这两者有机结合起来进行分类。地裂缝形态分类及特征如表 7-36 所示。

表 7-36 地裂缝形态分类及特征

类型名称	简 要 描 述
直线形	地裂缝平直，延伸方向稳定，整条裂缝没有发生转折
弧形	在某种自然条件控制下或影响下，地裂缝呈弧形弯曲，表现为一条弧形曲线
"S"形与反"S"形	地裂缝中段比较平直，首尾两段呈方向相反的弧形弯曲，以致整体呈现往返转折的弯曲，并依据弧形方向的不同可分为"S"形与反"S"形两种形态
锯齿形	地裂缝像锯齿一样弯曲转折，但整条地裂缝朝一定方向延伸，每一线段与其总体走向均具一定夹角，其中所夹的锐角一般小于 45°
"Z"形或"N"形	地裂缝中段和首尾两段都比较平直，但它们之间却发生突然转折，首尾两段与中段的走向明显不同，整个形态呈现"Z"形或"N"形
环形	地裂缝围绕着某一环形构造或环形地质体或环形地貌形态而呈环状展布，或者近似呈圆形曲线，或者由若干条弧形曲线断续环绕成为近似的圆形图像
雁列式	若干条大致平行的地裂缝，彼此首尾遥相呼应，呈现雁列式排列，这些地裂缝可以是直线形的，也可以是"S"形与反"S"形的
"入"字形或"人"字形	主干地裂缝的一侧，有一条分支地裂缝以一定交角与其相汇，但未切穿主干地裂缝，而呈"入"字形或"人"字形图像
"X"形与格子状	两组不同走向的地裂缝，彼此相互交切呈"X"，但每一组常由若干条相互平行的地裂缝组成，它们往往与另一组相互穿插与交织，以致构成了格子状
扫帚状	主干地裂缝端部的某一侧，发育了一系列规模较小的地裂缝，它们与主干地裂缝的交角大小不一，大者小于 90°，小者数度，呈现向某一方向撒开的扫帚状图像
放射状	地裂缝自中心部位向周围撒开，犹如自行车轮的辐条一般，呈放射状图像，中心部位一般呈现比其外围高的地貌形态，地裂缝的宽度由中心部位向边缘逐渐变细
向心状	地裂缝自四周向中心部位聚合，其图像与放射状地裂缝相似，但中心部位表现为凹陷或降落，地裂缝的宽度由边缘向中心部位逐渐变细

地裂缝的形态与发生地裂缝区域的介质和边界条件，地裂缝形成的力学机制，以及地裂缝形成原因等均具有密切的联系。在一定的介质与边界条件下，不同的应力作用方式或不同成因的地裂缝，它们的形态往往不同，各具特点；反过来，其一种形态的地裂缝，可能是某一种力学性质与某一种成因的地裂缝的表现。因此对地裂缝的形态进行研究与分类可以说是分析地裂缝力学性质与成因的一个侧面。

2. 地裂缝的成因分类

地裂缝按其成因分为构造地裂缝、非构造地裂缝和混合成因地裂缝三类。构造地裂缝是内动力地质作用产生的，包括地震地裂缝（也称构造速滑地裂缝）、区域微破裂开启型地裂缝和构造蠕变地裂缝三种。非构造地裂缝是由自然外动力地质作用和人类活动作用引起的岩土层裂缝，如膨胀土地裂缝、黄土地裂缝、冻土地裂缝、盐丘地裂缝、干旱地裂缝、岩溶塌陷地裂缝、滑坡地裂缝、地震次生地裂缝及人工硐室塌陷地裂缝等。实际上，有许多地裂缝是几种因素综合作用的结果，称之为混合成因地裂缝。常见地裂缝成因分类及特征如表 7-37 所示。

表 7-37 常见地裂缝成因分类及特征

类型名称	主导原因	动力类型	种类	地裂缝特征
构造地裂缝	内动力地质作用	断裂活动	地震地裂缝	1. 规模大，延伸远，有明显的方向性； 2. 不同方向的地震断层往往呈有规律的组合状，反映了震区主要的构造方向和控制地质构造的区域应力场或局部应力场； 3. 裂隙两侧在水平方向和垂直方向上都有明显的位移，位移量的大小取决于震级； 4. 不受岩性和其他边界条件的影响
			构造蠕变地裂缝	1. 裂缝与蠕滑断层活动方式一致； 2. 裂缝活动是断层活动的表现； 3. 裂缝发生时间不受季节限制； 4. 裂缝时隐时现，时强时弱，时断时续； 5. 规模较大，延伸长。长几千米至十几千米，裂缝带宽度为几米到几十米
		区域微破裂开启活动	区域微破裂开启型地裂缝	1. 多组共生，各地区地裂缝相互对应，具有区域性发育特征； 2. 共轭剪切地裂缝常构成网络状； 3. 单条地裂缝延伸较短，常成群成片出现； 4. 初期地裂缝常隐伏于地面表层之下，降雨或浇水后可显露出来； 5. 常伴生陷坑、陷穴，多呈串珠状
非构造地裂缝	自然外动力地质作用	特殊土	膨胀土地裂缝	1. 数量多，分布广，危害大； 2. 规模小，长度一般在数十米之内，超过 100 m 者极少见； 3. 一般以竖向开裂为主，尤其在地面以下 2 m 之内最为常见，往下斜交剪切裂隙发育，并将土体切割成菱形小块，裂隙间距小而密集； 4. 膨胀土地裂缝常以暗裂形式发育
			黄土地裂缝	1. 地裂缝常常环绕着洼地周围，或者呈向心状展布，或者呈环形状展布； 2. 延伸短，且无一定方向； 3. 裂面粗糙、直立，上宽下窄，延伸小
			冻土地裂缝	1. 与冻胀丘有关，个体较大的冻胀丘常伴随放射状地裂缝；坡度较缓的冻胀丘常常被地裂缝切割成块状；多个冻胀丘呈线列状排列时，则主干地裂缝呈现断续的雁列式。 2. 规模一般较小，单条裂缝长数米，宽几厘米，深度达数十米

表 7-37(续)

类型名称	主导原因	动力类型	种类	地裂缝特征
非构造地裂缝	自然外动力地质作用	特殊土	盐丘地裂缝	1. 受盐丘形状、大小所控制。一般地,平顶状盐丘可产生平行地裂缝;穹隆状、蘑菇状盐丘,多产生放射状地裂缝;近似直立圆柱体盐丘的边缘常形成弧状或者环状的地裂缝;顶部低凹的盐丘,可形成向心状地裂缝。 2. 盐丘地裂缝平面范围一般限制在盐丘范围内,盐丘直径一般在数千米之内
			干旱地裂缝	1. 主要在土层的表层,切割深度一般在 1 m 左右,个别有深达 4～5 m 的情况; 2. 一般规模较小,不规则,没有明显的方向性和组合关系,常表现为龟裂形式; 3. 只见于松散沉积物内,裂缝两侧没有明显的相对位移,裂缝呈楔形,宽度随深度和沉积层湿度的增大而减小,至含水层即消失; 4. 在松散沉积物中,裂缝也只发生在地势较高的低丘和波状平原高处的脊部和前缘,而不在接近地面的低洼地带出现; 5. 出露范围小,仅为几平方千米
		自然重力作用	岩溶塌陷地裂缝	1. 地裂缝与局部塌陷经常同时突然发生。 2. 与原岩构造有关,分布有一定规律。 3. 裂缝的宽度和深度较大;其两侧常见大幅度的垂直位移,而水平位移极少见。 4. 局限于易溶岩分布地区。 5. 裂缝形态为弧形、直线形、封闭圆形或同心圆形。裂面倾角陡,一般在 70°～80°之间
	人类活动作用	次生重力或动载荷	滑坡地裂缝	1. 在滑坡的孕育和滑移过程中,一般沿着山坡等高线开裂或呈弧形开裂。 2. 裂缝走向与其在滑体上所处的部位有关。一般地,滑体前后缘的裂缝基本平行于滑动方向;中部的裂缝垂直于滑动方向;两侧的裂缝与滑动方向斜交。其中,垂直于滑动方向的裂缝最常见。 3. 裂缝两侧有明显的垂直位移,垂直于滑动方向的裂缝,常将滑坡切成阶梯状。 4. 因滑坡往往是缓慢地、间歇性地移动,故其地裂缝通常是反复多次形成的
			地震次生地裂缝	1. 多呈树枝状,少数为管状、蘑菇状、袋状。线形裂缝连续性好,且边界齐整。 2. 常以垂直错动为主,兼有水平错动。 3. 多呈张性。 4. 规模和分布面积与地震大小有关,分布面积可达几万平方千米。 5. 裂缝一般出现在地震烈度为Ⅵ度以上的地区
			人工硐室塌陷地裂缝	1. 规模受人工硐室规模和硐室上覆岩土厚度及性质等控制。 2. 规模大小不等,一般长达十几米至几十米,最长可达几百米;一般宽度在 1 m 以内; 3. 几何形态有直线状、折状、弧状、分叉状

在我国,除地震裂缝外,构造蠕变地裂缝的规模和危害最大,一般分布在活动构造带或区域中,如汾渭盆地等,这种地裂缝具有明显的方向性,并且在水平、垂直方向上均有位移,以西安、大同地区地裂缝最为典型。

7.7.2 地裂缝的主要特征及危害

1. 地裂缝的主要特征

① 方向性和延展性。地裂缝常沿一定方向延伸，在同一地区发育的多条地裂缝延伸方向大致相同，在平面上多呈带状分布(一般呈直线状、雁列状或锯齿状)，剖面上多呈弧形、“V”形或放射状。

② 非对称性和不均一性。地裂缝以相对差异沉降为主，其次为水平拉张和错动，地裂缝的灾害强度在横向上由主裂缝向两侧逐渐减弱，并且地裂缝两侧的影响宽度以及对建筑物的破坏程度具有明显的非对称性。同一条地裂缝的不同部位，地裂缝活动强度及破坏程度也有差别，在转折和错动部位相对较重，显示出不均一性。

③ 渐进性。地裂缝灾害是因地裂缝的缓慢蠕动扩展而逐渐加剧的。因此，随着时间的推移，其影响和破坏程度日益加重，最后可导致房屋及建筑物的破坏和倒塌。

④ 周期性。地裂缝活动受区域构造运动及人类活动的影响，因此，在时间序列上往往表现出一定的周期性。当区域构造运动强烈或人类过量抽取地下水时，地裂缝活动加剧，致灾作用增强；反之则减弱。

2. 地裂缝的危害

地裂缝活动使其周围一定范围内的地质体内产生形变场和应力场，进而通过地基和基础作用于建筑物。地裂缝两侧出现的相对沉降差以及水平方向的拉张和错动，可使地表设施发生结构性破坏或造成建筑物地基失稳。各种地裂缝对人类的影响主要表现为破坏地表建筑和其他人工设施，造成房屋开裂、地面设施破坏和农田漏水，危害居民生命财产安全。

地裂缝导致的房屋建筑物受损情况主要包括：墙体开裂、侧移，地面倾斜、开裂及下沉，屋顶面开裂、漏水，屋架变形，椽头拔出，楼梯断裂，门、窗变形。

地裂缝对道路的危害主要包括对路基的危害和对路面的危害。其中，对路基的危害主要是造成路基的不均匀沉降，使道路通行条件恶化，行车速度减缓；严重的将引起路基错位变形，影响公路的正常通行。路基开裂后，水由裂缝渗入路基土层，进一步导致路基强度降低和地基变形加剧，危及行车安全。而对于跨地裂缝的公路，由于路面位于地裂缝带影响的范围内，常常会出现开裂及错位，尤其是当裂缝与公路小角度相交时，路面受损范围进一步增大。且因地裂缝引起的路面修复困难，往往在修复后使用不久又出现开裂破坏，缩短了路面的维修周期，增大了维修费用。

地裂缝对桥梁的危害主要是地裂缝的运动引起地面垂直差异沉降，从而对桥梁结构施加间接作用，导致桥梁的破坏。地裂缝的活动会引起桥台的变形及倾斜，严重的可使桥台开裂或失稳。桥台的变形，将引起桥面与道路接壤处的不均匀沉降，车行至此，常出现桥头跳车现象，危及行车安全。

由此可见，地裂缝的发生频率和灾害程度正在逐年加剧，不仅造成各类工程建筑如城市建筑、生命线工程、交通公路、农田和水利设施等的直接破坏，也引起了一系列的环境问题。尤其是城市地裂缝的出现，给城市建设和人民生活带来了严重危害。由于城市建筑物密集、人口密度大、基础设施网络化程度大，系统本身存在脆弱性，所以城市地裂缝较其他地裂缝更易成灾，带来的损失是巨大的，给城市建设和经济发展造成了严重阻碍。

7.7.3 地裂缝场地建筑类别划分和场地分类

1. 地裂缝场地建筑类别划分

根据《西安地裂缝场地勘察与工程设计规程》(DBJ 61/T 182—2021),按照建筑物规模、重要性以及由于地裂缝活动可能造成的建筑物损坏或影响正常使用的程度,可将建设在地裂缝场地的建筑分为特殊类、一类、二类、三类和四类共五个重要性类别。该地区建筑物的分类如表 7-38 所示。

表 7-38 各类建(构)筑物的重要性分类(西安地区)

建筑类别	分类特征
特殊类	使用上对沉降变形有特殊要求,涉及国家公共安全的重大工程;因不均匀沉降变形,可能发生次生灾害,产生特别重大后果的建筑物;高度大于 150 m 且不大于 250 m 的高层建筑、高耸结构
一类	重要的工业与民用建筑,高度大于 100 m 且不大于 150 m 的高层建筑、高耸结构;跨度大于 120 m 的大跨空间结构;跨度大于 36 m、起质量大于 100 t 的桥式吊车厂房;容易引起次生灾害的大型储水构筑物和需要大量用水的大型工业与民用建筑;城市燃气高压、中压阀门井
二类	高度大于 24 m 且不大于 100 m 的高层建筑、高耸结构;跨度大于 60 m 且不大于 120 m 的大跨空间结构;跨度大于 24 m 且不大于 36 m、起质量大于 30 t 且不大于 100 t 的桥式吊车厂房;容易引起次生灾害的中型储水构筑物和需要大量用水的中型工业与民用建筑
三类	除特殊类、一类、二类、四类以外的一般工业与民用建筑
四类	临时建筑

注:1. 高度大于 250 m 的高层建筑、高耸结构,其最小避让距离应专门研究。
2. 铁路、公路、地铁和未列入上表中的市政基础设施的类别宜由设计单位自行确定。

2. 地裂缝场地的分类

根据地裂缝场地勘探标志层的不同,地裂缝场地可分为一类场地、二类场地、三类场地:

(1) 一类场地。地表破裂是一类场地的勘探标志层(简称一类标志层),其特点:① 场地内的地裂缝是活动的,在地表已形成破裂;② 地表破裂具有清晰的垂直位移,地面呈台阶状;③ 地表破裂有较长的延伸距离;④ 地表破裂、错断与上更新统或中更新统的隐伏地裂缝位置相对应。

(2) 二类场地。地表无破裂时,上更新统和中更新统红褐色古土壤是二类场地的勘探标志层(简称二类标志层),其特点:① 场地内的地裂缝现今没有活动,或活动产生的地表破裂已被人类工程活动掩埋;② 场地内埋藏有上更新统或中更新统红褐色古土壤。

(3) 三类场地。不符合一类场地、二类场地条件的地裂缝场地都属于三类场地,三类场地的勘探标志层(简称三类"相对标志层")有三种:① 埋藏深度大于 40 m 的中更新统湖相地层;② 埋藏深度大于 60 m 可连续追索的多个人工地震反射层组;③ 埋藏深度小于 40 m 的全新统、上更新统粗粒相地层。

7.7.4 地裂缝场地勘察要点

地裂缝场地专项勘察可分为初步勘察和详细勘察两个阶段。

初步勘察应通过调查和勘探查明场地内是否发育地裂缝。若发育地裂缝,应进一步确定所在勘探线上的地裂缝地面出露点。

发育地裂缝的场地,工程建设前应进行地裂缝详细勘察,并应重点查明以下技术问题:

① 场地内地裂缝的分布位置和产状。

② 场地及附近地区地裂缝的活动性。

③ 对现今不活动的地裂缝还应进行的调查包括:a. 城市公共供水管网是否已到达勘探场地周边;b. 场地及附近地区还在开采埋深 80～350 m 承压水的城中村分布范围;c. 场地及附近地区是否存在允许开采埋深 80～350 m 承压水的单位和供水水源地。

(1) 一类地裂缝场地初步勘察阶段可与详细勘察阶段合并进行,且应进行以下工作:

① 收集拟建场地附近地裂缝研究、勘察资料,进行系统的综合分析。

② 现场地裂缝调查。了解拟建场地构造地貌形态;地表破裂产生的时间和发展过程;地表破裂的形态、活动方式、垂直位移;追踪地表破裂的延伸方向、延伸距离。

③ 采用钻探方法,确定地表破裂与隐伏地裂缝的对应关系,每个场地应对 1/3 的有测量地裂缝坐标的地表破裂点进行钻探验证,每个场地的验证点不宜少于 3 个。地裂缝每一侧的钻孔不宜少于 3 个。

④ 选择典型地裂缝破裂点,测量其地面高程和坐标,测量地裂缝地表破裂点的水平间距不宜大于 15 m。

(2) 二类地裂缝场地初步勘察应进行以下工作:

① 收集拟建场地附近地裂缝研究、勘察资料,进行系统的综合分析。

② 开展现场地裂缝调查,并了解拟建场地及附近地区构造地貌形态以及地裂缝的活动情况。

③ 根据区域地裂缝的走向和场地附近地裂缝的走向,应在场地内布置 1～2 条钻探勘探线,控制地裂缝可能发育的区域。

④ 勘探钻孔间距宜为 20～30 m,在地层异常地段应加密钻孔,确定二类标志层错断的相邻钻孔间距应不大于 4 m。

⑤ 在揭穿二类标志层后,继续钻进的勘探孔深度应不小于 2 m。

⑥ 地裂缝每一侧的钻孔不宜少于 3 个。

(3) 二类地裂缝场地详细勘察应进行以下工作:

① 充分利用初勘取得的场地地裂缝勘察资料,尽量垂直地裂缝走向布置详细钻探勘探线。

② 勘探线长度不宜小于 40 m,钻探勘探线的间距不宜大于 20 m;在地层异常地段应加密钻孔,确定二类标志层错断的相邻钻孔间距应不大于 4 m。

③ 勘探钻孔应在揭穿二类标志层后,继续钻进不小于 2 m。

④ 地裂缝每一侧的钻孔不宜少于 3 个。

⑤ 调查场地地裂缝的活动历史。

⑥ 对现今地裂缝不活动的场地,还应进行的调查包括:a. 城市供水管网是否已到达勘探场地;b. 场地及附近地区还在开采埋深 80～350 m 承压水的城中村分布范围;c. 场地及附近地区是否存在允许开采埋深 80～350 m 承压水的单位和供水水源地。

(4) 三类地裂缝场地初步勘察应进行以下工作:

① 收集拟建场地及附近地区地裂缝研究、勘察资料，进行系统的综合分析。

② 开展现场地裂缝调查，了解拟建场地及附近地区构造地貌形态以及地裂缝的活动情况。

③ 根据区域地裂缝的走向和场地附近地裂缝的走向，在场地内布置 1～2 条钻探勘探线，控制地裂缝可能发育的区域。

④ 勘探钻孔间距宜为 40～50 m，在地层异常地段应加密钻孔，确定三类标志层错断的相邻钻孔间距应不大于 10 m。

⑤ 勘探孔深度应不小于 80 m。

⑥ 地裂缝每一侧的钻孔不宜少于 3 个。

⑦ 人工浅层地震反射波法勘探仅适用于长度大的线状工程（如地铁、管廊等），勘探前应进行现场试验，确定合理的仪器参数和观测系统，野外数据采集系统的基本要求为：覆盖次数不宜小于 24 次，道间距 3～4 m，勘探目标层深度范围以双程发射时间 100～800 ms 为宜。

⑧ 用人工浅层地震反射波法勘探查明的地裂缝异常点应进行钻探验证，验证钻孔的布置与三类场地用钻探查明地裂缝的要求相同。

(5) 三类地裂缝场地详细勘察应进行以下工作：

① 充分利用初勘取得的场地地裂缝勘察资料，尽量垂直地裂缝走向布置详细钻探勘探线。

② 勘探线长度不宜小于 80 m，钻探勘探线的间距不宜大于 30 m；在地层异常地段应加密钻孔。例如，西安市非浐灞河阶地区域确定地层错断的相邻钻孔间距应不大于 10 m、浐灞河阶地区域的不宜大于 5 m。

③ 勘探孔深度不能太浅。例如，西安市非浐灞河阶地区域勘探孔深度不宜小于 80 m，浐灞河阶地区域的不宜小于 60 m。

④ 地裂缝每一侧的钻孔不宜少于 3 个。

⑤ 调查场地地裂缝的活动历史。

⑥ 对现今地裂缝不活动的场地，还应进行的调查包括：a. 城市供水管网是否已到达勘探场地；b. 场地及附近地区还在开采埋深 80～350 m 承压水的城中村分布范围；c. 场地及附近地区是否存在允许开采埋深 80～350 m 承压水的单位和供水水源地。

7.7.5 地裂缝防治措施

1. 预防措施

地裂缝灾害多数发生在由主要地裂缝所组成的地裂缝带内，所有横跨主裂缝的工程和建筑都可能受到破坏。对人为成因的地裂缝关键在于预防，合理规划、严格禁止地裂缝附近的开采行为。对自然成因地裂缝则主要在于加强调查和研究，开展地裂缝易发区的区域评价，以避让为主，从而避免或减少经济损失。

(1) 控制人为因素的诱发作用

对于非构造地裂缝，可以针对其发生的原因，采取各种措施来防止或减少地裂缝的发生。例如，通过控制过度抽取地下水防止和减少地面沉降而引发的地裂缝等；对于黄土湿陷裂缝，主要应防止降水和工业、生活用水的下渗与冲刷；在矿区井下开采时，根据实际情况，控制开采范围，增多、增大预留保护煤柱，防止矿井坍塌诱发地裂缝等。

（2）建筑设施避让措施

对于构造成因的地裂缝，因其规模大、影响范围广，在地裂缝发育地区进行开发建设时，首先应调查研究区区域构造和断裂活动历史，进行详细的勘察；对拟建场地查明地裂缝发育带及隐伏地裂缝的潜在危害区，做好城镇发展规划，即合理规划建筑物布局，使工程设施尽可能避开地裂缝危险带，特别要严格限制永久性建筑设施横跨地裂缝。

（3）监测预测措施

通过地面勘查、地面变形量测、断层位置量测以及音频大地电场量测、高分辨率纵波反射量测等方法监测地裂缝活动情况，预测、预报地裂缝发展方向、速率及可能的危害范围。

2. 治理措施

（1）构造地裂缝的治理措施

在现今科技水平下，要想避免构造地裂缝的发生是不可能的。因此，对构造地裂缝的治理主要可采取以下措施：

① 裂缝置换法。这是一种以裂治裂的方法，其理论依据在于地裂缝的扩展也遵循能量最小的原理。这样，就可在地裂缝通过处或预测其要通过处的附近，避开建筑物开挖一条堑壕，并使其与地裂缝贯通，成为一条“人造地裂缝”，诱发构造地裂缝沿“人造地裂缝”发育，并切断已受破坏的建筑物地基与构造地裂缝的联系，从而使建筑物避免破坏。

② 部分拆除法。拆除局部、保留整体的原则，对于从正交（及大角度交叉）式跨在构造地裂缝上的建筑，可将已受到破坏的部分拆除，将一幢建筑分割为两幢建筑，以免整幢建筑受到地裂缝的影响、破坏。如果是多层建筑且仅有底层受到破坏，可将已受破坏的底层拆除，并切断该层地基与地裂缝的联系，同时对其上方各层采用加固与支撑措施，也能收到较好的减灾效果。

③ 基础加固措施和上部结构加强措施。这种措施主要针对因受场地条件限制，在设防区内或无法避让的特殊情况下的建筑而言。如对于设防带内的框架结构，其基础可做成交叉基础梁；如果兼顾处理湿陷性而使用灰土地基，则考虑做成带肋的筏板片式地基；普通民用建筑，采用浅埋式钢筋混凝土圈梁基础；平行地裂缝方向设置沉降（收缩）缝，将较大建筑分解成几个结构简单的独立单元等。

（2）非构造地裂缝的治理措施

由于在非构造地裂缝形成过程中起主导作用的因素是表层土质条件和水环境，且它们是局部的条件变化，因此非构造地裂缝的防治对策有其共性所在，主要考虑消除这些局部条件的影响。

① 去除不良地基：该措施是防治非构造地裂缝的根本措施，可采用挖除、换土等方法将建筑地基中的膨润土、软土、回填土等去除干净。对于厚度、面积较大的软土层（如海淤层）还可采用强夯挤淤置换、砂井固结、真空预压排水固结等方法处理。

② 局部浸水法：该法适用于湿陷性黄土地基。采用控制局部浸水，可使因地裂缝、地面沉陷而倾斜的建筑物得以矫正。

③ 夯填法：该法适用于场地内的地裂缝发展已稳定的情形，可沿地裂缝延展方向进行回填夯实，并做防水处理。

7.8　场地和地基的地震效应

我国是一个多地震的国家，在华北、华东、西南、西北等区域地震频繁，历史上许多大的灾难性的地震基本都发生在这些地区。

7.8.1　地震对工程场地的破坏作用

地震是一种地质现象，是地壳构造运动的一种表现形式。地下深处的岩层，由于某种原因突然破裂、塌陷以及火山爆发等而产生震动，并以弹性波的形式传递到地表。表示地震本身大小的尺度是地震震级，它是由地震所释放出来的能量大小所决定的。释放出来的能量越大则震级越大。地震烈度是指某一地区的地面和各种建筑物遭受地震影响的强烈程度。地震烈度表，是划分地震烈度的标准。它主要是根据地震发生时地面建筑物受破坏的程度、地震现象、人的感觉等来划分制定的。我国和世界上大多数国家都把地震烈度分为 12 度。震级和烈度既有联系，又有区别。震级是反映地震本身大小的等级，只与地震释放的能量有关，而烈度则表示地面受到的影响和破坏的程度。震级与烈度虽然都是地震的强烈程度指标，但烈度与工程抗震具有更为密切的关系。地震烈度分为：① 基本烈度——在今后一定时期内，某一地区在一般场地条件下可能遭遇的最大地震烈度。基本烈度所指的地区并不是某一具体工程场地，而是指一较大范围，因此基本烈度又常常称为区域烈度。② 场地烈度——提供的是地区内普遍遭遇的烈度，具体场地的地震烈度与地区内的平均烈度常常是有差别的。

地震对工程场地的破坏作用表现在如下 4 个方面：

1. 地震力的破坏作用

地震使建筑物受到一种惯性力的作用，这种由地震波所直接产生的惯性力，通常称为地震力。如果建筑物经受不住这种地震力的作用，轻者开裂、变形，重者发生破坏。

根据静力地震系数法，作用于建筑物的地震力 P 为：

$$P = \frac{\alpha_{\max}}{g}Q = KQ \tag{7-41}$$

式中，g 为重力加速度；$\alpha_{\max}$ 为地震时最大加速度；Q 为建筑物所受的重力；K 为地震系数。

地震系数 K 是地震时最大加速度与重力加速度的比值。通过大量数据的总结，目前我国的地震烈度表上已列出各级烈度相应的地震时最大加速度值，亦即总结出地震时最大加速度与地震烈度的关系，其规律是：烈度每增加一度，地震时最大加速度大致地增大一倍，亦即地震系数 K 增大一倍。

经实测，软土场地的高柔建筑、坚硬场地的拟刚性建筑的震害都比较重，这与上述地基土层的卓越周期和建(构)筑物刚度的自振周期相近有关。为了准确估计和防治这类震害，必须使工程设施的自震周期避开场地的卓越周期。

2. 地变形的破坏作用

地震时在地表产生的地变形主要有断裂错动、地裂缝与地倾斜等。

断裂错动指浅源断层地震发生断裂错动时在地面上的变形。1976 年我国河北唐山地震，也有断裂错动现象，错断公路和桥梁，水平位移达一米多，垂直位移达几十厘米。

地裂缝是地震时常见的现象。按一定方向规则排列的构造型地裂缝多沿发震断层及其邻近地段分布。它们有的因地下岩层受到挤压、扭曲、拉伸等作用发生断裂，直接露出地表形成；有的是地下岩层的断裂错动影响到地表土层产生的裂缝。

地倾斜指地震时地面出现的波状起伏。1906 年美国旧金山地震，使街道严重破坏，变成波浪起伏的形状。

3. 地震促使软弱地基变形、失效的破坏作用

软弱地基一般指可触变的软弱黏性土地基以及可液化的饱和砂土地基。它们在强烈的地震作用下，由于触变或液化，其承载力大大降低或完全消失，这种现象通常称为地基失效。软弱地基失效时，可发生很大的变位或流动，不但不支撑建筑物，反而对建筑物的基础起推挤作用，因此会严重地破坏建筑物。此外，软弱地基在地震时容易产生不均匀沉陷，振动的周期长、振幅大，这些都会使其上方的建(构)筑物遭受破坏。

4. 地震激发滑坡、崩塌与泥石流的破坏作用

强烈的地震作用能激发斜坡上的岩土体松动、失稳，发生滑坡和崩塌等不良地质作用。如果震前久雨，则更容易发生。在山区，地震激发的滑坡和崩塌，往往是巨大的，它们可以摧毁房屋、道路交通，甚至掩埋整个村庄；并因崩塌和滑坡而堵塞河道，使河水掩埋两岸村镇和道路。1933 年，我国四川叠溪地震，在叠溪 15 km 范围内，滑坡和崩塌到处可见，在叠溪附近，岷江两岸山体崩塌，形成了三座高达 100 余米的堆石坝，将岷江完全堵塞，积水成湖。而后，堆石坝溃决时，高达 40 余米的水头顺势而下，席卷了两岸的村镇，造成了严重的灾害和损失。因此，一般认为地震时可能发生大规模滑坡、崩塌的地段，应视为抗震危险地段，建筑场地和主要线路应尽量避开。

7.8.2 地震勘察的主要任务

(1) 根据国家批准的地震动参数区划和有关的规范，提出勘察场地的抗震设防烈度、设计基本地震加速度和设计特征周期分区。

(2) 在抗震设防烈度等于或大于 6 度的地区进行勘察时，应划分对抗震有利、不利和危险的地段，划分场地类别。《建筑抗震设计规范(2016 年版)》(GB 50011—2010)根据土层等效剪切波速和覆盖层厚度把建筑场地划分为五类。当有可靠的剪切波速和覆盖层厚度值而场地类别处于类别的分界线附近时，应允许按插值方法确定地震作用计算所用的特征周期。

(3) 当场地内存在发震断裂时，应对断裂的工程影响进行评价。

(4) 对需要采用时程分析的工程，应根据设计要求，提供土层剖面、覆盖层厚度和剪切波速度等有关参数。当任务需要时，可进行地震安全性评估或抗震设防烈度区域划分。

(5) 进行液化判别。通过初判判别场地有无液化的可能性，再进一步综合判别评价液化等级。

当抗震设防烈度为 6 度时，可不考虑液化的影响，但对沉陷敏感的乙类建筑，可按 7 度进行液化判别。甲类建筑的地震作用要按本地区设防烈度提高 1 度计算，当为 8 度、9 度时应进行专门的液化研究。

(6) 对抗震设防烈度等于或大于 7 度的厚层软土分布区，宜判别软土震陷的可能性和估算震陷量。

(7) 当场地或场地附近有滑坡、滑移、崩塌、塌陷、泥石流、采空区等不良地质作用时，应进行专门勘察，分析评价其在地震作用时的稳定性。

(8) 对可液化场地应评价液化等级和危害程度，提出抗液化措施的建议。

7.8.3 地震液化的判别

液化判别方法基本上都是经验方法，都有一定的局限性，故宜应采用多种方法分析、比较，进行综合判别。

1. 按《建筑抗震设计规范(2016 年版)》(GB 50011—2010)判别

(1) 初判条件

当饱和砂土或饱和粉土(不含黄土)符合下列条件之一时，可初步判别为不液化或不考虑液化影响。

① 地质年代为第四纪晚更新世(Q_3)及其以前，抗震设防烈度为 7 度、8 度时可判为不液化土。

② 粉土的黏粒(系采用六偏磷酸钠作分散剂测定)含量百分率，在抗震设防烈度为 7 度、8 度和 9 度分别不小于 10、13 和 16 时，可判为不液化土。

③ 采用天然地基的建筑，当上覆非液化土层厚度和地下水位深度符合下列条件之一时，可不考虑液化影响：

$$d_u > d_0 + d_b - 2 \tag{7-42}$$

$$d_w > d_0 + d_b - 3 \tag{7-43}$$

$$d_u + d_w > 1.5d_0 + 2d_b - 4.5 \tag{7-44}$$

式中，d_w 为地下水位深度(宜按设计基准期内年平均最高水位采用，也可按近期年最高水位采用)，m；d_u 为上覆非液化土层厚度(计算时宜将淤泥质土层扣除)，m；d_b 为基础埋置深度(不超过 2 m 时应采用 2 m)，m；d_0 为液化土层特征深度(可按表 7-39 查取)，m。

表 7-39 液化土层特征深度 单位：m

饱和土类别	地震设防烈度		
	7 度	8 度	9 度
粉土	6	7	8
砂土	7	8	9

注：当区域的地下水位处于变动状态时，应按不利的情况考虑。

(2) 进一步判别

当初步判别认为需要进一步做液化判别时，应采取标准贯入试验判别法判别地面以下 20 m 范围内土的液化；但对可不进行天然地基及基础的抗震承载力验算的各类建筑，可只判别地面以下 15 m 范围内的土的液化。当饱和土标准贯入锤击数 N(未经杆长修正)小于或等于液化判别标准贯入锤击数临界值 N_{cr}(即 $N \leqslant N_{cr}$)时，应判为液化土。

在地面以下 20 m 深度范围内，N_{cr} 可按式(7-45)计算：

$$N_{cr} = N_0\beta[\ln(0.6d_s + 1.5) - 0.1d_w]\sqrt{3/\rho_c} \tag{7-45}$$

式中，N_{cr} 为液化判别标准贯入锤击数临界值；N_0 为液化判别标准贯入锤击数基准值，应按

表 7-40 选用；d_s 为饱和土标准贯入点深度，m；ρ_c 为黏粒含量百分率，%，当小于 3%或为砂土时，应采用 3%；β 为调整系数，设计地震第一组取 0.80，第二组取 0.95，第三组取 1.05。

表 7-40 液化判别标准贯入锤击数基准值 N_0

设计基本地震加速度	0.10g	0.15g	0.20g	0.30g	0.40g
液化判别标准贯入锤击数基准值	7	10	12	16	19

2. 其他判别方法

(1) 静力触探试验判别

当采用静力触探试验对地面以下 15 m(8 度、9 度地区 20 m)深度范围内的饱和砂土或饱和粉土进行液化判别时，可按式(7-46)至式(7-49)计算。当实测值小于临界值时，可判为液化土。

$$p_{scr} = p_{s0}\alpha_w\alpha_u\alpha_p \tag{7-46}$$

$$q_{ccr} = q_{c0}\alpha_w\alpha_u\alpha_p \tag{7-47}$$

$$\alpha_w = 1 - 0.065(d_w - 2) \tag{7-48}$$

$$\alpha_u = 1 - 0.05(d_u - 2) \tag{7-49}$$

式中，p_{scr}、q_{ccr}分别为饱和土静力触探液化比贯入阻力临界值、锥尖阻力临界值，MPa；p_{s0}、q_{c0}分别为 $d_w=2$ m、$d_u=2$ m 时，饱和土液化判别比贯入阻力基准值和液化判别锥尖阻力基准值，可按表 7-41 取值，MPa；α_w 为地下水位埋深修正系数，地面常年有水且其与地下水有水力联系时，取 1.13；α_u 为上覆非液化土层厚度修正系数，对深基础取 1.0；d_w 为地下水位埋深，m；d_u 为上覆非液化土层厚度(计算时宜将淤泥质土层厚度扣除)，m；α_p 为与静力触探摩阻比有关的土性综合影响系数，可按表 7-42 取值。

表 7-41 比贯入阻力基准值 p_{s0} 和锥尖阻力基准值 q_{c0}

抗震设防烈度	7 度	8 度	9 度
p_{s0}/MPa	5.0～6.0	11.5～13.0	18.0～20.0
q_{c0}/MPa	4.6～5.5	10.5～11.8	16.4～18.2

表 7-42 土性综合影响系数 α_p 值

土类	砂土	粉土	
		$I_p\leqslant7$	$7<I_p\leqslant10$
静力触探摩阻比 R_f	≤0.4	0.4～≤0.9	>0.9
α_p	1.0	0.6	0.45

(2) 剪切波速试验判别

地面以下 15 m 深度范围内的饱和砂土和饱和粉土，其实测剪切波速值 v_s 分别大于按式(7-50)计算出的土层剪切波速临界值 v_{scr}时，可判别为不液化。

$$v_{scr}=v_{s0}\sqrt{d_s-0.0133d_s^2}\left[1.0-0.185\left(\frac{d_w}{d_s}\right)\right]\sqrt{\frac{3}{\rho_c}} \tag{7-50}$$

式中，v_{scr}为饱和砂土或饱和粉土液化剪切波速临界值，m/s；v_{s0}为与烈度、土类有关的经验系数，按表 7-43 取值；d_s 为剪切波速测点深度，m；d_w 为地下水位埋深，m。

表 7-43 与烈度、土类有关的经验系数 v_{s0}

土类	v_{s0}/(m/s)		
	抗震设防烈度为 7 度	抗震设防烈度为 8 度	抗震设防烈度为 9 度
砂土	65	95	130
粉土	45	65	90

7.8.4 评价液化等级

按《建筑抗震设计规范(2016 年版)》(GB 50011—2010)评价液化等级的基本方法是：按每个标准贯入试验点逐点判别液化可能性，按每个试验孔计算液化指数，按每个孔的计算结果以及场地的地质地貌条件，综合确定场地液化等级。

1. 计算液化指数

凡已经判定为可液化的土层，应按式(7-51)计算地基的液化指数。

$$I_{lE}=\sum_{i=1}^{n}\left(1-\frac{N_i}{N_{cri}}\right)d_iW_i \tag{7-51}$$

式中，I_{lE}为地基土液化指数；N_i、N_{cri}分别为第 i 点标准贯入锤击数的实测值和临界值，当实测值大于临界值时取临界值的数值；当只需要判别 15 m 范围以内的液化时，15 m 范围以外的实测值可按临界值采用；n 为在判别深度范围内每一个钻孔标准贯入试验点的总数；d_i 为第 i 点所代表的土层厚度(可采用与该标准贯入试验点相邻的上、下两标准贯入试验点深度差的一半，但上界深度不小于地下水位埋深，下界深度不大于液化深度)，m；W_i 为第 i 土层单位土层厚度的层位影响权函数值(当该层中点深度不大于 5 m 时应采用 10，等于 20 m 时应采用零值，5～20 m 时应按线性内插法取值)，m^{-1}。

液化指数 I_{lE}主要取决于实测值与临界值的比值，是无量纲参数。因此，当不用标准贯入方法而用其他方法判别液化时，仍可用此式计算液化指数；而当采用静力触探试验方法时，应该用 p_{si}/p_{scri}(或 q_{si}/q_{scri})替代 N_i/N_{cri}；当用波速试验方法时，应该用 v_{si}/v_{scri} 替代 N_i/N_{cri}。

2. 划分液化等级

场地和地基的液化等级根据液化指数按表 7-44 评定。

表 7-44 场地和地基液化等级评定表

液化等级	轻微	中等	严重
液化指数 I_{lE}	$0<I_{lE}\leqslant 6$	$6<I_{lE}\leqslant 18$	$I_{lE}>18$

7.8.5 勘探工作量布置要求

场地和地基地震效应勘察以钻探、波速测试为主要勘探手段，以岩土工程地震测绘和调查为辅。其工作量布置一般应符合以下要求：

（1）为划分场地类别而布置的勘探孔，当缺乏资料时，其钻探深度应大于覆盖层厚度。当覆盖层厚度大于 80 m 时，勘探孔钻探深度应大于 80 m，并分层测定剪切波速。对 10 层和高度 30 m 以下的丙类和丁类建筑，当无实测剪切波速时，可依国家标准《建筑抗震设计规范（2016 年版）》（GB 50011—2010）的规定，按土的名称和性状估计土的剪切波速。

（2）在场地的初步勘察阶段，对大面积的同一地质单元，测量土层剪切波速的钻孔数量应为控制性钻孔数量的 1/3～1/5，山间河谷地区可适量减少，但不宜少于 3 个。在场地的详细勘察阶段，对单幢建筑，测量土层剪切波速的钻孔数量不宜少于 2 个，数据变化较大时可适量增加；对小区中处于同一地质单元的密集高层建筑群，测量土层剪切波速的钻孔数量可适当减少，但每幢高层建筑不得少于 1 个。

（3）地震液化的进一步判别应在地面以下 15 m 的范围内进行；对于桩基和基础埋深大于 5 m 的天然地基，判别深度应加深至 20 m。为判别液化而布置的勘探点不应少于 3 个，勘探孔钻探深度应大于液化判别深度。

（4）当采用标准贯入试验判别液化时，应按每个试验孔的实测击数进行。在需要做判定的土层中，试验点的竖向间距为 1.0～1.5 m，每层土的试验点数不宜少于 6 个。

7.8.6 抗液化措施

存在液化土层的地基，应根据工程的抗震设防类别、地基的液化等级，结合具体情况采取相应的抗液化措施。

（1）工程的抗震设防类别

抗震设防的各类工程，均应根据其遭受地震破坏后可能造成的人员伤亡、经济损失、社会影响程度及其在抗震救灾中的作用等因素划分为下列 4 个抗震设防类别。

① 特殊设防类：使用上有特殊要求的设施，涉及国家公共安全的重大工程以及地震时可能发生严重次生灾害等特别重大灾害后果，需要进行特殊设防的工程，简称甲类。

② 重点设防类：地震时使用功能不能中断或须尽快恢复的生命线相关工程，以及地震时可能导致大量人员伤亡等重大灾害后果，需要提高设防标准的工程，简称乙类。

③ 标准设防类：除第①项、第②项以外按标准要求进行设防的工程，简称丙类。

④ 适度设防类：使用上人员稀少且震损不致产生次生灾害，允许在一定条件下适度降低设防要求的工程。简称丁类。

（2）抗液化措施

当液化砂土层、粉土层较平坦且均匀时，宜按表 7-45 选用地基抗液化措施；尚可计入上部结构重力载荷对液化危害的影响，宜根据液化震陷量的估计适当调整抗液化措施。

不宜将未经处理的液化土层作为天然地基持力层。

在故河道以及邻近河岸、海岸和边坡等有液化侧向扩展或有流滑可能的地段内不宜修建永久性建筑，否则应进行抗滑动验算、采取防土体滑动措施或结构抗裂措施。

表 7-45　地基抗液化措施

建筑抗震设防类别	地基的液化等级		
	轻微	中等	严重
乙类	部分消除液化沉陷，或对基础和上部结构进行处理	全部消除液化沉陷，或部分消除液化沉陷且对基础和上部结构做处理	全部消除液化沉陷
丙类	基础和上部结构须处理，亦可不采取措施	基础和上部结构须处理，或采取更高要求的措施	全部消除液化沉陷，或部分消除液化沉陷且对基础和上部结构做处理
丁类	可不采取措施	可不采取措施	基础和上部结构须处理，或其他经济的措施

注：对甲类建筑的地基抗液化措施应进行专门研究，但不宜低于乙类的相应要求。

(3) 全部消除液化沉陷的措施

① 采用桩基时，桩端伸入液化深度以下稳定土层中的长度（不包括桩尖部分），应按计算结果确定，且对碎石土，砾、粗砂、中砂，坚硬黏性土和密实粉土尚不应小于 0.8 m，对其他非岩石土尚不宜小于 1.5 m。

② 采用深基础时，基础底面应埋入液化深度以下的稳定土层中，其深度不应小于 0.5 m。

③ 采用加密法（如振冲、振动加密、挤密碎石桩、强夯等）加固时，应处理至液化深度下界；采用振冲或挤密碎石桩加固后，桩间土的标准贯入锤击数不宜小于液化判别标准贯入锤击数临界值。

④ 用非液化土替换全部液化土层，或增加上覆非液化土层的厚度。

⑤ 采用加密法或换土法处理时，在基础边缘以外的处理宽度，应超过基础底面下处理深度的 1/2 且不小于基础宽度的 1/5。

(4) 部分消除液化沉陷的措施

① 处理深度应使处理后的地基液化指数减小，其值不宜大于 5；大面积筏基、箱基的中心区域，处理后的液化指数可比上述规定降低 1；对独立基础和条形基础，尚不应小于基础底面下液化土特征深度和基础宽度的较大值。

② 采用振冲或挤密碎石桩加固后，桩间土的标准贯入锤击数不宜小于液化判别标准贯入锤击数临界值。

③ 基础边缘以外的处理宽度，应超过基础底面下处理深度的 1/2 且不小于基础宽度的 1/5。

④ 采取减小液化震陷的其他方法，如增厚上覆非液化土层的厚度和改善周边的排水条件等。

(5) 减轻液化影响的基础和上部结构处理的措施

① 选择合适的基础埋置深度。

② 调整基础底面积，减少基础偏心程度。

③ 加强基础的整体性和刚度，如采用箱基、筏基或钢筋混凝土交叉条形基础，加设基础圈梁等。

④ 减轻载荷，增强上部结构的整体刚度和均匀对称性，合理设置沉降缝，避免采用对不均匀沉降敏感的结构形式等。

⑤ 管道穿过建筑处应预留足够尺寸或采用柔性接头等。

7.9 本章小结

（1）不良地质作用指由地球内力或外力产生的对工程可能造成危害的地质作用，常见的不良地质作用包括滑坡、崩塌、泥石流、地面沉降、采空区、岩溶地裂缝、地震等。由不良地质作用引发的，危及人身、财产、工程或环境安全的事件称为地质灾害。

（2）滑坡勘察一般分为初步勘察、详细勘察和补充勘察三个阶段。滑坡稳定性评价采用综合评价法，应根据滑坡的规模、滑坡主导因素、滑坡前兆、滑坡区的工程地质和水文地质条件及其稳定性验算结果进行，并应分析滑坡发展趋势和危害程度，提出治理方案的建议。

（3）崩塌通常用定性分析、半定量的图解分析和定量的稳定性验算等方法对不同发展模式的危岩和崩塌进行稳定性评价。崩塌的勘察一般分为初步勘察和详细勘察两个阶段，勘察工作方法和手段应以工程地质测绘与调查为主，以勘探为辅。崩塌勘察对象应包括危岩体、陡崖和崩塌堆积体。

（4）泥石流勘察一般分为初步勘察、详细勘察、补充勘察三个阶段，泥石流勘察应以工程地质测绘和调查为主要勘察手段，一般情况下不进行勘探和测试。泥石流的防治应以“以防为主，防治结合，避强制弱，重点治理”为原则，宜对上游形成区、中游流通区和下游堆积区统一规划以及采取生物措施与工程措施相结合的综合治理方案。

（5）地面沉降勘察的要点是对已发生地面沉降的地区，应查明地面沉降的原因和现状，并预测其发展趋势，提出控制和治理方案；对可能发生地面沉降的地区，应结合水资源评价预测发生地面沉降的可能性，并对可能的沉降层位做出估计，对沉降量进行估算，提出预防和控制地面沉降的建议。

（6）采空区勘察可分为可行性研究勘察、初步勘察、详细勘察三个阶段，必要时可进行补充勘察或施工勘察。采空区场地稳定性应根据采空区勘察成果进行分析和评价，并应根据建筑物重要性等级、结构特征和变形要求、采空区类型和特征，采用定性与定量相结合的方法，分析采空区对拟建工程和拟建工程对采空区稳定性的影响程度，综合评价采空区场地工程建设适宜性及拟建工程地基稳定性。

（7）岩溶勘察可分为可行性研究勘察、初步勘察、详细勘察和施工勘察四个阶段。在岩溶地区建设场地的主要工程地质问题有：由于地下岩溶水的活动导致地基稳定性问题，岩溶塌陷引起位于其上方建筑物及其附属构造物发生塌陷、下沉或开裂，利用暗河、溶洞以扩道等岩溶形态的改造利用问题等。

（8）根据建筑物规模、重要性以及由于地裂缝活动可能造成的建筑物损坏或影响正常使用的程度，可将建设在地裂缝场地的建筑分为一类、二类、三类、四类 4 个重要性类别。根据地裂缝场地勘探标志层的不同，地裂缝场地可分为一类、二类、三类。地裂缝场地专项勘察可分为地裂缝初步勘察阶段和地裂缝详细勘察阶段。

（9）抗震设防烈度大于或等于 6 度的地区，应进行场地和地基地震效应的勘察，包括提出勘察场地的抗震设防烈度、设计基本地震加速度和设计地震分组，场地类别划分，场地地震液化判别以及软土震陷判别等。

思　考　题

1. 简述不良地质作用和地质灾害的概念及两者异同。
2. 崩塌勘察应查明的内容有哪些？
3. 简述滑坡勘察的主要内容。
4. 简述泥石流勘察的要点。
5. 简述地面沉降勘察方法。
6. 采空区稳定性和工程建设适宜性评价的主要内容有哪些？
7. 简述岩溶地区的主要工程地质问题。
8. 地裂缝防治措施有哪些？
9. 饱和砂土和饱和粉土的震动液化判别方法都有哪些？

8 特殊性岩土勘察

特殊性岩土是指具有独特的物理力学性质和工程特征以及特殊的物质组成、结构构造的岩土，主要包括湿陷性土、膨胀岩土、盐渍岩土、污染土。除此之外，还有多年冻土、软土、填土等特殊性岩土。如果在这类岩土体中进行工程建设，应采取一些有效的勘察手段和特殊的判别与评价方法，否则会给工程建设带来不良后果。

8.1 湿陷性土

湿陷性土包括湿陷性黄土及具有湿陷性的碎石土、砂土和其他土。湿陷性土的特点是当其未受水浸湿时，一般强度较高，压缩性较低；但受水浸湿后，在上覆土层的自重应力或自重应力和建(构)筑物附加应力作用下，土的结构迅速破坏，并发生显著的附加下沉，其强度随之迅速降低。湿陷性土主要由湿陷性黄土组成。

湿陷性黄土是指在上覆土层自重应力作用下，或者在自重应力和附加应力共同作用下，因浸水后土的结构破坏而发生显著附加下沉的黄土。湿陷性黄土按其成因分为原生黄土和次生黄土，主要分布在近地表几米到几十米深度范围内，为晚更新世形成的马兰黄土(Q_3)和全新世(Q_4)形成的黄土状土(包括 Q_4^1 黄土状土和 Q_4^2 新近堆积的黄土状土)。而中更新世及其以前形成的离石黄土和午城黄土，一般仅在上部具有较微弱的湿陷性或不具有湿陷性。湿陷性黄土的地质时代划分和野外特征如表 8-1 所示。我国陕西、山西、甘肃等省份分布有大面积的湿陷性黄土，部分地区湿陷性黄土的物理力学性质指标如表 8-2 所示。

表 8-1 湿陷性黄土的地质时代划分和野外特征

地层及时代				土的颜色	土层特征及包含物	古土壤层	沉积环境	开挖情况
全新世 Q_4	近期 Q_4^2	黄土状土	具湿陷性	浅褐至深褐色，或黄至黄褐色	土质松软不均，多虫孔，最大孔径0.5～2.0 cm，孔壁分布较多虫粪，多植物根孔，孔壁多有白色粉末状碳酸盐结晶，在深色土中呈菌丝状或条纹状；含少量小砾石、钙质结核；有时有砖瓦碎块及朽木等人类活动遗物	无	河漫滩低级阶地，山间洼地的表面，黄土塬、梁、峁的坡脚，洪积扇或山前坡积地带，老河道及已经填塞的沟槽、洼地的上部	锹挖极为容易，进度很快
	早期 Q_4^1			褐黄至黄褐色	具有大孔、虫孔及植物根孔；含少量小的钙质结核，小砾石；有时有人类活动遗物；土质较均匀，稍密至中密	无	河流的低阶地和高阶地的上部，Q_4^2 下部	锹挖容易，但进度稍慢

表 8-1(续)

地层及时代				土的颜色	土层特征及包含物	古土壤层	沉积环境	开挖情况
晚更新世 Q_3	马兰黄土		具湿陷性	浅黄、灰黄及黄褐色	土质均匀,大孔发育,具有垂直节理,有虫孔及植物根孔,容易产生天然桥及陷穴;有少量小的钙质结核,呈零星分布;土质稍密至中密	一般无古土壤层,局部地区浅部有薄层古土壤	较高的河岸阶地,塬坡、梁、峁的上部,以及黄土高原与河谷平原的过渡地带,下为 Q_2 黄土	锹、镐开挖不困难

表 8-2 我国部分地区湿陷性黄土的物理力学性质指标

地区	地带	物理力学性质指标(一般值)							
		含水率 ω/%	天然重度 γ/(kN·m^{-3})	液限 ω_L/%	塑性指数 I_p	孔隙比 e	压缩系数 $a_{1\text{-}2}$/(MPa^{-1})	湿陷系数 δ_s	自重湿陷系数 δ_{zs}
陇西地区	低阶地	9~18	14.2~16.9	23.9~28.0	8.0~11.0	0.90~1.15	0.13~0.59	0.027~0.090	0.005~0.052
	高阶地	7~17	113.3~15.5	25.0~28.5	8.0~11.0	0.98~1.24	0.10~0.46	0.039~0.110	0.007~0.059
陇东、陕北地区	低阶地	12~20	14.3~16.0	25.0~28.0	8.0~11.0	0.97~1.09	0.26~0.61	0.034~0.079	0.005~0.035
	高阶地	12~18	14.3~16.2	26.4~31.0	9.0~12.2	0.80~1.15	0.17~0.55	0.030~0.084	0.006~0.050
关中地区	低阶地	15~21	15.5~16.7	26.2~31.0	9.5~12.0	0.94~1.09	0.24~0.61	0.029~0.072	0.003~0.024
	高阶地	14~20	14.7~16.4	27.3~31.0	10.2~12.2	0.95~1.12	0.17~0.59	0.030~0.078	0.005~0.034
汾河流域区	低阶地	11~19	14.7~16.4	25.1~29.4	7.7~11.8	0.94~1.10	0.24~0.87	0.030~0.070	
	高阶地	11~18	14.5~16.0	26.5~31.0	9.5~13.1	0.97~1.18	0.17~0.62	0.027~0.089	0.007~0.040
晋东南区		18~23	15.4~17.2	27.0~32.5	10.0~13.0	0.85~1.02	0.29~1.00	0.030~0.071	
河南地区		16~21	16.1~18.1	26.0~32.0	10.0~13.0	0.86~1.07	0.18~0.33	0.023~0.045	
冀鲁地区	河北区	14~18	15.5~17.0	25.0~28.7	9.0~13.0	0.85~1.00	0.18~0.60	0.024~0.048	
	山东区	15~23	16.4~17.4	27.7~31.0	9.6~13.0	0.85~0.96	0.19~0.51	0.020~0.041	
晋陕宁区、		7~10	13.9~16.0	21.7~27.2	7.1~9.7	1.02~1.14	0.23~0.57	0.032~0.059	
河西走廊区		14~18	15.5~16.7	22.6~32.0	6.7~12.0		0.17~0.36	0.029~0.059	

8.1.1 黄土湿陷性测定试验

测定黄土湿陷性的方法,可分为室内浸水压缩试验、现场静载荷试验和现场试坑浸水试验三种。室内浸水压缩试验是在一定压力下测定黄土的湿陷系数 δ_s、自重湿陷系数 δ_{zs} 和判定湿陷起始压力 p_{sh} 值。现场静载荷试验是在现场测定湿陷性黄土的湿陷起始压力。现场试坑浸水试验是测定黄土自重湿陷量的实测值和自重下限深度。

(1) 室内浸水压缩试验

室内浸水压缩试验方法是将原状试样加压至一定值 p,待变形停止后,将试样浸水,测定在该压力下试样浸水而产生的湿陷量,其与试样原始高度之比,称为湿陷系数 δ_s,可按式(8-1)计算:

$$\delta_s = \frac{h_p - h'_p}{h_0} \tag{8-1}$$

式中，h_p 表示保持天然湿度和结构的土样在加压至一定压力值时，下沉稳定后的高度，mm；h'_p表示上述加压稳定后的土样在浸水饱和条件下，附加下沉稳定后的高度，mm；h_0 表示土样的原始高度，mm。

当 $\delta_s<0.015$ 时，为非湿陷性黄土；当 $\delta_s\geqslant0.015$ 时，为湿陷性黄土。其中当 $0.015\leqslant\delta_s\leqslant0.030$ 时，表示湿陷性轻微；当 $0.030<\delta_s\leqslant0.070$ 时，表示湿陷性中等；当 $\delta_s>0.070$ 时，表示湿陷性强烈。

由于在初勘阶段，建(构)筑物的平面位置、基础尺寸和基础埋深等尚未确定，以实际压力评判黄土的湿陷性存在不少具体问题，因而《湿陷性黄土地区建筑标准》(GB 50025—2018)规定，测定湿陷系数的试验压力，在基底标高不确定时，自地面以下 1.5 m 算起。试验压力按下列条件取值：① 基底压力小于 300 kPa 时，基底以下 10 m 内的土层应用 200 kPa，10 m 以下至非湿陷性黄土层顶面，应用其上覆土的饱和自重压力；② 基底压力不小于 300 kPa 时，宜用实际基底压力，当上覆土的饱和自重压力大于实际基底压力时，应用其上覆土的饱和自重压力；③ 对压缩性较高的新近堆积黄土，基底下以 5 m 内的土层宜用(100～150)kPa 压力，5～10 m 和 10 m 以下至非湿陷性黄土层顶面，应分别用 200 kPa 和上覆土的饱和自重压力。

湿陷性黄土，按室内浸水压缩试验可测定不同深度的土样在饱和土自重压力下的自重湿陷系数 δ_{zs}，据此进一步可分为自重湿陷性黄土和非自重湿陷性黄土。自重湿陷系数 δ_{zs} 按式(8-2)计算：

$$\delta_{zs}=\frac{h_z-h'_z}{h_0} \tag{8-2}$$

式中，h_z 为保持天然湿度和结构的土样在加压至土的饱和自重压力值时，下沉稳定后的高度，mm；h'_z为上述加压稳定后的土样在浸水饱和条件下，附加下沉稳定后的高度，mm；h_0 为土样的原始高度，mm。

当 $\delta_{zs}<0.015$ 时，为非自重湿陷性黄土；当 $\delta_{zs}\geqslant0.015$ 时，为自重湿陷性黄土。

自重湿陷性黄土在没有外部压力，仅仅在本身自重压力作用下浸水会产生湿陷，而非自重湿陷性黄土，只有在外部压力达到一定值时浸水才会发生湿陷。所以，使非自重湿陷性黄土开始发生湿陷所需的最低压力称为湿陷起始压力 p_{sh}。该值对于建(构)筑物的地基设计具有重要意义，可由 p-δ_s 关系曲线确定(见图 8-1)，取 $\delta_s=0.015$ 所对应的压力为湿陷起始压力。

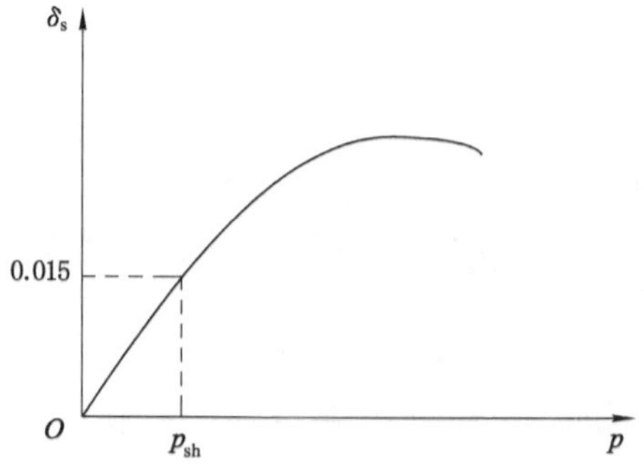

图 8-1　p-δ_s 关系曲线

(2) 现场静载荷试验

在现场测定湿陷性黄土的湿陷起始压力，可采用单线法静载荷试验或双线法静载荷试验，并应分别符合下列要求：

① 单线法静载荷试验：在同一场地的相邻地段和相同标高，应在天然湿度的土层上设3个或3个以上静载荷试验，分级加压，分别加至各自的规定压力，下沉稳定后，向试坑内浸水至饱和，附加下沉稳定后，试验终止。

② 双线法静载荷试验：在同一场地的相邻地段和相同标高，应设2个静载荷试验。其中1个应设在天然湿度的土层上分级加压，加至规定压力，下沉稳定后，试验终止；另1个应设在浸水饱和的土层上分级加压，加至规定压力，附加下沉稳定后，试验终止。

(3) 现场试坑浸水试验

在现场采用试坑浸水试验确定自重湿陷量的实测值，应符合下列要求：

① 试坑宜挖成圆(或方)形，其直径(或边长)不应小于湿陷性黄土层的厚度，并不应小于10 m；试坑深度宜为0.50 m，最深不应大于0.80 m。坑底宜铺100 mm厚的砂砾石。

② 在坑底中部及其他部位，应对称设置观测自重湿陷的深标点，设置深度及数量宜按各湿陷性黄土层顶面深度及分层数确定。在试坑底部，由中心向坑边以不少于3个方向，均匀设置观测自重湿陷的浅标点；在试坑外沿浅标点方向10 m或20 m内设置地面观测标点，观测精度宜为±0.5 mm。

③ 试坑内的水头高度不宜小于300 mm，在浸水过程中，应观测湿陷量、耗水量、浸湿范围和地面裂缝。湿陷稳定可停止浸水，其稳定标准为最后5 d的平均湿陷量小于1 mm/d。

④ 设置观测标点前，可在坑底面打一定数量及深度的渗水孔，孔内应填满砂砾。

⑤ 应在试坑内停止浸水前，测试自重湿陷性土层的饱和度。

⑥ 试坑内停止浸水后，应继续观测不少于10 d，且最后连续5 d的平均下沉量不大于1 mm/d，试验终止。

8.1.2 黄土场地地基湿陷等级评价

1. 建筑场地的湿陷类型

建筑场地的湿陷类型应按实测自重湿陷量Δ'_{zs}或自重湿陷量计算值Δ_{zs}判定。

实测自重湿陷量，应根据现场试坑浸水试验确定。

自重湿陷量计算值Δ_{zs}按式(8-3)计算：

$$\Delta_{zs} = \beta_0 \sum_{i=1}^{n} \delta_{zsi} h_i \tag{8-3}$$

式中，δ_{zsi}为第i层土的自重湿陷系数；h_i为第i层土的厚度，mm；β_0为因地区土质而异的修正系数。对陇西地区可取1.5；对陇东、陕北、晋西地区可取1.2；对关中地区可取0.9；其他地区可取0.5。

自重湿陷量计算值Δ_{zs}的累计，应自天然地面算起(当挖、填方的厚度和面积较大时，应自设计地面算起)，至其下全部湿陷性黄土层的底面为止，其中自重湿陷系数$\delta_{zs}<0.015$的土层不累计。

在工程实际中，整平场地，往往使挖、填方的厚度和面积较大，使其下部土层所承受的实际土自重压力与勘察时相差较大，因而所判定的场地湿陷类型与实际情况很不一致。所以，当挖、填方厚度和面积较大时，测定自重黄土湿陷系数所用的上覆土的饱和自重压力以及计算自重湿陷量的累计，均应自实际地面算起，否则，计算与判别结果不符合实际情况。

按自重湿陷量计算值判定场地湿陷类型，室内试验测定湿陷系数比较简单，不受现场条件限制，且有利于查明各土层的自重湿陷系数沿深度的变化规律。据对大量计算和实测资料的分析，各地区的自重湿陷量计算值和自重湿陷量实测值，由于不同地区存在土质差异，对自重湿陷量计算值乘以一个因地区土质而异的修正系数 β_0，就使得同一场地的自重湿陷量计算值基本上接近自重湿陷量实测值。

湿陷性黄土场地的湿陷类型，可按下列条件判别：

① 当自重湿陷量实测值或自重湿陷量计算值小于或等于 70 mm 时，应定为非自重湿陷性黄土场地；

② 当自重湿陷量实测值或自重湿陷量计算值大于 70 mm 时，应定为自重湿陷性黄土场地；

③ 当按自重湿陷量实测值和自重湿陷量计算值判定出现矛盾时，应按自重湿陷量实测值判定。

2. 湿陷性黄土地基的湿陷等级

湿陷性黄土地基受水浸湿饱和，其总湿陷量计算值 Δ_s 应按式(8-4)计算：

$$\Delta_s = \sum_{i=1}^{n} \alpha\beta\delta_{si}h_i \tag{8-4}$$

式中，δ_{si} 为第 i 层土的湿陷系数；h_i 为第 i 层土的厚度，mm；β 为考虑基底下地基土的受力状态及地区等因素的修正系数，缺乏实测资料时，β 可按表 8-3 取值。α 为不同深度地基土浸水概率系数，按地区经验取值；无地区经验时，可按表 8-4 取值；对地下水有可能上升至湿陷土层内，或侧向浸水影响不可避免的区段，取 $\alpha=1.0$。

表 8-3　修正系数 β 取值

<table>
<tr><th colspan="2">位置及深度</th><th>β</th></tr>
<tr><td colspan="2">基底下 0～5 m</td><td>1.5</td></tr>
<tr><td rowspan="2">基底下 5～10 m</td><td>非自重湿陷性黄土场地</td><td>1.0</td></tr>
<tr><td>自重湿陷性黄土场地</td><td>所在地区的 β_0 值且不小于 1.0</td></tr>
<tr><td rowspan="2">基底下 10 m 以下至非湿陷性黄土层顶面或控制性勘探孔深度</td><td>非自重湿陷性黄土场地</td><td>陇西、陇东、陕北、晋西地区取 1.0，其余地区取工程所在地区的 β_0 值</td></tr>
<tr><td>自重湿陷性黄土场地</td><td>取工程所在地区的 β_0 值</td></tr>
</table>

表 8-4　浸水概率系数 α 取值

基础底面下深度 z/m	α
$0 \leqslant z \leqslant 10$	1.0
$10 < z \leqslant 20$	0.9
$20 < z \leqslant 25$	0.6
$z > 25$	0.5

总湿陷量计算值 Δ_s 应自基础底面(初步勘察时，自地面下 1.5 m)算起。在非自重湿陷性黄土场地，累计至基底下 10 m(或压缩层)深度止；在自重湿陷性黄土场地，累计至非湿陷性黄土层的顶面止，控制性勘探点未穿透湿陷性黄土层时，累计至控制性勘探点深度止。其中湿陷系数 δ_s 小于 0.015 的土层不累计。

湿陷性黄土地基的湿陷等级，应根据基底下各土层累计的总湿陷量计算值和自重湿陷量计算值或实测值的大小，按表 8-5 判定。

表 8-5 湿陷性黄土地基的湿陷等级

Δ_s/mm	湿陷类型		
	非自重湿陷性场地	自重湿陷性场地	
	$\Delta_{zs}\leqslant$70 mm	70 mm$<\Delta_{zs}\leqslant$350 mm	$\Delta_{zs}>$350 mm
50 mm$<\Delta_s\leqslant$100 mm	Ⅰ(轻微)	Ⅰ(轻微)	Ⅱ(中等)
100 mm$<\Delta_s\leqslant$300 mm		Ⅱ(中等)	
300 mm$<\Delta_s\leqslant$700 mm	Ⅱ(中等)	Ⅱ(中等)或Ⅲ(严重)	Ⅲ(严重)
$\Delta_s>$700 mm	Ⅱ(中等)	Ⅲ(严重)	Ⅳ(很严重)

注：对 70 mm$<\Delta_{zs}\leqslant$350 mm、300 mm$<\Delta_s\leqslant$700 mm 一档的划分，当湿陷量的计算值 $\Delta_s>$600 mm、自重湿陷量的计算值 $\Delta_{zs}>$300 mm 时，可判定为Ⅲ级，其他情况可判定为Ⅱ级。

8.1.3 黄土地基承载力与变形计算

1. 黄土地基承载力计算

影响黄土承载力的因素主要为黄土的堆积年代、土的含水率、密度和塑性等方面，不同时代堆积的黄土的承载力相差很大。含水率对湿陷性黄土的承载力有强烈的影响，含水率增大，土的抗剪强度迅速降低，承载力也会大幅度降低。

湿陷性黄土地基承载力的确定，应符合下列规定：

(1) 地基承载力特征值在地基稳定的条件下，应使建(构)筑物的沉降量不超过允许值；

(2) 甲类、乙类建(构)筑物的地基承载力特征值，宜根据静载荷试验或其他原位测试结果，结合土性指标及工程实践经验综合确定；

(3) 当有充分依据时，对丙类、丁类建筑，可根据当地经验确定；

(4) 对天然含水率小于塑限含水率的土，可按塑限含水率确定土的承载力。

基础底面积应按正常使用的极限状态下载荷效应的标准组合，并按修正后的地基承载力特征值确定。当偏心载荷作用时，对应载荷效应标准组合，基础底面边缘的最大压力值，不应超过修正后的地基承载力特征值的 1.20 倍。

当基础宽度大于 3 m 或埋置深度大于 1.50 m 时，地基承载力特征值应按《湿陷性黄土地区建筑标准》(GB 50025—2018)第 5.6.5 条中的修正公式计算后确定。

2. 黄土地基变形计算

对于湿陷性黄土地基的变形计算，通常可用以下几种方法：

(1) 按《建筑地基基础设计规范》(GB 50007—2011)中公式计算。计算时，黄土地基的沉降计算经验系数 φ_s 可按表 8-6 确定。

表 8-6 黄土地基沉降计算经验系数 φ_s 取值

压缩模量当量值 $\overline{E}_s$/MPa	3.30	5.00	7.50	10.00	12.50	15.00	17.50	20.00
φ_s	1.80	1.22	0.82	0.62	0.50	0.40	0.35	0.30

(2) 按地基固结沉降公式计算,在一定程度上考虑黄土的结构强度,计算时按饱和黄土所处的不同固结情况,即正常因结、超固结、欠固结三种情况,采用不同的公式计算。

(3) 对大基础可采用基底载荷标准值和地基变形 E_0 进行计算。

8.1.4 湿陷性黄土场地勘察

1. 湿陷性黄土地区建(构)筑物的分类

拟建在湿陷性黄土地区的建(构)筑物,可根据其重要性、高度、体形、地基受水浸湿可能性的大小和在使用期间对不均匀沉降限制的严格程度,将建(构)筑物分为甲、乙、丙、丁 4 类(表 8-7),具体划分参见《湿陷性黄土地区建筑标准》(GB 50025—2018)。当建(构)筑物各单元的重要性不同时,可根据各单元的重要性划分为不同类别。

表 8-7 湿陷性黄土地区建(构)筑物分类

建(构)筑物类别	划 分 标 准
甲类	① 高度大于 60 m 和 14 层及 14 层以上体形复杂的建筑;② 高度大于 50 m 且地基受水浸湿可能性大或较大的构筑物;③ 高度大于 100 m 的高耸结构;④ 特别重要的建筑;⑤ 地基受水浸湿可能性大的重要建筑;⑥ 对不均匀沉降有严格限制的建筑
乙类	① 高度 24～60 m 的建筑;② 高度 30～50 m,且地基受水浸湿可能性大或较大的构筑物;③ 高度 50～100 m 的高耸结构;④ 地基受水浸湿可能性较大的重要建筑;⑤ 地基受水浸湿可能性大的一般建筑
丙类	除甲类、乙类、丁类以外的一般建筑和构筑物
丁类	长高比不大于 2.5 且总高度不大于 5 m,地基受水浸湿可能性小的单层辅助建筑、次要建筑

2. 勘察阶段的划分

湿陷性黄土场地工程勘察,可分为场址选择或可行性研究勘察、初步勘察、详细勘察三个阶段。对场地面积不大、地质条件简单或有建筑经验的地区,可简化勘察阶段,但应符合初步勘察和详细勘察两个阶段的要求。对工程地质条件复杂或有特殊要求的建(构)筑物,必要时应进行施工勘察或专门勘察。

3. 湿陷性黄土场地工程地质条件复杂程度划分

湿陷性黄土场地工程地质条件的复杂程度可分为简单场地、中等复杂场地、复杂场地三类(表 8-8)。

表 8-8 湿陷性黄土场地类型

场地类型	场地工程地质条件
简单场地	地形平缓，地貌、地层简单，场地湿陷类型单一，地基湿陷等级变化不大
中等复杂场地	地形起伏较大，地貌、地层较复杂，局部不良地质现象发育，场地湿陷类型、地基湿陷等级变化较复杂
复杂场地	地形起伏很大，地貌、地层复杂，不良地质现象广泛发育，场地湿陷类型、地基湿陷等级分布复杂，地下水位变化幅度大或变化趋势不利

4. 湿陷性黄土场地工程勘察的一般规定

(1) 湿陷性黄土场地的工程勘察应查明或由试验确定下列岩土参数，应对场地、地基做出岩土工程评价，并应对地基处理措施提出建议。① 当建筑类别为甲类、乙类时，场地湿陷性黄土层的厚度、下限深度；② 自重湿陷系数、湿陷系数及湿陷起始压力随深度的变化规律；③ 不同湿陷类型场地、不同湿陷等级地基的平面分布。

(2) 工程地质测绘。除符合一般要求外，还应包括下列内容：① 研究地形的起伏和地面水的积聚与排泄条件，调查洪水淹没范围及其发生规律；② 划分不同的地貌单元，确定其与黄土分布的关系，查明湿陷凹地、黄土溶洞、滑坡、崩塌、冲沟、泥石流及地裂缝等不良地质现象的分布、规模、发展趋势及对建设的影响；③ 划分黄土地层或判别新近堆积黄土，应分别符合《湿陷性黄土地区建筑标准》(GB 50025—2018)中附录C或附录D的规定；④ 调查地下水位的深度、季节性变化幅度、升降趋势及其与地表水体、灌溉情况和开采地下水强度的关系，查明上层滞水、潜水、承压水等地下水类型和来源，评估地下水上升的可能性和程度；⑤ 调查既有建(构)筑物的现状；⑥ 了解场地内有无地下坑穴，如古墓、井、坑、穴、地道、砂井和砂巷等；⑦ 调查活动断裂的时代、位置、展布、性质及地震效应。

(3) 取样。采取不扰动土样，必须保持其天然的湿度、密度和结构，并应符合Ⅰ级土样质量的要求。在探井中取样，竖向间距宜为 1 m，土样直径不宜小于 120 mm；在钻孔中取样，应严格按《湿陷性黄土地区建筑标准》(GB 50025—2018)中附录E的要求执行。取土勘探点中，应有足够数量的探井，其数量应为取土勘探点总数的 1/3～1/2，并不宜少于 3 个。探井的深度宜穿透湿陷性黄土层。勘探点使用完毕后，应立即用原土分层回填夯实，且密实度不应小于该场地天然黄土的密度。

(4) 对黄土工程性质的评价，宜采用室内土工试验和现场原位测试成果相结合的方法。

(5) 对地下水位变化幅度较大或变化趋势不利的地段，应从初步勘察阶段开始进行地下水位动态的长期观测。

5. 湿陷性黄土场地勘察要求

(1) 场址选择或可行性研究勘察阶段

场址选择或可行性研究勘察阶段应进行下列工作：① 搜集并分析与建设场地相关的工程地质、水文地质资料及地区建筑经验。② 调查了解拟建场地的地形地貌和黄土层的地质时代、成因、厚度、地下水位以及分布特点。③ 调查影响场地稳定性的不良地质作用和地质环境问题。④ 初步分析黄土湿陷类型、湿陷等级和湿陷下限，评估可能的地基基础类型及优缺点；当已有资料不足时，应开展满足本勘察阶段要求的工程地质测绘、勘探、测试工作。⑤ 评价场地的稳定性和适宜性，对各拟选场址提出明确比选意见。

(2) 初步勘察阶段

初步勘察阶段应进行下列工作：① 初步查明场地地层结构、各土层的物理力学性质、场地湿陷类型、地基湿陷等级、湿陷下限及其在不同区段内的差异；② 初步查明场地地下水的类型与埋深、场地及周边范围内地表水汇集和排泄情况，分析地下水与地表自然水体（系）的联系特点，预估地下水位季节性变化幅度和升降可能性；③ 查明场地内不良地质作用的类型、成因、分布范围和危害程度；④ 结合岩土工程条件分析建筑总平面布置的合理性，对不同类型建筑的地基基础方案和地质环境防治提出建议和措施，并提出岩土设计参数初步取值意见。

初步勘察阶段应符合下列要求：① 场地工程地质条件复杂时应进行工程地质测绘，其比例尺可采用 1∶5 000～1∶1 000。② 勘探点应沿地貌单元的纵、横剖面线方向或分界线及其垂线方向布置，且每个地貌单元上均应有勘探点；取样和原位测试勘探点在平面布局上应具控制性，其数量不得少于全部勘探点的 1/2。③ 勘探点的间距和深度宜分别按表 8-9、表 8-10 确定。④ 对每个主要土层取不扰动土样进行湿陷性试验且不应少于 6 组。⑤ 当根据地区建筑经验难以确定湿陷类型时，甲类建筑和乙类中的重要建筑应按《湿陷性黄土地区建筑标准》(GB 50025—2018)中第 4.3.7 的规定进行现场试坑浸水试验。

表 8-9　初步勘察勘探点间距　　单位：m

地貌单元	建筑类别			
	甲类	乙类	丙类	丁类
黄土塬、黄土阶地	80～120	120～160	160～200	200～250
黄土梁、黄土峁、黄土斜坡	50～80	80～120	120～160	160～200
黄土沟谷	20～50	50～80	80～110	110～150

注：① 地貌单元分界地带应加密勘探点；② 黄土沟谷谷底应有勘探线或勘探点。

表 8-10　初步勘察勘探点深度　　单位：m

勘探点类型	建筑类别			
	甲类	乙类	丙类	丁类
一般性勘探点	25～30	20～25	15～20	12～15
控制性勘探点	穿透湿陷性黄土层并不宜小于 40	穿透湿陷性黄土层并不宜小于 30	穿透自重湿陷性土层或不宜小于 25	穿透自重湿陷性土层或不宜小于 20

注：表中勘探深度内遇稳定地下水位或非湿陷性坚实地层时，部分勘探点可终孔。

(3) 详细勘察阶段

详细勘察阶段应进行下列工作：① 详细查明各建筑地段的地层结构、场地湿陷类型、地基湿陷等级，甲类和乙类建筑地段尚应查明湿陷下限。② 查明各建筑地段土层的物理力学性质指标，对每层湿陷性土层选取典型土样测试不同压力下的湿陷系数，绘制该层的压力-湿陷系数(p-δ_s)关系曲线；分析湿陷起始压力以及强度与变形指标沿深度的变化特点。③ 根据地下水类型、埋深，结合上部结构物特性和周边环境条件，分析地基浸水湿陷的可能性和程度。④ 提出适宜的地基处理或基础方案并进行分析，对处理深度和主要技术参数提出建议。⑤ 进一步查明场地内不良地质作用的类型、成因、分布范围和危害程度，提出防治措施建议。⑥ 有深基坑和降水施工时，尚应分析评估坑壁稳定性及其对邻近建(构)筑物的影响，并提出相关计算参数；场地条件复杂时，应进行专项研究。

详细勘察阶段，还应符合下列要求：① 勘探点应沿建筑轮廓或基础中心位置布设；② 建筑群勘探点间距宜按表 8-11 确定；③ 单体建(构)筑物勘探点数量，甲类、乙类建筑不宜少于 5 个，丙类建筑不应少于 3 个，丁类建筑不应少于 2 个，杆塔式构筑物不应少于 1 个；④ 勘探点深度应大于地基压缩层深度且满足评价湿陷等级的深度需要，甲类、乙类建筑尚应穿透湿陷性土层，对桩基工程尚应满足验算沉降的要求；⑤ 采取不扰动土样和原位测试的勘探点不应少于全部勘探点的 2/3，且取样勘探点不宜少于全部勘探点的 1/2。

表 8-11　建筑群勘探点间距　单位：m

场地类别	建筑类别			
	甲类	乙类	丙类	丁类
简单场地	30～40	40～50	50～80	80～100
中等复杂场地	20～30	30～40	40～50	50～80
复杂场地	10～20	20～30	30～40	40～50

详细勘察阶段的勘察成果，应符合下列要求：① 按建(构)筑物或建筑群提供详细的岩土工程资料和设计所需的岩土技术参数，当场地地下水位有可能上升至地基压缩层的深度以内时，宜提供饱和状态下的强度和变形参数；② 对地基做出分析评价，并对地基处理、不良地质现象和地质环境的防治等方案做出论证和建议；③ 对深基坑应提供坑壁稳定性和抽、降水等所需的计算参数，并分析对邻近建(构)筑物的影响；④ 对桩基工程的桩型、桩的长度和桩端持力层深度提出合理建议，并提供设计所需的技术参数及单桩竖向承载力的预估值；⑤ 提出施工和监测的建议。

6. 防止或减小建(构)筑物地基浸水湿陷的措施

(1) 地基处理措施

消除地基的全部或部分湿陷量，常采用垫层法、夯实法、挤密法、预浸水法、单液硅化或碱液加固法等处理方法，或采用桩基础穿透全部湿陷性黄土层，或将基础设置在非湿陷性黄土层上。

(2) 防水措施

防水措施主要包括三方面：一是基本防水措施——在建(构)筑物布置、场地排水、屋面排水、地面防水、散水、排水沟、管道敷设、管道材料和管道接口等方面，应采取措施防止雨水或生产、生活用水的渗漏。二是检漏防水措施——在基本防水措施的基础上，对防护范围内的地下管道，应增设检漏管沟和检漏井。三是严格防水措施——在检漏防水措施的基础上，应提高防水地面、排水沟、检漏管沟和检漏井等设施的材料标准，如增设可靠的防水层、采用钢筋混凝土排水沟等。

(3) 结构措施

减小或调整建(构)筑物的不均匀沉降，或使结构适应地基的变形。

(4) 建(构)筑物沉降观测

在施工和使用期间，对甲类建筑和乙类中的重要建筑应进行沉降观测，并应在设计文件中注明沉降观测点的位置和观测要求。观测点设置后，应立即观测一次。对多层、高层建筑，每完工一层就观测一次，竣工时再观测一次，以后每年至少观测一次，至沉降稳定为止。

8.1.5 其他湿陷性土

除常见的湿陷性黄土之外，在我国干旱和半干旱地区，特别是在山前洪积扇、坡积扇地带常常遇到湿陷性碎石土、湿陷性砂土等。这种土在一定压力下浸水常呈现强烈的湿陷性。这类湿陷性土的评价方法目前不能完全沿用我国现行的《湿陷性黄土地区建筑标准》（GB 50025—2018）的有关规定。

1. 湿陷性评价

如不能取试样做室内湿陷性试验时，应采用现场静载荷试验方法确定湿陷性。《岩土工程勘察规范（2009 年版）》（GB 50021—2001）规定：在 200 kPa 压力下浸水载荷试验的附加湿陷量与承压板宽度之比等于或大于 0.023 的土，应判为湿陷性土。

湿陷性土的湿陷程度可按照表 8-12 划分为轻微、中等、强烈 3 类。

表 8-12 湿陷性土的湿陷程度分类

湿陷程度	试验条件	
	承压板面积为 0.50 m^2	承压板面积为 0.25 m^2
轻微	$1.6<\Delta F_s\leqslant 3.2$	$1.1<\Delta F_s\leqslant 2.3$
中等	$3.2<\Delta F_s\leqslant 7.4$	$2.3<\Delta F_s\leqslant 5.3$
强烈	$\Delta F_s>7.4$	$\Delta F_s>5.3$

注：表中附加湿陷量 ΔF_s 的单位为 cm。对能用取土器取得不扰动试样并进行室内试验的湿陷性粉砂，其试验方法和评定标准按现行国家标准《湿陷性黄土地区建筑标准》（GB 50025—2018）执行。

湿陷性土地基受水浸湿至下沉稳定为止的总湿陷量 Δ_s（cm），宜按式（8-5）进行计算：

$$\Delta_s = \sum_{i=1}^{n} \beta \Delta F_{si} h_i \tag{8-5}$$

式中，ΔF_{si} 表示第 i 层土浸水载荷试验的附加湿陷量，cm；h_i 表示第 i 层土的厚度，cm，从基础底面（初步勘察时自地面下 1.5m）算起，$\Delta F_{si}/b<0.023$ 的土层厚度不计入；β 表示修正系数，cm^{-1}。其中，当承压板面积为 0.50 m^2 时，$\beta=0.014$；当承压板面积为 0.25 m^2 时，$\beta=0.020$。

湿陷性土地基的湿陷等级，应根据总湿陷量和湿陷土层的总厚度按表 8-13 判定。

表 8-13 湿陷性土地基的湿陷等级

总湿陷量 Δ_s/cm	湿陷土层的总厚度/m	湿陷等级
$5<\Delta_s\leqslant 30$	>3	Ⅰ
	$\leqslant 3$	Ⅱ
$30<\Delta_s\leqslant 60$	>3	
	$\leqslant 3$	Ⅲ
$\Delta_s>60$	>3	
	$\leqslant 3$	Ⅳ

2. 湿陷性土场地勘察

湿陷性土场地勘察，除应遵守规范的一般规定外，还需符合下列要求：① 勘探点的间距应按规范的一般规定取小值，对湿陷性土分布极不均匀的场地应加密勘探点；② 控制性勘探孔应穿透湿陷性土层；③ 应查明湿陷性土的年代、成因、分布以及其中的夹层、包含物、胶结物的成分和性质；④ 湿陷性碎石土和砂土，宜采用动力触探试验或标准贯入试验确定力学特性；⑤ 不扰动土样应在探井中采取；⑥ 对不扰动土样，除测定一般物理力学性质外，尚应做土的湿陷性和湿化试验；⑦ 对不能取得不扰动土样的湿陷性土，应在探井中采用大体积法测定密度和含水率；⑧ 对于厚度超过 2 m 的湿陷性土，应在不同深度处分别进行浸水载荷试验，并应不受相邻试验的浸水影响。

8.2 膨胀岩土

膨胀岩土是指含有大量亲水矿物，湿度变化时有较大的体积变化，变形约束时产生较大的内应力的岩土，包括膨胀岩和膨胀土。我国膨胀土的分布、成因、地质年代及地貌特征如表 8-14 所示。

表 8-14 我国膨胀土的分布、成因、地质年代及地貌特征

分布		成因	地质年代	地貌特征
四川	成都、广汉、南充、西昌	冲洪积，冰水沉积，残积	$Q_2 \sim Q_3$	Ⅱ级以上阶地，低丘缓坡
云南	鸡街、蒙自、文山	冲积，残坡积	Q_3	Ⅱ级阶地斜坡
广西	宁明、南宁、贵县	冲洪积，残坡积	$Q_3 \sim Q_4$	Ⅰ、Ⅱ级阶地，残丘，岩溶平原与阶地
湖北	郧阳区、襄樊、荆门、枝江	洪冲积，湖相沉积，坡残积	$Q_2 \sim Q_3$，$Q_1 \sim Q_2$	Ⅰ、Ⅱ级以上阶地，山前丘陵
安徽	合肥、淮南	冲洪积	$Q_3 \sim Q_4$	Ⅱ级阶地，垄岗，Ⅰ级阶地
河南	平顶山、南阳	湖相沉积，冲洪积	Q_1	山前缓坡，垄岗
山东	泗水、临沂、泰安	坡洪积，坡残积，冲积，洪积，湖相沉积		斜坡地形，Ⅰ级阶地，河谷平原阶地，山前缓坡
陕西	汉中、安康	残坡积，洪积，冲积	$Q_2 \sim Q_3$	Ⅱ级以上阶地，盆地和阶地，垄岗

根据《岩土工程勘察规范(2009 年版)》(GB 50021—2001)中有关规定，具有下列特征的岩土可初判为膨胀土或膨胀岩。

1. 膨胀土

(1) 多分布在Ⅱ级或Ⅱ级以上阶地、山前丘陵和盆地边缘；

(2) 地形平缓，无明显自然陡坎；

(3) 常见浅层滑坡、地裂，新开挖的路堑、边坡、基槽易发生坍塌；

(4) 裂缝发育，方向不规则，常有光滑面和擦痕，裂缝中常充填灰白、灰绿色黏土；

(5) 干时坚硬,遇水软化,自然条件下呈坚硬或硬塑状态;

(6) 自由膨胀率一般大于40%;

(7) 未经处理的建(构)筑物成群破坏,低层较多层严重,刚性结构较柔性结构严重;

(8) 建(构)筑物开裂多发生在旱季,裂缝宽度随季节变化。

2. 膨胀岩

(1) 多见于伊利石含量大于20%的黏土岩、页岩、泥质砂岩;

(2) 具有膨胀土第(3)条至第(7)条特征的岩石。

对于膨胀岩的判定,尚无统一的指标和方法,多年来一直采用综合方法判定,即按初判和终判两步进行。膨胀岩的勘察评价,仍然是根据工程情况及地区经验参照《膨胀土地区建筑技术规范》(GB 50112—2013)进行。当膨胀岩作为地基时,可参照膨胀土的方法进行判定。当膨胀岩作为其他环境介质时,其膨胀性的判定无统一标准。如中国科学院地质研究所将钠蒙脱石含量5%~6%、钙蒙脱石含量11%~14%作为判定标准;原铁道部第一勘察设计院以蒙脱石含量8%或伊利石含量20%作为判定标准;也有的将干燥饱和吸水率25%作为膨胀岩和非膨胀岩的划分界线。

8.2.1 膨胀土的工程性质

1. 膨胀土的一般性质

由于膨胀土的分布、成因、成土的地质作用多样,其物理力学性质有明显的差别。膨胀土一般性质可以归纳为以下几点:

(1) 膨胀土的液限 ω_L 与塑性指数 I_p 不高,属于低塑性土,与一般黏性土相近。

(2) 天然孔隙比 e 不高,与一般黏性土相近。

(3) 天然含水率 ω 接近塑限 ω_p,液性指数 I_L 接近零,土体多呈坚硬、硬塑状态。

2. 膨胀土的膨胀性

膨胀土吸水膨胀、失水收缩的性能称为胀缩性。表征膨胀性能强弱的指标一般有自由膨胀率(δ_{ef})、膨胀率(δ_{ep})、膨胀力(P_e)、线缩率(δ_s)、收缩系数(λ_s)、胀缩总率(δ_{eps})等。

(1) 自由膨胀率(δ_{ef})

指人工制备的烘干土样,在水中增加的体积与原体积之比。

$$\delta_{ef}=\frac{V_w-V_0}{V_0}\times 100 \tag{8-6}$$

式中,δ_{ef}为膨胀土的自由膨胀率,%;V_0 为土样原有的体积,mL;V_w 为土样在水中膨胀稳定后的体积,mL。

(2) 膨胀率(δ_{ep})

膨胀率指在一定压力作用下,处于侧限条件下的原状土样在浸水膨胀稳定后,土样增加的高度与原高度之比。

$$\delta_{ep}=\frac{h_w-h_0}{h_0}\times 100 \tag{8-7}$$

式中,δ_{ep}为某级载荷下膨胀土的膨胀率,%;h_w 为土样浸水膨胀稳定后的高度,mm;h_0 为土样原始高度,mm。

(3) 膨胀力(P_e)

膨胀力指原状土样在体积不变时由于浸水膨胀产生的最大内应力，可为计算土的膨胀变形量和确定地基承载力的标准值提供依据。膨胀力的确定方法是：以各级压力下的膨胀率为纵坐标，以压力为横坐标，绘制膨胀率与压力的关系曲线，该曲线与横坐标的交点为该土样的膨胀力（图 8-2）。

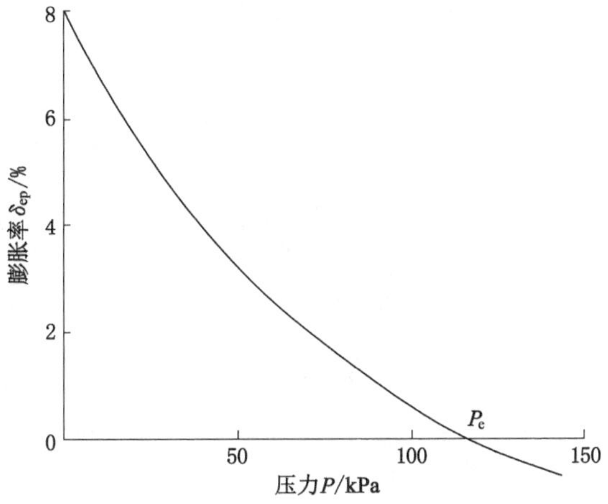

图 8-2　膨胀率-压力关系曲线

（4）线缩率（δ_s）和收缩系数（λ_s）

线缩率是指土的竖向收缩变形与试样原始高度之比。

$$\delta_{si} = \frac{z_i - z_0}{h_0} \times 100 \tag{8-8}$$

式中，δ_{si}为与 z_i 对应的竖向线缩率，%；z_i 为某次百分表读数，mm；z_0 为百分表初始读数，mm；h_0 为试样的原始高度，mm。

收缩系数的确定，应先根据不同时间的线缩率及相应的含水率绘制收缩曲线（图 8-3），以原状土样在直线收缩阶段，含水率减小 1%时的竖向线缩率 δ_s 为收缩系数 λ_s，按式（8-9）计算：

$$\lambda_s = \frac{\Delta\delta_s}{\Delta\omega} \tag{8-9}$$

式中，λ_s 为膨胀土的收缩系数；$\Delta\delta_s$ 为收缩过程中直线变化阶段与两点含水率之差对应的竖向线缩率之差，%；$\Delta\omega$ 为收缩过程中直线变化阶段两点含水率之差，%。

（5）胀缩总率（δ_{eps}）

膨胀土具有吸水膨胀、失水收缩，再吸水再膨胀，再失水又收缩的变形特性，这个特性被称为膨胀土的膨胀与收缩的可逆性，用胀缩总率 δ_{eps}表示。

$$\delta_{eps} = \delta_{epi} + \lambda_{\ s} i \Delta\omega \tag{8-10}$$

式中，δ_{epi}为压力 p_i 下的膨胀率，%；λ_{si}为压力 p_i 下的收缩系数；$\Delta\omega$ 为土的含水率可能减少的幅度（%）。

由式（8-10）可以得到：

① 如果天然含水率 $\omega<0.8\omega_p$，比较低，在干旱地区，对于基坑开挖后经暴晒的土，式中的 $\Delta\omega$ 为零，这时土的胀缩总率即土的膨胀率。② 如果天然含水率 $\omega>1.2\omega_p$，比较高，施加

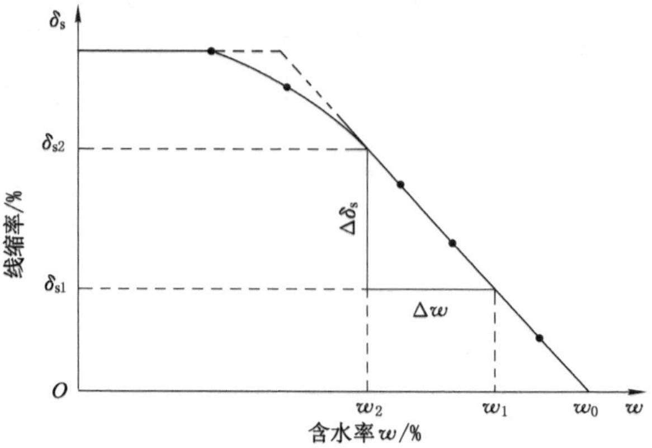

图 8-3　收缩曲线

的压力 p_i 等于膨胀力，即 $\delta_{ep}=0$，此时胀缩总率为收缩率，其值决定含水率可能变化的幅度。若能及时采取措施，控制含水率使变化很小，就可使建(构)筑物地基变形很小。③ 如果 p_i 大于土的膨胀力，则 δ_{epi} 为负值，即压力 p_i 作用下不产生膨胀而出现压缩变形。

(6) 膨胀土各向异性指标

膨胀土由于结构构造特征具有胀缩各向异性。判断胀缩各向异性的指标有 $\alpha_{缩}$ 和 $\alpha_{胀}$，其计算公式分别如式(8-11)、式(8-12)所示：

$$\alpha_{缩}=\frac{e_{sl}}{e_{sd}} \tag{8-11}$$

$$\alpha_{胀}=\frac{e_{pl}}{e_{pd}} \tag{8-12}$$

式中，e_{sl}、e_{sd} 分别为收缩试验测定的竖向收缩率和横向收缩率；e_{pl}、e_{pd} 分别为三向膨胀试验测定的竖向膨胀率和横向膨胀率。

当 $\alpha_{缩}$(或 $\alpha_{胀}$)=1 时，表明竖向胀缩和横向胀缩相等，土体为各向同性。当 $\alpha_{缩}$(或 $\alpha_{胀}$)>1 时，即竖向胀缩大于横向胀缩，表明土以竖向胀缩为主；反之，当 $\alpha_{缩}$(或 $\alpha_{胀}$)<1 时，表明土以横向胀缩为主。不同地区膨胀土的膨胀各向异性差别较大，$\alpha_{缩}$ 一般为 0.70～1.50，但在广西宁明最高达 3.33，$\alpha_{胀}$ 在陕南、云南为 1.30～2.62，在河南为 0.80～1.00，但在广东湛江则可高达 4.00。由此可见，不同地区膨胀土的膨胀各向异性差别较大。

《工程地质手册(第五版)》列出了我国部分地区膨胀土的物理力学性质指标，具体情况如表 8-15 所示。

表 8-15　我国部分地区膨胀土的物理力学性质指标

地区	天然含水率 ω/%	重度 γ/(kN/m³)	孔隙比 e	液限 ω_L/%	塑性指数 I_p/%	液性指数 I_L	自由膨胀率 δ_{ef}/%	膨胀力 P_e/kPa	线缩率 δ_s/%
云南鸡街	24.0	20.2	0.64	50.0	25.0	<0	79	103	2.97
云南蒙自	39.4	17.8	1.15	73.0	34.0	0.03	81	50	8.20
云南建水	32.5	18.3	0.99	59.0	29.0	0.06	52	40	7.00
广西宁明	27.4	19.3	0.79	55.0	28.9	0.07	68	175	6.44

表 8-15(续)

地区	天然含水率 ω/%	重度 γ/(kN/m³)	孔隙比 e	液限 ω_L/%	塑性指数 I_p/%	液性指数 I_L	自由膨胀率 δ_{ef}/%	膨胀力 P_e/kPa	线缩率 δ_s/%
广西南宁伞厂	35.0	18.6	0.98	62.2	33.2	0.15	56	34	3.80
广西贵县	32.0	19.2	0.91	67.0	92.0	<0	50	43	1.30
广西武鸣	27.0	18.5	0.90	72.0	87.0	<0	46	190	1.50
河南平顶山	20.8	20.3	0.61	50.0	26.4	<0	62	137	—
河北邯郸	23.0	20.3	0.67	50.8	26.7	0.05	80	56	4.48
四川成都川师	21.8	20.2	0.64	43.8	22.2	0.05	61	33	3.50
四川成都龙潭寺	23.3	19.9	0.61	42.8	20.9	0.01	90	39	5.90
湖北荆门	17.9	20.7	0.56	43.9	24.2	0.02	64	56	2.14
湖北郧阳区	20.6	20.1	0.63	47.4	22.3	<0	53	26	4.31
陕西安康	20.4	20.2	0.62	50.8	20.3	0	57	37	3.47
陕西汉中	22.2	20.1	0.68	42.8	21.3	0.10	58	27	5.80
贵州贵阳	52.7	16.8	1.57	90.0	94.6	0.13	33	15	9.38
安徽合肥工大	23.4	20.1	0.68	46.5	23.2	0.09	64	59	—

注：表中所列数值均为平均值。

8.2.3　膨胀土地基的评判

1. 膨胀土的判别

据我国大多数地区膨胀土和非膨胀土试验指标的统计分析，凡自由膨胀率 $\delta_{ef} \geqslant 40\%$，土中黏粒成分主要由亲水性矿物组成，并具有膨胀土的野外特征和建(构)筑物开裂破坏特征，胀缩性显著的黏性土，可判为膨胀土。

2. 膨胀土的膨胀潜势

研究表明，自由膨胀率能较好反映土中黏土矿物成分、颗粒组成、化学成分和交换阳离子性质的基本特征。当土中的蒙脱石矿物越多，小于 0.002 mm 的黏粒在土中占较多分量，且吸附着较活泼的钠、钾离子时，土体内部积储的膨胀潜势越强，自由膨胀率越大，土体显示出强烈的胀缩性。调查表明：自由膨胀率较小的膨胀土，膨胀潜势较弱，建(构)筑物损坏轻微；自由膨胀率较高的土，具有较强的膨胀潜势，则较多建(构)筑物将遭到严重破坏。可按《膨胀土地区建筑技术规范》(GB 50112—2013)中自由膨胀率大小划分土的膨胀潜势强弱，以综合分析土的胀缩性高低(表 8-16)。

表 8-16　膨胀土的膨胀潜势分类

自由膨胀率 δ_{ef}/%	膨胀潜势
$40 \leqslant \delta_{ef} < 65$	弱
$65 \leqslant \delta_{ef} < 90$	中
$\delta_{ef} \geqslant 90$	强

3. 膨胀土地基的胀缩等级

按《膨胀土地区建筑技术规范》(GB 50112—2013)，对膨胀土地基的胀缩等级以地基分级变形量(s_c)的大小进行划分(表 8-17)。

表 8-17 膨胀土地基的胀缩等级

地基分级变形量 s_c/mm	级别
$15 \leqslant s_c < 35$	Ⅰ
$35 \leqslant s_c < 70$	Ⅱ
$s_c \geqslant 70$	Ⅲ

地基分级变形量应根据膨胀土地基的变形特征确定，可分别按式(8-13)至式(8-15)进行计算。

(1) 地基土的膨胀变形量可按式(8-13)计算：

$$s_e = \varphi_e \sum_{i=1}^{n} \delta_{epi} \cdot h_i \tag{8-13}$$

式中，s_e 为地基土的膨胀变形量，mm；φ_e 为计算膨胀变形量的经验系数，宜根据当地经验确定，当无可依据经验时，三层及三层以下建(构)筑物可采用 0.6；δ_{epi} 为基础底面下第 i 层土在平均自重压力与对应载荷效应准永久组合时的平均附加压力之和作用下的膨胀率，由室内试验确定；h_i 为第 i 层土的计算厚度，mm；n 为基础底面至计算深度内所划分的土层数(计算深度应根据大气影响深度确定；有浸水可能时，可按浸水影响深度确定)。

(2) 地基土的收缩变形量可按式(8-14)计算：

$$s_s = \varphi_s \sum_{i=1}^{n} \lambda_{si} \cdot \Delta\omega_i \cdot h_i \tag{8-14}$$

式中，s_s 为地基土的收缩变形量，mm；φ_s 为计算收缩变形量的经验系数，宜根据当地经验确定，当无可依据经验时，三层及三层以下建(构)筑物可采取 0.8；λ_{si} 为基础底面下第 i 层土的收缩系数，由室内试验确定；$\Delta\omega_i$ 为地基土收缩过程中，第 i 层土可能发生的含水率变化的平均值(以小数表示)；n 为基础底面至计算深度内所划分的土层数，计算深度可取大气影响深度，当有热源影响时，应按热源影响深度确定，在计算深度内有稳定地下水位时，可计算至水位以上 3 m。

(3) 地基土的胀缩变形量(或称分级涨缩变形量)应为膨胀变形量与收缩变形量之和，可按式(8-15)计算：

$$s_{es} = \varphi_{es} \sum_{i=1}^{n} (\delta_{epi} + \lambda_{si} \cdot \Delta\omega_i) h_i \tag{8-15}$$

式中，s_{es} 为地基土的胀缩变形量，mm；φ_{es} 为计算胀缩变形量的经验系数，宜根据当地经验确定，当无可依据经验时，三层及三层以下建(构)筑物可取 0.7；其他符号意义同前。

8.2.4 膨胀土地基承载力的确定

膨胀土地基中基础底面设计压力宜大于膨胀土地基承载力，膨胀土地基承载力可用下列方法确定：

(1) 浸水载荷试验法。对载荷较大或没有建筑经验的地区,宜采用浸水载荷试验方法确定膨胀土地基承载力。

(2) 计算法。采用饱和三轴不排水快剪试验确定土的抗剪强度,再根据建筑地基基础设计规范或工程勘察规范的有关规定计算膨胀土地基承载力。

(3) 经验法。对已有建筑经验的地区,可根据成功的建筑经验或地区的承载力经验值确定膨胀土地基承载力。

我国《膨胀土地区建筑技术规范》(GB 50112—2013)规定对于一般中低层房屋,由于其载荷较小,在进行初步设计时,可参考表8-18确定地基土的承载力。需要注意的是,膨胀岩土的承载力一般均较高,但其承载力随含水率的增加而降低,故在确定承载力时不应忽视其含水率的变化。

表 8-18 膨胀土地基承载力特征值 f_{ak}

含水比 α_w	f_{ak}/kPa		
	孔隙比 e=0.6	孔隙比 e=0.9	孔隙比 e=1.1
<0.5	350	280	200
0.5～0.6	300	220	170
0.6～0.7	250	200	150

注:① 含水比为天然含水率与液限的比值:$\alpha_w=\omega/\omega_L$;② 此表适用于基坑开挖时土的天然含水率等于或小于勘察时土的天然含水率;③ 使用此表时应结合建(构)筑物的容许变形值考虑。

8.2.5 膨胀岩土勘察及评价要点

(1) 工程地质测绘和调查应重点查明以下内容:

① 查明膨胀岩土的岩性、地质时代、成因、产状、分布以及颜色、节理、裂缝等外观特征;

② 划分地貌单元和场地类型(平坦场地、坡形场地),查明有无浅层滑坡、地裂、冲淘以及微地貌形态和植被情况;

③ 调查地表水的排泄和积聚情况以及地下水的类型、水位及其变化规律;

④ 搜集当地降水量、蒸发量、气温、地温、干湿季节、干旱持续时间等气象资料,查明大气影响深度;

⑤ 调查当地建筑经验。

(2) 勘探工作量应遵守下列规定:

① 勘探点宜结合地貌单元和微地貌形态布置;其数量应比非膨胀岩土地区适当增大,其中采取试样的勘探点不应少于全部勘探点的1/2,详细勘察阶段,地基基础设计等级为甲级的建(构)筑物,不应少于勘探点数的2/3,且不得少于3个勘探点。

② 勘探孔深度,除应满足基础埋深和附加应力的影响深度外,尚应超过大气影响深度;控制性勘探孔不应小于8 m,一般性勘探孔不应小于5 m。

③ 采取原状土样应从地表下1 m处开始,在大气影响深度内,每个控制性勘探孔均应采取Ⅰ、Ⅱ级土样,取样间距不应大于1.0 m;在大气影响深度以下,取样间距可为1.5～2.0 m。一般性勘探孔从地表下1 m开始至5 m深度内,可取Ⅲ级土样,测定天然含水率。

(3) 确定膨胀岩土的工程性质指标，包括一般性指标和表征膨胀岩土胀缩性的自由膨胀率、一定压力下的膨胀率、收缩系数、膨胀力等指标。

(4) 进行胀缩性评价，主要包括膨胀岩土的膨胀潜势分类和膨胀土地基的胀缩等级划分。

(5) 确定膨胀岩土地基承载力。

(6) 膨胀岩土往往在坡度很小时就产生滑动，所以对于边坡及位于边坡上的工程，要特别重视对稳定性的分析验算，验算时应考虑坡体内含水率变化的影响。均质土可采用圆弧滑动法，有软弱夹层及层状膨胀岩土时应按最不利的滑动面验算；具有胀缩裂缝及地裂缝的膨胀边坡，应进行沿裂缝滑动的验算。

(7) 提出膨胀岩土地基处理的措施。

膨胀土地基处理可采用换土、砂石垫层、土性改良等方法，并做好防水处理。当膨胀土层较厚时，应采用桩基，桩尖应支承在非膨胀土层上或支承在大气影响层以下的稳定层上。膨胀岩以治理为主。

8.3 盐渍岩土

盐渍岩土包括盐渍岩和盐渍土。盐渍岩土的判别条件为：① 岩土中含石膏、芒硝、岩盐（主要是含元素 K、Na、Ca、Mg 的氯化物、硫酸盐）、硼酸盐以及含元素 K、Na 的硝酸盐等易溶盐，其含量大于 0.3%；② 自然环境下具有溶陷、盐胀腐蚀等工程特性。符合以上条件的岩土即可称为盐渍岩土。其中，盐渍岩是由含盐较高的天然水体（澙湖、孤海、盐湖等）通过蒸发作用产生的化学沉淀所形成的岩石；盐渍土由地下水沿土层的毛细管升高至地表或接近地表，经蒸发作用水中盐分被析出并聚集于地表或地表以下土层中所成。

盐渍土的分布较为广泛，如青海、新疆、宁夏等省份的内陆湖泊区和沿海的滨海地区均分布有盐渍土。另外，在平原地带，河床淤积或灌溉等，也常使土壤盐碱化形成盐渍土。

8.3.1 盐渍岩土的分类

1. 盐渍岩按主要含盐矿物成分分类

盐渍岩按主要含盐矿物成分可分为石膏盐渍岩、芒硝盐渍岩等。

(1) 石膏、硬石膏岩：呈白色、浅青灰色、浅红色，主要组成为单矿物岩（石膏或硬石膏），有时为石膏-硬石膏或硬石膏-石膏岩，其中有白云岩、石盐和天青石、黄铁矿等矿物混入；

(2) 岩盐岩或石盐岩：主要成分为石盐（NaCl），并含少量其他的氯化物、硫酸盐、黏土、有机质和铁质化合物。在岩盐岩层中，也可以有纹层状构造及与之共生的石膏-硬石膏互层。石盐岩常位于石膏和硬石膏岩的上部，常发现于含红色页岩的沉积岩中，或形成泥砾质石盐岩。

2. 盐渍土按含盐的化学成分分类

(1) 氯盐类盐渍土：主要含 NaCl、KCl、$CaCl_2$、$MgCl_2$ 等氯盐。这类土通常有明显的吸湿性，土中盐分易溶解，冰点低。

(2) 硫酸盐类盐渍土：主要含 Na_2SO_4、$MgS0_4$ 等硫酸盐。这类土由于所含的 Na_2SO_4、$MgSO_4$ 在溶液结晶时会结合水分子形成结晶水化合物（如 $Na_2SO_4 \cdot 10H_2O$、$MgSO_4 \cdot$

$7H_2O$ 等），体积增大，而在一定湿度条件时会脱水形成无水分子的结晶化合物，体积减小，故有较明显的盐胀性。

(3) 碳酸盐类盐渍土：主要含 Na_2CO_3、$NaHCO_3$ 等碳酸盐。土中碱性反应强烈，使黏土颗粒发生最大的分散，崩解性强，速度快，并具盐胀性。

盐渍土按含盐化学成分的分类详见表 8-19。

表 8-19 盐渍土按含盐化学成分的分类

盐渍土名称	$\frac{c(Cl^-)}{2c(SO_4^{2-})}$	$\frac{2c(CO_3^{2-})+c(HCO_3^-)}{c(Cl^-)+2c(SO_4^{2-})}$
氯盐渍土	>2.0	—
亚氯盐渍土	>1.0，≤2.0	—
亚硫酸盐渍土	>0.3，≤1.0	—
硫酸盐渍土	≤0.3	—
碱性盐渍土	—	>0.3

注：表中 $c(Cl^-)$ 为氯离子在 100 g 土中所含毫摩数，其他离子同。

3. 盐渍土按含盐量划分

在大量工程实践中发现，当土中含盐量超过一定值时，土的工程性能就会发生改变。为了便于解决工程问题，盐渍土可按含盐量进行分类（表 8-20）。

表 8-20 盐渍土按含盐量的分类

盐渍土名称	平均含盐量/%		
	氯盐渍土及亚氯盐渍土	硫酸盐渍土及亚硫酸盐渍土	碱性盐渍土
弱盐渍土	≥0.3，<1.0	—	—
中盐渍土	≥1.0，<5.0	≥0.3，<2.0	≥0.3，<1.0
强盐渍土	≥5.0，<8.0	≥2.0，<5.0	≥1.0，<2.0
超盐渍土	≥8.0	≥5.0	≥2.0

8.3.2 盐渍岩土的工程性质

1. 盐渍岩的工程特性

(1) 整体性：盐渍岩多为易溶和中溶的化学沉积岩，在地下深处环境下具有整体结构，基本上不存在裂隙（若有裂隙也将为盐类沉淀所充填）并有较高的塑性变形性，不透水。

(2) 易溶性：盐渍岩由于所含的各种盐类矿物具有强可溶性或相对高的可溶性，而呈现出易溶性，对工程建设易构成潜在危害。如在石膏-硬石膏岩分布的地区，几乎都发育岩溶化现象，尤其是由于水工建(构)筑物的运营，可能会在石膏岩中出现新的岩溶化洞穴，从而引起地面塌陷或建筑基础的不均匀沉陷。

(3) 膨胀性：硫酸盐类盐渍岩经过成岩脱水作用后形成硬石膏、无水芒硝、钙芒硝等，但在水的作用下具有吸水结晶膨胀性，从而会导致岩体的变形（如大范围形成肠状褶曲、小范围内出现底鼓等),使工程建筑遭到破坏。

(4) 腐蚀性:主要是硫酸盐类盐渍岩的固有特性。硫酸盐对混凝土的腐蚀机理主要在于水中的 SO_4^{2-} 通过毛细力作用进入混凝土中,与水泥中的 Ca^{2+} 形成 $CaSO_4 \cdot 2H_2O$,由于 $CaSO_4 \cdot 2H_2O$ 体积膨胀而使混凝土产生结构破坏,或 Na_2SO_4 溶液进入混凝土后,$Na_2SO_4 \cdot 10H_2O$ 的结晶膨胀(体积增加 9.8 倍)而使混凝土遭到强烈腐蚀。

2. 盐渍土的工程性质

(1) 吸湿性:氯盐类盐渍土含较多的 Na^+,其水解半径大,水化膨胀力强,故在其周围可形成较厚的水化薄膜,从而使盐渍土具有较强的吸湿性和保水性。

(2) 有害毛细水作用:盐渍土中有害毛细水上升能直接引起地基土的浸湿软化和次生盐渍化,从而使土的强度降低,产生盐胀、冻胀,危害工程设施。因此在盐渍土地区,控制地下水位,掌握有害毛细水上升高度是工程地质问题之一。

(3) 溶陷性:盐渍土浸水后,由于土中可溶盐的溶解,在土自重压力下产生沉陷的现象,称为盐渍土的溶陷性。盐渍土的溶陷性是用溶陷系数 δ_{rx} 表示的。溶陷系数的测定有室内压缩试验和现场浸水载荷试验两种。

① 室内压缩试验:适用于土质较均匀、不含粗砾,能采取原状土样的黏性土、粉土和含少量黏土的砂土。在一定压力 p 作用下测得下沉量,待下沉稳定后浸水,土体产生溶陷,并测出溶陷终止时的最终溶陷值,然后按式(8-16)计算溶陷系数 δ_{rx}。压力 p 的确定宜采用设计平均压力值,一般采用 200 kPa。

$$\delta_{rx} = \frac{h_p - h'_p}{h_0} \tag{8-16}$$

式中,h_0 为盐渍土不扰动土样的原始高度,mm;h_p 为原状土样加压力至 p 时,下沉稳定后的高度,mm;h'_p 为上述加压稳定后的土样,经浸水溶陷,下沉稳定后的高度,mm。

② 现场浸水载荷试验法:该方法试验设备同一般载荷试验设备相同,承压板的面积可采用 0.5 m^2。对浸水后软弱的地基,承压板的面积不应小于 1.0 m^2,试验基坑宽度不小于承压板宽度或直径的 3 倍。试验基坑中心处铺设 2~5 cm 厚的中粗砂层,并使之密实,然后在其上安放承压板。试验基坑深度通常为基础埋深。

按载荷试验方法逐级加荷至预定压力 p。每级加荷后,按规定时间进行观测,待沉降稳定后测得承压板沉降量。然后向基坑内均匀注水,保持水头高度为 0.3 m,浸水时间根据土的渗透性确定,一般应达 5~12 d。观测承压板的沉降,直到沉降稳定,并测定相应的沉降值。

试验土层的平均溶陷系数 $\bar{\delta}_{rx}$ 应按式(8-17)计算:

$$\bar{\delta}_{rx} = \frac{s_{rx}}{h_{jr}} \tag{8-17}$$

式中,s_{rx} 为承压板压力为 p 时,盐渍土层浸水的总溶陷量,cm;h_{jr} 为承压板下盐渍土浸润深度(可通过钻探取样与试验前含水率对比确定,也可以用瑞利波速度法确定),cm。

按溶陷系数大小可以把盐渍土划分为溶陷性土和非溶陷性土:

当 $\delta_{rx} < 0.01$ 时,为非溶陷性土;当 $\delta_{rx} \geqslant 0.01$ 时,为溶陷性土。其中,当 $0.01 \leqslant \delta_{rx} \leqslant 0.03$ 时,表示溶陷性轻微;当 $0.03 < \delta_{rx} \leqslant 0.05$ 时,表示溶陷性中等;当 $\delta_{rx} > 0.05$ 时,表示溶陷性强。

(4) 腐蚀性:盐渍土及其地下水对建筑结构材料具有腐蚀性,腐蚀程度除与土、水中盐类成分及含量有关外，还与建筑结构所处的环境条件有关。

(5) 盐胀性：当土中含有一定量的硫酸盐或碳酸盐时就会发生盐胀。

硫酸盐类盐渍土发生盐胀的主要原因是，当土中含水率、含盐量、温度达到某一条件时，土中的硫酸盐沉淀结晶，体积增大；当温度和含水率变化后，结晶盐又脱水，体积缩小。当含盐量小于2%时，盐胀产生的危害较小；当含盐量大于2%时，盐胀会对工程建筑产生较大危害。当含水率为18%～22%，温度为－6 ℃～15 ℃，含盐量大于2%时，盐胀值最大。

碳酸盐类盐渍土盐胀机理是：碳酸盐中含有的大量吸附性阳离子，遇水时与胶体颗粒相互作用，在胶体颗粒周围形成结合水薄膜，减少了各颗粒间的内聚力，使其互相分离，从而引起土体盐胀变形。试验表明，当土中 Na_2CO_3 含量超过0.5%时，其盐胀量就显著增大。

盐渍土的盐胀性，对工程建设存在潜在危害，因此，在工程实践中对其盐胀性的评价是不可忽视的。

8.3.3 盐渍岩土溶陷性、盐胀性、腐蚀性评价

1. 盐渍岩土溶陷性评价

可按《盐渍土地区建筑技术规范》(GB/T 50942—2014)计算盐渍土地基的总溶陷量和划分溶陷等级。

(1) 盐渍土地基的总溶陷量 s_{rx} 按式(8-18)计算：

$$s_{rx} = \sum_{i=1}^{n} \delta_{rxi} h_i \qquad (i = 1,2,3,\cdots,n) \tag{8-18}$$

式中，s_{rx} 为盐渍土地基的总溶陷量计算值，mm；δ_{rxi} 为第 i 层土的溶陷系数；h_i 为第 i 层土的厚度，mm；n 为基础底面以下可能产生溶陷的土层层数。

(2) 可根据分级溶陷量划分地基溶陷等级，即按表8-21划分。

表8-21 盐渍土地基溶陷等级表

溶陷等级	总溶陷量 s_{rx}/mm
Ⅰ级(弱溶陷)	$70 < s_{rx} \leqslant 150$
Ⅱ级(中溶陷)	$150 < s_{rx} \leqslant 400$
Ⅲ级(强溶陷)	$s_{rx} > 400$

注：当 s_{rx} 小于70 mm时，按非溶陷性土考虑。

2. 盐渍岩土盐胀性评价

具有盐胀性的盐渍土，大多难以采取原状土进行室内试验，因此，评价盐渍土地基的盐胀性，以根据现场试验测定的有效盐胀区厚度及总盐胀量确定为主。盐渍土的盐胀性以土体的盐胀系数为指标。盐渍土盐胀性可分为非盐胀性、弱盐胀性、中盐胀性和强盐胀性，如表8-22所示。评价盐胀性应采用硫酸钠含量而不是硫酸盐含量。在内陆盆地，有的含盐地层中含有大量的硫酸钙，这种土一般不产生强烈盐胀。此外，评价盐胀性时应做含盐分析，求得各成分盐比值，进行论证。

表 8-22　盐渍土的盐胀性分类

指标盐胀性	非盐胀性	弱盐胀性	中盐胀性	强盐胀性
盐胀系数 δ_{yz}	$\delta_{yz} \leqslant 0.01$	$0.01 < \delta_{yz} \leqslant 0.02$	$0.02 < \delta_{yz} \leqslant 0.04$	$\delta_{yz} > 0.04$
硫酸钠含量 C_{ssn}/%	$C_{ssn} \leqslant 0.5$	$0.5 < C_{ssn} \leqslant 1.2$	$1.2 < C_{ssn} \leqslant 2.0$	$C_{ssn} > 2.0$

注：当盐胀系数和硫酸钠含量两个指标判断的盐胀性不一致时，应以硫酸钠含量为主。

表 8-22 中盐渍土盐胀系数可以通过现场试验方法确定，通常有单点法和多点法。单点法适用于测定现场条件下盐渍土地基有效盐胀区厚度及盐胀量，试验宜在秋末冬初、土温变化大的时候进行。单点法平均盐胀系数应按式(8-19)计算：

$$\bar{\delta}_{yz} = s_{yz}/h_{yz} \tag{8-19}$$

式中，$\bar{\delta}_{yz}$为平均盐胀系数；h_{yz}为有效盐胀区厚度，mm；s_{yz}为总盐胀量，mm。

多点法宜在盐渍土场地选择盐胀破坏状况有代表性的三块测试地点进行。无盐胀场地表现为地表面平整；一般盐胀场地表现为地表面有裂纹；严重盐胀场地表现为地表面出现裂纹鼓包。

多点法可按式(8-20)计算平均盐胀系数$\bar{\delta}_{yz}$：

$$\bar{\delta}_{yz} = \Delta h/h_{yz} \tag{8-20}$$

式中，Δh 为年度盐胀量，mm；h_{yz}为盐胀深度，mm，无可靠资料或无方法确定时可取 1 600～2 000 mm。

盐渍土地基的总盐胀量除可以按《盐渍土地区建筑计算规范》(GB/T 50942—2014)附录 E 直接测定外，也可按式(8-21)计算：

$$s_{yz} = \sum_{i=1}^{n} \delta_{yzi} h_i \quad (i = 1,2,3,\cdots,n) \tag{8-21}$$

式中，s_{yz}为盐渍土地基的总盐胀量(计算值)，mm；δ_{yzi}为室内试验测定的第 i 层土的盐胀系数；n 为基础底面以下可能产生盐胀的土层层数。

盐渍土地基的盐胀等级分为三级，盐胀等级的确定可按照表 8-23 确定。

表 8-23　盐渍土地基的盐胀等级

盐胀等级	总盐胀量 s_{yz}/mm
Ⅰ级(弱盐胀)	$30 < s_{yz} \leqslant 70$
Ⅱ级(中盐胀)	$70 < s_{yz} \leqslant 150$
Ⅲ级(强盐胀)	$s_{yz} > 150$

3. 盐渍岩土腐蚀性评价

盐渍土对建(构)筑物的腐蚀性，可分为强腐蚀性、中腐蚀性、弱腐蚀性和微腐蚀性四个等级。盐渍土的腐蚀性，既与土体自身的腐蚀性及其相关因素紧密相关，同时又取决于含盐的性质、种类和数量等。

(1) 以氯盐为主的盐渍土主要对金属的腐蚀危害大，如罐、池、混凝土中的钢筋及地下管线等。另外，氯盐也通过结晶、晶变等涨缩作用对地基土的稳定性产生影响。对以氯盐为主的盐渍土，重点评价其对钢筋的腐蚀性。

(2) 以硫酸盐为主的盐渍土，主要通过化学作用、结晶涨缩作用，对水泥、砂浆、混凝土和黏土砖类建筑材质产生膨胀破坏，对钢筋等也有一定的腐蚀作用。对以硫酸盐为主的盐渍土，重点评价其对混凝土、石灰、黏土砖的腐蚀性。

(3) 氯盐和硫酸盐同时存在的盐渍土，具有更强的腐蚀性，其他可溶盐的存在通常都会提高土的腐蚀性。

此外，盐渍土的腐蚀性还与大环境（如温度、湿度、降水量、冻融条件等）和小环境（如物理埋设条件、干湿交替情况等）密切相关。

8.3.4 盐渍岩土地基承载力

盐渍岩土地基承载力可按下列方法确定：① 盐渍土承载力。由于盐渍土含盐性质及含盐量的不同，土的工程特性各异，地域性强，目前尚未建立土工试验指标与载荷试验参数的关系，所以载荷试验是获取盐渍土地基承载力的基本方法。如果采用其他原位测试方法，应与载荷试验结果对比后再确定。② 盐渍岩承载力。可按《建筑地基基础设计规范》(GB 50007—2011)中软质岩石承载力标准值的小值确定(200～500 kPa)，并应考虑盐渍岩水溶性的影响。

8.3.5 盐渍岩土勘察及评价要点

1. 盐渍岩土地区的调查工作

盐渍岩土地区的调查工作，应包括下列内容：

(1) 盐渍岩土的成因、分布和特点。

(2) 含盐化学成分、含盐量及其在岩土中的分布。

(3) 溶蚀洞穴发育程度和分布。

(4) 气象和水文资料。

(5) 地下水的类型、埋藏条件、水质、水位及其季节变化。

(6) 植物生长状况。

(7) 以石膏为主的盐渍岩，其石膏的水化深度；含芒硝较多的盐渍岩，在隧道通过地段的地温情况。

(8) 当地工程经验调查。

2. 盐渍岩土勘探测试工作量布置应符合的规定

(1) 除应遵守现行勘察规范的基本规定外，勘探点布置尚应满足查明盐渍岩土分布特征的要求。

(2) 采取岩土样宜在干旱季节进行，对用于测定含盐离子的扰动土取样，宜按表 8-24 所示规定进行。

表 8-24　盐渍土扰动土样取样要求

勘察阶段	深度范围/m	取土样间距/m	取样孔占勘探孔总数的百分数/%
初步勘察	<5	1.0	100
	5～10	2.0	50
	>10	3.0～5.0	20
详细勘察	<5	0.5	100
	5～10	1.0	50
	>10	2.0～3.0	30

注:浅基取样到 10 m 深度即可。

(3) 当工程需要时,应测定有害毛细水上升的高度。

(4) 应根据盐渍土的岩性特征,选用载荷试验等适宜的原位测试方法,对于溶陷性盐渍土应进行浸水载荷试验确定其溶陷性。

(5) 对盐胀性盐渍土宜现场测定有效盐胀厚度和总盐胀量,当土中硫酸钠含量不超过1%时,可不考虑盐胀性。

(6) 除进行常规室内试验外,尚应进行溶陷性试验和化学成分分析,必要时可对岩土的结构进行显微结构鉴定。

(7) 溶陷性指标的测定可按湿陷性土的湿陷试验方法进行。

3. 盐渍岩土的岩土工程评价的主要内容

(1) 岩土中含盐类型、含盐量以及主要含盐矿物对岩土工程特性的影响。

(2) 岩土的溶陷性、盐胀性、腐蚀性和场地工程建设的适宜性。

(3) 盐渍岩土地基承载力宜采用载荷试验确定,当采用其他原位测试方法时,应与载荷试验结果进行对比。

(4) 确定盐渍岩地基承载力时,应考虑盐渍岩的水溶性影响。

(5) 盐渍岩边坡宜比非盐渍岩软质岩石边坡适当放缓,对软弱夹层、破碎带应部分或全部加以防护。

(6) 盐渍岩土对建筑材料的腐蚀性评价应按水土的腐蚀性评价进行。

8.3.6　盐渍岩土的工程防护和地基处理措施

盐渍岩地基通常可采取以下工程防护措施:工程布置应尽量避开主要盐渍岩地层;采用抗硫酸盐水泥注浆;对各类建(构)筑物基础,均应采用防腐蚀措施;设置排水措施、隔水设施和阻水帷幕;施工中禁止用水,开挖时要尽量减少对岩石的扰动,应全断面一次开挖,底板及两边墙开挖后要及时喷射混凝土进行封闭。

盐渍土地基一般采取的地基处理措施有:浸水预溶法、强夯法、换土垫层、振冲法、物理化学处理方法等。

8.4　污　染　土

由于致污物质的侵入,土的成分、结构和性质发生了显著变异的土,应判定为污染土。

致污物质主要有酸、碱、煤焦油、石灰渣等。污染源主要有制造酸碱的工厂、石油化纤厂、煤气工厂、污水处理厂以及燃料库和某些行业，如印染、造纸、制革、冶炼、铸造等行业。本书所指污染土主要指工业污染土、尾矿污染土和垃圾填埋场渗滤液污染土，不适用于受核污染的土。

8.4.1 污染土的识别及污染土场地分类

1. 污染土的识别

(1) 地基土受污染、腐蚀后，往往会变色、变软，状态由硬塑或可塑变为软塑，甚至变为流塑。污染土的颜色也与一般土不同。多呈黑色、黑褐色、灰色、棕红色和杏红色等，有铁锈斑点。

(2) 建(构)筑物地基内的土层变成蜂窝状结构，颗粒分散，表面粗糙，甚至出现局部空洞，建(构)筑物逐渐出现不均匀沉降。

(3) 地下水呈黑色或其他不正常颜色，有特殊气味。

2. 污染土场地分类

根据土污染的程度和对建(构)筑物的危害程度，污染土场地一般可划分为严重污染土场地、中等污染土场地和轻微污染土场地。严重污染土场地，指土的物理力学性质有较大幅度变化的场地；中等污染土场地则指场地土的性质有明显的变化；轻微污染土场地指从场地土的化学分析中检测出有污染土，但其物理力学性质无变化或只有轻微的变化。

按场地和地基进行分类，污染土场地可分为：① 已受污染的已建场地和地基；② 已受污染的拟建场地和地基；③ 可能受污染的已建场地和地基；④ 可能受污染的拟建场地和地基。不同类型的场地和地基在勘察时应突出重点进行勘察。

8.4.2 污染土的勘察

污染土场地和地基的工程勘察应包括下列内容：① 查明污染前后土的物理力学性质、矿物成分和化学成分等；② 查明污染源、污染物的化学成分、污染途径、污染史等；③ 查明污染土对金属材料和混凝土的腐蚀性；④ 查明污染土的分布，划分污染等级并进行分区；⑤ 地下水的分布、运动规律及其与污染作用的关系；⑥ 提出污染土的力学参数，评价污染土场地和地基的工程特效；⑦ 提出污染土的处理意见的建议。

污染土场地和地基的勘察，应根据工程特点和设计要求选择适宜的勘察手段，并应符合下列要求：

(1) 以现场调查为主，对工业污染应着重调查污染源、污染史、污染途径、污染物成分、污染场地已有建(构)筑物受影响程度、周边环境等。对尾矿污染应重点调查不同的矿物种类和化学成分，了解选矿所采用工艺、添加剂及其化学性质和成分等。对垃圾填埋场应着重调查垃圾成分、日处理量、堆积容量、使用年限、防渗结构、变形要求及周边环境等。

(2) 采用钻探或坑探采取土试验，现场观察污染土颜色、状态、气味和外观结构等，并与正常土比较，查明污染土分布范围和深度。

(3) 直接接触试验样品的取样设备应严格保持清洁，每次取样后均应用清洁水冲洗后再进行下一个样品的采取；对易分解或易挥发等不稳定组分的样品，装样时应尽量减少土样与空气的接触时间，防止挥发性物质流失并防止发生氧化；土样采集后宜采取适宜的保存方法并在规定时间内运送实验室。

(4) 对需要确定地基土工程性能的污染土，宜采用以原位测试为主的多种手段；当需要确定污染土地基承载力时，宜进行载荷试验，必要时应进行污染土与未污染土的对比分析。

(5) 对污染土的勘探测试，当污染物对人体健康有害或对机具仪器有腐蚀性时，应采取必要的防护措施。

(6) 拟建场地污染土勘察宜分为初步勘察和详细勘察两个阶段。当条件简单时，可直接进行详细勘察。

初步勘察应以现场调查为主，配合少量勘探测试，查明污染源性质、污染途径，并初步查明污染土分布和污染程度；详细勘察应在初步勘察的基础上，结合工程特点、可能采用的处理措施，有针对性地布置勘察工作量，查明污染土的分布范围、污染程度、物理力学和化学指标，为污染土处理提供参数。

(7) 勘探测试工作量的布置应结合污染源和污染途径的分布进行，近污染源处勘探点间距宜密，远污染源处勘探点间距宜疏。为查明污染土分布的勘探孔深度应穿透污染土。详细勘察时，采取污染土样的间距应根据其厚度及可能采取的处理措施等综合确定。确定污染土与非污染土界限时，取土间距不宜大于 1 m。

(8) 有地下水的勘探孔应采取不同深度地下水试样，从而查明污染物在地下水中的空间分布。当同一钻孔内采取不同深度的地下水试样时，应采用严格的隔离措施，防止因采取混合水样而影响判别结论。

(9) 污染土和水的室内试验，应根据污染情况和任务要求进行下列试验：① 污染土和水的化学成分；② 污染土的物理力学性质；③ 对建筑材料腐蚀性的评价指标；④ 对环境影响的评价指标；⑤ 力学试验项目和试样方法应充分考虑污染土的特殊性质进行相应的试验，如膨胀、湿化、湿陷性试验等；⑥ 必要时应进行专门的试验研究。

有条件时可进行土污染前后土质变化的研究，或通过同一土层在未污染与被污染场地分别取样进行对比试验。当预测地基土受某溶液污染的后果时，可事先取样进行模拟试验，如将土样夹在两块透水石之间，浸入废酸、碱内，浸泡不同时间后，取出观察其变化。还可进行压缩试验、抗剪强度试验，判定其强度和变形与正常土的区别。这样就可得到废液侵蚀对地基土的影响，从而提出采取预防措施的建议。

8.4.3 污染土地基的评价

污染土地基的评价应根据任务要求进行，对场地和建(构)筑物地基的评价主要包括下列内容：

(1) 污染源的位置、成分、性质、污染史及对周边的影响

考虑污染土分布的平面范围和深度、污染程度、地下水受污染的空间范围等因素，对已受污染场地应进行污染分级和分区，评价污染土的工程特效和腐蚀性，提出治理措施，预测发展趋势。

(2) 污染土的物理力学性质以及污染对土的工程特性指标的影响程度

污染对土的工程特性的影响程度可按表 8-25 所示内容划分。根据工程具体情况，可采用强度、变形、渗透等工程特性指标进行综合评价。

表 8-25 污染对土的工程特性的影响程度

影响程度	轻微	中等	大
工程特性指标变化率/%	<10	10～30	>30

注:“工程特性指标变化率”是指污染前后工程特性指标的差值与污染前指标之比。

污染场地污染程度划分,宜按内梅罗污染指数评价,内梅罗污染指数评价按式(8-22)计算:

$$PN=\sqrt{\frac{\overline{PI}^2+PI_{max}^2}{2}} \tag{8-22}$$

式中,PN 为内梅罗污染指数;$\overline{PI}$为平均单项污染指数;PI_{max}为最大单项污染指数。

需要说明的是,单项污染指数=污染物实测值/评价指标限值。

场地污染等级及污染程度划分标准见表 8-26。

表 8-26 场地污染等级及污染程度划分标准

污染等级	内梅罗污染指数	污染程度
Ⅰ	PN≤1.0	无污染
Ⅱ	1.0<PN≤2.0	轻度污染
Ⅲ	2.0<PN≤3.0	中度污染
Ⅳ	PN>3.0	重度污染

(3) 工程需要时,提供地基承载力和变形参数,预测地基变形特征

污染土的承载力和变形参数可由载荷试验确定。污染土的强度指标应由现场剪切试验获得,并宜进行污染与未污染和不同程度的对比试验。原土经污染后,一般其强度和承载力是显著降低的。

(4) 污染土对建筑材料的腐蚀性

污染土对金属和混凝土具有腐蚀性,腐蚀性的评价应按污染等级分区给出。污染土的腐蚀性评价,应按照《岩土工程勘察规范(2009 年版)》(GB 50021—2001)执行。

(5) 污染土和水对环境的影响

污染土和水对环境影响的评价应结合工程具体要求进行,无明确要求时可按现行国家标准《土壤环境质量 农用地土壤污染风险管控标准(试行)》(GB 15618—2018)、《地下水质量标准》(GB/T 14848—2017)和《地表水环境质量标准》(GB 3838—2002)进行评价。

(6) 分析污染发展趋势

对已建项目的危害性或拟建项目适宜性进行综合评价。

8.4.4 污染土的地基处理措施

污染土的地基处理应在污染土分级以及对污染场地类型了解的基础上,对不同污染程度区别对待。一般情况下严重污染和中等污染土是必须处理的,但对轻微污染土可不处理。对污染土处理时,还应预测污染发展趋势。对污染土的地基的处理,可采用下列措施:

(1) 局部或全部挖除污染土层,换填未污染土,但对挖出的污染土应及时妥善处理,不

能随意弃置。

(2) 采用砂桩或碎石桩加固污染土层。

(3) 采用预制钢筋混凝土桩基础穿越污染土层,桩身应进行防护处理。

8.5 其他特殊性土

8.5.1 多年冻土

多年冻土是指含有固态水、冻结状态持续2年或2年以上的土。当温度条件改变时,多年冻土的物理力学性质随之改变,并可产生冻胀、融陷、热融滑塌等现象。

多年冻土按冻土的含冰量及特征分为少冰冻土、多冰冻土、富冰冻土、饱冰冻土和含土冰层五种冻土工程类型;根据多年冻土的年平均地温分为高温冻土和低温冻土,其中高温冻土年平均地温不应低于−1.0 ℃,低温冻土年平均地温应低于−1.0 ℃。根据体积压缩系数或总含水率划分为坚硬冻土、塑性冻土和松散冻土;其中坚硬冻土体积压缩系数不应大于0.01 MPa^{-1},塑性冻土体积压缩系数应大于0.01 MPa^{-1},松散冻土总含水率不应大于3%。

1. 多年冻土的一般性质

对多年冻土的工程性质起主要作用的是冰的含量及其存在形式。但是冻土中的含冰量是极不稳定的,随着湿度、温度的升降,冰的含量剧烈变化,从而导致冻土的工程地质性质发生相应的显著变化。

冻土的含水性通常用总含水率(ω_0)表示,即

$$\omega_0 = \frac{M_w + M_i}{M_s} \times 100\% \tag{8-23}$$

式中,M_w 为冻土中液态水的质量;M_i 为冻土中固态水的质量;M_s 为矿物颗粒的质量。

多年冻土为不透水层,具有牢固的冰晶胶结结构,从而具有较高的力学性能,抗压强度和抗剪强度均较高。但受温度和总含水率的变化及载荷作用时间长短的影响,内摩擦角很小,可近似把多年冻土看作理想的黏滞体,在短期载荷作用下,压缩性很低,类似于岩石,可不计算变形;在长期载荷作用下,冻土的变形增大,特别是温度在近似零度时,变形会更突出。

多年冻土具有冻胀性和融沉性。

(1) 冻胀性指土冻结时体积膨胀,即水在转化为冰时体积膨胀,从而使土的结构孔隙度增大。如果土中的原始孔隙空间足以容纳水在冻结时所增大的体积,则冻胀不会发生;只有在土的原始饱和度很高或有新的水分补充时才会发生冻胀。所以对冻胀性的理解应为:土冻结时体积随之增大的性能。因此,常用体积的相对变化量——冻胀率(η)来表示,即

$$\eta = \frac{V - V_0}{V_0} \times 100\% \tag{8-24}$$

式中,V_0 为冻结前土的体积;V 为冻结后土的体积。

冻胀性是对多年冻土上层的季节融冻层进行评价的重要依据。在自然界中,冻胀也常表现为土层表面的隆起,因此,也用冻土冻结前后高度的相对变化来表示其冻胀性,即

$$\eta = \frac{h - h_0}{h_0} \times 100\% \tag{8-25}$$

式中，h_0 为冻结前土层的高度或冻结带在冻结前的高度；h 为冻结后土层的高度或冻结后土的冻结带深度。

按冻胀率可对冻土的冻胀性进行分类：

当 $\eta \leqslant 1\%$ 时，为不冻胀土；当 $1\% < \eta \leqslant 3.5\%$ 时，为弱冻胀土；当 $3.5 < \eta \leqslant 6\%$ 时，为冻胀性土；当 $\eta > 6\%$ 时，为强冻胀土。

土的冻胀性与含水率有关，当含水率低到一定程度时，土在冻结过程中将不表现出冻胀性，此含水率界限值称为起始冻胀含水率（ω_f）。它随土的分散度不同而异，一般情况下，随颗粒组成中粗粒组分的增加而降低。

（2）融沉性对多年冻土地基的评价有着重要的意义。前面已经论及冻土的冻胀性，是在土冻结过程中表现出的性能，而融沉性，则是在土融化过程中表现出的性能，即融沉性是冻土在融化过程中，由于固态冰转化为液态水时体积缩小的性能。在融化过程中，土粒间联结作用削弱，水分排出，在自重压力下，特别是在外部载荷作用下，多年冻土可能产生较大的压缩变形。

多年冻土的融沉性可用室内无侧胀压缩试验测得的融沉系数 δ_0' 表示：

$$\delta_0' = \frac{h_1 - h_2}{h_1} = \frac{e_1 - e_2}{1 + e_1} \times 100\% \tag{8-26}$$

式中，h_1 和 e_1 分别为冻土样融化前的高度（mm）和孔隙比；h_2 和 e_2 分别为冻土样融化后的高度（mm）和孔隙比。

可按《岩土工程勘察规范（2009 年版）》（GB 50021—2001）通过土的类别、总含水率 ω_0、平均融沉系数 δ_0 等确定冻土类型（表 8-27）。

表 8-27　多年冻土的融沉分类

土　的　名　称	总含水率 ω_0/%	平均融沉系数 δ_0	融沉等级	融沉类别	冻土类型
碎石土，砾、粗砂、中砂（粒径小于 0.075 mm 的颗粒含量不大于 15%）	$\omega_0 < 10$	$\delta_0 \leqslant 1$	Ⅰ	不融沉	少冰冻土
	$\omega_0 \geqslant 10$	$1 < \delta_0 \leqslant 3$	Ⅱ	弱融沉	多冰冻土
碎石土，砾、粗砂、中砂（粒径小于 0.075 mm 的颗粒含量大于 15%）	$\omega_0 < 12$	$\delta_0 \leqslant 1$	Ⅰ	不融沉	少冰冻土
	$12 \leqslant \omega_0 < 15$	$1 < \delta_0 \leqslant 3$	Ⅱ	弱融沉	多冰冻土
	$15 \leqslant \omega_0 < 25$	$3 < \delta_0 \leqslant 10$	Ⅲ	融沉	富冰冻土
	$\omega_0 \geqslant 25$	$10 < \delta_0 \leqslant 25$	Ⅳ	强融沉	饱冰冻土
粉砂、细砂	$\omega_0 < 14$	$\delta_0 \leqslant 1$	Ⅰ	不融沉	少冰冻土
	$14 \leqslant \omega_0 < 18$	$1 < \delta_0 \leqslant 3$	Ⅱ	弱融沉	多冰冻土
	$18 \leqslant \omega_0 < 28$	$3 < \delta_0 \leqslant 10$	Ⅲ	融沉	富冰冻土
	$\omega_0 \geqslant 28$	$10 < \delta_0 \leqslant 25$	Ⅳ	强融沉	饱冰冻土
粉土	$\omega_0 < 17$	$\delta_0 \leqslant 1$	Ⅰ	不融沉	少冰冻土
	$17 \leqslant \omega_0 < 21$	$1 < \delta_0 \leqslant 3$	Ⅱ	弱融沉	多冰冻土
	$21 \leqslant \omega_0 < 32$	$3 < \delta_0 \leqslant 10$	Ⅲ	融沉	富冰冻土
	$\omega_0 \geqslant 32$	$10 < \delta_0 \leqslant 25$	Ⅳ	强融沉	饱冰冻土

表 8-27(续)

土 的 名 称	总含水率 ω_0/%	平均融沉系数 δ_0	融沉等级	融沉类别	冻土类型
黏性土	$\omega_0 < \omega_p$	$\delta_0 \leqslant 1$	Ⅰ	不融沉	少冰冻土
	$\omega_p \leqslant \omega_0 < \omega_p + 4$	$1 < \delta_0 \leqslant 3$	Ⅱ	弱融沉	多冰冻土
	$\omega_p + 4 \leqslant \omega_0 < \omega_p + 15$	$3 < \delta_0 \leqslant 10$	Ⅲ	融沉	富冰冻土
	$\omega_p + 15 \leqslant \omega_0 < \omega_p + 35$	$10 < \delta_0 \leqslant 25$	Ⅳ	强融沉	饱冰冻土
含土冰层	$\omega_0 \geqslant \omega_p + 35$	$\delta_0 > 25$	Ⅴ	融陷	含土冰层

注:(1) 总含水率 ω_0 包括冰和未冻水;(2) 本表不包括盐渍化冻土、冻结泥炭化土、腐殖土、高塑性黏土。

2. 多年冻土的不良地质作用

伴随着冻结过程发生的冻土的不良地质作用主要有:

(1) 冻胀现象:以冻胀丘和冻胀拔石为主要现象。

(2) 厚层地下冰:在黏性土的多年冻土上限附近,常可遇见一层厚度不等的较纯的地下冰层。在山坡下部和一些负地形部位,地下冰层的厚度有时可达到几十厘米,甚至 2~3 m。它们是在年复一年的冻结凝成冰过程中形成的。

(3) 冰锥:冒出地表和冰面的水,被冻结成丘状的冰体,称为冰锥。冰锥分为泉冰锥和河冰锥两种。泉冰锥,是常年出露的地下水所形成的冰锥,多分布在山麓洪积扇边缘、洼地和坡脚等处。河冰锥的形成,是由于冬季河水表层冻结以后,河水渐具承压性,上部冻结越厚,下部流水受压越大,当压力增加到一定程度时,下部流水就冲破上覆冰层的薄弱点向外溢出冻结而形成,一般分布在河漫滩和河床上。冰锥常常阻塞交通,危及行车安全,毁坏工程建(构)筑物。

(4) 寒冻石流:寒冻风化形成的碎石在斜坡上由于冻融过程中的重力和流水作用顺坡向下,形成寒冻石流。

(5) 寒冻裂隙:在寒冬季节的低温作用下,土石表面的收缩应力大于土石的内聚强度,使其开裂。

3. 多年冻土地基承载力

多年冻土地基承载力应结合当地的建筑经验,按下述要求综合确定:

① 对安全等级为甲级建(构)筑物,应采用载荷试验或其他原位试验方法结合当地建筑经验综合确定。② 对于安全等级为乙级建(构)筑物,宜采用载荷试验或其他原位试验确定。当无条件时,对保持冻结状态的地基,可根据冻土的物理力学性质和地温状态确定;对于容许融化的地基,应采用融化土地基的承载力,按实测成果确定。③ 对丙级建(构)筑物,可根据邻近建(构)筑物的经验确定。

4. 多年冻土勘察要点

运用岩土工程测绘和调查方法,应查明以下内容:

(1) 多年冻土的分布范围及上限深度;

(2) 多年冻土的类型、厚度、总含水率、构造特征、物理力学和热学性质;

(3) 多年冻土的层上水、层间水、层下水的赋存形式、相互关系及其对工程的影响;

(4) 多年冻土的融沉性分级和季节融化层土的冻胀性分级;

(5) 厚层地下冰、冰锥、冰丘、冻土沼泽,热融滑塌、热融湖塘、融冻泥流等不良地质作用的形态特征、形成条件、分布范围、发生发展规律及其对工程的危害程度。

勘探点间距与深度应结合工程和地区的实际情况布置，应满足下列要求：

(1) 多年冻土地区勘探点间距，在满足《岩土工程勘察规范(2009年版)》(GB 50021—2001)中对各类工程勘察基本要求的同时，应予以适当加密。

(2) 勘探孔深度布置要满足下列要求：

① 对保持冻结状态设计的地基，不应小于基底以下2倍基础宽度，对桩基应超过桩端以下3～5 m；② 对逐渐融化状态和预先融化状态设计的地基，应符合非冻土地基的要求；③ 无论何种设计原则，勘探孔的深度均宜超过多年冻土上限深度的1.5倍；④ 在多年冻土的不稳定地带，应查明多年冻土下限深度，当地基为饱冰冻土或含土冰层时，应穿透该层。

5. 多年冻土岩土工程评价

多年冻土岩土工程评价主要有下列内容：

(1) 多年冻土的地基承载力，应区别保持冻结地基和容许融化地基，结合当地经验用载荷试验或其他原位测试方法综合确定，对次要建(构)筑物可根据邻近工程经验确定。

(2) 除次要工程外，建(构)筑物宜避开饱冰冻土、含土冰层地段和冰锥、冰丘、热融湖、厚层地下冰；融区与多年冻土区之间的过渡带，宜选择坚硬岩层、少冰冻土和多冰冻土地段以及地下水位或冻土层上水位低的地段和地形平缓的高地。

6. 多年冻土地区的地基处理措施

多年冻土地区的地基处理措施一般选择以下处理方法：

(1) 保护冻结法。宜用于冻层较厚、多年地温较低和多年冻土相对稳定的地带，以及不采暖的建(构)筑物和富冰冻土、饱冰冻土、含土冰层的采暖建(构)筑物或按容许融化法处理有困难的建(构)筑物。

(2) 容许融化法。容许融化法的自然融化宜用于地基总融陷量不超过地基容许变形值的少冰冻土或多冰冻土地基；容许融化法的预先融化宜用于冻土厚度较薄、多年地温较高、多年冻土不稳定地带的富冰冻土、饱冰冻土和含土冰层地基，并可采用人工融化压密法或挖除换填法进行处理。

8.5.2 软土

软土是指天然孔隙比大于或等于1.0，且天然含水率大于液限的细粒土，包括淤泥、淤泥质土、泥炭、泥炭质土等。淤泥和淤泥质土是指在静水或缓慢的流水环境中沉积，经生物化学作用形成的黏性土。习惯上将天然含水率大于液限，天然孔隙比e大于1.5的淤泥类土，称为淤泥；而将天然含水率大于液限，天然孔隙比大于1.0而小于1.5的淤泥类土，称为淤泥质土。泥炭和泥炭质土中含有大量未分解的腐殖质，当土的有机质含量大于60%时，称为泥炭；当土的有机质含量在10%～60%时称为泥炭质土。

1. 软土的工程性质

软土的主要特征是：细颗粒成分多、孔隙比大、天然含水率高、压缩性高、有机质含量高、成土年代较近、强度低、渗透系数小。在通常情况下，软土有如下特征指标：

(1) 小于0.075 mm粒径的土粒占土样总质量的50%以上；

(2) 天然孔隙比e大于1.0；

(3) 天然含水率ω大于该土的液限ω_L；

(4) 压缩系数 $\alpha_{1\text{-}2}$ 在 0.5 MPa^{-1} 以上；

(5) 不排水抗剪强度 τ_f 小于 30 kPa；

(6) 渗透系数 k 小于 10^{-6} cm/s；

(7) 灵敏度 S_t 在 3～4 之间。

由此可归纳，软土具有以下工程性质特征：

① 触变性。软土具有触变特征，当原状土受到震动以后，结构连接被破坏，降低了土的强度或很快使土变成稀释状态。触变性的大小，常用灵敏度 S_t 来表示。软土的 S_t 一般在 3～4 之间。因此，当软土地基受震动载荷后，易产生侧向及基底面两侧挤出等现象。

② 高压缩性。由室内压缩试验得知，软土的大部分压缩变形较易发生在垂直压力为 100 kPa 的条件下，在建(构)筑物的沉降方面反映为沉降变形量大。

③ 低强度。不排水抗剪强度小于 30 kPa，承载力小于 100 kPa。若要提高软土的强度，则必须改善其固结排水条件。

④ 低透水性。软土透水性弱，一般垂直方向渗透系数在 $1\times(10^{-8}\sim10^{-6})$ cm/s 之间，对地基排水固结不利，反映为建(构)筑物沉降延续时间长。同时，在加载时期地基中常出现较高的孔隙水压力，影响地基的强度。

⑤ 流变性。软土除排水固结引起变形外，在剪应力作用下，土体还会发生缓慢而长期的剪切变形。对于边坡、堤岸、码头等稳定性不利。

⑥ 不均匀性。软土具有微细和高分散的颗粒组成，黏粒层中局部多以粉粒为主，平面分布上有所差异，垂直方向上具明显分选性，作为建(构)筑物地基，则易产生差异性沉降。

主要软土地区不同成因类型的软土工程性质指标见表 8-28。

表 8-28 各类软土的物理力学性质指标统计表

成因类型	含水率 ω/%	重度 γ/(kN/m³)	孔隙比 e	抗剪强度		压缩系数 $\alpha_{1\text{-}2}$/(MPa^{-1})	灵敏度 S_t
				内摩擦角 φ/(°)	内聚力 C/MPa		
滨海沉积软土	40～100	15～18	1.0～2.3	1～7	0.002～0.02	1.2～3.5	2～7
湖泊沉积软土	30～60	15～19	0.8～1.8	0～10	0.005～0.03	0.8～3.0	—
河滩沉积软土	35～70	15～19	0.9～1.8	0～11	0.005～0.03	0.8～3.0	4～8
沼泽沉积软土	40～120	14～19	0.5～1.5	0	0.005～0.02	>0.5	2～10

2. 软土勘察

软土勘察除应符合常规要求外，尚应查明下列内容：

① 软土成因类型、成层条件、分布规律、层理特征、水平方向和垂直方向的不均匀性；

② 地表硬壳层的分布深度、下伏硬土层或基岩的埋深与起伏情况；

③ 固结历史、应力水平和结构破坏对强度和变形的影响；

④ 微地貌形态和暗埋的塘、浜、沟、坑穴的分布、埋深及填土的情况；

⑤ 开挖、回填、支护、工程降水、打桩、沉井等对软土应力状态、强度和压缩性的影响；

⑥ 当地工程经验。

3. 软土的岩土工程评价

(1) 稳定性评价

应判定地基产生失稳和不均匀变形的可能性；当工程位于池塘、河岸、边坡附近时，应验算其稳定性。

(2) 软土承载力

确定软土承载力是采取软土处理方案的基础。软土地基承载力应根据室内试验、原位测试和当地建筑经验，并结合以下因素综合确定(其中，用变形控制原则比按强度控制原则更重要)：

① 软土成层条件、应力历史、结构性、灵敏度等力学特性和排水条件；

② 上部结构的类型、刚度、载荷性质和分布，对不均匀沉降的敏感性；

③ 基础的类型、尺寸、埋深、刚度等；

④ 施工方法和程序。

(3) 软土地基的不均匀变形

当建(构)筑物相邻高低层载荷相差较大时，应分析其变形差异和相互影响；当地面有大面积堆载时，应分析对相邻建(构)筑物的不利影响。

(4) 软土地基沉降计算方法

软土地基沉降可采用分层总和法计算，也可采用应力历史法计算沉降量，再根据当地经验进行修正，必要时应考虑软土的次固结效应。

在分析评价基础上提出基础形式和持力层的建议；对于上为硬层、下为软土的双层土地基，应进行下卧层验算。

4. 软土地基处理措施

软土地基处理的方法主要有：① 充分利用软土地基表层的密实土层作为基础的持力层，基础尽可能浅埋。② 减少建(构)筑物对地基土的附加压力，采用架空地面、减少回填土质量、设置地下室等措施。③ 采用换土垫层(砂垫层)与桩基，提高地基承载力。④ 采用砂井预压，使土层排水固结。⑤ 采用高压喷射、深层搅拌、粉体喷射等方法将土粒胶结，从而改善土的工程性质，形成复合地基，以提高承载力。

8.5.3 填土

由于人类活动而堆填的土，统称为填土。在我国大多数城市的地表面，普遍覆盖着一层人工杂土堆积层。这种填土的物质组成、分布特征和工程性质均相当复杂，且具有地区性特点。例如，上海市部分地区多暗滨、暗塘、暗井，常用土和垃圾回填，故有大量的腐殖质；福州市地表层为瓦砾填土，其下部常见一种黏性土质填土。在旧河道、旧湖塘地带，可见一种与淤泥混杂堆填的软弱填土，呈流动或饱和状态。又如，西安市由于古城兴衰、战争等，其地表层普遍覆盖一层填土，厚度为 2～6 m，多为瓦砾素土，其间密布古井渗坑，周围土体常呈黑绿色。

1. 填土的分类

根据其物质组成和堆填方式，可将填土分为素填土、杂填土、冲填土和压实填土四类。

(1) 素填土指由碎石土、砂土、粉土和黏性土等一种或几种土质组成，不含杂质或含杂质很少的土。

① 按主要组成物质分为：a. 碎石素填土；b. 砂性素填土；c. 黏性素填土。

② 按堆填时间分为：a. 老填土：当主要组成物质为粗颗粒，堆填时间在 10 a 以上者；或

主要组成物质为细颗粒，堆填时间在 20 a 以上者。b. 新填土：堆填年限低于上述规定者。

素填土的承载力取决于它的均匀性和密实度。在堆填过程中，未经人工压实时，一般密度较差，不宜做天然地基；但堆积时间较长，由于土的自重压密作用，也能达到一定的密实度，如堆积时间超过 10 a 的黏性土、超过 5 a 的粉土、超过 2 a 的砂土，均具有一定的强度和密实度，可以作为一般建(构)筑物的天然地基。

(2) 杂填土指含大量建筑垃圾、工业废料或生活垃圾等杂物的填土。

按组成物质和特征分为：

① 建筑垃圾土：主要由碎砖、瓦砾、朽木等建筑垃圾组成，有机物含量较少。

② 工业废料土：由现代工业生产的废渣、废料堆积而成，包括矿渣、煤渣、电石渣等以及其他工业废料夹少量土类。

③ 生活垃圾土：填土中有大量从居民生活中抛弃的废物，诸如炉灰、布片、菜皮、陶瓷片等杂物夹土类，一般含较多有机质和未分解的腐殖质。

(3) 冲填土又叫吹填土，是由水力冲填泥沙形成的填土。

冲填土是我国沿海一带常见的填土之一。主要由于整治或疏通江河航道，或当工农业生产需要填平或填高江河附近某些地段时，用高压泥浆泵将挖泥船挖出的泥沙，通过输泥管排送到需要填高地段及泥沙堆积区而成。上海黄浦江、天津的海河塘沽、广州的珠江等河流两岸及滨海地段不同程度分布有这种填土。

(4) 压实填土指素填土经过分层压实(或夯实)过的土。压实填土在筑路、坝堤等工程中经常涉及。

2. 填土的工程性质

填土的堆填时间、堆填环境，特别是物质来源和组成成分的复杂性和差异性，常造成填土性质很不均匀，分布和厚度变化缺乏规律性，带有极大的人为偶然性，往往在很小的范围内，填土的质量密度会在垂直方向和水平方向变化较大。填土往往是一种欠压密土，具有较强的压缩性，在干旱和半干旱地区，干或稍湿的填土往往具有湿陷性。

填土的工程地质性质主要包括以下几个方面：

(1) 不均匀性

填土由于物质来源、组成成分的复杂性和差异性，分布范围和厚度变化缺乏规律性，所以不均匀性是填土的突出特点，而且在杂填土和冲填土中表现得更加显著。例如，冲填土在吹泥的出口处沉积的土粒较粗(甚至有石块)，顺着出口向外围土粒则逐渐变细；并且在充填过程中泥沙来源的变化易造成冲填土在纵横方向上的不均匀性，故冲填土层多呈透镜体状或薄层状出现。

(2) 湿陷性

填土由于堆填时未经压实，所以其土质疏松，孔隙发育，当浸水后会产生附加下陷，即湿陷性。通常，新填土比老填土湿陷性强，含有炉灰和变质炉灰的杂填土比素填土湿陷性强，干旱地区填土的湿陷性比气候潮湿、地下水位高的地区湿陷性强。

(3) 自重压密性

填土属欠固结土，在自身重力和大气降水下渗的作用下有自行压密的特点，压密所需的时间随填土的物质成分不同而有很大的差别。例如，由粗颗粒组成的砂和碎石类素填土，一般回填时间在 2～5 a 即可达到自重压密基本稳定；而粉土和黏性土质的素填土则需

5～15 a 才能达到基本稳定。建筑垃圾和工业废料填土的基本稳定时间需 2～10 a；而含有大量有机质的生活垃圾填土的自重压密稳定时间可长达 30 a 以上。冲填土的自重压密稳定时间更长，可达几十年甚至上百年。

(4) 压缩性大和强度低

填土由于密度小，孔隙度大，结构性很差，故具有高压缩性和较低的强度。在密度相同的条件下，填土的变形模量比天然土的低很多(图 8-4)，并且随着含水率的增大，变形模量急剧降低(图 8-5)。对于杂填土而言，当建筑垃圾土的组成物以砖块为主时，则性能优于以瓦片为主的土；而建筑垃圾土和工业废料土一般情况下性能优于生活垃圾土，这是因为生活垃圾土物质成分杂乱，含大量有机质和呈未分解或半分解状态的腐殖质。对于冲填土，则是由于其透水性弱，排水固结性差，土体呈软塑或流塑状态之故。

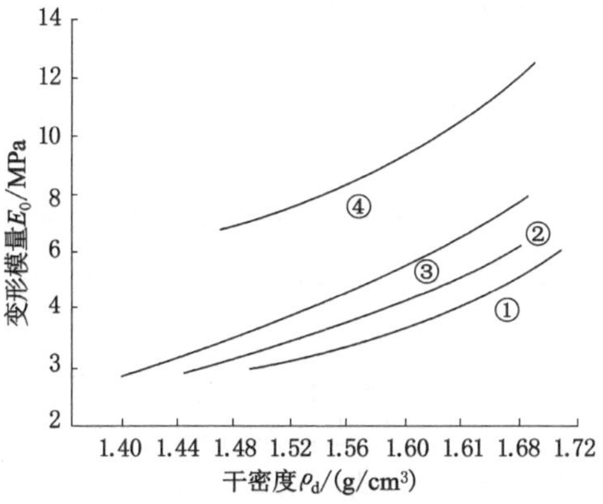

①，②，③ —填土；④ —天然土(I_p=15)。

图 8-4 填土的变形模量与干密度的关系

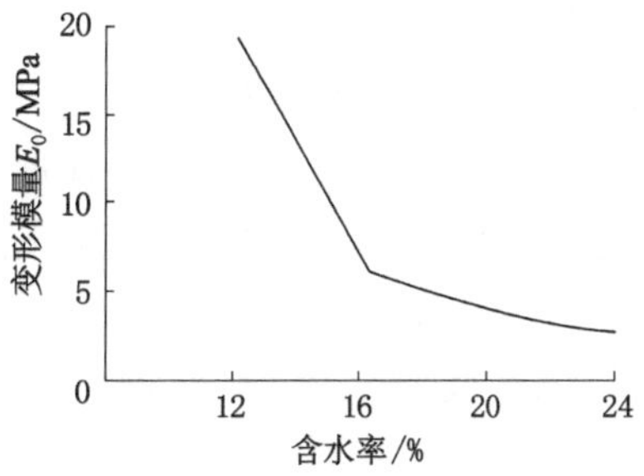

图 8-5 填土变形模量与含水率的关系

3. 填土的工程勘察

通过岩土工程测绘和调查，应勘探查明以下内容：

(1) 搜集资料，调查地形和地物的变迁，查明填土来源、堆积年限和堆积方式。

(2) 查明填土的分布范围、厚度、物质成分、颗粒级配以及均匀性、密实性、压缩性和湿陷性。

(3) 判定地下水对建筑材料的腐蚀性。

4. 填土的岩土工程评价

填土的岩土工程评价应包括以下内容：

(1) 阐明填土的成分、分布和堆积年代，判定地基的均匀性、压缩性和密实度；必要时应按厚度、强度和变形特性进行分层或分区评价。

(2) 对于堆积年限较长的素填土、冲填土以及由建筑垃圾和性能稳定的工业废料组成的杂填土，当较均匀和较密实时可作为天然地基。由有机质含量较多的生活垃圾和对基础有腐蚀性的工业废料组成的杂填土不宜作为天然地基。

(3) 确定填土地基承载力。填土地基承载力应结合地区经验按有关标准综合确定。

(4) 当填土底面的天然坡度大于 20%时，应验算其稳定性。

5. 填土地基处理措施

填土地基处理方法的选择，应从加固效果、经济费用、工程周期、环境影响以及地区经验等方面综合考虑。

(1) 换土垫层法：适用于地下水位以上，可减少和调整地基不均匀沉降。

(2) 表层压实法：机械碾压、重锤夯实和强夯主要适用于加固浅埋的松散低塑性或无黏性填土。

(3) 挤密法：挤密土桩、灰土桩适用于地下水位以上，砂、碎石桩适用于地下水位以下，处理深度一般可达 6～8 m。

另外，还可采用 CFG 桩法（水泥粉煤灰碎石桩法）、柱锤冲扩桩法等地基处理方法，以提高填土地基承载力和减弱地基变形。处理后的填土地基应进行质量检验，检验工作应按《建筑地基基础设计规范》(GB 50007—2011)和有关规定进行。

8.6 本章小结

(1) 特殊性岩土是指具有独特的物理力学性质和工程特征，具有特殊的物质组成、结构构造的岩土。特殊性岩土主要包括湿陷性土、膨胀岩土、盐渍岩土、污染土。除此之外，还有多年冻土、软土、填土等特殊性岩土。

(2) 湿陷性黄土是指在一定压力下受水浸湿，土结构迅速破坏，并产生显著附加下沉的黄土。湿陷性黄土主要为晚更新世形成的马兰黄土(Q_3)和全新世形成的 Q_4 黄土。测定黄土湿陷性的试验主要有室内压缩试验、现场静载荷试验和现场试坑浸水试验三种。湿陷性黄土场地的湿陷类型，应按照自重湿陷量实测值或自重湿陷量计算值进行判定。

(3) 凡自由膨胀率 $\delta_{ef} \geqslant 40\%$，土中黏粒成分主要由亲水性矿物组成，并具有膨胀土的野外特征和建(构)筑物开裂破坏特征，胀缩性显著的黏性土，可判为膨胀土。表征膨胀性能强弱的指标一般有自由膨胀率、膨胀率、膨胀力、线缩率、收缩系数和胀缩总率等。

(4) 盐渍土的工程性质包括吸湿性、有害毛细水作用、溶陷性、腐蚀性和盐胀性。盐渍岩土的评价包括盐渍岩土溶陷性评价、盐胀性评价和腐蚀性评价。

(5) 污染土指致污物质的侵入，使土的成分、结构和性质发生了显著变异的土。污染土场地按场地和地基可分为：已受污染的已建场地和地基，已受污染的拟建场地和地基，可能受污染的已建场地和地基，可能受污染的拟建场地和地基。

(6) 多年冻土是指含有固态水，冻结状态持续 2 a 或 2 a 以上的土。多年冻土具有冻胀性和融沉性。

(7) 软土是指天然孔隙比大于或等于 1.0，且天然含水率大于液限的细粒土。将天然含水率大于液限，天然孔隙比大于 1.5 的淤泥类土称为淤泥；将天然含水率大于液限，天然孔隙比大于 1.0 且小于 1.5 的淤泥类土称为淤泥质土。当土的有机质含量大于 60%时，称为泥炭；当土的有机质含量在 10%～60%之间时，称为泥炭质土。

(8) 由于人类活动而堆填的土，统称为填土。根据其物质组成和堆填方式，可将填土分为素填土、杂填土、冲填土和压实填土四类。按堆填时间可分为老填土和新填土。

思 考 题

1. 湿陷性黄土场地工程勘察有何特殊要求?
2. 简述膨胀土的特点及勘察要点。
3. 简述盐渍土勘察要点。
4. 简述污染土场地分类及勘察要点。
5. 简述多年冻土的特点及勘察要点。
6. 简述软土、填土的工程性质及勘察要点。

9 房屋建筑和构筑物岩土工程勘察

9.1 概 述

房屋建筑和构筑物系指一般房屋建筑、高层建筑、大型公用建筑、工业厂房及烟囱、水塔、电视塔等高耸构筑物。

目前对高层建筑划分的标准各国不一致，但绝大多数都以建筑物的层数和高度作为划分依据。如美国规定高度22～25 m或7层以上，英国规定高度在24.3 m以上，法国规定居住建筑高度在50 m以上、而其他建筑高度在28 m以上，日本则把11层以上或高度超过31 m的建筑称为高层建筑。1972年在国际高层建筑会议上，对高层建筑的起点，统一规定为9层，其高度小于50 m；超高层建筑为40层以上，其高度大于100 m。

我国住宅楼层数划分是根据国家标准《民用建筑设计统一标准》(GB 50352—2019)划分确定，民用建筑按使用功能可分为居住建筑和公共建筑两大类，其中，居住建筑可分为住宅建筑和宿舍建筑。民用建筑按地上建筑高度或层数进行分类应符合的规定为：① 建筑高度不大于27.0 m的住宅建筑、建筑高度不大于24.0 m的公共建筑及建筑高度不大于24.0 m的单层公共建筑为低层或多层民用建筑；② 建筑高度大于27.0 m的住宅建筑和建筑高度大于24.0 m的非单层公共建筑，且高度均不大于100.0 m的为高层民用建筑；③ 建筑高度大于100.0 m的为超高层建筑。

在房屋建筑和构筑物中，常常可遇到以下几种主要岩土工程问题：

1. 区域稳定性问题

区域稳定性问题是工程建设中首先必须注意的问题，它直接影响着工程建设的安全性和经济性。新构造运动、地震是控制地区稳定性的重要因素，特别是在新地区选择建筑地址时更应注意。在强震区兴建房屋建筑与构筑物时，应着重进行场地地震效应的分析与评价。

2. 地基稳定性问题

地基稳定性问题主要研究地基的强度和变形。研究地基稳定性是房屋建筑和构筑物岩土工程勘察中的最主要任务。若建筑物载荷超过地基强度、地基的变形量过大，则会使建筑物出现裂隙、倾斜甚至发生破坏。为了保证建筑物的安全稳定、经济合理和正常使用，必须研究与评价地基的稳定性，提出合理的地基承载力和变形量，使地基稳定性同时满足强度和变形两方面的要求。

3. 斜坡稳定性问题

在斜坡地区兴建建筑物时，斜坡稳定性是个重要的岩土工程问题，斜坡的变形和破坏危及斜坡上及其附近建筑物的安全。建筑物的兴建给斜坡施加了外载荷，破坏了其原有的平衡，增加了斜坡的不稳定因素，可能导致其滑动，引起建筑物的破坏。因此，必须对斜坡的稳定性进行评价，对不稳定斜坡提出相应的防治或改良措施。

4. 建筑物的配置问题

大型的工业建筑往往是由工业主厂房、车间、办公大楼、附属建筑及宿舍构成的建筑群。由于各建筑物的用途和工艺要求不同，它们的结构、规模和对地基的要求不一样，因此，对各种建筑物进行合理的配置，才能保证整个工程建筑物的安全稳定、经济合理和正常使用。

在满足建筑物对气候和工艺要求的条件下，工程地质条件是建筑物配置的主要决定性因素，只有通过对场地工程地质条件的调查，才能为建筑物选择较优的持力层，确定合适的基础类型，选择合理的基础砌置深度，为各建筑物的配置提供可靠的依据。

基础的埋置深度一般按以下条件确定：建筑物的用途、有无地下室、设备基础和地下设施，基础的型式及构造；作用在地基上的载荷大小和性质，工程地质和水文地质条件；相邻建筑物的基础埋深以及地基土冻胀和融陷的影响。在满足地基稳定和变形要求前提下，基础埋深尽量浅埋，当上层地基的承载力大于下层土时，宜利用上层土作持力层，但除岩石地基外，基础埋深不宜小于 0.5 m。

持力层的选择标准，主要是从地基土中选择岩性均一、结构致密、强度高、层厚大而分布均匀、含水量不大、处在硬塑至可塑的稠度状态、变形量小的非新近沉积的土层，其层面埋深应在当地最大冻深之下并位于地下水位之上，则为理想的持力层。

按工程地质条件把建筑场地划分为若干区，然后根据各建筑物的特点和要求以及各区对建筑物的适宜性，在全场区进行建筑物的合理配置，从而完成整个建筑群的总体配置工作。

5. 场地水土的腐蚀性问题

混凝土和钢筋是房屋建筑与构筑物的建筑材料，当混凝土和钢筋埋置于地下水位以下时，必须考虑地下水对混凝土或钢结构的腐蚀性问题。大多数地下水不具有腐蚀性，只有当地下水中某些化学成分（如 HCO_3^-、SO_4^{2-}、Cl^-、侵蚀性 CO_2 等）含量过高时，才对混凝土或钢结构产生腐蚀。

场地水质的形成与岩土生成环境或污染有关，因此在勘察过程中应通过环境地质调查判定有无形成腐蚀性地下水的环境地质条件，并通过采集水土样进行水质与土质分析，按照《岩土工程勘察规范（2009 年版）》（GB 50021—2001）分别进行腐蚀性评价。

6. 地基的施工条件问题

修建房屋建筑与构筑物基础时，一般都需要进行基坑开挖工作，尤其给高层建筑设置地下室时，基坑开挖的深度更大。在基坑开挖过程中，地基的施工条件不仅会影响施工期限和建筑物的造价，而且对基础类型的选择起着决定性的作用。基坑开挖时，首先遇到的是坑壁应采用多大的坡角才能稳定、能否放坡、是否需要支护，若采取支护措施，采用何种支护方式较合适等问题；坑底以下有无承压水存在，能否造成基坑底板隆起或被冲溃；当基坑开挖到地下水位以下时，会遇到基坑涌水、出现流沙、流土等现象，这时需要采取相应的防治措施，如人工降低地下水位与帷幕灌浆等。影响地基施工条件的主要因素是土体结构特征，土的种类及其特性，水文地质条件，基坑开挖深度、挖掘方法、施工速度以及坑边载荷情况等。

在岩土工程勘察测试结果的基础上进行的岩土工程问题分析评价，是岩土工程勘察报告的精髓和关键部分。对房屋建筑与构筑物而言，地基稳定性是岩土工程勘察分析评价中的主要问题;对采用桩基或进行深基坑开挖的建筑物,应进行相关的岩土工程问题分析。

9.2 岩土参数选取

9.2.1 岩土参数的可靠性和适用性分析

岩土参数主要指岩土的物理力学性质指标。一般可分为两类:一类是评价指标,主要用于评价岩土的性状,作为划分地层和鉴定岩土类别的主要依据;另一类是计算指标,主要用于岩土工程设计,预测岩土体在载荷和自然因素及人为因素影响下的力学行为和变化趋势,并指导施工和监测。因此,岩土参数应根据其工程特点和地质条件选用,并分析评价所取岩土参数的可靠性和适用性。

岩土参数的可靠性是指参数能正确地反映岩土体在规定条件下的性状,能比较有把握地估计参数真值所在的区间;岩土参数的适用性是指参数能满足岩土工程设计计算的假定条件和计算精度要求。

岩土参数应根据工程特点和地质条件选用,并按下列内容评价其可靠性和适用性。

(1) 取样方法和其他因素对试验结果的影响;

(2) 采用的试验方法和取值标准;

(3) 不同测试方法所得结果的分析比较;

(4) 测试结果的离散程度;

(5) 测试方法与计算模型的配套性。

9.2.2 岩土参数的选取

1. 工程地质单元和层位的划分

由于自然界中的岩土体生成条件和所处环境的不同,岩土体的性质具有明显的非均一性和各向异性。不同工程地质单元和层位的岩土参数具有较大的变异性,是一个随机变量。而对于同一工程地质单元和层位来说,其值域的分布具有相同或相似的规律,可以用数理统计的方法进行分析与处理。因此,在进行岩土参数的统计分析之前,首先应根据拟建场地所处的地貌单元、岩性、成因类型、堆积年代等,对勘探深度范围内所涉及的岩土初步划分工程地质单元和层位,然后按工程地质单元和层位进行岩土参数的统计分析。

2. 各工程地质单元和层位岩土参数的统计分析

由于土的不均匀性,对同一工程地质单元和层位(土层)取的土样,用相同方法测定的数据通常是离散的并以一定的规律分布,可以用频率分布直方图和分布密度函数来表达。为了简化上述表示,应采用统计特征值。常用的特征值可以分为两大类:一类是反映资料分布的集中情况或中心趋势的,它们作为某批数据的典型代表,可用算术平均值来表示;另一类是反映参数分布的离散程度的,可用标准差和变异系数来表征。各工程地质单元和层位的平均值 φ_m、标准差 σ_f 和变异系数 δ 的计算式分别见式(9-1)、式(9-2)和式(9-3):

$$\varphi_m = \frac{1}{n}\sum_{i=1}^{n}\varphi_i \tag{9-1}$$

$$\sigma_f = \sqrt{\frac{1}{n-1}\left[\sum_{i=1}^{n}\varphi_i^2 - \frac{1}{n}\left(\sum_{i=1}^{n}\varphi_i\right)^2\right]} = \sqrt{\frac{\sum_{i=1}^{n}\varphi_i^2 - n\varphi_m^2}{n-1}} \tag{9-2}$$

$$\delta = \frac{\sigma_f}{\varphi_m} \tag{9-3}$$

式中，φ_i 为岩土的物理力学指标数据；n 为区段及层位范围内数据的个数；φ_m 为岩土参数平均值；σ_f 为岩土参数的标准差；δ 为岩土参数的变异系数。

3. 岩土参数的变异性等级与变异系数

标准差虽然是衡量参数离散程度的尺子，但由于它是有量纲的，不能用来比较不同参数的离散性，即无法进行相互比较。因此，《岩土工程勘察规范（2009 年版）》（GB 50021—2001）引入了变异性等级以及变异系数的概念来评价岩土参数的变异特征。

分析岩土参数在垂向和水平方向的变异规律，有助于正确掌握这些参数的变异特性，按变异特性划分力学层位或分区统计指标，或者在岩土力学计算中引入参数变异规律的函数，以估计复杂条件下岩土的反应。

主要参数宜绘制沿深度变化的图件，并按变化特点划分为相关型与非相关型两类。需要时应分析参数在水平方向上的变化规律。

（1）相关型：岩土参数随深度呈有规律的变化。正相关表示参数随深度的增加而增大，负相关表示参数随深度的增加而减小。相关型参数宜结合岩土参数与深度的经验关系，按式（9-4）确定剩余标准差，并用式（9-5）计算变异系数。

$$\sigma_r = \sigma_f\sqrt{1-r^2} \tag{9-4}$$

$$\delta = \frac{\sigma_r}{\varphi_m} \tag{9-5}$$

式中，σ_r 为剩余标准差；r 为相关系数。

国外和国内关于变异系数的研究成果见表 9-1 和表 9-2。

表 9-1 国外学者建议的变异系数表

岩土参数		范围值	建议标准值
内摩擦角 φ	砂土类	0.05～0.15	0.10
	黏性土类	0.12～0.56	
内聚力 c（不排水）		0.20～0.50	0.30
压缩系数 a_v		0.18～0.73	0.30
固结系数 C_v		0.25～1.00	0.50
弹性模量 E		0.02～0.42	0.30
液限 w_L		0.02～0.48	0.10
塑限 w_p		0.09～0.29	0.10
标准贯入击数 N		0.27～0.85	0.30
无侧限抗压强度 q_w		0.06～1.00	0.40
孔隙比 e		0.13～0.42	0.25
重度 γ		0.01～0.10	0.03
黏粒含量 ρ_c		0.09～0.70	0.25

表 9-2　国内研究成果中的变异系数表

地区	土类	γ 的变异系数	E_s 的变异系数	φ 的变异系数	C 的变异系数
上海	淤泥质黏土	0.017～0.020	0.044～0.213	0.206～0.308	0.049～0.089
	淤泥质粉质黏土	0.019～0.023	0.166～0.178	0.197～0.424	0.162～0.245
	暗绿色粉质黏土	0.015～0.031	—	0.097～0.268	0.333～0.646
江苏	黏土	0.005～0.033	0.177～0.257	0.164～0.370	0.156～0.290
	粉质黏土	0.014～0.030	0.122～0.300	0.100～0.360	0.160～0.550
安徽	黏土	0.020～0.034	0.170～0.500	0.140～0.168	0.280～0.300
河南	粉质黏土	0.015～0.018	0.166～0.469	—	—
	粉土	0.017～0.044	0.209～0.417		

(2) 非相关型：岩土参数随深度呈无规律的随机变化。此时式(9-4)中的 $r=0$。

变异性按变异系数的大小可划分为不同等级(变异类型)，它有助于岩土工程师定量地判别和评价岩土参数的变异性，以便提出不同的设计参数值。岩土参数中不同变异系数对应的变异性等级参见表 9-3。

表 9-3　岩土参数中不同变异系数对应的变异性等级

变异系数	$\delta<0.1$	$0.1\leqslant\delta<0.2$	$0.2\leqslant\delta<0.3$	$0.3\leqslant\delta<0.4$	$\delta\geqslant0.4$
变异性等级	很低	低	中等	高	很高

应根据统计结果分析出现误差的原因，并剔除误差数据，剔除误差有不同的标准，常用的有±3 倍标准差法、肖维勒法和格鲁布斯法等。

当离差满足式(9-6)时应剔除。

$$|d| > g\sigma \tag{9-6}$$

式中，$d=\varphi_i-\varphi_m$；σ 为标准差；g 为由不同标准给出的系数，当采用±3 倍标准差时取 3，用其他两法时，可由表 9-4 查得。

表 9-4　肖维勒法和格鲁布斯法的 g 值

n	肖维勒法	格鲁布斯法	
		$\alpha=0.05$	$\alpha=-0.01$
5	1.68	1.67	1.75
6	1.73	1.82	1.94
7	1.79	1.94	2.10
8	1.86	2.03	2.22
9	1.92	2.11	2.32
10	1.96	2.18	2.41
12	2.03	2.29	2.55
14	2.10	2.37	2.66

表 9-4(续)

n	肖维勒法	格鲁布斯法	
		$\alpha=0.05$	$\alpha=-0.01$
16	2.16	2.44	2.75
18	2.20	2.50	2.82
20	2.24	2.56	2.88
22	2.28	2.60	2.94
24	2.31	2.64	2.99
30	2.39	2.75	3.10
40	2.50	2.87	3.24
50	2.58	2.96	3.34

注：表中 n 为统计样本数，即数据的个数，α 为风险率。

9.2.3　岩土参数的标准值

岩土参数的标准值 φ_k 是岩土工程设计最基本的代表值，是岩土参数的可靠性估值，是在统计学区间估计理论基础上得到的关于岩土参数母体平均值置信区间的单侧置信界限值。母体平均值 μ 小于可靠性估值 φ_k（即标准值）的概率可按式(9-7)求得：

$$P(\mu < \varphi_k) = \alpha \tag{9-7}$$

α 是一可以接受的小概率，称风险率。符合式(9-7)的是单侧置信下限，采用此下限时意味着参数母体平均值可以推断为一个大概率大于设计值，而仅有一个小的风险率可能小于设计值。

按区间估值理论，总体平均值的单侧置信界限值可由式(9-8)算得：

$$\varphi_k = \varphi_m\left(1 \pm \frac{t_a\sigma}{\sqrt{n}\,\varphi_m}\right) = \varphi_m\left(1 \pm \frac{t_a}{\sqrt{n}}\delta\right) \tag{9-8}$$

式中，t_a 为学生氏函数，按风险率 α 和样本容量 n，从有关表中查出。

当采用风险率 $\alpha=0.05$ 时，可得简化的式(9-9)和式(9-10)：

$$\varphi_k = \psi\varphi_m \tag{9-9}$$

$$\psi = 1 \pm \left(\frac{1.704}{\sqrt{n}} + \frac{4.678}{n^2}\right)\delta \tag{9-10}$$

式中，ψ 为统计修正系数；式中的正负号按不利组合考虑，如 c、φ 值的修正系数应取负号，E_s、a_v 取正号。统计修正系数 ψ 也可按岩土工程的类型和重要性、参数的变异性和统计数据的个数，根据经验选用。

对于岩土的抗剪强度指标 c、φ 标准值，可按式(9-1)、式(9-2)和式(9-3)分别计算出 φ_m、c_m、σ_φ、σ_c、δ_φ、δ_c，再按式(9-11)、式(9-12)、式(9-13)以及式(9-14)计算内摩擦角和内聚力的统计修正系数 ψ_φ、ψ_c 和标准值 c_k、φ_k。

$$\psi_\varphi = 1 - \left(\frac{1.704}{\sqrt{n}} + \frac{4.678}{n^2}\right)\delta_\varphi \tag{9-11}$$

$$\psi_c = 1 - \left(\frac{1.704}{\sqrt{n}} + \frac{4.678}{n^2}\right)\delta_c \tag{9-12}$$

$$\varphi_k = \psi_\varphi \varphi_m \tag{9-13}$$

$$c_k = \psi_c c_m \tag{9-14}$$

式中，ψ_φ 为内摩擦角的统计修正系数；ψ_c 为内聚力的统计修正系数；δ_φ 为内摩擦角的变异系数；δ_c 为内聚力的变异系数；φ_m 为内摩擦角的试验平均值，(°)；c_m 为内聚力的试验平均值，kPa。

在岩土工程勘察成果报告中，一般情况下应提供岩土参数的平均值（φ_m）、标准差（σ）、变异系数（δ）、数值分布范围（最大值与最小值）和数据的数量（n）；对承载能力极限状态计算所需要的岩土参数标准值，应按式(9-9)计算；当设计规范另有专门规定的标准值取值方法时，可按有关规范执行。

9.3 地基承载力确定

地基承载力是指地基受载荷后，塑性区（或破坏区）限制在一定范围内不致产生剪切破坏而丧失稳定，且地基变形不超过允许值时的承载能力，可用地基承载力特征值表示。地基承载力特征值指由载荷试验测定的地基土压力变形曲线线性变形段内规定的变形所对应的压力值，其最大值为比例界限值。

地基承载力不是一个单纯的岩土力学指标，它不仅取决于岩土本身的性质，还受到基础的尺寸与形状、载荷倾斜与偏心、基础的埋深、地下水位、下卧层性质、上部结构与基础的刚度等多种因素的影响。确定地基承载力时，应根据建筑物的重要性及其结构特点，对上述影响因素做具体分析并予以考虑。

地基承载力的计算应符合下列要求：

(1) 进行持力层及软弱下卧层的地基承载力验算。

(2) 当高层建筑周边的附属建筑基础处于超补偿状态，且其与高层建筑不能形成刚性整体结构时，应考虑由此造成高层建筑基础侧限力的永久性削弱及其对地基承载力的影响。

(3) 当拟提高附属建筑部分基底压力，以加大其地基沉降、减少高低层建筑之间的差异沉降时，应同时验算地基承载力特征值及地基极限承载力，保证建议的地基承载力满足强度控制的要求。

9.3.1 一般规定

(1) 基础底面的压力，应符合式(9-15)和式(9-16)的要求。

① 当轴心载荷作用时

$$P_k \leqslant f_a \tag{9-15}$$

式中，P_k 为相应于载荷效应标准组合时，基础底面处的平均压力值，kPa；f_a 为修正后的地基承载力特征值，kPa。

② 当偏心载荷作用时，除符合式(9-15)的要求外，尚应符合式(9-16)的要求。

$$P_{kmax} \leqslant 1.2\ f_a \tag{9-16}$$

式中，P_{kmax} 为相应于载荷效应标准组合时，基础底面边缘的最大压力值，kPa。

(2) 基础底面的压力，可按式(9-17)至式(9-20)确定。

① 当轴心载荷作用时

$$P_k = \frac{F_k + G_k}{A} \tag{9-17}$$

式中，F_k 为相应于载荷效应标准组合时，上部结构传至基础顶面的竖向力值，kN；G_k 为基础自重和基础上的土重，kN；A 为基础底面面积，m^2。

② 当偏心载荷作用时

$$P_{kmax} = \frac{F_k + G_k}{A} + \frac{M_k}{W} \tag{9-18}$$

$$P_{kmin} = \frac{F_k + G_k}{A} - \frac{M_k}{W} \tag{9-19}$$

式中，M_k 为相应于载荷效应标准组合时，作用于基础底面的力矩值，kN·m；W 为基础底面的抵抗矩，m^3；P_{kmin} 为相应于载荷效应标准组合时，基础底面边缘的最小压力值，kPa。

当偏心距 $e>b/6$ 时（图 9-1），P_{kmax} 应按式（9-20）计算：

$$P_{kmax} = \frac{2(F_k + G_k)}{3la} \tag{9-20}$$

式中，l 为垂直于力矩作用方向的基础底面边长，m；a 为合力作用点至基础底面最大压力边缘的距离，m。

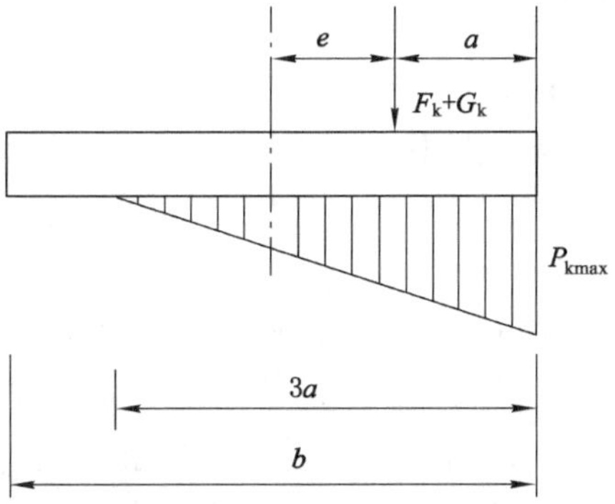

图 9-1　偏心载荷（$e>b/6$）下基底压力计算示意图

（b 为力矩作用方向基础底面边长，m）

（3）当地基受力层范围内有软弱下卧层时，应按式（9-21）验算。

$$P_z + P_{cz} \leqslant f_{az} \tag{9-21}$$

式中，P_z 为相应于载荷效应标准组合时，软弱下卧层顶面处的附加压力值，kPa；P_{cz} 为软弱下卧层顶面处土的自重压力值，kPa；f_{az} 为软弱下卧层顶面处经深度修正后地基承载力特征值，kPa。

对条形基础和矩形基础，式（9-21）中的 P_z 值可按式（9-22）和式（9-23）计算：

条形基础

$$P_z = \frac{b(P_k - P_c)}{b + 2z\tan\theta} \tag{9-22}$$

矩形基础

$$P_z = \frac{lb(P_k - P_c)}{(b + 2z\tan\theta)(l + 2z\tan\theta)} \tag{9-23}$$

式中，b 为矩形基础或条形基础底边的宽度，m；l 为矩形基础底边的长度，m；P_c 为基础底面处土的自重压力值，kPa；z 为基础底面至软弱下卧层顶面的距离，m；θ 为地基压力扩散线与垂直线的夹角，(°)，可按表 9-5 选用。

表 9-5　地基压力扩散角 θ

E_{s1}/E_{s2}	z/b	
	0.25	0.50
3	6°	23°
5	10°	25°
10	20°	30°

注：1. E_{s1} 为上层土压缩模量；E_{s2} 为下层土压缩模量。

2. $z/b<0.25$ 时取 $\theta=0°$，必要时，宜由试验确定；$z/b>0.50$ 时 θ 值不变。

3. z/b 在 0.25 与 0.50 之间可插值使用。

9.3.2　地基承载力的确定

确定地基承载力的原则有两条：

(1) 保证地基不发生强度破坏而丧失稳定性。

(2) 保证建筑物不产生影响其安全与正常使用的过大或不均匀的沉降。

关于地基土的变形和强度问题，如何给予正确的评价，需要根据特定的建筑物和特定的地基土质条件进行具体的分析确定。一般地，对于硬塑的黏性土层及密实的砂土层，地基变形较小，其变形影响可忽略，主要是地基土的强度对确定地基承载力起控制作用；对于软的黏性土及淤泥质的黏性土，根据以往的实际建筑经验，发现中、小型建筑物大多无强度破坏的情况，主要是过大的沉降，特别是不均匀沉降造成建筑工程事故的发生。

另外，地基、基础和上部结构是一个共同作用的整体，它们是互相约束、互相影响的。当然，地基在其中还是起主导作用的，特别是一些软弱地基和条件复杂的地基，地基土的特性是矛盾的主要方面。同时尚需注意到，基础和上部结构的整体刚度越大，建筑物差异沉降就越小，地基土的承载力就可以适当地用得大些；对沉降很敏感的或要求很高的建筑物，则只能用较低的地基承载力。在相同的地基土上，不同建筑物可以采用不同的承载力；在同一建筑物里，例如多跨工业厂房，对有不同载荷要求的柱列线，可以采用不同的承载力设计，可以使各个基础之间的不均匀沉降减弱到最低程度。

再者，地基土的特性随着施工方法、加荷特性的不同也会产生变化，在某些人为的条件下，工程运行情况也可以作为评价地基承载力需要考虑的条件。

总之，确定地基承载力是一项科学严谨、需要认真对待的大事。既不能过于保守、给值很低而浪费土地资源，也不能过于偏激给值太高，造成建筑物破损。

地基承载力特征值可由公式计算、载荷试验或其他原位测试并结合工程实践经验等方法综合确定。

1. 按理论公式计算地基承载力

当偏心距 e 小于或等于 0.033 倍基础底面宽度时，根据土的抗剪强度指标确定的地基承载力特征值可按式(9-24)计算，并应满足变形要求：

$$f_a = M_b \gamma b + M_d \gamma_m d + M_c c_k \tag{9-24}$$

式中，f_a 为由土的抗剪强度指标确定的地基承载力特征值，kPa；M_b、M_d、M_c 为承载力系数，按表 9-6 确定；γ 为基础底面以下土的重度，地下水位以下取有效重度，kN/m^3；γ_m 为基础底面以上土的加权平均重度，地下水位以下取有效重度，kN/m^3；b 为基础底面宽度，m，大于 6 m 时按 6 m 取值，小于 3 m 时按 3 m 取值；d 为基础埋置深度，m；c_k 为基底下一倍短边宽深度内土的内聚力标准值，kPa。

表 9-6　承载力系数 M_b、M_d、M_c

土的内摩擦角标准值 φ_k/(°)	M_b	M_d	M_c
0	0	1.00	3.14
2	0.03	1.12	3.32
4	0.06	1.25	3.51
6	0.10	1.39	3.71
8	0.14	1.55	3.93
10	0.18	1.73	4.17
12	0.23	1.94	4.42
14	0.29	2.17	4.69
16	0.36	2.43	5.00
18	0.43	2.72	5.31
20	0.51	3.06	5.66
22	0.61	3.44	6.04
24	0.80	3.87	6.45
26	1.10	4.37	6.90
28	1.40	4.93	7.40
30	1.90	5.59	7.95
32	2.60	6.35	8.55
34	3.40	7.21	9.22
36	4.20	8.25	9.97
38	5.00	9.44	10.80
40	5.80	10.84	11.73

注：φ_k 为基底下一倍短边宽深度内土的内摩擦角标准值，(°)。

2. 按原位测试确定地基承载力

详见第 4 章原位测试有关内容。对于岩石地基承载力特征值，可按岩基载荷试验方法确定。

3. 地基承载力深度和宽度修正

当基础宽度大于 3 m 或埋置深度大于 0.5 m 时，从载荷试验或其他原位测试、经验值等方法确定的地基承载力特征值，尚应按式(9-25)修正：

$$f_a = f_{ak} + \eta_b \gamma (b-3) + \eta_d \gamma_m (d-0.5) \tag{9-25}$$

式中，f_a 为修正后的地基承载力特征值，kPa；f_{ak} 为地基承载力特征值，kPa；η_b、η_d 为基础宽度和埋深的地基承载力修正系数，按基底下土的类别据表 9-7 取值；d 为基础埋置深度，m，宜自室外地面标高算起。

表 9-7　承载力修正系数

土的类别		η_b	η_d
淤泥和淤泥质土		0	1.0
人工填土 e 或 $I_L \geqslant 0.85$ 的黏性土		0	1.0
红黏土	含水比 $\alpha_w > 0.8$	0	1.2
	含水比 $\alpha_w \leqslant 0.8$	0.15	1.4
大面积压实填土	压实系数大于 0.95，黏粒含量 $\rho_c \geqslant 10\%$ 的粉土	0	1.5
	最大干密度大于 2 100 kg/m^3 的级配砂石	0	2.0
粉土	黏粒含量 $\rho_c \geqslant 10\%$ 的粉土	0.3	1.5
	黏粒含量 $\rho_c < 10\%$ 的粉土	0.5	2.0
e 及 I_L 均小于 0.85 的黏性土		0.3	1.6
粉砂、细砂(不包括很湿与饱和时的稍密状态)		2.0	3.0
中砂、粗砂、砾砂和碎石土		3.0	4.4

注：(1) 强风化和全风化的岩石，可参照所风化成的相应土类取值；其他状态下的岩石不修正。

(2) 地基承载力特征值按《建筑地基基础设计规范》(GB 50007—2011)附录 D 深层平板载荷试验确定时 η_d 取 0。

(3) 含水比是指土的天然含水量与液限的比值。

(4) 大面积压实填土是指填土范围大于两倍基础宽度的填土。

对于 d 值：在填方整平地区，可自填土地面标高算起，但当填土在上部结构施工后完成时，应从天然地面标高算起。对于地下室，当采用箱形基础或筏板基础时，基础埋置深度自室外地面标高算起；当采用独立基础或条形基础时，应从室内地面标高算起。

对于高层建筑，除应按《建筑地基基础设计规范》(GB 50007—2011)的有关规定确定地基承载力特征值 f_{ak} 和修正后的地基承载力特征值 f_a 外，还可参照《高层建筑岩土工程勘察标准》(JGJ/T 72—2017)按式(9-26)估算地基极限承载力 f_u，按式(9-27)(即除以安全系数 K)以确定实际基础下的地基承载力特征值 f_{ak}。

$$f_u = \frac{1}{2} N_r \varepsilon_r b \gamma + N_q \varepsilon_q \gamma_0 d + N_c \varepsilon_c c_k \tag{9-26}$$

$$f_{ak} = f_u / K \tag{9-27}$$

式中，f_u 为地基极限承载力，kPa。f_{ak} 为地基承载力特征值，kPa。N_r、N_q、N_c 为地基承载力系数，根据地基持力层有代表性的内摩擦角标准值 φ_k 按表 9-8 确定。ε_r、ε_q、ε_c 为基础形状修正系数，按表 9-9 确定。b、l 分别为基础(包括箱形基础和筏板基础)底面的宽度与长度，m；当基础宽度大于 6 m 时，取 $b=6$ m。γ_0、γ 分别为基底以上和基底组合持力层的土体平均重度，kN/m^3(位于地下水位以下且属于隔水层的土层取浮重度，当基底土层位于地下水位以下但属于隔水层时，γ 可取天然重度；如基底以上的地下水与基底标高处的地下水之间有隔水层，基底以上的土层在计算γ_0时可取天然重度）。d为基础埋置深度，m（应根据不同情况按下列规定选取：① 一般自室外地面起算；对于地下室采用箱形或筏板基础时自室外天然地面起算，采用独立柱基或条形基础时，从室内地面起算。② 有填方整平时，可自填土后地面起算；但若填方在上部结构施工完成时，自填方前的天然地面起算。③ 当高层建筑周边附属建筑为超补偿基础时，宜分析和考虑周边附属建筑基底压力低于土层自重压力的影响）。c_k为地基持力层有代表性的黏聚土标准值，kPa。K为安全系数，应根据建筑安全等级和土性参数的可靠性在2～3之间取值。

表 9-8　极限承载力 N_c、N_q、N_r 系数表

φ_k/(°)	N_c	N_q	N_r	φ_k/(°)	N_c	N_q	N_r
0	5.14	1.00	0	26	22.25	11.85	12.54
1	5.38	1.09	0.07	27	23.94	13.20	14.47
2	5.63	1.20	0.15	28	25.80	14.72	16.72
3	5.90	1.31	0.24	29	27.86	16.44	19.34
4	6.19	1.43	0.34	30	30.14	18.40	22.40
5	6.49	1.57	0.45	31	32.67	20.63	25.99
6	6.81	1.72	0.57	32	35.49	23.18	30.22
7	7.16	1.88	0.71	33	38.64	26.09	35.19
8	7.53	2.06	0.86	34	42.16	29.44	41.06
9	7.92	2.25	1.03	35	46.12	33.30	48.03
10	8.35	2.47	1.22	36	50.59	33.75	56.31
11	8.80	2.71	1.44	37	55.63	42.92	66.19
12	9.28	2.97	1.69	38	61.35	48.93	78.03
13	9.81	3.26	1.97	39	67.87	55.96	92.25
14	10.37	3.59	2.29	40	75.31	64.20	109.41
15	10.98	3.94	2.65	41	83.86	73.90	130.22
16	11.63	4.34	3.06	42	93.71	85.38	155.55
17	12.34	4.77	3.53	43	105.11	99.02	186.54
18	13.10	5.26	4.07	44	118.37	115.31	224.64
19	13.93	5.80	4.68	45	133.88	134.88	271.76
20	14.83	6.40	5.39	46	152.10	158.51	330.35
21	15.82	7.07	6.20	47	173.64	187.21	403.67
22	16.88	7.82	7.13	48	199.26	222.31	496.01
23	18.05	8.66	8.20	49	229.93	265.51	613.16
24	19.32	9.60	9.44	50	266.89	319.07	762.86
25	20.72	10.66	10.88				

表 9-8 中：

$$N_q = e^{\pi \tan \varphi_k} \tan^2\left(45° + \frac{\varphi_k}{2}\right) \tag{9-28}$$

$$N_c = (N_q - 1)\cot \varphi_k \tag{9-29}$$

$$N_r = 2(N_q + 1)\tan \varphi_k \tag{9-30}$$

表 9-9　基础形状修正系数

基础形状	ε_r	ε_q	ε_c
条形	1.00	1.00	1.00
矩形	$1-0.4\frac{b}{l}$	$1+\frac{b}{l}\tan \varphi_k$	$1+\frac{b}{l}\frac{N_q}{N_c}$
圆形或方形	0.60	$1+\tan \varphi_k$	$1+\frac{N_q}{N_c}$

对于沉降已经稳定的建筑或经过预压的地基，可适当提高地基承载力。

对勘察等级为甲级及其以上的高层建筑，或工程经验缺乏，或研究程度较差的地区，应布设静载荷试验确定天然地基持力层的承载力特征值和变形模量。

9.4　地基沉降变形计算

建筑物的地基变形计算值，不应大于地基变形允许值。地基变形特征可分为沉降量、沉降差、倾斜、局部倾斜。对勘察等级为甲级及其以上、乙级建筑物和部分丙级建筑物，应进行变形计算。地基变形允许值应根据上部结构对地基变形的适应能力和使用要求确定。

建筑地基不均匀、载荷差异很大、体型复杂等因素引起的地基变形，对于砌体承重结构应由局部倾斜值控制；对于框架结构和单层排架结构应由相邻柱基的沉降差控制；对于多层或高层建筑和高耸结构应由倾斜值控制；必要时尚应控制平均沉降量。

在必要情况下，需要分别预估建筑物在施工期间和使用期间的地基变形值，以便预留建筑物有关部分之间的净空以及考虑连接方法和施工顺序。一般多层建筑物在施工期间完成的沉降量，对于砂土可认为其最终沉降量已完成 80％以上，对于其他低压缩性土可认为已完成最终沉降量的 50％～80％，对于中压缩性土可认为已完成 20％～50％，对于高压缩性土可认为已完成 5％～20％。

建筑物沉降计算涉及土体内的应力分布、应力-应变关系、变形参数的选取、侧向变形、次固结变形、上部结构和基础刚度及其与地基共同作用等复杂因素。现今的实用计算，只考虑最基本的状况，忽略一些次要因素，是在作一系列假定简化问题性质的条件下进行的。通过假定和简化后，以理论公式计算得到的沉降量很难与实测值一致，因此计算时一般需用一个经验系数来修正计算沉降量，使之接近实际。

房屋建筑与构筑物地基变形量（或地基最终沉降量）的计算，目前最常用的是分层总和法。分层总和法的表达形式有多种，但原理基本相同。常用的几种计算方法 9.4.1～9.4.2 小节所述。

9.4.1　采用平均附加应力系数和压缩模量计算

计算地基变形时，地基内的应力分布，可采用各向同性均质线性变形体理论。其最终变形量可按式(9-31)计算：

$$s = \psi_s s' = \psi_s \sum_{i=1}^{n} \frac{p_0}{E_{si}}(z_i \bar{\alpha}_i - z_{i-1} \bar{\alpha}_{i-1}) \tag{9-31}$$

式中，s 为地基最终变形量，mm；s' 为按分层总和法计算出的地基变形量，mm；ψ_s 为沉降计算经验系数，根据地区沉降观测资料及经验确定，无地区经验时可采用表 9-10 所示数值；n 为地基变形计算深度范围内所划分的土层数(图 9-2)；p_0 为对应于载荷效应准永久组合时的基础底面处的附加压力，kPa；E_{si} 为基础底面下第 i 层土的压缩模量，应取土的自重压力至土的自重压力与附加压力之和的压力段计算，MPa；z_i、z_{i-1} 为基础底面至第 i 层土、第 $i-1$ 层土底面的距离，m；$\bar{\alpha}_i$、$\bar{\alpha}_{i-1}$ 为基础底面计算点至第 i 层土、第 $i-1$ 层土底面范围内平均附加应力系数。

表 9-10　沉降计算经验系数 ψ_s

基底附加压力	ψ_s				
	E_s=2.5 MPa	E_s=4.0 MPa	E_s=7.0 MPa	E_s=15.0 MPa	E_s=20.0 MPa
$P_0 \geqslant f_{ak}$	1.4	1.3	1.0	0.4	0.2
$P_0 \leqslant 0.75 f_{ak}$	1.1	1.0	0.7	0.4	0.2

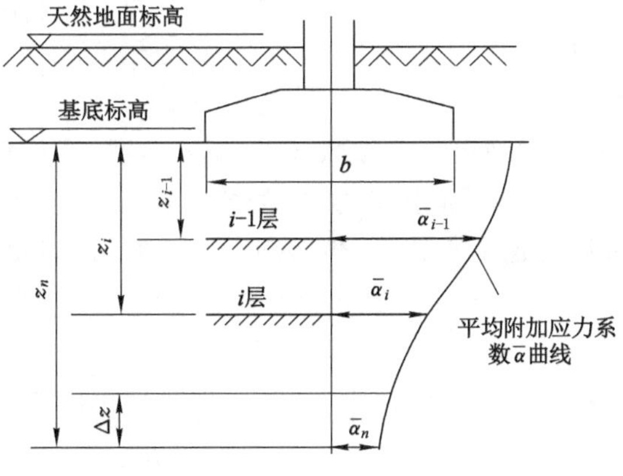

图 9-2　基础沉降计算的分层示意图

表 9-10 中的 E_s 为变形计算深度范围内压缩模量的当量值，应按式(9-32)计算：

$$\bar{E}_s = \frac{\sum A_i}{\sum \frac{A_i}{E_{si}}} \tag{9-32}$$

式中，A_i 为第 i 层土附加应力系数沿土层厚度的积分值。

地基变形计算深度 z_n 如图 9-2 所示，应符合式(9-33)的要求：

$$\Delta s'_n \leqslant 0.025\sum_{i=1}^{n}\Delta s'_i \tag{9-33}$$

式中，$\Delta s'_i$为在计算深度范围内，第 i 层土的计算变形值；$\Delta s'_n$为在由计算深度向上取厚度为 Δz 的土层计算变形值，Δz 见图 9-2 并按表 9-11 确定。

表 9-11　厚度 Δz 取值

b/m	$b\leqslant2$	$2<b\leqslant4$	$4<b\leqslant8$	$8<b$
Δz/m	0.3	0.6	0.8	1.0

如确定的计算深度下部仍有较软土层时，应继续计算。

当无相邻载荷影响，基础宽度在 1～30 m 范围内时，基础中点的地基变形计算深度也可按简化后的式(9-34)计算：

$$z_n = b(2.5 - 0.4\ln b) \tag{9-34}$$

式中，b 为基础宽度，m。

若计算深度范围内存在基岩，z_n 可取至基岩表面；当存在较厚的坚硬黏性土层，其孔隙比小于 0.5，压缩模量大于 50 MPa，或存在较厚的密实砂卵石层，其压缩模量大于 80 MPa 时，z_n 可取至该层土表面。

计算地基变形时，应考虑相邻载荷的影响，其值可按应力叠加原理，采用角点法计算。

9.4.2　采用压缩指数和回弹指数以考虑应力固结历史计算

当地基由饱和土层组成，次固结变形可以忽略不计时，可根据Ⅰ级土样的标准固结试验结果，采用以下计算方法，预测超固结土、正常固结土和欠固结土的地基沉降，并结合地区经验进行修正和判断。

利用标准固结试验获取回弹再压缩指数(C_s)、压缩指数(C_c)、初始孔隙比(e_0)和先期固结压力(p_c)，根据 p_c 与土的有效自重压力 p_z 的比 OCR，确定土的固结状态。当该比值 OCR 为 1.0～1.2 时，可视为正常固结土；当 OCR＞1.2 时，按超固结土考虑；当 OCR＜1.0 时，为欠固结土。

1. 超固结土

(1) 当超固结土层中的 $p_{0i}+p_{zi}\leqslant p_{ci}$时，该层土的固结沉降量可按式(9-35)计算：

$$s_i = \frac{h_i}{1+e_{0i}}C_{si}\lg\frac{p_{0i}+p_{zi}}{p_{zi}} \tag{9-35}$$

式中，s_i 为第 i 层土的固结沉降量，mm；h_i 为第 i 层土的平均厚度，mm；e_{0i}为第 i 层土的初始孔隙比平均值；C_{si}为第 i 层土的回弹再压缩指数平均值；p_{zi}为第 i 层土的有效自重压力平均值，kPa；p_{0i}为对应于载荷效应准永久组合时，第 i 层土有效附加压力平均值，kPa；p_{ci}为第 i 层土的先期固结压力平均值，kPa。

(2) 当超固结土层中 $p_{0i}+p_{zi}>p_{ci}$时，该土层的固结沉降量可按式(9-36)计算：

$$s_i = \frac{h_i}{1+e_{0i}}\left(C_{si}\lg\frac{p_{ci}}{p_{zi}}+C_{ci}\lg\frac{p_{0i}+p_{zi}}{p_{ci}}\right) \tag{9-36}$$

式中，C_{ci}为第 i 层土的压缩指数平均值。

2. 正常固结土

正常固结土的固结沉降量可按式(9-37)计算：

$$s_i = \frac{h_i}{1+e_{0i}} C_{ci} \lg \frac{p_{0i}+p_{zi}}{p_{zi}} \tag{9-37}$$

3. 欠固结土

欠固结土的沉降量可按式(9-38)计算：

$$s_i = \frac{h_i}{1+e_{0i}} C_{ci} \lg \frac{p_{0i}+p_{zi}}{p_{ci}} \tag{9-38}$$

地基总沉降量为各土层沉降之和。沉降计算深度对于中、低压缩性土应算至有效附加压力等于上覆土有效自重压力20%处，对于高压缩性土应算至有效附加压力等于上覆有效自重压力10%处。在预测建筑物整体倾斜程度时，可根据高层建筑角点钻孔的地层分布和土质参数统计结果，结合建筑物载荷分布情况进行估算和判断。

当建筑物地下室基础埋置较深时，地基土的回弹变形量可按式(9-39)进行计算：

$$s_c = \psi_c \sum_{i=1}^{n} \frac{p_c}{E_{ci}} (z_i \bar{\alpha}_i - z_{i-1} \bar{\alpha}_{i-1}) \tag{9-39}$$

式中，s_c 为地基的回弹变形量，mm；ψ_c 为回弹量计算的经验系数，无地区经验时可取1.0；p_c 为基坑底面以上土的自重压力，kPa，地下水位以下应扣除浮力；E_{ci} 为土的回弹模量，kPa，按现行国家标准《土工试验方法标准》(GB/T 50123—2019)中土的固结试验回弹曲线的不同应力段计算；其他变量含义同前。

回弹再压缩变形量可采用再加荷的压力小于卸荷土的自重压力段内再压缩变形线性分布的假定并按式(9-40)计算：

$$s'_c = \begin{cases} r'_0 s_c \dfrac{p}{p_c R'_0} & p < R'_0 p_c \\ s_c \left[r'_0 + \dfrac{r'_{R'=1.0} - r'_0}{1-R'_0} \left(\dfrac{p}{p_c} - R'_0 \right) \right] & R'_0 p_c \leqslant p \leqslant p_c \end{cases} \tag{9-40}$$

式中，s'_c 为地基土回弹再压缩变形量，mm；s_c 为地基的回弹变形量，mm；r'_0 为临界再压缩比率，对应再压缩比率与再加荷比关系曲线上两段线性交点对应的再压缩比率，由土的固结回弹再压缩试验确定；R'_0 为临界再加荷比，对应再压缩比率与再加荷比关系曲线上两段线性交点对应的再加荷比，由土的固结回弹再压缩试验确定；$r'_{R'=1.0}$ 为再加荷比 $R'=1.0$ 时的再压缩比率，由土的固结回弹再压缩试验确定，其值等于回弹再压缩变形增大系数；p 为再加荷的基底压力，kPa。

在同一整体大面积基础上建有多栋高层和低层建筑，宜考虑上部结构、基础与地基的共同作用进行变形计算。

9.4.3　采用变形模量计算

对于一般黏性土、软土、饱和黄土和不能准确取得压缩模量值的地基土，如花岗岩残积土、碎石土、砂土、粉土等，可采用地方规范中的方法或原位测试与压缩模量的相关公式计算；也可和筏型及箱型基础一样，可按式(9-41)计算地基的最终平均沉降量。

$$s = \psi_s p b \eta \sum_{i=1}^{n} \frac{\delta_i - \delta_{i-1}}{E_{0i}} \tag{9-41}$$

式中，s 为地基的最终平均沉降量，mm；p 为对应载荷效应准永久组合时的基底平均压力，kPa，地下水位以下扣除水浮力；ψ_s 为沉降经验系数，根据地区经验确定，对花岗岩残积土 ψ_s 可取 1；δ_i、δ_{i-1} 为沉降应力系数，可查表 9-12 确定；E_{0i} 为基础底面下第 i 层土按载荷试验求得的变形模量，MPa；η 为修正系数，可查表 9-13 确定。

表 9-12　δ_i 系数表

$m=\frac{2z}{b}$	圆形基础 $b=2r$	矩形基础 $n=l/b$						条形基础 $n\geqslant10$
		$n=1.0$	$n=1.4$	$n=1.8$	$n=2.4$	$n=3.2$	$n=5.0$	
0	0	0	0	0	0	0	0	0
0.4	0.067	0.100	0.100	0.100	0.100	0.100	0.100	0.104
0.8	0.163	0.200	0.200	0.200	0.200	0.200	0.200	0.208
1.2	0.262	0.299	0.300	0.300	0.300	0.300	0.300	0.311
1.6	0.346	0.380	0.394	0.397	0.397	0.397	0.397	0.412
2.0	0.411	0.446	0.472	0.482	0.486	0.486	0.486	0.511
2.4	0.461	0.499	0.538	0.556	0.565	0.567	0.567	0.605
2.8	0.501	0.542	0.592	0.618	0.635	0.640	0.640	0.687
3.2	0.532	0.577	0.637	0.671	0.696	0.707	0.709	0.763
3.6	0.558	0.606	0.676	0.717	0.750	0.768	0.772	0.831
4.0	0.579	0.630	0.708	0.756	0.796	0.820	0.830	0.892
4.4	0.596	0.650	0.735	0.789	0.837	0.867	0.883	0.949
4.8	0.611	0.668	0.759	0.819	0.873	0.908	0.932	1.001
5.2	0.624	0.683	0.780	0.884	0.904	0.948	0.977	1.050
5.6	0.635	0.697	0.798	0.867	0.933	0.981	1.018	1.095
6.0	0.645	0.708	0.814	0.887	0.958	1.011	1.056	1.138
6.4	0.653	0.719	0.828	0.904	0.980	1.031	1.090	1.178
6.8	0.661	0.728	0.841	0.920	1.000	1.065	1.122	1.215
7.2	0.668	0.736	0.852	0.935	1.019	1.088	1.152	1.251
7.6	0.674	0.744	0.863	0.948	1.036	1.109	1.180	1.285
8.0	0.679	0.751	0.872	0.960	1.051	1.128	1.205	1.316
8.4	0.684	0.757	0.881	0.970	1.065	1.146	1.229	1.347
8.8	0.689	0.762	0.888	0.980	1.078	1.162	1.251	1.376
9.2	0.693	0.768	0.896	0.989	1.089	1.178	1.272	1.404
9.6	0.697	0.772	0.902	0.998	1.100	1.192	1.291	1.431
10.0	0.700	0.777	0.908	1.005	1.110	1.205	1.309	1.456
11.0	0.705	0.786	0.992	1.022	1.132	1.233	1.349	1.506
12.0	0.710	0.794	0.933	1.037	1.151	1.257	1.384	1.550

注：① l 与 b 分别为矩形基础的长度与宽度，m；

② z 为基础底面至该层土底面的距离，m；

③ r 为圆形基础的半径，m。

表 9-13　η 系数表

$m=\frac{2z_n}{b}$	$0<m\leqslant0.5$	$0.5<m\leqslant1$	$1<m\leqslant2$	$2<m\leqslant3$	$3<m\leqslant5$	$5<m\leqslant\infty$
η	1.00	0.95	0.90	0.80	0.75	0.70

当按式(9-41)计算沉降时，地基压缩层深度 z_n 可按式(9-42)计算确定：

$$z_n = (z_m + \xi b)\beta \tag{9-42}$$

式中，z_m 为与基础长宽比有关的经验值，单位为 m，可按表 9-14 确定；ξ 为折减系数，可按表 9-14 确定；β 为调整系数，可按表 9-15 确定。

表 9-14　z_m 值和 ξ 系数表

$\frac{l}{b}$	1	2	3	4	5
z_m	11.6	12.4	12.5	12.7	13.2
ξ	0.42	0.49	0.53	0.60	1.00

表 9-15　β 系数表

土类	碎石土	砂土	粉土	黏性土	软土
β	0.30	0.50	0.60	0.75	1.00

当无相邻载荷影响，基础宽度在 30 m 范围内时，基础中点的地基沉降量计算深度也可按式(9-34)计算。

由地基不均匀引起的倾斜可按各角点的钻孔柱状图和物理力学指标，分别按基础中心点计算沉降，然后乘以与实测沉降对比所取得的经验系数以获得各角点处的沉降值，据此可近似计算出基础倾斜值。

若按上述方法计算的地基变形值小于或等于建筑物地基变形允许值，则认为该地基已符合设计要求；反之，则需改变设计方案，或采用工程措施来改善地基的变形条件。

当场地、地基整体稳定且持力层为完整、较完整的中、微风化岩体时，可不进行地基变形验算。其余地基的变形计算应按《建筑地基基础设计规范》(GB 50007—2011)计算，亦可按《工程地质手册》(第五版)规定的其他方法计算分析。在地基沉降预测中，宜考虑地基土层渗透性、后期地面填方和相邻建筑的影响。

9.5　地基稳定性计算

地基稳定性可采用圆弧滑动面法进行验算。最危险的滑动面上诸力对滑动中心所产生的抗滑力矩与滑动力矩应符合式(9-43)的要求：

$$M_R/M_S \geqslant 1.2 \tag{9-43}$$

式中，M_S 为滑动力矩；M_R 为抗滑力矩。

位于稳定土坡坡顶的建筑，当垂直于坡顶边缘线的基础底面边长小于或等于 3 m 时，其基础底面外边缘线至坡顶的水平距离(图 9-3)应符合式(9-44)和式(9-45)的要求，但不得小于 2.5 m：

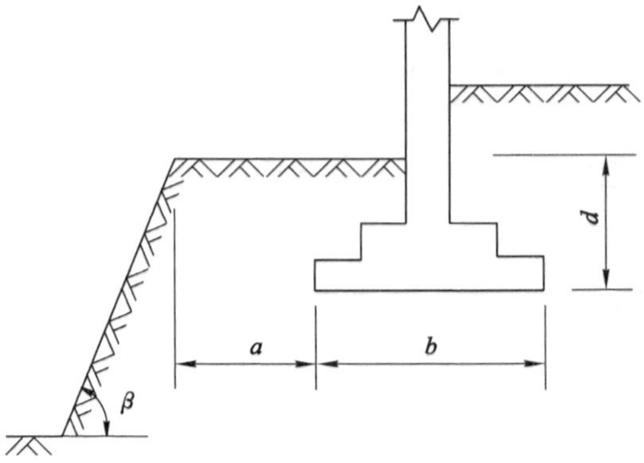

图 9-3　基础底面外边缘线至坡顶的水平距离

对于条形基础

$$a \geqslant 3.5b - \frac{d}{\tan \beta} \tag{9-44}$$

对于矩形基础

$$a \geqslant 2.5b - \frac{d}{\tan \beta} \tag{9-45}$$

式中，a 为基础底面外边缘线至坡顶的水平距离，m；b 为垂直于坡顶边缘线的基础底面边长，m；d 为基础埋置深度，m；β 为边坡坡角，(°)。

当基础底面外边缘线至坡顶的水平距离不能满足式(9-44)、式(9-45)的要求时，可以按式(9-43)进行地基整体稳定性验算，从而确定基础距坡顶边缘的距离和基础埋深。

当边坡坡角大于 45°，坡高大于 8 m 时，尚应按式(9-43)验算坡体稳定性。

建筑物基础存在浮力作用时应进行抗浮稳定性验算，并应符合下列规定：

(1) 对于简单的浮力作用情况，基础抗浮稳定性应符合式(9-46)的要求：

$$\frac{G_k}{N_{w,k}} \geqslant K_w \tag{9-46}$$

式中，G_k 为建筑物自重及压重之和，kN；$N_{w,k}$ 为浮力作用值，kN；K_w 为抗浮稳定安全系数，一般情况下可取 1.05。

(2) 当抗浮稳定性不满足设计要求时，可采用增加压重或设置抗浮构件等措施。在整体满足抗浮稳定性要求而局部不满足时，也可采用增加结构刚度的措施。

9.6　桩基岩土工程评价

在房屋建筑和构筑物的基础设计中，桩基础是常考虑的基础形式之一。桩基础具有施工方便、承载力高、沉降量小等优点。实践证明，桩基础不但可以减小平均沉降，而且能有效地控制整体倾斜。因此，在甲级建筑物中，桩基础是较普遍采用的方案。

在房屋建筑与构筑物桩基础岩土工程评价中，单桩承载力的确定是最主要的内容，此外，尚需合理选择桩基础类型与桩端持力层，因此本节主要讨论这两个问题；关于桩的负摩擦力估算，以及对群桩基础的群桩承载力与群桩沉降验算，可参阅《高层建筑岩土工程勘察标准》(JGJ/T 72—2017)和《建筑桩基技术规范》(JGJ 94—2008)有关内容。

9.6.1 桩基类型及持力层的选择

在现场岩土工程勘测的基础上，对桩基岩土工程评价首先应考虑桩基类型与桩端持力层的合理选择。桩基选择应根据工程性质、地质条件、施工条件、场地周围环境及经济指标等综合考虑和确定。一般可按表 9-16 所示原则选择。

表 9-16 桩基选择的原则

内容	应符合下列规定
桩基持力层选择	(1) 持力层宜选择层位稳定的压缩性较低的可塑-坚硬状态黏性土，中密以上的砂土、碎石土、残积土及不同风化程度的基岩；不应选择在可液化土层、湿陷性土层或软土层中； (2) 当存在软弱下卧层时，桩端以下硬持力层厚度宜超过 3 倍桩径；扩底桩的持力层厚度宜超过 3 倍扩底桩直径，且均不宜小于 5 m
桩型选择	(1) 当持力层顶面起伏不大、坡度宜小于 10%、周围环境允许且沉桩可能时，可采用钢筋混凝土预制桩； (2) 当载荷较大，桩较长或需穿越一定厚度的坚硬土层，需选用较重的锤、锤击过程可能使桩身产生较大锤击应力时，宜采用预应力桩；或经方案比较，证明技术、经济合理可行时，也可采用钢桩； (3) 土层中有难以清除的孤石或有硬质夹层，岩溶地区及基岩面起伏大的地层，均不宜采用钢筋混凝土预制桩、预应力桩和钢桩，可采用钢筋混凝土灌注桩； (4) 当场地周围环境保护要求较高，采用钢筋混凝土预制桩或预应力桩难以控制沉桩挤土影响时，可采用混凝土灌注桩或压入式 H 型钢桩； (5) 当基岩埋藏相对较浅，单柱载荷较大时，宜采用嵌岩钢筋混凝土灌注桩

9.6.2 单桩承载力的确定

桩基竖向承载力计算应符合下列要求：

1. 载荷效应标准组合

轴心竖向力作用下

$$N_k \leqslant R \tag{9-47}$$

偏心竖向力作用下除满足式(9-47)外，尚应满足式(9-48)的要求：

$$N_{kmax} \leqslant 1.2R \tag{9-48}$$

2. 地震作用效应和载荷效应标准组合

轴心竖向力作用下

$$N_{Ek} \leqslant 1.25R \tag{9-49}$$

偏心竖向力作用下，除满足式(9-49)外，尚应满足式(9-50)的要求：

$$N_{Ekmax} \leqslant 1.5R \tag{9-50}$$

式中，N_k 为载荷效应标准组合轴心竖向力作用下，基桩或复合基桩的平均竖向力，kN；N_{kmax} 为载荷效应标准组合偏心竖向力作用下，桩顶最大竖向力，kN；N_{Ek} 为地震作用效应和载荷效应标准组合下，基桩或复合基桩的平均竖向力，kN；N_{Ekmax} 为地震作用效应和载荷效应标准组合下，基桩或复合基桩的最大竖向力，kN；R 为基桩或复合基桩竖向承载力特征值，kN。

9.6.3 单桩竖向承载力

单桩承载力应通过现场静载荷试验确定。估算单桩承载力时应结合地区的经验，根据静力触探试验、标准贯入试验或旁压试验等原位测试参数进行计算，并参照地质条件类似的试桩资料综合确定。单桩承载力特征值可按式(9-51)确定：

$$R_a = Q_u / K \tag{9-51}$$

式中，R_a 为单桩竖向承载力特征值，kN；Q_u 为单桩竖向极限承载力，kN；K 为安全系数，取 $K=2$。

若用静力触探试验（单桥、双桥）确定预制桩的单桩竖向极限承载力，根据标准贯入试验锤击数确定预制桩、预应力管桩、沉管灌注桩的单桩竖向极限承载力，以及根据岩石风化程度、单轴极限抗压强度和岩体完整程度估算嵌岩灌注桩单桩竖向极限承载力，则可参阅《高层建筑岩土工程勘察标准》(JGJ/T 72—2017)有关内容。

9.7 深基坑岩土工程评价

当兴建房屋建筑和构筑物基础时，一般都需要进行基坑开挖，尤其在建筑密集的城市中兴建超高层建筑时，为了利用有限的空间及降低基底的净压力，往往设有 1～3 层地下室，有的甚至达 6 层，基坑深度一般都超过 5 m，有的达数十米。深浅基坑的划分界线在我国还没有统一标准，在国外有人建议把深度超过 6 m 的基坑定为深基坑，小于 6 m 的则为浅基坑。浅基坑（包括浅基础的基坑开挖）的工程地质问题一般较少且不很严重；深基坑的工程地质问题一般较为复杂且有的较为严重，因此应重视对深基坑工程地质问题的分析与评价。

基础牢固与否是关系到建筑物安全稳定的首要问题，而基础施工大多从基坑开挖开始。在基坑开挖过程中，常遇到基坑壁过量位移或滑移倒塌、坑底卸荷回弹（或隆起）、坑底渗流（或突涌）、基坑流沙等基坑稳定性问题。为防止或抑制这些问题，使基坑开挖与基础施工顺利进行，需要采取相应的防护措施。

基坑支护设计应规定其设计使用期限。基坑支护的设计使用期限不应小于 1 a。

基坑支护应满足下列功能要求：

(1) 保证基坑周边建(构)筑物、地下管线、道路的安全和正常使用；

(2) 保证主体地下结构的施工空间。

基坑支护设计时，应综合考虑基坑周边环境和地质条件的复杂程度以及基坑深度等因素，按表 9-17 采用支护结构的安全等级。对同一基坑的不同部位，可采用不同的安全等级。

表 9-17 支护结构的安全等级

安全等级	破坏后果
一级	支护结构失效、土体过大变形对基坑周边环境或主体结构施工安全的影响很严重
二级	支护结构失效、土体过大变形对基坑周边环境或主体结构施工安全的影响严重
三级	支护结构失效、土体过大变形对基坑周边环境或主体结构施工安全的影响不严重

9.7.1 基坑支护及其土压力

支护结构选型时，应综合考虑下列因素：

(1) 基坑深度；

(2) 土的性状及地下水条件；

(3) 基坑周边环境对基坑变形的承受能力及支护结构失效的后果；

(4) 主体地下结构和基础形式以及其施工方法、基坑平面尺寸及形状；

(5) 支护结构施工工艺的可行性；

(6) 施工场地条件及施工季节；

(7) 经济指标、环保性能和施工工期。

各类支护结构的适用条件如表 9-18 所示。

表 9-18 各类支护结构的适用条件

<table>
<tr><th colspan="2" rowspan="2">结构类型</th><th colspan="3">适 用 条 件</th></tr>
<tr><th>安全等级</th><th colspan="2">基坑深度、环境条件、土类和地下水条件</th></tr>
<tr><td rowspan="5">支挡式结构</td><td>锚拉式结构</td><td rowspan="5">一级
二级
三级</td><td>适用于较深的基坑</td><td rowspan="5">1. 排桩适用于可采用降水或截水帷幕的基坑
2. 地下连续墙宜同时用作主体地下结构外墙，可同时用于截水
3. 锚杆不宜用在软土层和高水位的碎石土、砂土层中
4. 当邻近基坑有建筑物地下室、地下构筑物等，锚杆的有效锚固长度不足时，不应采用锚杆
5. 当锚杆施工会造成基坑周边建(构)筑物的损害或违反城市地下空间规划等规定时，不应采用锚杆</td></tr>
<tr><td>支撑式结构</td><td>适用于较深的基坑</td></tr>
<tr><td>悬臂式结构</td><td>适用于较浅的基坑</td></tr>
<tr><td>双排桩</td><td>当锚拉式、支撑式和悬臂式结构不适用时，可考虑采用双排桩</td></tr>
<tr><td>支护结构与主体结构结合的逆作法</td><td>适用于基坑周边环境条件很复杂的深基坑</td></tr>
<tr><td rowspan="4">土钉墙</td><td>单一土钉墙</td><td rowspan="4">二级
三级</td><td>适用于地下水位以上或降水的非软土基坑，且基坑深度不宜大于 12 m</td><td rowspan="4">当基坑潜在滑动面内有建筑物、重要地下管线时，不宜采用土钉墙</td></tr>
<tr><td>预应力锚杆复合土钉墙</td><td>适用于地下水位以上或降水的非软土基坑，且基坑深度不宜大于 15 m</td></tr>
<tr><td>水泥土桩复合土钉墙</td><td>用于非软土基坑时，基坑深度不宜大于 12 m；用于淤泥质土基坑时，基坑深度不宜大于 6 m。不宜用在高水位的碎石土、砂土层中</td></tr>
<tr><td>微型桩复合土钉墙</td><td>适用于地下水位以上或降水的基坑，用于非软土基坑时，基坑深度不宜大于 12 m；用于淤泥质土基坑时，基坑深度不宜大于 6 m</td></tr>
<tr><td colspan="2">重力式水泥土墙</td><td>二级
三级</td><td colspan="2">适用于淤泥质土、淤泥基坑，且基坑深度不宜大于 7 m</td></tr>
<tr><td colspan="2">放坡</td><td>三级</td><td colspan="2">1. 施工场地满足放坡条件
2. 放坡与上述支护结构形式结合</td></tr>
</table>

注：(1) 当基坑不同部位的周边环境条件、土层性状、基坑深度等不同时，可在不同部位分别采用不同的支护形式。

(2) 支护结构可采用上部、下部用不同结构类型组合的形式。

当采用两种或两种以上支护结构形式时，其结合处应考虑相邻支护结构的相互影响，且应有可靠的过渡连接措施。

当支护结构上部采用土钉墙或放坡、下部采用支挡式结构时，上部土钉墙应符合《建筑桩基技术规范》(JGJ 94—2008)的规定，支挡式结构应考虑上部土钉墙或放坡的作用。

当坑底以下为软土时，可采用水泥土搅拌桩、高压喷射注浆等方法对坑底土体进行局部或整体加固。水泥土搅拌桩、高压喷射注浆加固体可采用格栅或实体形式。

当基坑开挖采用放坡或支护结构上部采用放坡时，应按圆弧滑动法验算边坡的滑动稳定性，边坡的圆弧滑动稳定安全系数(K_s)不应小于1.2。放坡坡面应设置防护层。

作用于支护结构与土体界面的压力称土压力。土压力的大小及其分布规律与支护结构的水平位移方向和大小、土的性质、支护结构物的刚度及高度等因素有关。土压力根据承受土压力的支护结构水平位移方向的不同，可以划分为静止土压力、主动土压力和被动土压力。

土压力的计算可采用库仑理论或朗肯理论。地下水位以上采用水土合算的方法计算主、被动土压力；地下水位以下土层的水土压力可采用水土合算或水土分算两种计算方法，对于黏性土和粉土宜采用水土合算，对砂土宜采用水土分算。

当计算作用在支护结构上的水平载荷时，应考虑下列因素：

(1) 基坑内外土的自重(包括地下水)；

(2) 基坑周边既有和在建的建(构)筑物载荷；

(3) 基坑周边施工材料和设备载荷；

(4) 基坑周边道路车辆载荷；

(5) 冻胀、温度变化及其他因素产生的作用。

9.7.2 基坑稳定性分析

1. 嵌固稳定性

(1) 悬臂式支挡结构的嵌固深度(l_d)应符合嵌固稳定性的要求，详见式(9-52)及图9-4。

$$\frac{E_{pk}a_{p1}}{E_{ak}a_{a1}} \geqslant K_e \tag{9-52}$$

式中，K_e为嵌固稳定安全系数，安全等级为一级、二级、三级的悬臂式支挡结构，K_e分别不应小于1.25、1.20、1.15；E_{ak}、E_{pk}分别为基坑外侧主动土压力、基坑内侧被动土压力标准值，kN；a_{a1}、a_{p1}分别为基坑外侧主动土压力、基坑内侧被动土压力合力作用点至挡土构件底端的距离，m。

(2) 单层锚杆和单层支撑的支挡结构的嵌固深度(l_d)应符合嵌固稳定性的要求，详见式(9-53)及图9-5。

$$\frac{E_{pk}a_{p2}}{E_{ak}a_{a2}} \geqslant K_e \tag{9-53}$$

式中，K_e为嵌固稳定安全系数，安全等级为一级、二级、三级的锚拉式支挡结构和支撑式支挡结构，K_e分别不应小于1.25、1.20、1.15；a_{a2}、a_{p2}分别为基坑外侧主动土压力、基坑内侧被动土压力合力作用点至挡土构件底端的距离，m。

2. 整体滑动稳定性

锚拉式、悬臂式支挡结构和双排桩应按下列规定进行整体滑动稳定性验算：

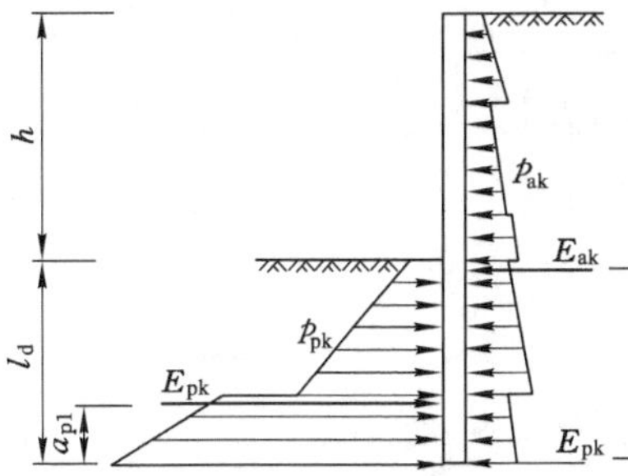

图 9-4　悬臂式结构嵌固稳定性验算

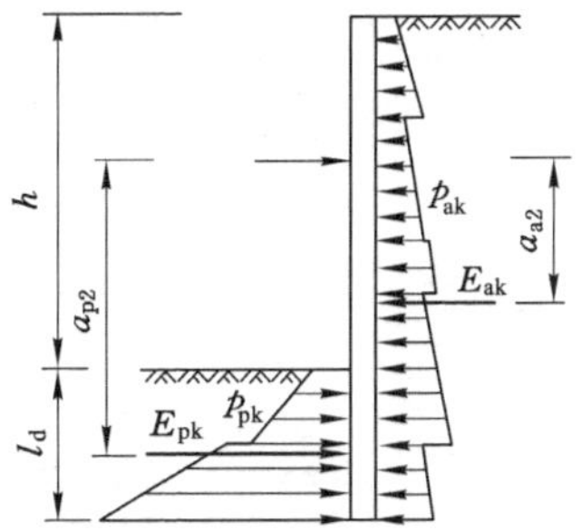

图 9-5　单支点锚拉式支挡结构和支撑式支挡结构的嵌固稳定性验算

① 整体滑动稳定性可采用圆弧滑动条分法进行验算。

② 采用圆弧滑动条分法时，其整体滑动稳定性应符合式(9-54)和式(9-55)的规定(详见图 9-6)：

$$\min\{K_{s,1},K_{s,2},\cdots,K_{s,i},\cdots\}\geqslant K_s \tag{9-54}$$

$$K_{s,i}=\frac{\sum\{c_jl_j+[(q_jb_j+\Delta G_j)\cos\theta_j-u_jl_j]\tan\varphi_j\}+\sum\dfrac{R'_{k,k}[\cos(\theta_j+\alpha_k)+\varphi_v]}{s_{x,k}}}{\sum(q_jb_j+\Delta G_j)\sin\theta_j} \tag{9-55}$$

式中，K_s 为圆弧滑动稳定安全系数，安全等级为一级、二级、三级的支挡结构，K_s 分别不应小于 1.35、1.3、1.25；$K_{s,i}$为第 i 个圆弧滑动体的抗滑力矩与滑动力矩的比值；c_j、φ_j 分别为第 j 土条滑弧面处土的内聚力(kPa)、内摩擦角(°)；b_j 为第 j 土条的宽度，m；θ_j 为第 j 土条滑弧面中点处的法线与垂直面的夹角，(°)；l_j 为第 j 土条的滑弧长度，m，取 $l_j=b_j/\cos\theta_j$；q_j 为第 j 土条上的附加分布载荷标准值，kPa；ΔG_j 为第 j 土条的自重(kN)，按天然重度计算；u_j 为第 j 土条滑弧面上的水压力，kPa；$R'_{k,k}$为第 k 层锚杆在滑动面以外的锚固段的极限抗拔承载力标准值与锚杆杆体受拉承载力标准值的较小值；α_k 为第 k 层锚杆的倾角，(°)；θ_k 为滑弧面在第 k 层锚杆处的法线与垂直面的夹角，(°)；$s_{x,k}$为第 k 层锚杆的水平距离，m；φ_v 为计算系数，可按 $\varphi_v=0.5\sin(\theta_k+\alpha_k)\tan\varphi$ 取值，其中，φ 为第 k 层锚杆与滑弧交点处土的内摩擦角，(°)。

③ 当挡土构件底端以下存在软弱下卧土层时，整体稳定性验算滑动面中应包括由圆弧与软弱土层层面组成的复合滑动面。

3. 坑底隆起稳定性

锚拉式支挡结构和支撑式支挡结构的嵌固深度应符合坑底隆起稳定性要求，具体计算过程和图示详见式(9-56)、式(9-57)和式(9-58)以及图 9-7：

$$\frac{\gamma_{m2}l_dN_q+cN_c}{\gamma_{m1}(h+l_d)+q_0}\geqslant K_b \tag{9-56}$$

$$N_q=\tan^2\left(45°+\frac{\varphi}{2}\right)e^{\pi\tan\varphi} \tag{9-57}$$

$$N_c=\frac{(N_q-1)}{\tan\varphi} \tag{9-58}$$

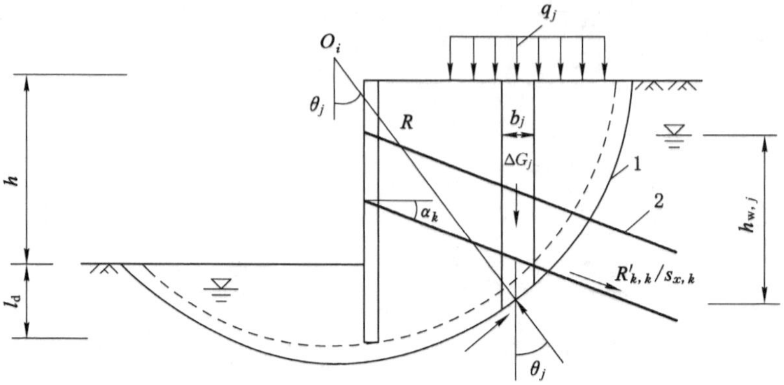

1—任意圆弧滑动面；2—锚杆。

图 9-6　圆弧滑动法整体稳定性验算

式中，K_b 为抗隆起安全系数，安全等级为一级、二级、三级的支护结构，K_b 分别不应小于1.8、1.6、1.4；γ_{m1}、γ_{m2} 分别为基坑外、基坑内挡土构件底面以上土的天然重度（kN/m^3），对多层土，取各层土按厚度加权的平均重度；l_d 为挡土构件的嵌固深度，m；h 为基坑深度，m；q_0 为地面均布载荷，kPa；N_c、N_q 为承载力系数；c、φ 分别为挡土构件底面以下土的内聚力（kPa）、内摩擦角（°）。

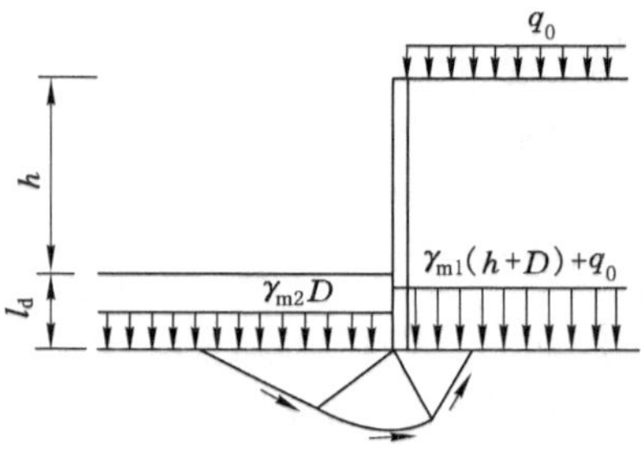

图 9-7　挡土构件底端平面下土的隆起稳定性验算

当挡土构件底面以下有软弱下卧层时，坑底隆起稳定性的验算部位尚应包括软弱下卧层。悬臂式支挡结构可不进行隆起稳定性验算。

4. 渗透稳定性

当采用悬挂式截水帷幕或坑底以下存在水头高于坑底的承压含水层时，应进行地下水渗透稳定性验算。

（1）当坑底以下有水头高于坑底的承压水含水层，且未用截水帷幕隔断其基坑内外的水力联系时，承压水作用的坑底突涌稳定性应符合式（9-59）的规定（详见图 9-8）：

$$\frac{D\gamma}{h_w \gamma_w} \geqslant K_h \tag{9-59}$$

式中，K_h 为突涌稳定安全系数，不应小于 1.1；D 为承压水含水层顶面至坑底的土层厚度，m；γ 为承压水含水层顶面至坑底土层的天然重度，kN/m^3，对多层土，取按土层厚度加权的平均天然重度；h_w 为承压水含水层顶面的压力水头高度，m；γ_w 为水的重度，kN/m^3。

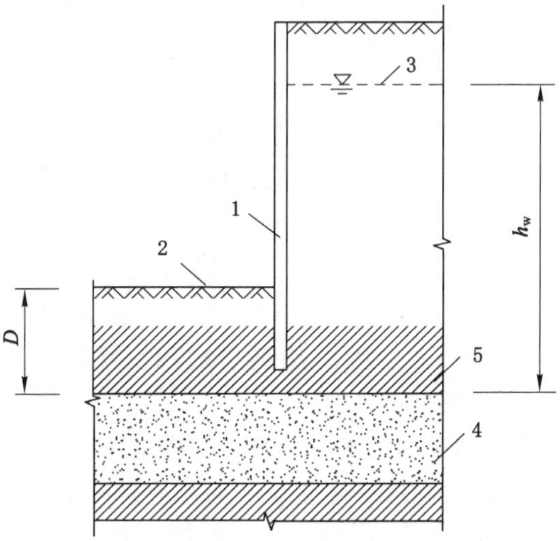

1—截水帷幕；2—基底；3—承压水测管水位；4—承压水含水层；5—隔水层。

图 9-8　坑底土体的突涌稳定性验算

(2) 当悬挂式截水帷幕底端位于碎石土、砂土或粉土含水层时，对均质含水层，地下水渗流的流土稳定性应符合式(9-60)的规定(详见图 9-9)；对渗透系数不同的非均质含水层，宜采用数值方法进行渗流稳定性分析。

$$\frac{(2l_d + 0.8D_1)\gamma'}{\Delta h\gamma_w} \geqslant K_f \tag{9-60}$$

式中，K_f 为流土稳定性安全系数，安全等级为一、二、三级的支护结构，K_f 分别不应小于 1.6、1.5、1.4；l_d 为截水帷幕在坑底以下的插入深度，m；D_1 为潜水面或承压水含水层顶面至坑底的土层厚度，m；γ' 为土的浮重度，kN/m³；Δh 为基坑内外的水头差，m；γ_w 为水的重度，kN/m³。

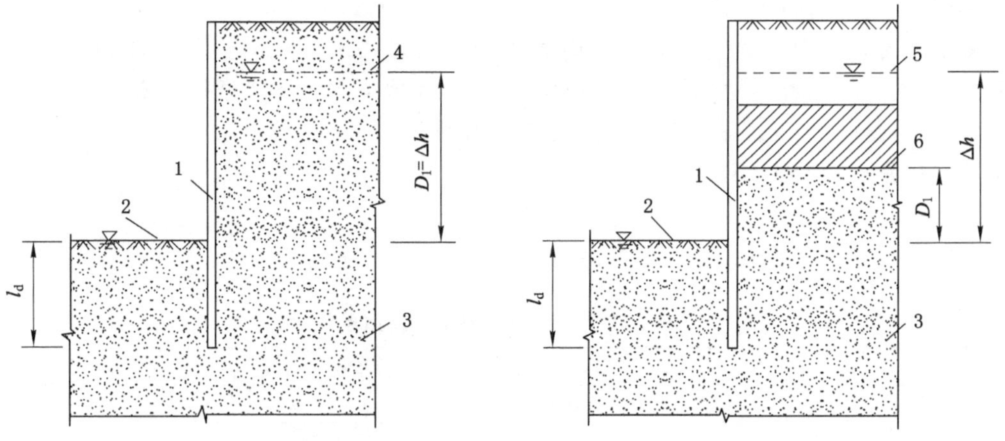

1—截水帷幕；2—基底；3—含水层；4—潜水水位；5—承压水测管水位；6—承压水含水层顶面。

图 9-9　采用悬挂式截水帷幕时的流土稳定性验算

（3）当坑底以下为级配不连续的砂土、碎石土含水层时，应进行土的管涌可能性判别。

9.7.3 地下水控制

当基坑开挖至地下水位以下时，为了防止因地下水作用而引起的渗流、流沙、管涌、坑底隆起、边坡滑塌以及坑外地层过度变形等，保证施工过程处于疏干和稳态的工作条件，必须做好对地下水的控制工作。地下水控制应根据工程地质和水文地质条件、基坑周边环境要求及支护结构形式选用截水、降水、集水明排方法或其组合。

当降水会对基坑周边建（构）筑物、地下管线、道路等造成危害或对环境造成长期不利影响时，应采用截水方法控制地下水。当采用悬挂式截水帷幕时，应同时采用坑内降水，并宜根据水文地质条件结合采用坑外回灌措施。

地下水控制设计应符合对基坑周边建（构）筑物、地下管线、道路等沉降控制值的要求。当坑底以下有水头高于坑底的承压水时，各类支护结构均应按规定进行承压水作用下的坑底突涌稳定性验算。当不满足突涌稳定性要求时，应对该承压水含水层采取截水、减压措施。

1. 截水

基坑截水应根据工程地质条件、水文地质条件及施工条件等，选用水泥土搅拌桩帷幕、高压旋喷或摆喷注浆帷幕、地下连续墙或咬合式排桩。当支护结构采用排桩时，可采用高压旋喷或摆喷注浆与排桩相互咬合的组合帷幕。对碎石土、杂填土、泥炭质土、泥炭以及pH值较低的土或当地下水流速较大时，水泥土搅拌桩帷幕、高压喷射注浆帷幕宜通过试验确定其适用性或外加剂品种及掺量。

当坑底以下存在连续分布、埋深较浅的隔水层时，应采用落底式帷幕。落底式帷幕进入下卧隔水层的深度应满足式(9-61)的要求，并不宜小于1.5 m：

$$l \geqslant 0.2\Delta h - 0.5b \tag{9-61}$$

式中，l 为帷幕进入隔水层的深度，m；Δh 为基坑内外的水头差值，m；b 为帷幕的厚度，m。

当坑底以下含水层厚度大而需采用悬挂式帷幕时，帷幕进入透水层的深度应满足地下水从帷幕底绕流的渗透稳定性要求，并应对帷幕外地下水位下降引起的基坑周边建（构）筑物、地下管线沉降进行分析。

截水帷幕在平面布置上应沿基坑周边闭合。当采用沿基坑周边非闭合的平面布置形式时，应对地下水沿帷幕两端绕流引起的渗流破坏和地下水位下降进行分析。

水泥土搅拌桩帷幕、高压旋喷或摆喷注浆帷幕等以及其他截水的相关规定可参考《建筑基坑支护技术规程》(JGJ 120—2012)。

2. 降水

基坑降水可采用管井、真空井点、喷射井点等方法，并宜按表9-19中的适用条件选用。

表9-19 各种降水方法的适用条件

方 法	土 类	渗透系数/(m/d)	降水深度 s/m
管井	粉土、砂土、碎石土	0.1～200.0	不限
真空井点	黏性土、粉土、砂土	0.005～20.0	单级井点 $s<6$
			多级井点 $s<20$
喷射井点	黏性土、粉土、砂土	0.005～20.0	$s<20$

降水后基坑内的水位应低于坑底 0.5 m。当主体结构有加深的电梯井、集水井时，坑底应按电梯井、集水井底面考虑或对其另行采取局部地下水控制措施。当基坑采用截水结合坑外减压降水的地下水控制方法时，尚应规定降水井水位的最大降深值和最小降深值。

降水井在平面布置上应沿基坑周边形成闭合状。当地下水流速较小时，降水井宜等间距布置；当地下水流速较大时，在地下水补给方向宜适当减小降水井间距。对宽度较小的狭长形基坑，降水井可在基坑一侧布置。

基坑地下水位降深应符合式(9-62)的规定：

$$s_i \geqslant s_d \tag{9-62}$$

式中，s_i 为基坑内任意一点的地下水位降深，m；s_d 为基坑地下水位的设计降深，m。

其他相关规定可参考规范《建筑基坑支护技术规程》(JGJ 120—2012)。

3. 集水明排

对坑底汇水、基坑周边地表汇水及降水井抽出的地下水，可采用明沟排水；对坑底渗出的地下水，可采用盲沟排水；当地下室底板与支护结构间不能设置明沟时，也可采用相沟排水。

排水沟的截面应根据设计流量确定，排水沟的设计流量应符合式(9-63)的规定：

$$Q \leqslant V/1.5 \tag{9-63}$$

式中，Q 为排水沟的设计流量，m^3/d；V 为排水沟的排水能力，m^3/d。

明沟和盲沟的坡度不宜小于 0.3%。当采用明沟排水时，沟底应采取防渗措施。当采用盲沟排出坑底渗出的地下水时，其构造、填充料及其密实度应满足主体结构的要求。

沿排水沟宜每隔 30～50 m 设置一口集水井，集水井的净截面尺寸应根据排水流量确定。集水井应采取防渗措施。

对基坑坡面渗水宜采用在渗水部位插入导水管排出。导水管的间距、直径及长度应根据渗水量及渗水土层的特性确定。

当采用管道排水时，排水管道的直径应根据排水量确定。排水管的坡度不宜小于 0.5%。排水管道材料可选用钢管、PVC 管。排水管道上宜设置清淤孔，清淤孔的间距不宜大于 10 m。

在基坑排水设施与市政管网连接口之间应设置沉淀池。当使用明沟、集水井、沉淀池时应保持排水畅通并应随时清理淤积物。

9.8　建筑场地水土腐蚀性评价

在房屋建筑和构筑物的岩土工程勘察中，场地水土的腐蚀性问题是常常遇到的主要岩土工程问题之一，因此对建筑场地的水土进行腐蚀性调查、测试和评价是必不可少的。

9.8.1　水土腐蚀性作用机理

硅酸盐水泥遇水硬化，并且形成 $Ca(OH)_2$、水化硅酸钙 $CaOSiO_2 \cdot 12H_2O$、水化铝酸钙 $CaOAl_2O_3 \cdot 6H_2O$ 等，这些物质往往会受到场地水土的腐蚀，所以对场地的工程结构，应评价场地水土对混凝土或钢结构的腐蚀性。

场地水土对混凝土或钢结构的腐蚀性在基本原理上是类似的，下面仅讨论场地水(地表水或地下水)对混凝土或钢结构的腐蚀性作用机理。

水中腐蚀混凝土或钢结构的化学组分主要有硫酸盐、氯化物、镁、钙、CO_2 等，pH 值较小的酸性水也具有腐蚀性。场地水对建筑材料的腐蚀类型可分为三类：

1. 结晶类腐蚀

如果场地水中 SO_4^{2-} 的含量超过一定值，那么 SO_4^{2-} 将与混凝土中的 $Ca(OH)_2$ 起反应，生成二水石膏结晶体 $CaSO_4 \cdot 2H_2O$，这种石膏再与水化铝酸钙 $CaOAl_2O_3 \cdot 6H_2O$ 发生化学反应，生成水化硫铝酸钙，这是一种铝和钙的复合硫酸盐，习惯上称为水泥杆菌。水泥杆菌结合了许多结晶水，因而其体积比化合前增大很多，约为原体积的 221.86%，产生比混凝土抗拉强度大的结晶膨胀应力，从而使混凝土的结构遭受破坏。

2. 分解类腐蚀

水中的 H^+、游离 CO_2 以及氯化镁、氯化铵等盐类或水的矿化度，超过或低于一定限度时，会使混凝土表面钙化层($CaCO_3$)或混凝土中固态游离石灰质溶解于水，降低了混凝土中的石灰碱度(水泥在水化时释放出 $Ca(OH)_2$，使混凝土内处于高度碱性条件)，从而导致水泥发生水解。

分解类腐蚀可分为酸性腐蚀、碳酸性腐蚀和微矿化水性腐蚀三种：

(1) 酸性腐蚀

酸性腐蚀反应式为：

$$Ca(OH)_2 + 2H^+ \longrightarrow Ca^{2+} + 2H_2O$$

$$2CaCO_3 + 2H^+ \longrightarrow Ca(HCO_3)_2 + Ca^{2+} \longrightarrow 2HCO^- + 2Ca^{2+}$$

酸性腐蚀的强弱主要取决于水的 pH 值。pH 值越小，水的酸性越大，对混凝土或钢结构的腐蚀性越强。

(2) 碳酸性腐蚀

混凝土表面的石灰在空气和水中的 CO_2 作用下，首先生成一层碳酸钙保护膜，进一步的作用形成易溶解于水的重碳酸钙，使混凝土破坏。碳酸性腐蚀反应式为：

$$CaCO_3 + H_2O + CO_2 \rightleftharpoons Ca^{2+} + 2HCO_3^-$$

这是可逆反应。当水中含有一定数量的 HCO_3^- 时，必须溶解一定数量的游离 CO_2 以达到平衡，称平衡 CO_2。如果水中游离 CO_2 减少，则方程式向左进行，产生碳酸钙沉淀物。若水中游离 CO_2 大于平衡 CO_2，则反应向右进行，即碳酸钙被溶解，直至达到新的平衡为止，这种超过平衡 CO_2 的那部分游离 CO_2，称为腐蚀性 CO_2。

(3) 微矿化水性腐蚀

矿化度过低的水具有使水泥成分溶解的作用。

3. 结晶分解复合类腐蚀

当场地水中 NO_3^-、Cl^- 和 Mg^{2+} 的含量超过一定数量时，将与混凝土中的 $Ca(OH)_2$ 发生反应，例如：

$$MgSO_4 + Ca(OH)_2 = Mg(OH)_2 + CaSO_4$$

$$MgCl_2 + Ca(OH)_2 = Mg(OH)_2 + CaCl_2$$

在 $Ca(OH)_2$ 与镁盐作用的生成物中，除 $Mg(OH)_2$ 不易溶解外，$CaCl_2$ 易溶于水，并随之流失；硬石膏 $CaSO_4$ 一方面与混凝土中的水化铝酸钙反应生成水泥杆菌；另一方面，硬石膏遇水易生成二水石膏。二水石膏在结晶时体积膨胀，易破坏混凝土的结构。

综上所述，场地水对混凝土或钢结构的腐蚀是一个复杂的过程，在一定的工程地质与水文地质条件下，对建筑物使用的耐久性影响很大。

9.8.2　水土腐蚀性调查与测试

1. 水土腐蚀性调查内容

评价水土对混凝土、钢筋混凝土结构的腐蚀性，应调查的内容包括：

(1) 场地的气候条件，或干燥度指标 K 值。干燥度是说明气候干燥程度的指标。我国干燥度大于 1.5 的地区有：新疆(除局部)、西藏(除东部)、甘肃(除局部)、青海(除局部)、宁夏、内蒙古(除局部)、陕西北部、山西北部、辽宁西部、吉林西部，其他各地基本上均小于 1.5。不能确认或需干燥度的具体数据时，可从各地气象部门查询。

(2) 场地的冰冻区，应根据一月份的月平均温度确定。当月平均温度大于 0 ℃时为不冻区，−4～0 ℃时为微冻区，小于−4 ℃为冰冻区。

(3) 场地的冰冻段，应根据场地标准冻深和地面下温度确定。当地面下温度大于 0 ℃时为不冻段，−4～0 ℃时为微冻段，小于−4 ℃为冰冻段。

(4) 场地地层的透水性，分为强透水层和弱透水层。

(5) 场地的海拔高程。

评价水土对钢结构的腐蚀性，应调查的内容包括：

(1) 土质类别；

(2) 土层剖面的均匀性、密实度、干湿度、通气性；

(3) 土的硫化物反应和碳酸盐反应的检验；

(4) 水的颜色、嗅味、悬浮物、沉淀物外观特征。

2. 取样和测试项目

当有足够经验或充分资料，认定工程场地及其附近的土或水(地下水或地表水)对建筑材料为微腐蚀时，可不取样试验进行腐蚀性评价。否则，应取水试样或土样进行试验，并按《岩土工程勘察规范(2009 年版)》(GB 50021—2001)评定其对建筑材料的腐蚀性。采取水试样和土样应符合下列规定：

(1) 当混凝土结构处于地下水位以上时，应取土样做土的腐蚀性测试。

(2) 当混凝土结构处于地下水或地表水中时，应取水试样做水的腐蚀性测试。

(3) 当混凝土结构部分处于地下水位以上、部分处于地下水位以下时，应分别取土样和水试样做腐蚀性测试。

(4) 水试样和土样应在混凝土结构所处的深度采取，每个场地不应少于 2 件。当土中盐类成分和含量分布不均匀时，应分区、分层取样，每区、每层不应少于 2 件。

水和土腐蚀性的测试项目和试验方法应符合下列规定：

(1) 水对混凝土结构腐蚀性的测试项目包括 pH 值、Ca^{2+}、Mg^{2+}、Cl^-、SO_4^{2-}、HCO_3^-、CO_3^{2-}、侵蚀性 CO_2、游离 CO_2、NH_4^+、OH^- 和总矿化度。

(2) 土对混凝土结构腐蚀性的测试项目包括 pH 值、Ca^{2+}、Mg^{2+}、Cl^-、SO_4^{2-}、HCO_3^-、CO_3^{2-} 的易溶盐(土水比为 1∶5)。

(3) 土对钢结构的腐蚀性的测试项目包括 pH 值、氧化还原电位、极化曲线、电阻率和质量损失。

腐蚀性试验项目和试验方法应符合表9-20所示的规定。

表9-20 腐蚀性试验项目和试验方法

序号	试验项目	试验方法
1	pH值	电位法或锥形电极法
2	Ca^{2+}	EDTA滴定法
3	Mg^{2+}	EDTA滴定法
4	CI^-	摩尔法
5	SO_4^{2-}	EDTA滴定法或质量法
6	HCO_3^-	酸滴定法
7	CO_3^{2-}	酸滴定法
8	侵蚀性CO_2	盖耶尔法
9	游离CO_2	碱滴定法
10	NH_4^+	钠氏试剂比色法
11	OH^-	酸滴定法
12	总矿化度	计算法
13	氧化还原电位	铂电极法
14	极化曲线	原位极化法
15	电阻率	四极法
16	质量损失	管罐法

注：EDTA指乙二胺四乙酸。

9.8.3 腐蚀性评价

水和土对建筑材料的腐蚀性，可分为微、弱、中、强四个等级。

(1) 在评价场地水对建筑结构材料的腐蚀性时必须结合建筑场地所属的环境类别进行。建筑场地的环境类型分类如表9-21所示。

表9-21 环境类型分类

环境类型	场地环境地质条件
Ⅰ	高寒区、干旱区直接临水；高寒区、干旱区强透水层中的地下水
Ⅱ	高寒区、干旱区弱透水层中的地下水；各气候区湿、很湿的弱透水层湿润区直接临水；湿润区强透水层中的地下水
Ⅲ	各气候区稍湿的弱透水层；各气候区地下水位以上的强透水层

注：(1) 高寒区是指海拔高度等于或大于3 000 m的地区；干旱区是指海拔高度小于3 000 m，干燥度指数K值等于或大于1.5的地区；湿润区是指干燥度指数K值小于1.5的地区。

(2) 强透水层是指碎石土和砂土层；弱透水层是指粉土和黏性土层。

(3) 含水量$\omega<3\%$的土层，可视为干燥土层，不具有腐蚀环境条件；当混凝土结构一边接触地面水或地下水，一边暴露在大气中，水可以通过渗透或毛细作用在暴露大气中的一边蒸发时，应定为Ⅰ类。

(4) 当有地区经验时，环境类型可根据地区经验划分；当同一场地出现两种环境类型时，应根据具体情况选定。

(2) 受环境类型影响，水和土对混凝土结构的腐蚀性，应符合表 9-22 所示的规定。

表 9-22　按环境类型水和土对混凝土结构的腐蚀性评价

腐蚀等级	主腐蚀介质	环境类型		
		Ⅰ	Ⅱ	Ⅲ
微	硫酸盐含量 SO_4^{2-}/(mg/L)	<200	<300	<500
弱		200～500	300～1 500	500～3 000
中		500～1 500	1 500～3 000	3 000～6 000
强		>1 500	>3 000	>6 000
微	镁盐含量 Mg^{2+}/(mg/L)	<1 000	<2 000	<3000
弱		1 000～2 000	2 000～3 000	3 000～4 000
中		2 000～3 000	3 000～4 000	4 000～5 000
强		>3 000	>4 000	>5 000
微	铵盐含量 NH_4^+/(mg/L)	<100	<500	<800
弱		100～500	500～800	800～1 000
中		500～800	800～1 000	1 000～1 500
强		>800	>1 000	>1 500
微	苛性碱含量 OH^-/(mg/L)	<35 000	<43 000	<57 000
弱		35 000～43 000	43 000～57 000	57 000～70 000
中		43 000～57 000	57 000～70 000	70 000～100 000
强		>57 000	>70 000	>100 000
微	总矿化度 /(mg/L)	<10 000	<20 000	<50 000
弱		10 000～20 000	20 000～50 000	50 000～60 000
中		20 000～50 000	50 000～60 000	60 000～70 000
强		>50 000	>60 000	>70 000

注：(1) 表中数值适用于有干湿交替作用的情况，当Ⅰ、Ⅱ类腐蚀环境无干湿交替作用时，表中硫酸盐含量数值应乘以 1.3 的系数。

(2) 表中数值适用于水的腐蚀性评价，对土的腐蚀性评价，应乘以 1.5 的系数；单位以 mg/kg 表示。

(3) 表中苛性碱(OH^-)含量(mg/L)应为 NaOH 和 KOH 中的 OH^- 含量(mg/L)。

(3) 受地层渗透性影响，水和土对混凝土结构的腐蚀性评价，应符合表 9-23 中的规定。

表 9-23　按地层渗透性水和土对混凝土结构的腐蚀性评价

腐蚀等级	pH 值		侵蚀性 CO_2/(mg/L)		HCO_3^-/(mmol/L)
	A	B	A	B	A
微	>6.5	>5.0	<15	<30	>1.0

表 9-23(续)

腐蚀等级	pH 值		侵蚀性 CO_2/(mg/L)		HCO_3^-/(mmol/L)
	A	B	A	B	A
弱	5.0～6.5	4.0～5.0	15～30	30～60	0.5～1.0
中	4.0～5.0	3.5～4.0	30～60	60～100	<0.5
强	<4.0	<3.5	>60	—	—

注:(1) 表中 A 是指直接临水或强透水层中的地下水;B 是指弱透水层中的地下水;强透水层是指碎石土和砂土层;弱透水层是指粉土和黏性土层。

(2) 表中 HCO_3^- 是指矿化度低于 0.1 g/L 的软水时,该类水质 HCO_3^- 的腐蚀性。

(3) 土的腐蚀性评价只考虑 pH 值指标;评价其腐蚀性时,A 指强透水土层;B 指弱透水土层。

当按表 9-22 和表 9-23 评价的腐蚀等级不同时,应按下列规定综合评定:

① 腐蚀等级中,只出现弱腐蚀,无中等腐蚀或强腐蚀时,应综合评价为弱腐蚀。

② 腐蚀等级中,无强腐蚀,最高为中等腐蚀时,应综合评价为中等腐蚀。

③ 腐蚀等级中,有一个或一个以上为强腐蚀,应综合评价为强腐蚀。

(4) 水和土对钢筋混凝土结构中钢筋的腐蚀性评价,应符合表 9-24 中的规定。

表 9-24　水和土对钢筋混凝土结构中钢筋的腐蚀性评价

腐蚀等级	水中的 Cl^- 含量/(mg/L)		土中的 Cl^- 含量/(mg/kg)	
	长期浸水	干湿交替	A	B
微	<10 000	<100	<400	<250
弱	10 000～20 000	100～500	400～750	250～500
中	—	500～5 000	750～7 500	500～5 000
强	—	>5 000	>7 500	>5 000

注:A 指地下水位以上的碎石土、砂土,稍湿的粉土,坚硬、硬塑的黏性土;
B 指湿、很湿的粉土,可塑、软塑、流塑的黏性土。

(5) 土对钢结构的腐蚀性评价,应分别符合表 9-25 所示的规定。

表 9-25　土对钢结构的腐蚀性评价

腐蚀等级	pH	氧化还原电位/mV	电阻率/(Ω·m)	极化电流密度/(mA/cm²)	质量损失/g
微	>5.5	>400	>100	<0.02	<1
弱	4.5～5.5	200～400	50～100	0.02～0.05	1～2
中	3.5～4.5	100～200	20～50	0.05～0.20	2～3
强	<3.5	<100	<20	>0.20	>3

注:土对钢结构的腐蚀性评价,取各指标中腐蚀等级最高者。

水土对建筑材料腐蚀的防护,应符合现行国家标准《工业建筑防腐蚀设计规范》(GB/T 50046—2018)中的规定。

9.9　房屋建筑和构筑物岩土工程勘察要点

房屋建筑和构筑物的岩土工程勘察，应在搜集建筑物上部载荷、功能特点、结构类型、基础形式、埋置深度和变形限制等方面资料的基础上进行。

9.9.1　勘察的主要内容

房屋建筑与构筑物岩土工程勘察的主要内容包括：

(1) 查明场地和地基的稳定性、地层结构、持力层和下卧层的工程特性、土的应力历史、地下水以及不良地质作用等。

① 大的断裂构造的位置关系、规模、力学性质、与场地和地基利用的关系、活动性及其与区域和当地地震活动的关系；

② 岩土层的种类、成分、厚度及坡度变化等，对岩土层尤其是基础下持力层（天然地基或桩基等人工地基）和下卧层的岩土工程性质，特别是黏性土层的岩土工程性质，宜从应力历史的角度进行解释与研究；

③ 在强震作用下场地与地基岩土体内可能产生的不利地震效应，如饱和砂土液化、松软土震陷、斜坡滑塌、采空区地面塌陷等；

④ 潜水和承压水层的分布、水位、水质、各含水层之间的水力联系，获得必要的渗透系数等水文地质计算参数；

⑤ 滑坡或不稳定斜坡的存在，可能的危害程度；

⑥ 岩溶作用的程度及其对地基可靠性的影响；

⑦ 人为的或天然的因素引起的地面沉降、挠折、破裂或塌陷及其危害等。

(2) 提供满足设计、施工所需的岩土参数，确定地基承载力，预测地基变形性状。

(3) 提出地基基础、基坑支护、工程降水和地基处理设计与施工方案的建议。

(4) 提出对建筑物有影响的不良地质作用的防治方案建议。

(5) 对于抗震设防烈度等于或大于 6 度的场地，进行场地与地基的地震效应评价。

9.9.2　勘察阶段的划分及各阶段任务要求

房屋建筑与构筑物的岩土工程勘察阶段一般划分为可行性研究勘察（又叫选址勘察）、初步勘察与详细勘察阶段，施工勘察不作为一个固定阶段。可行性研究勘察应符合选择场址方案的要求；初步勘察应符合初步设计的要求；详细勘察应符合施工图设计的要求；场地条件复杂或有特殊要求的工程，宜进行施工勘察。

场地较小且无特殊要求的工程可合并勘察阶段。当建筑物平面布置已经确定，且场地或附近已有岩土工程资料时，可根据实际情况，直接进行详细勘察。

1. 可行性研究勘察

场址选择涉及的问题是多方面的，它是一项既包括政治、经济和技术内容，又有高度原则性和广泛技术性的复杂工作；在技术上又是多种技术专业的综合。选择一个好场址，特别是一个大型工业企业厂址，一般需要有建设、设计、工艺、电力、道路、地质（工程地质、水文地质）以及气象、水文、地震等各个专业人员参加，共同组成一个选址组，协同地方按既定的目标和要求进行工作。这里要讨论的则是在场址选择中工程地质方面应做的工作。

选址的岩土工程勘察目的，是取得拟选场址的主要工程地质资料，对拟选场址的稳定性和适宜性做出岩土工程评价。岩土工程评价作为场址选择的条件之一要列入选址报告。

（1）选址勘察的主要工作

选址勘察一般采取搜集和分析研究有关资料与现场调查研究相结合的方法。在此基础上，对拟选场地的主要工程地质条件提出评价意见。这个评价意见系指对拟选场地的工程地质条件的全局性评价；对于各建筑地段的局部性的工程地质问题，则可以在下一阶段勘察工作中解决。例如在有黄土分布的地区选址，影响建厂的主要工程地质问题是黄土塬边或黄土沟谷的滑坡和边坡稳定性，以及黄土湿陷类型、湿陷等级确定等。这些问题有的会影响到能否建厂，有的会影响建厂的投资和速度。在有石灰岩、红黏土分布的山区选址，主要应调查研究岩溶发育程度、基岩面埋深和起伏、红黏土分布及其边坡稳定情况、土洞的有无及其发育程度等。一般说来，不良地质作用发育的场地，有的不宜选为场址，有的需耗费巨资方能治理。这些问题在几个场址方案的比较中和最后确定建设地点时，是必须考虑的。当然，对地基土条件的好坏也应尽可能在选址时给予足够的重视，这是因为它们对设计方案、投资和建设速度也有很大的影响。

这一阶段的工作重点是对拟建场地的稳定性和适宜性做出评价，并应符合下列要求：

① 搜集区域地质、地形地貌、地震、矿产以及当地的工程地质、岩土工程和建筑经验等资料；

② 在充分搜集和分析已有资料的基础上，通过踏勘了解场地地层、构造、岩性、不良地质作用及地下水等工程地质条件；

③ 当拟建场地工程地质条件复杂，已有资料不能满足要求时，应根据具体情况进行工程地质测绘及必要的勘探工作；

④ 当有两个或两个以上拟建场地时，应进行比选分析。

（2）选址中一般应避开的地区或地段

在确定建筑场地时，在工程地质条件方面，宜避开下列地区或地段：

① 不良地质作用发育且对场地稳定性有直接危害或潜在威胁的场地，如存在大型滑坡或滑坡群，强烈发育的岩溶、塌陷、泥石流等；

② 地震基本烈度较高，可能存在发震断裂带及地震时可能发生滑坡、山崩、地陷的场地，或分布广泛、厚度较大、埋藏浅的饱和粉细砂、粉土、淤泥和淤泥质土、冲填土、松软人工填土等的场地；

③ 洪水或地下水对建筑场地有严重不良影响的场地；

④ 分布未开采的有价值矿藏或未稳定的地下采空区的场地。

2. *初步勘察*

（1）任务与要求

初步勘察是在可行性研究勘察基础上，根据已掌握的资料和实际需要进行的工程地质测绘和调查以及勘探测试工作，对场地内各建筑地段的稳定性做出评价，并为确定建筑物总平面布置、主要建筑物地基基础工程方案及对不良地质作用的防治工程提供资料和建议。

初步勘察应对场地内拟建建筑地段的稳定性做出评价，其主要工作内容如下：

① 搜集拟建工程的有关文件、工程地质和岩土工程资料以及工程场地范围的地形图；

② 初步查明地质构造、地层结构、岩土工程特性、地下水埋藏条件；

③ 查明场地不良地质作用的成因、分布、规模、发展趋势，并对场地的稳定性做出评价；

④ 对抗震设防烈度等于或大于 6 度的场地，应对场地和地基土的地震效应做出初步评价；

⑤ 季节性冻土地区，应调查场地土的标准冻结深度；

⑥ 初步判定水和土对建筑材料的腐蚀性；

⑦ 高层建筑初步勘察时，应对可能采取的地基基础类型、基坑开挖与支护、工程降水方案进行初步分析评价。

（2）勘探工作

初步勘察应在搜集分析已有资料的基础上，根据需要进行工程地质测绘与调查（包括物探），然后进行勘探和测试工作。

① 勘探点、线布置要求

初步勘察的勘探点、线布置应符合下列要求：

a. 勘探线应垂直地貌单元、地质构造和地层界线布置；

b. 每个地貌单元均应布置勘探点，在地貌单元交接部位和地层变化较大的地段，勘探点应予以加密；

c. 在地形平坦地区，可按格网布置勘探点；

d. 对岩质地基，勘探线和勘探点的布置以及勘探孔的深度，应根据地质构造、岩体特性、风化情况等按地方标准或当地经验确定。

② 勘探点、勘探线间距的确定

对于土质地基，勘探点、勘探线间距的确定可按表 9-26 确定，局部异常地段应予以加密。控制性勘探点宜占勘探点总数的 1/5～1/3，且每个地貌单元均应有控制性勘探点。

表 9-26　初步勘察勘探点、勘探线间距　　单位：m

地基复杂程度等级	勘探线间距	勘探点间距
一级（复杂）	50～100	30～50
二级（中等复杂）	75～150	40～100
三级（简单）	150～300	75～200

注：表中间距不适用于地球物理勘探。

③ 勘探孔深度的确定

初步勘察勘探孔的深度可按表 9-27 确定。勘探孔包括钻孔、探井和原位测试孔等。

表 9-27　初步勘察勘探孔深度　　单位：m

工程重要性等级	勘探孔类别	
	一般性勘探孔/m	控制性勘探孔/m
一级（重要工程）	≥15	≥30
二级（一般工程）	10～15	15～30
三级（次要工程）	6～10	10～20

注：1 勘探孔包括钻孔、探井和原位测试孔等；2 特殊用途的钻孔除外。

当遇到下列情况之一时，应适当增减勘探孔深度：

a. 当勘探孔的地面标高与预计整平地面标高相差较大时，应按其差值调整勘探孔深度；

b. 在预定深度内遇见基岩，除控制性勘探孔仍钻入基岩适当深度外，其他勘探孔达到确认的基岩后即可终止钻进；

c. 在预定深度内有厚度较大，且分布均匀的坚实土层(如碎石土、密实砂、老沉积土等)时，除控制性勘探孔应达到规定深度外，一般性勘探孔的深度可适当减小；

d. 当预定深度内有软弱土层时，勘探孔深度应适当增加，部分控制性勘探孔应穿透软弱土层或达到预计控制深度；

e. 对重型工业建筑应根据结构特点和载荷条件适当增加勘探孔深度。

(3) 取样和原位测试

为了解岩土体的岩土工程性质在水平和垂直方向的变化规律，适当在某些勘探孔中取原状土试样进行室内试验和一定数量的原位测试工作，取土样和进行原位测试的勘探孔(井)宜在平面上均匀分布。初步勘察中采取试样和进行原位测试应符合下列要求：

① 采取土样和进行原位测试的勘探点应结合地貌单元、地层结构和土的工程性质布置，其数量可占勘探点总数的1/4～1/2。

② 采取土样的数量和孔内原位测试的竖向间距，应按地层特点和土的均匀程度确定；每层土均应采取土样或进行原位测试，且数量不宜少于6个。

(4) 水文地质工作

为初步查明地下水对岩土工程的影响，应进行下列水文地质工作：

① 调查含水层的埋藏条件，地下水类型、补给排泄条件，各层地下水位及其变化幅度；必要时应设置长期观测孔，监测水位变化。

② 当需绘制地下水等水位线图时，应根据地下水的埋藏条件和层位，统一量测地下水位。

③ 当地下水可能浸湿基础时，应采取水试样进行腐蚀性评价。

3. 详细勘察

详细勘察一般是在工程平面位置，地面整平标高，工程的性质、规模、结构特点已经确定，基础形式和埋深已有初步方案的情况下进行的，是各勘察阶段中最重要的一次勘察。详细勘察应满足施工图设计的要求，按单体建筑物或建筑群提出详细的岩土工程资料和设计、施工所需的岩土参数，对建筑地基做出岩土工程评价，并对地基类型、基础形式、地基处理、基坑支护、工程降水和不良地质作用的防治等提出建议。

详细勘察勘探点布置和勘探孔深度，应根据建筑物特性和岩土工程条件确定。对于岩质地基，应根据地质构造、岩体特性、风化情况等，结合建筑物对地基的要求，按地方标准或当地经验确定。

对于土质地基，可按以下原则确定：

(1) 勘探点布置

详细勘察的勘探点布置应符合下列要求：

① 勘探点宜按建筑物周边线和角点布置，对无特殊要求的其他建筑物可按建筑物或建筑群的范围布置。

② 当同一建筑范围内的主要受力层或有影响的下卧层起伏较大时，应加密勘探点查明其起伏变化。

③ 重大设备基础应单独布置勘探点；重大的动力机器基础和高耸构筑物，勘探点不宜少于 3 个。

④ 勘探手段宜采用钻探与触探相配合，在地质条件复杂以及湿陷性土、膨胀岩土、风化岩和残积土分布地区，宜布置适量探井。

高层建筑详细勘察阶段勘探点的平面布设，应根据高层建筑平面形状、载荷的分布情况进行，并应符合下列规定：

① 当高层建筑平面为矩形时应按双排布设；为不规则形状时，应在凸出部位的角点和凹进的阴角布设勘探点。

② 在高层建筑层数、载荷和建筑体形变异较大位置处，应布设勘探点。

③ 对勘察等级为甲级的高层建筑，当基础宽度超过 30 m 时，应在中心点或电梯井、核心筒部位布设勘探点。

④ 单栋高层建筑的勘探点数量，对勘察等级为甲级及其以上的不应少于 5 个，乙级不应少于 4 个。控制性勘探点的数量，对勘察等级为甲级及其以上的不应少于 3 个，乙级不应少于 2 个。

⑤ 对湿陷性黄土、膨胀土、红黏土等特殊性岩土应布设适量探井。

⑥ 高层建筑群可按建筑物并结合方格网布设勘探点。相邻的高层建筑，勘探点可共用，控制性勘探点的数量不应少于勘探点总数的 1/2。

(2) 勘探点间距

详细勘察的勘探点间距可按表 9-28 确定。

表 9-28　详细勘察勘探点的间距

地基复杂程度等级	勘探点间距/m
一级(复杂)	10～15
二级(中等复杂)	15～30
三级(简单)	30～50

(3) 勘探孔深度

详细勘察阶段勘探孔深度应按照地基设计原则确定。地基设计原则一般有按承载力计算的地基设计和按变形验算进行的地基设计。因此，勘探深度也应分别考虑。详细勘察的勘探深度自基础底面算起，其值应符合下列规定：

① 勘探孔深度应能控制地基主要受力层，当基础底面宽度不大于 5 m 时，勘探孔的深度对条形基础不应小于基础底面宽度的 3 倍，对单独柱基不应小于 1.5 倍，且不应小于 5 m。

② 对高层建筑和需要做变形计算的地基，控制性勘探孔的深度应超过地基变形计算深度；高层建筑的一般性勘探孔应达到基底下深度为 0.5～1.0 倍的基础宽度处，并深入稳定分布的地层。

③ 当有大面积地面堆载或软弱下卧层时，应适当加深控制性勘探孔的深度。

④ 对仅有地下室的建筑或高层建筑的裙房，当不能满足抗浮设计要求，需设置抗浮桩

或锚杆时，勘探孔深度应满足抗拔承载力评价的要求。

⑤ 当需确定场地抗震类别而邻近无可靠的覆盖层厚度资料时，勘探孔应满足确定场地类别的要求。

⑥ 地基变形计算深度，对中、低压缩性土可取附加压力等于上覆土层有效自重压力20%的深度；对于高压缩性土层可取附加压力等于上覆土层有效自重压力10%的深度。

⑦ 建筑总平面内的裙房或仅有地下室部分（或当基底附加压力 $p_0 \leqslant 0$ 时）的控制性勘探孔的深度可适当减小，但应深入稳定分布地层，且根据载荷和土质条件不宜少于基底下0.5～1.0倍基础宽度的深度。

⑧ 当需进行地基整体稳定性验算时，控制性勘探孔深度应根据具体条件满足验算要求。

⑨ 大型设备基础的勘探孔深度不宜小于基础底面宽度的2倍。

⑩ 当需要进行地基处理时，勘探孔的深度应满足地基处理设计与施工要求；当采用桩基时，勘探孔的深度应满足下卧层验算要求；对需要验算沉降的桩基应超过地基变形计算深度。

⑪ 在上述规定深度内当遇基岩或厚层碎石土等稳定地层时，勘探孔深度应根据情况进行调整。

高层建筑详细勘察阶段勘探孔的深度应符合下列规定：

① 控制性勘探孔深度应超过地基变形的计算深度。

② 控制性勘探孔深度，对于箱形基础或筏形基础，在不具备变形深度计算条件时，可按式(9-64)计算确定：

$$d_c = d + \alpha_c \beta b \tag{9-64}$$

式中，d_c 为控制性勘探孔的深度，m；d 为箱形基础或筏形基础埋置深度，m；α_c 为与土的压缩性有关的经验系数，结合基础下的地基主要土层按表9-29取值；β 为与高层建筑层数或基底压力有关的经验系数，对勘察等级为甲级的高层建筑可取1.1，对乙级可取1.0；b 为箱形基础或筏形基础宽度，对圆形基础或环形基础可按最大直径考虑，对不规则形状的基础可按面积等代成方形、矩形或圆形面积的宽度或直径考虑，m。

③ 一般性勘探孔的深度应适当大于主要受力层的深度，对于箱形基础或筏形基础可按式(9-65)计算确定：

$$d_g = d + \alpha_g \beta b \tag{9-65}$$

式中，d_g 为一般性勘探孔的深度，m；α_g 为与土的压缩性有关的经验系数，结合基础下的地基主要土层按表9-29取值。

表 9-29　经验系数 α_c、α_g 值

经验系数	土类				
	碎石土	砂土	粉土	黏性土(含黄土)	软土
α_c	0.5～0.7	0.7～0.8	0.8～1.0	1.0～1.5	1.5～2.0
α_g	0.3～0.4	0.4～0.5	0.5～0.7	0.7～1.0	1.0～1.5

注：1. 表中范围值对同一类土，对地质年代老、密实或地下水位深者取小值，反之取大值。

2. $b \geqslant 50$ m时取小值，$b \leqslant 20$ m时取大值，b 为20～50 m时取中间值。

④ 一般性勘探孔，当在预定深度范围内，有比较稳定且厚度超过 3 m 的坚硬地层时，可钻入该层适当深度，以能正确定名和判明其性质；当在预定深度内遇软弱地层时应加深或钻穿。

⑤ 在基岩和浅层岩溶发育地区，当基础底面下的土层厚度小于地基变形计算深度时，一般性钻孔应钻至完整、较完整基岩面；控制性钻孔应深入完整、较完整基岩不小于 5 m 处；专门查明溶洞或土洞的钻孔应深入洞底完整地层不小于 5 m 处。

⑥ 在花岗岩地区，对箱形基础或筏形基础，钻孔深度宜穿透强风化岩至中等风化、微风化岩，控制性勘探点宜进入中等风化、微风化岩 3～5 m，一般性勘探点宜进入中等风化、微风化岩 1～2 m；当强风化岩很厚时，勘探点宜穿透强风化中带、进入强风化下带，其中控制性勘探点宜进入 3～5 m，一般性勘探点宜进入 1～2 m。

(4) 取样与原位测试

详细勘察时，采取试样和原位测试工作应满足岩土工程评价要求，并符合下列要求：

① 采取土样和进行原位测试的勘探点数量，应根据地层结构、地基土的均匀性和工程特点确定，且不应少于勘探孔总数的 1/2，钻探取土样孔的数量不应少于勘探孔总数的 1/3。

② 每个场地每一主要土层的原状土样或原位测试数据不应少于 6 件(组)；当以连续记录的静力触探或动力触探为主要勘察手段时，每个场地不应少于 3 个孔。

③ 在地基主要受力层内，对厚度大于 0.5 m 的夹层或透镜体，应采取土样或进行原位测试。

④ 当土质不均匀时，应增加取土数量或原位测试工作量。

对于高层建筑，采取不扰动土样和原位测试的竖向间距，基础底面下深度为 1.0 倍基础宽度范围内宜取 1～2 m，基础底面下深度为 1.0 倍基础宽度范围以下可根据土层变化情况适当加大距离。采取不扰动土样和原位测试的数量应符合下列规定：

① 单栋高层建筑采取不扰动土样和原位测试勘探点的数量不宜少于全部勘探点总数的 2/3，对勘察等级甲级及其以上者不宜少于 4 个，对乙级不宜少于 3 个；

② 单栋高层建筑每一主要土层，采取不扰动土样或十字板剪切、标准贯入试验数量等原位测试数量不应少于 6 件(组、次)，当采用连续记录的静力触探或动力触探时，不应少于 3 个孔；

③ 同一建筑场地当有多栋高层建筑时，每栋建筑的测试数量可适当减少。

除此以外，尚应符合下列规定：

① 在地基主要受力层内，对厚度大于 0.5 m 的夹层或透镜体，应采取土样或进行原位测试；

② 当土质不均匀时，应增加取土数量或原位测试次数；

③ 岩石试样的数量每层不应少于 6 件(组)，以中等风化、微风化岩石作为持力层时，每层不宜少于 9 件(组)；

④ 地下室侧墙计算、基坑稳定性计算或锚杆设计所需的抗剪强度指标试验，每主要土层采取不扰动土样不应少于 6 件(组)。

(5) 地下水

岩土工程勘察应根据工程要求，通过搜集资料和勘察工作，掌握下列水文地质条件：

① 地下水的类型和赋存状态；

② 主要含水层的分布规律；

③ 区域性气候资料，如年降水量、蒸发量及其变化和对地下水位的影响；

④ 地下水的补给排泄条件、地表水与地下水的补排关系及其对地下水位的影响；

⑤ 勘察时的地下水位、历史最高地下水位、近 3～5 年最高地下水位、水位变化趋势和主要影响因素；

⑥ 是否存在地下水和地表水的污染源及其可能的污染程度。

对缺乏常年地下水位监测资料的地区，在高层建筑或重大工程的初步勘察时，宜设置长期观测孔，对有关层位的地下水进行长期观测。

对高层建筑或重大工程，当水文地质条件对地基评价、基础抗浮和工程降水有重大影响时，宜进行专门的水文地质勘察。

专门的水文地质勘察应符合下列要求：

① 查明含水层和隔水层的埋藏条件，地下水类型、流向、水位及其变化幅度，当场地有多层对工程有影响的地下水时，应分层量测地下水位，并查明互相之间的补给关系。

② 查明场地地质条件对地下水赋存和渗流状态的影响；必要时应设置观测孔，或在不同深度处埋设孔隙水压力计，量测压力水头随深度的变化。

③ 通过现场试验，测定地层渗透系数等水文地质参数。

水试样的采取和试验应符合下列规定：

① 水试样应能代表天然条件下的水质情况；

② 水试样的采取和试验项目应符合规范《岩土工程勘察规范（2009 年版）》（GB 50021—2001）第 12 章的规定；

③ 水试样应及时试验，清洁水放置时间不宜超过 72 h，稍受污染的水不宜超过 48 h，受污染的水不宜超过 12 h。

初见水位和稳定水位可在钻孔、探井或测压管内直接量测，稳定水位的间隔时间按地层的渗透性确定，对砂土和碎石土不得少于 0.5 h，对粉土和黏性土不得少于 8 h，并宜在勘察结束后统一量测各孔（井）内水位。量测读数至厘米，精度不得低于±2 cm。

测定地下水流向可用几何法，量测点不应少于呈三角形分布的 3 个观测孔（井）。测井间距按岩土的渗透性、水力梯度和地形坡度确定，宜为 50～100 m；应同时量测各孔（井）内水位，确定地下水的流向。

地下水流速的测定可用指示剂法或充电法。

含水层渗透系数及导水系数等水文地质参数宜采用钻孔或探井抽水试验、注水试验或压水试验求得，抽水试验应符合下列规定：

① 抽水试验方法可按表 9-30 选用；

表 9-30　抽水试验方法及其应用范围

试验方法	应用范围
钻孔或探井简易抽水	粗略估算弱透水层的渗透系数
不带观测孔抽水	初步测定含水层的渗透性参数
带观测孔抽水	较准确测定含水层的各种参数

② 抽水试验宜进行三次降深，最大降深应接近工程设计所需的地下水位降深的标高；

③ 水位量测应采用同一方法和仪器，读数精度对抽水孔为厘米，对观测孔为毫米；

④ 当涌水量与时间关系曲线和动水位与时间的关系曲线，在一定范围内波动而没有持续上升和下降时，可认为已经稳定；

⑤ 抽水结束后应量测恢复水位。

岩土工程勘察应评价地下水的作用和影响，并提出预防措施的建议。对地下水力学作用的评价应包括下列内容：

① 对基础、地下结构物和挡土墙，应考虑在最不利组合情况下，地下水对结构物的上浮作用；对节理不发育的岩石和黏土且有地方经验或实测数据时，可根据经验确定；有渗流时，地下水的水头和作用宜通过渗流计算进行分析评价。

② 验算边坡稳定时，应考虑地下水对边坡稳定性的不利影响。

③ 在地下水位下降的影响范围内，应考虑地面沉降及其对工程的影响；当地下水位回升时，应考虑可能引起的回弹和附加的浮托力。

④ 当墙背填土为粉砂、粉土或黏性土，验算支挡结构物的稳定时，应根据不同排水条件评价地下水压力对支挡结构物的作用。

⑤ 因水头压差而产生自下向上的渗流时，应评价产生潜蚀、流土、管涌的可能性。

⑥ 在地下水位以下开挖基坑或地下工程时，应根据岩土的渗透性、地下水补给条件，分析评价降水或隔水措施的可行性及其对基坑稳定性和邻近工程的影响。

⑦ 对地下水位以下的工程结构，应评价地下水对混凝土、金属材料的腐蚀性，评价方法按规范《岩土工程勘察规范(2009 年版)》(GB50021—2001)第 12.2 节执行。

⑧ 对软质岩石、强风化岩石、残积土、湿陷性土、膨胀岩土和盐渍岩土，应评价地下水的聚集和散失所产生的软化、崩解、湿陷、胀缩和潜蚀等有害作用。

⑨ 在冻土地区，应评价地下水对土的冻胀和融陷的影响。

采取降低地下水位的措施应满足下列要求：

① 施工过程中地下水位应保持在基坑底面以下 0.5～1.5 m；

② 降水过程中应采取有效措施，防止土颗粒的流失；

③ 防止深层承压水引起的突涌，必要时应采取措施降低基坑下的承压水头。

当需要进行工程降水时，或根据含水层渗透性和降深要求，选用适当地降低水位的方法。当几种方法有互补性时，亦可组合使用。

4. 施工勘察

施工勘察不是一个固定勘察阶段，而是在一定的需要下进行的勘察工作，其目的是配合设计、施工单位，解决与施工有关的工程地质问题，并提供相应的勘察资料。它不仅包括施工阶段的勘察工作，还包括可能在施工完成后进行的勘察工作(如检验地基加固效果等)。

基坑或基槽开挖后，当岩土条件与勘察资料不符或发现必须查明项目有异常情况时，应进行施工勘察；在工程施工或使用期间，当地基土、边坡体、地下水等发生未曾估计到的变化时，应进行监测，并对工程和环境的影响进行分析评价。

(1) 施工勘察的条件

当有下列情况时应进行施工勘察：

① 对较重要建筑物的复杂地基，需要进行施工验槽；

② 基槽开挖后，地质条件与原勘察资料不符，有可能需要做较大的设计修改时；

③ 深基础施工设计及施工中需要进行测试工作；

④ 研究地基处理、加固方案，需进行设计和检验工作时；

⑤ 需要进一步查明及处理地基中的不良地质作用，如溶洞或土洞发育，自重湿陷性黄土厚度较大且下限不清等；

⑥ 对施工中出现的边坡失稳等地质问题需要进行观察及处理等。

（2）施工勘察的主要工作内容

施工勘察的主要工作内容有以下几种：

① 施工验槽：指检查核对原勘察资料，与设计、施工单位一起研究与处理地基问题。按具体情况，可进行基坑地质素描，划分及实测地层界线，查明人工填土等对地基有较大影响的地层的分布及其均匀性，调查地下水位有无变化等情况，必要时应进行补充勘探测试工作。

② 地基处理、加固的勘察：应根据地基处理、加固方法确定勘察内容。

③ 深基础施工勘察：为深基础施工进行的勘察，需要根据不同的施工方法确定勘察内容。

9.10 本章小结

（1）在房屋建筑和构筑物中常遇到的主要岩土工程问题有：区域稳定性问题，地基稳定性问题，斜坡稳定性问题，建筑物的配置问题，场地水土的腐蚀性问题以及地基的施工条件问题等。

（2）岩土工程问题分析评价是岩土工程勘察报告的精髓和关键部分，对房屋建筑与构筑物而言，地基稳定性是岩土工程勘察分析评价中的主要问题；对采用桩基或进行深基坑开挖的建筑物，应进行基坑支护及其土压力、基坑稳定性、地下水控制等相关工程地质问题分析。

（3）岩土参数选取的步骤为：进行可靠性和适用性分析评价，进行工程地质单元和层位的划分，对各工程地质单元和层位的岩土参数进行统计分析，剔除异常值并确定岩土参数的变异性等级与变异系数，计算岩土参数的标准值。

（4）地基承载力用地基承载力特征值表示。地基承载力不仅取决于岩土本身的性质，还受到基础的尺寸与形状、载荷倾斜与偏心、基础的埋深、地下水位、下卧层性质、上部结构、基础的刚度等多种因素的影响。确定地基承载力有两条原则：① 保证地基不发生强度破坏而丧失稳定性；② 保证建筑物不产生影响其安全与正常使用的过大或不均匀的沉降。地基承载力特征值可由公式计算、载荷试验或其他原位测试、结合工程实践经验等方法综合确定。

（5）建筑物的地基变形计算值，不应大于地基变形允许值。地基变形特征可分为沉降量、沉降差、倾斜、局部倾斜。地基变形量的计算，目前最常用的是分层总和法。

（6）在房屋建筑与构筑物桩基础岩土工程评价中，单桩承载力的确定是最主要的内容。桩基岩土工程评价首先应考虑桩基类型与桩端持力层的合理选择。桩基选择应根据工程性质、地质条件、施工条件、场地周围环境及经济指标等综合确定。单桩承载力应通过现场静载荷试验确定。估算单桩承载力时应结合地区的经验，根据静力触探试验、标准贯入试验或旁压试验等原位测试参数进行计算，并参照地质条件类似的试桩资料综合确定。

(7) 根据基坑支护结构的破坏后果，其安全等级可分为一级、二级、三级。对同一基坑的不同部位，可采用不同的安全等级。支护结构选型时，应结合安全等级、基坑深度、环境条件、土的类型以及地下水条件等综合考虑。基坑稳定性评价包括嵌固稳定性评价、整体滑动稳定性评价、坑底隆起稳定性评价以及渗透稳定性评价四个方面。

(8) 地下水控制应根据工程地质和水文地质条件、基坑周边环境要求及支护结构形式选用截水、降水、集水明排方法或其组合。

(9) 当水中含有一定数量的 HCO_3^- 时，必须溶解一定数量的游离 CO_2 以达到平衡，称平衡 CO_2；超过平衡 CO_2 的那部分游离 CO_2 称为腐蚀性 CO_2。当有足够经验或充分资料，认定工程场地及其附近的土或水对建筑材料为微腐蚀时，可不取样试验进行腐蚀性评价。否则，应取水试样或土样进行试验，并对建筑材料进行腐蚀性评价。

(10) 房屋建筑与构筑物岩土工程勘察的主要内容包括：① 查明场地和地基的稳定性、地层结构、持力层和下卧层的工程特性、土的应力历史、地下水以及不良地质作用等；② 提供满足设计、施工所需的岩土参数，确定地基承载力，预测地基变形性状；③ 提出地基基础、基坑支护、工程降水和地基处理设计与施工方案的建议；④ 提出对建筑物有影响的不良地质作用的防治方案建议；⑤ 对于抗震设防烈度等于或大于 6 度的场地，进行场地与地基的地震效应评价。

(11) 房屋建筑与构筑物的岩土工程勘察阶段一般划分为可行性研究勘察、初步勘察、详细勘察三个阶段，施工勘察不作为一个固定阶段。场地条件复杂或有特殊要求的工程，宜进行施工勘察。场地较小且无特殊要求的工程可合并勘察阶段。当建筑物平面布置已经确定，且场地或附近已有岩土工程资料时，可根据实际情况直接进行详细勘察。

思　考　题

1. 房屋建筑和构筑物的主要岩土工程问题有哪些？
2. 为什么要进行工程地质单元和层位的划分？
3. 室内如何确定岩土的内摩擦角标准值和内聚力标准值？
4. 什么是地基承载力？确定地基承载力的原则有哪些？
5. 简述确定地基沉降变形的方法。
6. 试述桩基持力层选择的原则。
7. 在基坑支护结构选型时，应综合考虑哪些因素？
8. 深基坑开挖的工程地质问题有哪些？
9. 什么是平衡 CO_2 和腐蚀性 CO_2？
10. 水土腐蚀性调查的主要内容有哪些？
11. 如何进行场地水土的腐蚀性评价？
12. 试述房屋建筑和构筑物岩土工程勘察的主要内容。
13. 房屋建筑和构筑物岩土工程勘察可分为哪几个阶段？每个阶段的主要任务是什么？
14. 详细勘察阶段确定勘探孔深度的一般原则有哪些？
15. 详细勘察阶段采取试样和进行原位测试应符合哪些要求？
16. 施工勘察的目的是什么？在哪些情况下需要进行施工勘察？

10　地下工程勘察

10.1　概　　述

人工挖掘或天然存在于岩土体内，具有一定的空间特征，可作为各种用途的构筑物统称为地下工程，也称之为地下建筑或地下洞室，具有隔热、恒温、密闭、防震、隐蔽、不占地面土地等许多优点。

地下工程按其用途可分为交通隧道、水工隧洞、矿山井巷、地下厂房（仓库）、地下铁道及地下军事工程等类型；按其内壁是否有内水压力作用可分为无压洞体和有压洞体两类；按洞体断面形状可分为圆形洞体、椭圆形洞体、拱形洞体、城门洞形洞体、矩形洞体及梯形洞体等类型（常见断面形状见图 10-1）；按洞体轴线与水平面的关系可分为水平洞体、竖井和倾斜洞体三类；按围岩介质类型可分为土质洞体和岩质洞体两类。另外，还有人工洞体与天然洞体之分。

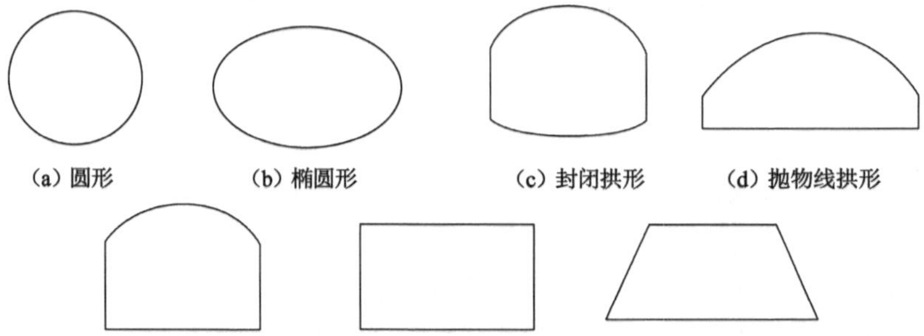

图 10-1　常见地下工程的断面形状

地下工程的特点是全部埋藏在地下岩土体内，它的安全、经济和正常使用都与其所处的地质环境特征密切相关。地下工程周围的岩土体简称围岩。狭义上的围岩是指地下工程周围受到开挖影响、大体相当于地下工程宽度或平均直径 3 倍左右范围内的岩土体。围岩的性质直接影响地下工程的稳定性与安全性。由于地下工程开挖破坏了岩土体的初始平衡状态，因而引起岩土体内应力、应变的重新分布。如果重分布应力、应变超过了岩土体的承受能力，围岩将产生变形破坏。为了维护地下工程的稳定性，就要进行支护衬砌，变形与破坏的围岩作用于支护衬砌上的压力称为围岩压力。在有压洞室中，常存在很高的内水压力作用于洞室衬砌上，使衬砌产生变形并把压力传递给围岩，这时围岩将产生一个反力，称为围岩抗力。因此，围岩应力、围岩压力、围岩变形与破坏及围岩抗力是地下工程主要的工程地质问题。除此之外，在某些特殊地质条件下开挖地下工程时，还存在诸如坑道涌水、有害气体及地温等问题。

10.2 地下工程主要工程地质问题

10.2.1 围岩应力

围岩应力包括天然应力和重分布应力。

地下工程开挖前，岩土体处于天然应力平衡状态。把天然存在于岩土体内而与人为因素无关的应力称为天然应力，也称初始地应力、天然地应力、原岩应力、一次应力。天然应力由自重应力和构造应力构成。

地下洞室开挖后，由于在岩土体内形成了自由表面，岩土体中的应力平衡状态受到破坏而产生应力重分布，以达到新的平衡，形成新的应力状态，称为重分布应力状态，也叫二次应力。

在重分布应力的作用下，围岩将向洞内变形、位移，如果围岩重分布应力超过了岩体的承受能力，围岩将产生破坏。

初始应力状态对洞体应力重新分布起主导作用。在有些情况下，地应力主要由岩石自重应力场构成，这时铅直应力为最大主应力，而水平应力很小。如图 10-2 所示，洞体由于这种铅直受力条件，理论上在拱顶及洞底可能出现拉应力区（用负号表示），在拱脚及洞脚部位产生很大切向压应力，在边墙亦有较大的铅直切向压应力（用正号表示）。如果初始地应力主要由水平构造应力（局限于地壳运动较强烈的地区）组成，这时水平应力为最大主应力。洞体在这种水平受力条件下，在拱顶及拱底切向应力为压应力，而在边墙上出现切向应力的拉应力区。不同断面形状的洞体应力状态不一样。

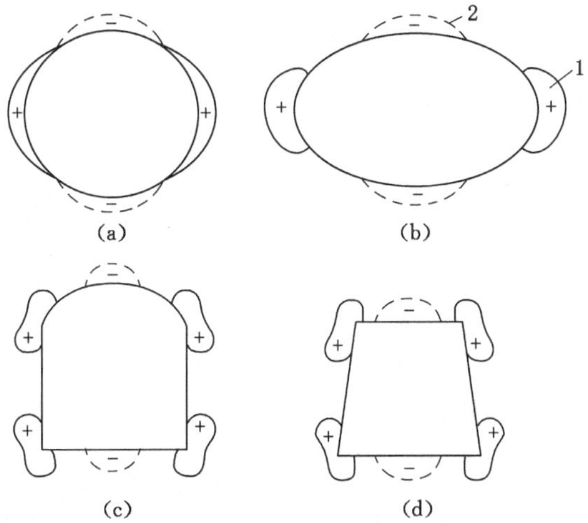

1—压应力集中区；2—拉应力集中区。

图 10-2 各种断面形状的洞体应力状态比较

在一定的受力条件下围岩应力的分布受地下工程形状影响较为显著，不同的洞形其应力集中的部位及范围不一样。例如，在铅直载荷条件下圆形洞体在两侧的切向应力集中[图 10-2(a)]，而水平椭圆洞体在两侧切向应力集中系数更大[图 10-2(b)]，范围更大，而且在洞顶及洞底出现拉应力区。城门洞形的洞体，拱脚及洞脚部位切向压应力集中[图 10-2(c)]，而在梯形洞体的边角处应力更为集中，并且在顶部及底部出现更大范围的拉应力区[图 10-2(d)]。一般说来，圆形洞体应力条件较好；椭圆形洞体只有在长轴平行载荷方向时才比较有利，如果长轴与载荷方向斜交或垂直，这时应力条件比圆形洞体的差。在边墙岩体稳定的情况下，城门洞形的洞体较梯形洞体有利。

图 10-3 表明岩体中一组发育的节理产状对围岩应力分布的影响。在这里假定岩体为弹性材料，由于发育一组节理成为不连续介质，节理的抗剪强度很低，不能承受及传递很大的剪应力，也不能承受拉应力。从图 10-3 中可以看到，对于同样的圆形洞体，同样的受力条件，节理产状导致围岩应力大小及方向发生显著变化。圆形洞体的应力集中在两侧[图 10-3(b)]；但在节理的影响下，洞体最大的切向应力可能有三种方向及部位：① 节理与围岩受力垂直，或交角较大时(大于 60°)，在洞周边与节理垂直相交的部位上产生最大切向应力，它垂直于节理[图 10-3(e)(f)]；② 节理与围岩受力方向接近平行，或交角较小时(小于 30°)，则在洞周边与节理相切部位产生最大切向应力，它平行于节理[图 10-3(c)]；③ 当节理与围岩受力方向呈 45°斜交时，在洞周边与节理垂直及相切的两个部位产生相等的最大切向应力[图 10-3(d)]。此外，洞顶及洞底部位主应力的方向及大小，也和节理的产状有密切关系。

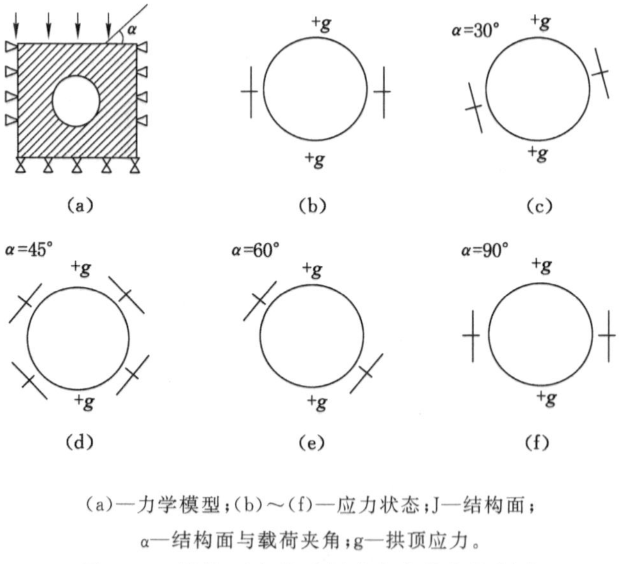

(a)—力学模型；(b)～(f)—应力状态；J—结构面；
α—结构面与载荷夹角；g—拱顶应力。

图 10-3　结构面产状对围岩应力分布的影响

一般来说，在具有线性应力-应变关系的围岩洞壁能够承受巨大的应力集中，所以直接在侧壁产生最大的应力集中。如果岩体具有弹塑性特征，应力-应变关系是非线性的，当洞壁应力超过弹性极限后，岩石出现屈服现象，应变速率加大，洞壁不能承受切向应力集中而向围岩外侧转移一定距离。在此范围内，岩体有了较大变形而松弛，对围岩稳定性不利。所以，由于岩体变形特性的不同，开挖后实际的围岩变形及稳定条件是不一样的。应力分布的不对称与初始应力状态及岩体力学性质的不均一性及各向异性有关。对于各向异性岩体，当其各向异性轴的方向与围岩受力方向、洞体对称轴的方向一致时，则应力分布比较对称，否则将是不对称的。而当应力分布不对称时，衬砌结构及岩体变形亦不对称，容易产生偏倾压力，对洞体的支护及衬砌很不利。

10.2.2　围岩的变形与破坏

地下工程开挖后，如果没有及时设置支护结构，当围岩应力超过其强度时，便会失稳破坏；若支护结构抵抗围岩压力和变形的能力不足时，也会造成支护结构和围岩的失稳。一般的，洞室围岩的破坏可发生在洞室的顶板、两帮和底板。常见围岩变形和破坏的形式有局部破坏、块体滑动与垮落、层状岩体的弯曲与折断、碎裂岩体的松动与解脱以及塑性变形与膨胀等。

10.2.2.1　局部破坏

整体状结构及块状结构的岩体，虽然不发生大规模的失稳和破坏，但仍可能会出现围岩小块体的局部掉块。在洞体开挖过程中，施工导洞扩挖时预留的岩柱易产生劈裂破坏，也具有脆性破裂的特征。有时在整体及块状坚硬岩体中，由于结构面的存在，沿其端部延展易于产生岩体开裂应变。在这种情况下，岩体的抗开裂强度可能比岩石的单轴抗压强度低一个数量级。因此，在有大量节理平行洞壁的岩体中，应注意避免在主体洞室开挖之前就对邻近的支导洞做永久衬砌。

10.2.2.2　块体滑动与垮落

块状、厚层状及一些均质坚硬的层状岩体受软弱结构面的切割形成分离块体，在重力和围岩应力作用下，有可能向由于开挖产生的临空面方向移动而形成块体的滑动，有时还会产生块体的转动、倾倒等现象。

洞体开挖后，原岩应力的重分布在顶板可能产生不利于稳定的拉应力，顶板围岩会在自重及上覆岩层压力作用下发生竖直向下的变形。如果毛洞跨度较大、顶板岩层软弱或被多组节理裂隙切割而破碎，围岩中原有节理裂隙就会扩展，在拉应力作用下产生新的破裂面，这些新生的节理裂隙也会不断扩展。顶板岩石中这些原有和新生的节理裂隙相互交织，使顶板岩石更加破碎。这些岩石块体在重力作用下可能与围岩母体脱离，突然塌落而发生冒顶。如果不是松散土层、岩石破碎带，顶板岩石垮落后可能形成塌落拱，如图 10-4(a)、图 10-4(b)所示。洞室发生冒顶破坏，与顶板围岩的结构面和风化程度等因素密切相关。若结构面发育强烈，所有坚硬岩石和砂质页岩、泥质砂岩、钙质页岩、钙质砂岩、云母片岩、千枚岩、板岩地段经常发生顶板塌落[图 10-4(c)]。在断层破碎带、裂隙密集带附近顶板塌落最为严重。在特别破碎软弱岩土层中开挖水平洞体，发生冒顶后，顶板围岩并不能形成压力拱，必须及时对顶板超前支护，防止冒顶破坏的发生。

10.2.2.3　层状岩体的弯曲与折断

层状岩体的弯曲与折断多发生在层状岩体中，尤其在含软弱夹层岩体中最为常见。然而在一些大型的地下工程中，受一组极发育的结构面控制的似层状岩体，也可以产生类似的弯折破坏。

层状岩体围岩的变形破坏主要受岩层产状及岩层组合等因素控制。其破坏形式主要

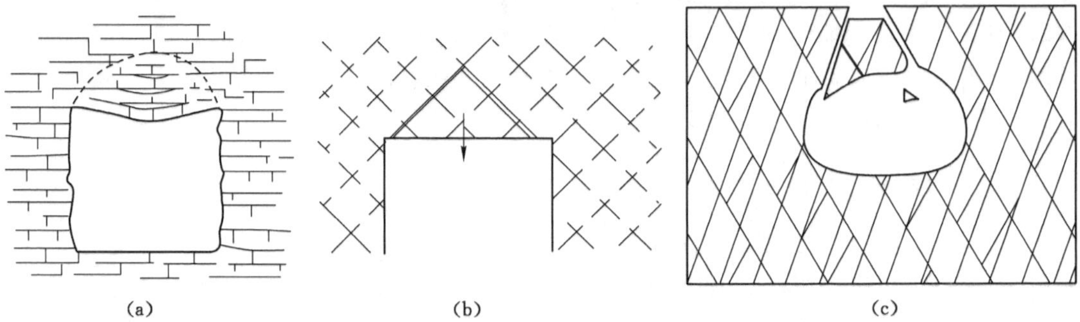

图 10-4　围岩冒顶破坏

有沿层面张裂、折断塌落、弯曲内鼓等。不同产状围岩的变形破坏形式如图 10-5 所示。

在水平层状围岩中，洞顶岩层可视为两端固定的板梁，在顶板压力下，将产生下沉弯曲、开裂。当岩层较薄时，如不支撑，任其发展，则将逐层折断而塌落，最终形成如图 10-5(a)所示的三角形塌落体。

在倾斜层状围岩中，常表现为沿倾斜方向一侧岩层弯曲塌落，另一侧边墙岩块滑移等破坏形式，形成不对称的塌落拱。这时将出现偏压现象[图 10-5(b)]。

在直立层状围岩中，当天然应力比值系数 $\lambda<1/3$ 时，洞顶由于受拉应力作用会发生沿层面纵向拉裂，在自重作用下岩柱易被拉断塌落。侧墙则因压力平行于层面，常发生纵向弯折内鼓，进而危及洞顶安全[图 10-5(c)]。但当洞轴与岩层走向有一定交角时，围岩稳定性就会大大改善。经验表明，当这一交角大于 20°时，边墙不易失稳。

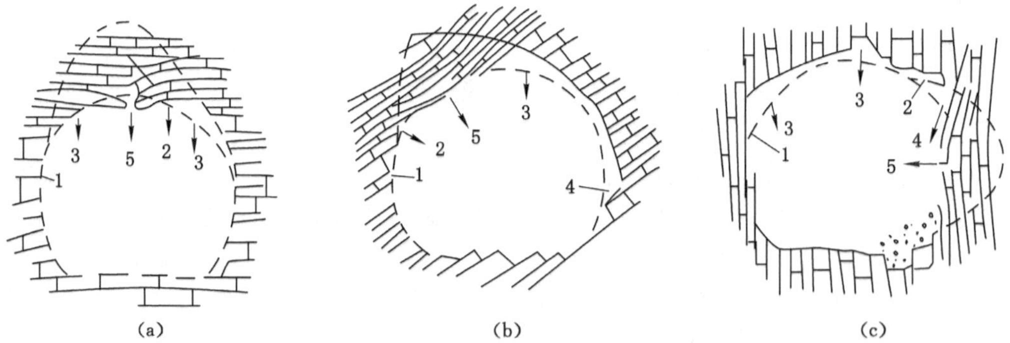

1—设计断面轮廓线；2—破坏区；3—崩塌；4—滑动；5—弯曲、张裂及折断。

图 10-5　不同产状围岩变形破坏形式

10.2.2.4　碎裂岩体的松动与解脱

在地下工程施工中，较大规模的塌落和滑动多发生在由构造挤压破碎、节理密集以及岩脉穿插的破碎地段，亦即在碎裂结构岩体中。当岩体中泥质结构面数量较少时，围岩具有一定的承载能力，但是在张力和振动力作用下容易松动、解脱（溃散）成为碎块散开或脱落。一般在洞顶呈现崩塌，在边墙上则表现为滑塌或碎块的坍塌。

10.2.2.5　塑性变形与膨胀

有些具备松散结构的岩体，因重力、围岩应力和地下水作用而产生塑性变形，甚至导致围岩破坏。常见的塑性变形和破坏形式有边墙挤入、底鼓及洞径收缩等。通常塑性变形的时间效应显著，其表现为有的衬砌受压开裂往往要延续一段时间。膨胀是岩体体积随时间变化而增大的一种现象，通常把潜在膨胀性的岩石（如含蒙脱石、伊利石等黏土矿物或含硬石膏的岩石）吸水后引起的体积应变看作膨胀。例如华北地区某地下工程处于一种次岩浆岩中，岩石中的斑晶由蒙脱石构成，水沿岩体中的裂隙渗透，导致岩体产生整体膨胀，并且具有塑性变形和破坏的性质；岩体吸水膨胀造成洞底鼓起 15 cm，鼓起部分的表面有宽约 12 cm 的张裂缝，并且使衬砌的边墙严重开裂，拱顶亦被错开。

岩体变形与破坏的五种形式既有区别又有联系。由于岩体结构类型的不同，变形与破坏的表现形式也不一样。同时，还应抓住导致岩体变形与破坏的核心问题。例如，对松软及碎裂岩体要注意其泥质含量，评价它的塑性变形及整体抗剪强度；对层状岩体应注重对层面特征产状和层厚等问题的调查；对于块状岩体，一般要分析结构体的形态与产状特征，尤其是不稳定结构体，常造成崩塌或滑动。

10.2.3　地下工程特殊工程地质问题

10.2.3.1　涌水

当地下工程穿越含水层时，不可避免地会使地下水涌入洞内，给施工带来困难。地下水也常是造成塌方和使围岩丧失稳定的重要原因。地下水对不同围岩的影响程度不尽相同，主要表现为如下几方面：① 以静水压力的形式作用于洞室衬砌；② 使岩质软化，并使其强度降低；③ 促使围岩中的软弱夹层泥化，减少层间阻力，易造成岩体滑动；④ 含水层由于大量的地下水的流出，在动水压力作用下，将出现流沙及渗透变形现象；⑤ 当地下水的化学成分中含有害化合物（硫酸、二氧化碳、硫化氯、亚硫酸）时，对衬砌将产生侵蚀作用；⑥ 最为不利的影响是发生突然的大量涌水，这种突然涌水常造成停工和人身伤亡事故，工程上常称其为“灾难性涌水”。

造成地下工程突然大量涌水的条件是：① 洞体穿过溶洞发育的石灰岩地区，尤其是遇到地下暗河系统时，可能有大量的突然涌水，其涌水量可达每小时数百至几千立方米；② 洞体通过厚层的含水砂砾石层，其涌水量可达每小时几立方米；③ 洞体遇到断层破碎带，特别当它与地表水连通时，也会发生大量的涌水，涌水量一般为每小时几十至几百立方米。

在地下工程涌水预测中，不仅要预报出洞身涌水量，而且要预报出集中涌水点、涌出形式及方向，以便有效地设计排水方式，准备排水设备和正确选择施工方法。这对砂砾石层中地下水涌水的预报，把握性比较大。可利用矿床水文地质学中矿床坑道疏干公式计算其涌水量。岩溶地下水的预报目前还缺少比较好的方法。为了准确预报岩溶地下水的涌水量，必须在查明岩溶的发育规律、地下暗河系统及其与地表水的排泄、补给关系后，利用均衡法进行计算。

水压的预报要比涌水量简单些，因为它几乎总是高于地下工程位置的水头的简单函数。水压可能是很大的，特别是在承压含水层中。在考虑从地下工程岩层中分离某一含水层的厚度时应注意到水压。硫酸盐溶液即硫化水，很易腐蚀混凝土，因此必须调查水质。

对流自含石膏和硬石膏层的水应予以特别的注意；含黄铁矿的岩石也可能使水体含硫酸盐，如同黄铁矿那样，在泥质岩里也可能存在由磁黄铁矿分解产生的可腐蚀钢和混凝土的硫酸和硫酸铁溶液。

10.2.3.2 有害气体

天然存在于岩石空隙中的气体，很多是危险的，例如甲烷(CH_4)，即沼气，可存在于上石炭统煤系中。甲烷比空气轻而易逸出。它不仅有毒而且易燃，并且与空气混合时容易爆炸。如，2005 年 12 月 22 日下午 2 时，四川都江堰至汶川高速公路董家山隧道发生瓦斯爆炸，造成 43 人遇难。二氧化碳(CO_2)和一氧化碳(CO)都是有毒的，前者比空气重而聚集在地下工程底部。一氧化碳稍微比空气轻，并且像二氧化碳和甲烷一样，在上石炭统煤系中易被发现。二氧化碳也可能与火山沉积物和石灰岩伴生。硫化氢(H_2S)比空气重，而且毒性强，与空气混合时也易爆炸。这种气体可通过有机物质的分解或火山活动产生。硫化氢可被水吸收，然后变成对混凝土有害的液体。二氧化硫(SO_2)是一种无色、有刺激性气味、可使人窒息的气体，它易溶于水而形成硫酸溶液，它一般与火山散发物伴生或者可通过黄铁矿的氧化分解产生。

对于有害气体，需查明气体的种类和性质。在隧洞开挖过程中，若遇到有害气体，至少会影响施工工期，有的甚至会引起事故。

10.2.3.3 地温

高地温现象多出现在深埋地下工程中，且从高地温地下工程的分布范围来看多出现在日本以及欧洲地区，我国以往建设的地下工程因大部分埋深较浅，高地温问题表现得并不突出。近年来，随着我国对深埋地下工程的建设，施工过程中不可避免地出现了高地温现象。但并不一定埋深越大，地温值就越高，比如日本的安房公路隧道，埋深仅 700 m，地温值却达到了 75 ℃，法国与意大利之间的勃朗峰公路隧道，埋深为 2 480 m，地温值仅为 35 ℃。由此可看出，地温值随埋深的增加可能是非线性的，高地温问题复杂多变。

高地温的出现，不仅对施工人员的生命健康构成严重威胁，而且会使洞内混凝土衬砌的强度及稳定性降低，进而影响地下工程的长期安全运行，其不良影响具体表现为以下几点：

(1) 长期在高温下作业将不利于施工人员自身的健康，甚至危及施工人员的安全。

(2) 当机械设备长期处于高温环境时，其工作效率会严重降低。

(3) 在利用长期处于高温环境中的测量仪器进行测量时，测量结果会出现一定的偏差。

(4) 在爆破过程中高温会使爆管形成哑炮，使施工成本大幅提高，并减慢施工进度。

(5) 当隧洞洞壁温度过高时，所喷混凝土的水分会被蒸发掉，从而使混凝土失效。

(6) 衬砌支护结构在经历反复的高低温变化后，其力学性能会发生劣化，从而产生裂缝或者剥落。岩体温度随深度的增加取决于地热梯度。地热梯度本身又与所涉及物质的热传导率成反比，即

$$\text{地热梯度} \approx 0.05/k \tag{10-1}$$

式中　k——热传导率，m/℃。

尽管地热梯度随地区而变化，但根据岩石的类型和构造，按平均值它以深度每增加 30～35 m 温度升高 1 ℃的变化率递增。在地质构造稳定的地区，平均梯度是每 60～80 m 深度

增加 1 ℃，而在火山区每 10～15 m 深度增加 1 ℃。山脉下的地热梯度比平原下的大；谷地的情况恰恰相反。因此，在一条地下工程内测到的地热梯度不能类比另一地下工程。

在钻孔中安放温度计能够测到地温。当温度达到稳定时做出量测。量测结果能以地温线的形式绘在地下工程纵剖面上。在施工期间可能出现的热水流也应该标示。

10.2.3.4　岩爆

在坚硬而无明显裂隙的完整岩体中开挖地下工程，若地应力较高或洞体埋深较大，洞体围岩存储的弹性应变能突然释放，产生一种冲击地压，使围岩产生急剧的脆性破坏，随即向洞外弹出或抛出大小不等的岩片或岩块，有时伴有气浪和巨响，这就是岩爆。大型岩爆常伴有强烈的震动，会对地下工程造成很大的危害。

岩爆的产生需具备内因和外因两方面的条件。应力接近于岩体强度的高储能体的存在是岩爆产生的内因，高储能体具有高强度、块体状或厚层状的特征，常为脆性岩体。附加载荷的触发则是其产生的外因，主要有两个方面：一是机械开挖、爆破以及围岩局部破裂所造成的弹性振荡，二是开挖的迅速推进或累进性破坏所引起的应力集中。

在地下工程开挖进程中，如果在围岩的某些部位形成了高储能体，且其应力已接近岩体的强度时，则上述内因、外因所引起的应力会急剧变化，即使其量级很小也可使高储能体内的应力迅速超载，从而使其发生剧烈的脆性破坏，突然释放的弹性能一部分消耗于破碎岩石中，其余部分则转化为动能，可将岩片抛出。

在一些深矿坑中，常发生称之为冲击地压或矿山打击的大型岩爆。常伴随着强烈的震动、气浪和巨响，破坏力极大。这类岩爆发生之前，常可觉察到支护结构上或煤柱中压力的增大，有时还会出现霹雳声或振动，但有时则没有明显的预兆。

在深埋隧道或其他类型地下工程中所发生的岩爆，多属中小型者。其中有一类岩爆发生时会发出如机枪射击的劈劈啪啪的响声，故被称为岩石射击。

10.3　地下工程的围岩分类

围岩分类是地下工程围岩稳定性分析的基础，也是解决地下工程设计和施工工艺标准化的一个重要途径。目前国内外已提出的围岩分类方案有数十种之多，分类原则和考虑的因素也不尽相同，但岩体完整性、成层条件、岩块强度、结构面发育情况及地下水等因素在各种分类中都不同程度地被考虑。下面主要介绍几种国内外应用较广、影响较大的分类方法。在实践工作中，可根据具体岩体条件和工程类型选用相应规范对围岩进行分类。

10.3.1　洞室围岩质量分级

国际标准《工程岩体分级标准》(GB/T 50218—2014)中提出按岩体基本质量指标 BQ 进行分级，BQ 的表达式为：

$$BQ = 100 + 3\sigma_c + 250K_v \tag{10-2}$$

式中，σ_c 为岩石(块)饱和单轴抗压强度，MPa；K_v 为岩体完整性系数。

应用时，应符合如下规定：当 $\sigma_c > 90K_v + 30$ 时，将 $\sigma_c = 90K_v + 30$ 和 K_v 代入式(10-2)计算 BQ 值；当 $K_v > 0.04\sigma_c + 0.4$ 时，将 $K_v = 0.4\sigma_c + 0.4$ 和 σ_c 代入式(10-2)计算 BQ 值。

K_v 可用声波试验资料按式(10-3)确定：

$$K_v = \left(\frac{v_{pm}}{v_{pr}}\right)^2 \tag{10-3}$$

式中，v_{pm} 为岩体纵波速度；v_{pr} 为岩块纵波速度。当无试验资料时，也可用岩体体积节理数(单位岩体体积内结构面条数)J_v 并查表 10-1 求得 K_v 值。

表 10-1　J_v 与 K_v 对照

J_v(条/m^3)	<3	3～10	10～20	20～35	>35
K_v	>0.75	0.55～0.75	0.35～0.55	0.15～0.35	≤0.15

依据 BQ 岩体基本质量的定性特征可将围岩划分为 5 个级别(表 10-2)。

表 10-2　围岩质量分级

<table>
<tr><th>质量级别</th><th>岩体基本质量的定性特征</th><th>岩体基本质量指标 BQ</th></tr>
<tr><td>Ⅰ</td><td>坚硬岩(σ_c>60 MPa)，岩体完整(K_v>0.75)</td><td>>550</td></tr>
<tr><td rowspan="2">Ⅱ</td><td>坚硬岩(σ_c>60 MPa)，岩体较完整(K_v=0.55～0.75)</td><td rowspan="2">451～550</td></tr>
<tr><td>较坚硬岩(σ_c=30～60 MPa)，岩体完整(K_v>0.75)</td></tr>
<tr><td rowspan="3">Ⅲ</td><td>坚硬岩(σ_c>60 MPa，岩体较破碎(K_v=0.35～0.55)</td><td rowspan="3">351～450</td></tr>
<tr><td>较坚硬岩(σ_c=30～60 MPa)或较硬岩互层，岩体较完整(K_v=0.55～0.75)</td></tr>
<tr><td>较软岩(σ_c=15～30 MPa)，岩体完整(K_v>0.75)</td></tr>
<tr><td rowspan="4">Ⅳ</td><td>坚硬岩(σ_c>60 MPa)，岩体破碎(K_v=0.15～0.35)</td><td rowspan="4">251～350</td></tr>
<tr><td>较坚硬岩(σ_c=30～60 MPa)，岩体较破碎至破碎(K_v=0.35～0.55)</td></tr>
<tr><td>较软岩(σ_c=15～30 MPa)或较硬岩互层，且以软岩为主，
岩体较完整至较破碎(K_v=0.55～0.75)</td></tr>
<tr><td>软岩(σ_c=5～15 MPa)，岩体完整至较完整(K_v=0.55～0.75)</td></tr>
<tr><td rowspan="3">Ⅴ</td><td>较软岩(σ_c=15～30 MPa)，岩体破碎(K_v=0.35～0.55)</td><td rowspan="3">≤250</td></tr>
<tr><td>软岩(σ_c=5～15 MPa)，岩体较破碎至破碎(K_v=0.15～0.35)</td></tr>
<tr><td>全部极软岩(σ_c<5 MPa)及全部极破碎岩(K_v<0.15)</td></tr>
</table>

当围岩处于高天然应力区、围岩中有不利于稳定的软弱结构面或存在地下水时，岩体基本质量指标应进行修正，修正值[BQ]可按式(10-4)计算：

$$[BQ] = BQ - 100(K_1 + K_2 + K_3) \tag{10-4}$$

式中，K_1 为地下水影响的修正系数，按表 10-3 确定；K_2 为主软弱结构面产状影响修正系数，按表 10-4 确定；K_3 为天然应力状态影响修正系数，按表 10-5 确定。

表 10-3 地下水影响修正系数(K_1)

地下水排泄状态	K_1				
	BQ⩾550	550>BQ>451	450>BQ>351	350>BQ>251	BQ⩽250
潮湿或点滴状排泄,$p\leqslant0.1$ 或 $Q\leqslant25$	0	0	0.1	0.2~0.3	0.4~0.6
淋雨状或涌流状排泄,$0.1<p\leqslant0.5$ 或 $25<Q\leqslant125$	0~0.1	0.1~0.2	0.2~0.3	0.4~0.6	0.7~0.9
淋雨状或涌流状排泄,$p>0.5$ 或 $Q>125$	0.1~0.2	0.2~0.3	0.4~0.6	0.7~0.9	1.0

注:p 为地下工程围岩裂隙水压力,MPa;Q 为每 10 m 洞长出水量,L/min。

表 10-4 主软弱结构面产状影响修正系数(K_2)

结构面产状及其与洞轴线的组合关系	结构面走向与洞轴线夹角 $\alpha<30°$,倾角 $\beta=30°\sim75°$	结构面走向与洞轴线夹角 $\alpha>60°$,倾角 $\beta>75°$	其他组合
K_2	0.4~0.6	0~0.2	0.2~0.4

表 10-5 天然应力状态影响修正系数(K_3)

天然应力状态	K_3				
	BQ⩾550	550>BQ>451	450>BQ>351	350>BQ>251	BQ⩽250
极高应力区	1.0	1.0	1.0~1.5	1.0~1.5	1.0
高应力区	0.5	0.5	0.5	0.5~1.0	0.5~1.0

注:极高应力指 $\sigma_c/\sigma_{max}<4$,高应力指 $4\leqslant\sigma_c/\sigma_{max}\leqslant7$。其中,$\sigma_c$ 为岩石饱和单轴抗压强度;σ_{max} 为垂直洞轴线方向平面的最大天然应力。

根据修正值[BQ]的岩体分级,仍按表 10-2 进行。各级岩体的物理力学参数和围岩自稳能力分别可按表 10-6 和表 10-7 评价。

表 10-6 岩体物理力学参数

岩体基本质量级别	重力密度 γ/(kN/m³)	抗剪断峰值强度		变形模量 E/GPa	泊松比 μ
		内摩擦角 φ/(°)	内聚力 c/MPa		
Ⅰ	>26.5	>60	>2.1	>33	<0.2
Ⅱ		50~60	1.5~2.5	20~33	0.2~0.25
Ⅲ	24.5~26.5	39~50	0.7~1.5	6~20	0.25~0.3
Ⅳ	22.5~24.5	27~39	0.2~0.7	1.3~6	0.3~0.35
Ⅴ	<22.5	<27	<0.2	<1.3	>0.35

表 10-7 地下工程围岩自稳能力

岩体类别	自 稳 能 力
Ⅰ	跨度⩽20 m,可长期稳定,偶有掉块,无塌方
Ⅱ	跨度 10~20 m,可基本稳定,局部可发生掉块或小塌方;跨度<10 m,可长期稳定,偶有掉块
Ⅲ	跨度 10~20 m,可稳定数日至 1 个月,可发生小至中塌方;跨度 5~10 m,可稳定数月,可发生局部块体位移及小至中塌方;跨度<5 m,可基本稳定
Ⅳ	跨度>5 m,一般无自稳能力,数日至数月内可发生松动变形、小塌方,进而发展为中至大塌方;埋深小时以拱部松动破坏为主,埋深大时有明显塑性流动变形和挤压破坏。跨度⩽5 m,可稳定数日至 1 个月

表 10-7(续)

岩体类别	自稳能力
V	无自稳能力

注:小塌方,塌方高度<3 m,或塌方体积<30 m³;中塌方,塌方高度 3～6 m,或塌方体积 30～100 m³;大塌方,塌方高度>6 m,或塌方体积>100 m³。

10.3.2 洞室围岩分类

10.3.2.1 根据国标分类

《岩土锚杆与喷射混凝土支护工程技术规范》(GB 50086—2015)中的围岩分类见表 10-8。该分类考虑岩体结构、结构面发育情况、岩石强度及岩体声学性质等指标,将岩体分为 5 类,并给出了围岩自稳性的工程地质评价。

表 10-8 按 GB 50086—2015 的围岩分类

围岩类别	主要工程地质特点							毛洞稳定情况
	岩体结构	构造影响程度,结构面发育情况和组合状态	岩石强度指标		岩体声波指标		岩体强度应力比 S_m	
			单轴饱和抗压强度 σ_c/MPa	点载荷强度/MPa	岩体纵波速度 v_{pm}/(km/s)	岩体完整性系数 K_v		
I	整体状及层间结合良好的厚层状结构	构造影响轻微,偶有小断层。结构面不发育,仅有 2～3 组,平均间距大于 0.8 m,以原生和构造节理为主,多数闭合,无泥质充填,不贯通。层间结合良好,一般不出现不稳定块体	>60	>2.5	>5	>0.75	>4	当毛洞跨度为 5～10 m 时,长期稳定,无碎块掉落
II	同 I 级围岩结构	同 I 级围岩特征	30～60	1.25～2.5	3.7～5.2	>0.75	>2	当毛洞跨度为 5～10 m 时,围岩能较长时间(数月至数年)维持稳定,仅出现局部小块掉落现象
	块状结构和层间结合较好的中厚层或厚层状结构	构造影响较重,有少量断层。结构面较发育,一般为 3 组,平均间距 0.4～0.8 m,以原生和构造节理为主,多数闭合,偶有泥质充填,贯通性较差,有少量软弱结构面。层间结合较好,偶有层间错动和层面张开现象	>60	>2.5	3.7～5.2	>0.5	>2	

表 10-8(续)

围岩类别	主要工程地质特点							毛洞稳定情况
	岩体结构	构造影响程度,结构面发育情况和组合状态	岩石强度指标		岩体声波指标		岩体强度应力比 S_m	
			单轴饱和抗压强度 σ_c/MPa	点载荷强度/MPa	岩体纵波速度 v_{pm}/(km/s)	岩体完整性系数 K_v		
Ⅲ	同Ⅰ级围岩结构	同Ⅰ级围岩特征	20～30	0.85～1.25	3.0～4.5	>0.75	>2	当毛洞跨度为5～10 m时,围岩能维持一个月以上的稳定,主要出现局部掉块、塌方现象
	同Ⅱ级围岩块状结构和层间结合较好的中厚层或厚层状结构	同Ⅱ级围岩块状结构和层间结合较好的中厚层或厚层状结构特征	30～60	1.25～2.50	3.0～4.5	0.50～0.75	>2	
	层间结合良好的薄层和软硬岩互层结构	构造影响较重。结构面发育,一般为3组,平均间距0.2～0.4 m,以构造节理为主,节理面多数闭合,少有泥质充填。岩层为薄层或以硬岩为主的软硬岩互层,层间结合良好,少见软弱夹层、层间错动和层面张口现象	>60(软岩,>20)	>2.50	3.0～4.5	0.30～0.50	>2	
	碎裂镶嵌结构	构造影响较重。结构面发育,一般为3组以上,平均间距为0.2～0.4 m,以构造节理为主,节理面多数闭合,少数有泥质充填,块体间牢固咬合	>60	>2.50	3.0～4.5	0.30～0.50	>2	

表 10-8(续)

围岩类别	主要工程地质特点							毛洞稳定情况
	岩体结构	构造影响程度,结构面发育情况和组合状态	岩石强度指标		岩体声波指标		岩体强度应力比 S_m	
			单轴饱和抗压强度 σ_c/MPa	点载荷强度/MPa	岩体纵波速度 v_{pm}/(km/s)	岩体完整性系数 K_v		
Ⅳ	同Ⅱ级围岩块状结构和层间结合较好的中厚层或厚层状结构	同Ⅱ级围岩。块状结构和层间结合较好的中厚层或厚层状结构特征	10～30	0.42～1.25	2.0～3.5	0～0.75	>1	当毛洞跨度为5 m时,围岩能维持数日到一个月的稳定,主要失稳形式为垮落或片帮
	散块状结构	构造影响严重,一般为风化卸荷带。结构面发育,一般为3组,平均间距0.4～0.8 m,以构造节理、卸荷、风化裂隙为主,贯通性好,多数张开,夹泥厚度一般大于结构面的起伏高度,咬合力弱,构成较多的不稳定块体	>30	>1.25	>2.0	>0.15	>1	
	层间结合不良的薄层、中厚层和软硬岩互层结构	构造影响严重。结构面发育,一般为3组以上,平均间距0.2～0.4 m,以构造、风化节理为主,大部分微张(0.5～1.0 mm),部分张开(>1.0 mm),有泥质充填,层间结合不良,多数夹泥,层间错动明显	>30(软岩>10)	>1.25	2.0～3.5	0.04～0.20	>1	
	碎裂状结构	构造影响严重,多数为断层影响带或强风化带。结构面发育,一般为3组以上,平均间距0.2～0.4 m,节理大部分微张(0.5～1.0 mm),部分张开(>1.0 mm),有泥质充填,形成许多碎块体	>30	>1.25	2.0～3.5	0.04～0.20	>1	

表 10-8(续)

围岩类别	主要工程地质特点							毛洞稳定情况
	岩体结构	构造影响程度,结构面发育情况和组合状态	岩石强度指标		岩体声波指标		岩体强度应力比 S_m	
			单轴饱和抗压强度 σ_c/MPa	点载荷强度/MPa	岩体纵波速度 v_{pm}/(km/s)	岩体完整性系数 K_v		
V	散体状结构	构造影响很严重,多数为破碎带,全强风化带、破碎带交汇部位。构造及风化节理密集,节理面及其组合杂乱,形成大量碎块体。块体间多数为泥质充填,甚至呈石夹土状或土夹石状			<2.0			当毛洞跨度为5 m时,围岩稳定时间很短,约数小时至数日

注:1. 当围岩按定性分类与定量指标分类有差别时,一般应以低者为准。
2. 本表声波指标以孔测法测试值为准。如果用其他方法测试,可通过对比试验进行换算。
3. 层状岩体按单层厚度可划分为厚层(大于 0.5 m)、中厚层(0.1~0.5 m)和薄层(小于 0.1 m)。
4. 一般条件下,确定围岩类别时,应以岩石单轴饱和抗压强度为准;对洞跨小于 5 m、服务年限小于 10 年的工程,确定围岩类别时,可采用点载荷强度指标代替岩块单轴饱和抗压强度指标,可不做岩体声波指标测试。
5. 测定岩石强度,做单轴抗压强度测试后,可不做点载荷强度测试。

10.3.2.2 根据岩体地质力学分类(RMR 分类)

岩体地质力学分类(RMR 分类)系统由岩块强度、RQD 值、节理间距、节理条件及地下水 5 类指标组成。分类时,根据各类指标的数值,按表 10-9A 的标准评分并求得总分。然后按表 10-9B 和表 10-10 的规定对总分做适当地修正。最后用修正后的总分对照表 10-9C 求得岩体的类别及相应的不支护地下工程的自稳时间和岩体强度指标。

表 10-9 岩体地质力学(RMR)分类

A 分类参数及其评分值									
分类参数			数值范围						
1	完整岩石强度/MPa	点载荷强度指标	>10	4~10	2~4	1~2	对强度较低的岩石宜用单轴抗压强度		
		单轴抗压强度/MPa	>250	100~250	50~100	25~50	5~25	1~5	<1
	评分值		15	12	7	4	2	1	0
2	岩心质量指标 RQD		90%~100%	75%~90%	50%~75%	25%~50%	<25%		
	评分值		20	17	13	8	3		
3	节理间距/cm		>200	60~200	20~60	6~20	<6		
	评分值		20	15	10	8	5		

表 10-9(续)

A 分类参数及其评分值							
分类参数			数值范围				
4	节理条件		节理面很粗糙,节理不连续,节理宽度为零,节理面岩石坚硬	节理面稍粗糙,宽度小于 1 mm,节理面岩石坚硬	节理面稍粗糙,宽度小于 1 mm,节理面岩石软弱	节理面光滑或含厚度小于 5 mm 的软弱夹层,张开度 1～5 mm,节理连续	含厚度大于 5 mm 的软弱夹层,张开度大于 5 mm 节理连续
	评分值		30	25	20	10	0
5	地下水条件	每 10 m 长的隧道涌水量/(L/min)	无	<10	10～25	25～125	>125
		节理水压力与最大主应力比值	0	<0.1	0.1～0.2	0.2～0.5	>0.5
		总条件	或完全干燥	或潮湿	或只有湿气(有裂隙水)	或中等水压	或水的问题严重
	评分值		15	10	7	4	0
B 按节理方向修正评分值							
节理走向或倾向			非常有利	有利	一般	不利	非常不利
评分值		隧道	0	−2	−5	−10	−12
		地基	0	−2	−7	−15	−25
		边坡	0	−5	−25	−50	−60
C 按总评分值确定的岩体级别及岩体质量评价							
评分值			81～100	61～80	41～60	21～40	<20
分级			Ⅰ	Ⅱ	Ⅲ	Ⅳ	Ⅴ
质量描述			优良岩石	良好岩石	一般岩石	差岩石	极差岩石
平均稳定时间			15 m 跨度 20 年	10 m 跨度 1 年	5 m 跨度 1 周	2.5 m 跨度 10 h	1 m 跨度 30 min
岩体内聚力/kPa			>400	300～400	200～300	100～200	<100
岩体内摩擦角/(°)			>45	35～45	25～35	15～25	<15

表 10-10　节理走向和倾角对隧道开挖的影响

走向与隧道轴垂直				走向与隧道轴平行		与走向无关
沿倾向掘进		反倾向掘进		倾角 20°～45°	倾角 45°～90°	倾角 0°～20°
倾角 45°～90°	倾角 20°～45°	倾角 45°～90°	倾角 20°～45°			
非常有利	有利	一般	不利	一般	非常不利	不利

10.3.2.3　根据巴顿岩体质量(Q)分类

由巴顿(Barton,1974)等提出,其分类指标为:

$$Q=\frac{\mathrm{RQD}}{J_{\mathrm{n}}}\times\frac{J_{\mathrm{r}}}{J_{\mathrm{a}}}\times\frac{J_{\mathrm{w}}}{\mathrm{SRF}} \tag{10-5}$$

式中,RQD 为岩石质量指标,定义为大于 10 cm 的岩心累计长度与钻孔进尺长度之比的百分数;J_{n} 为节理组数;J_{r} 为节理粗糙系数;J_{a} 为节理蚀变系数;J_{w} 为节理水折减系数;SRF 为应力折减系数。

式(10-5)中 6 个参数的组合,反映了岩体质量的 3 个方面,$\frac{\mathrm{RQD}}{J_{\mathrm{n}}}$即岩体的完整性;$\frac{J_{\mathrm{r}}}{J_{\mathrm{a}}}$表示结构面(节理)的形态、充填特征及次生变化等情况;$\frac{J_{\mathrm{w}}}{\mathrm{SRF}}$表示水与其他应力存在时对岩体质量的影响。分类时,根据各参数的实际情况,查表确定各自的数值(表省略)。然后代入式(10-5),求得 Q 值,按 Q 值将岩体分为如表 10-11 所示的 9 类。

表 10-11　按 Q 值对岩体的分类

Q 值	<0.01	0.01～0.1	0.1～1.0	1.0～4.0	4.0～10	10～40	40～100	100～400	>400
岩体类别	异常差	极差	很差	差	一般	好	很好	极好	异常好

10.4　地下工程的围岩稳定性评价

围岩稳定性评价是地下工程研究的核心,一般采用定性评价与定量评价相结合的方法进行。定性评价指根据工程设计要求对洞址区的工程地质条件进行综合分析,并按一定的标准和原则对围岩进行分类和分段,找出可能产生失稳的部位、破坏形式及其主要影响因素。定量评价指根据一定的判据对围岩进行稳定性定量计算。目前工程上常用稳定性系数 η 来反映围岩的稳定性。所谓稳定性系数是指围岩强度与相应的围岩应力之比,当 $\eta=1$ 时,围岩处于极限平衡状态;当 $\eta>1$ 时,围岩稳定;当 $\eta<1$ 时,则不稳定。实际评价时,为安全起见,应有一定的安全储备,因此常将 η 除以一个大于 1 的安全系数。

10.4.1　定性评价

围岩稳定性不仅取决于岩体本身性质及其所处的天然应力、地下水等地质环境条件,还与地下工程规模、断面形状及施工方法等工程因素密切相关。因此,围岩的失稳破坏是这些因素综合影响的结果。对一般埋深和规模不太大的地下工程,围岩的破坏与失稳总是发生在围岩强度薄弱部位，不稳定的地质标志较为明显。通常能够通过一般地质调查工作予以查明。但对埋深和规模较大的地下工程，由于围岩应力的作用明显增大，不稳定的地质因素较为复杂，围岩稳定性的研究与评价也就较为困难和复杂。如非线弹性问题、弹塑性问题和流变问题等，都可能在这类洞室中出现。

地下工程围岩的失稳与破坏通常发生在下列部位：① 破碎松散岩体或软弱岩类分布区，包括岩体中的风化带、构造破碎带以及力学强度低、遇水易软化和膨胀崩解的黏土质岩类分布区；② 碎裂结构岩体及半坚硬层状结构岩体分布区；③ 坚硬块状及厚层状岩体中，在多组软弱结构面切割并在洞壁上构成不稳定分离体的部位；④ 洞体应力急剧集中的部位，如洞内岩柱和洞体形状急剧变化的部位，常易产生应力型破坏。选择地下工程场址时，应尽量避开以上不稳定部位或减少这类不稳定地段所占的比重。

新鲜完整的坚硬或半坚硬岩体分布区；裂隙不发育，没有或仅有少量地下水活动的地区；裂隙虽较发育，但均紧密闭合且连续性较差，不能构成不稳定分离体，且地下水活动微弱或没有地下水的地区，洞室围岩通常较为稳定。

地质条件介于上述两大类之间者，属于稳定性较好至较差的过渡类型。

10.4.2 定量评价

1. 围岩的整体稳定性计算

对于整体状或块状岩体，可视为均匀的连续介质，其围岩稳定性分析，除研究局部不稳定影响外，应着重于围岩整体稳定性的力学计算。计算方法指根据围岩重分布应力计算或实测结果，求出围岩中的最大拉应力或压应力，将其与岩体的抗拉或抗压强度比较，来评价围岩的稳定性。

洞壁处的弹性应力为 $\sigma_\theta=\alpha\sigma_h+\beta\sigma_v$，式中应力集中系数 α、β 可查表获得。这时洞壁围岩的稳定条件为：

$$\sigma_{\theta c} \leqslant \frac{\sigma_c}{F_s} \tag{10-6}$$

$$\sigma_{\theta t} \leqslant \frac{\sigma_t}{F} \tag{10-7}$$

式中，$\sigma_{\theta c}$、$\sigma_{\theta t}$ 分别为洞壁处最大的环向压应力和拉应力；σ_c、σ_t 分别为岩体饱和抗压与抗拉强度；F_s 为安全系数，一般取 $F_s=2$。

2. 围岩的局部稳定性计算

在裂隙岩体中，由于结构面的切割，在围岩的某些部位形成不稳定分离体。若结构面走向与洞轴线平行，可取垂直于洞轴面的剖面进行研究。

(1) 洞顶分离体的稳定性

如图 10-6 所示，在洞顶由 L_1、L_2 两组结构面切割成三角形分离体 ABC。结构面的倾角分别为 α、β，抗拉强度分别为 T_{j1}、T_{j2}，分离体底宽为 L_3，则分离体的高度 b 为：

$$b=\frac{L_3}{\cot\alpha+\cot\beta} \tag{10-8}$$

由于分离体悬挂在洞顶，失稳时 L_1 和 L_2 被拉开，而分离体单位长度自重 W_1 和抗拉力 T 可表示为：

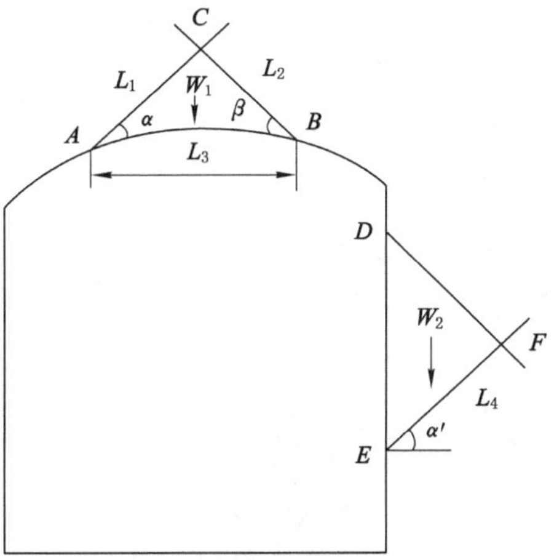

图 10-6 洞顶洞壁分离体稳定性计算

$$W_1 = \frac{1}{2}L_3 b\rho g = \frac{L_3^2 \rho g}{2(\cot \alpha + \cot \beta)} \tag{10-9}$$

$$T = T_{j1}L_1 + T_{j2}L_2 \tag{10-10}$$

所以分离体的稳定性系数 η 可表示为：

$$\eta = \frac{T}{W_1} = \frac{2(T_{j1}L_1 + T_{j2}L_2)(\cot \alpha + \cot \beta)}{L_3^2 \rho g} \tag{10-11}$$

当 $\eta \geqslant 2$ 时分离体稳定，反之不稳定。

(2) 侧壁分离体的稳定性

如图 10-6 所示，侧壁分离体在自重 W_2 的作用下沿 L_4 滑移，而后缘切割面 L_2 的抗拉强度可忽略。这时分离体 DFE 的稳定性系数为：

$$\eta = \frac{W_2 \cos \alpha' \tan \varphi + cL_4}{W_2 \sin \alpha'} \tag{10-12}$$

式中，c、φ 分别为结构面 L_4 的内聚力和内摩擦角；公式中 L_4 表示结构面 L_4 的面宽；α' 为结构面 L_4 的倾角。

10.4.3 围岩的稳定措施

保护围岩稳定包括两方面的范畴：一是保护围岩原有的强度和承载能力，如及时封闭围岩以防风化，及时衬砌阻止围岩产生过大变形和松动；二是赋予围岩一定的强度，使其稳定性有所提高，如注浆、封闭裂隙、用锚杆加固危岩等。

支护结构常有以下几种：① 锚杆支护；② 喷射混凝土支护；③ 钢筋混凝土衬砌；④ 可缩性金属支架等。这几种支护结构或单一地采用，或采用其中两种甚至两种以上联合支护。具体要根据洞室围岩的好坏和洞室的情况（宽度、高度和使用要求）来确定。

锚喷支护作为保护洞室围岩稳定的措施之一，它是一种先进的支护手段，故成为目前维护围岩的主要方法。

10.5 地下工程的位址选择

10.5.1 总体位置选择

在进行地下工程总体位置选择时，首先要考虑区域稳定性，主要工作方法是收集当地的地震地质、区域地质等资料，进行综合地质分析和评价。特别在区域性深大断裂交会处，近期活动断层和现代构造运动较为强烈的地段，尤须注意。

一般认为，具备下列条件是适合地下工程建设的：地震基本烈度一般小于8°，历史上地震烈度及震级不高，无毁灭性地震；区域地质构造稳定，工程区无区域性断裂带通过，附近没有发震构造；第四纪以来没有明显的构造活动。

总体位置选定后，就要进一步选择建洞山体，理想的建洞山体具有以下条件：

(1) 建洞区为安全可靠的地段。

(2) 建洞区构造简单，岩层厚且产状平缓，构造裂隙间距大、组数少，无影响整个山体稳定性的断裂带。

(3) 建洞区岩体完整，层位稳定，且具有较厚的单一的坚硬或中硬地层，岩体结构强度不仅能抵抗静力载荷，而且能抵抗冲击载荷。

(4) 建洞区地形完整，山体受地表水切割破坏少，没有滑坡、塌方等早期埋藏和近期破坏的地形；无岩溶或岩溶很不发育，山体在满足进洞建设规模的同时，又有50～100 m覆盖厚度的防护地层。

(5) 建洞区地下水影响小，水质满足工程建设要求。

(6) 建洞区无有害气体及异常地热。

(7) 其他有关因素，例如与运输、供给、动力源、水源等因素有关的地理位置等。

上述因素实际上往往不能全部具备，应根据具体情况综合考虑。

10.5.2 洞址工程地质条件

洞址工程地质条件，主要考虑洞口地形及岩性、底部的标高、方向等问题。至于洞口数量和位置(平面位置和高程位置)的确定须根据工程的具体要求以及所处山体的地形、工程地质及水文地质条件等慎重考虑。因为出入口位置的确定，一般来说，基本上就决定了地下工程的轴线位置及其平面形状。

(1) 地形和地质条件

洞口应选择在松散、覆盖层薄，山体坡度较陡(大于30°)的一面，且有完整岩层作顶板的地段。最好设置在岩层裸露的地段，以免切坡时土方量太大。洞口一般不宜设在悬崖绝壁之下，特别是在岩层破碎地带，容易发生山崩和土石塌方，堵塞洞口和交通要道。要避开冲沟或溪流源头，避开滑坡、崩塌、泥石流等不良地质作用发育地段或洪水淹没地段。洞外还应有相应规模的弃渣场地。

(2) 洞口和洞底标高的选择

洞底标高一般应高于谷底最高洪水位(千年或百年一遇的洪水位)以上0.5～1.0 m，以免在山洪暴发时，洪水泛滥倒灌流入洞内；若离谷底较近，易聚集有害气体。各个洞口的高程不宜相差太大，要注意洞内部工艺和施工时所要求的坡度，以便各洞口间道路联系。

(3) 洞口方向

洞口位置应选在面对高山和沟谷不宽的山体的阴坡处。一般来说，山体阴坡较陡，岩石风化程度较轻，岩石较坚固。洞口设置分散，最好不要在同一方向上设置。如受到地形限制，一定要在同一方向上设立若干个洞口，且各个洞口之间要保持一定距离。特别要注意洞口不要面对常年主导风向，以免有害气体侵入洞内。

(4) 洞门边坡的不良地质作用

洞门边坡的不良地质作用等同于一般自然边坡和人工边坡的问题。但在选择洞口时，必须将进出口地段的不良地质作用调查清楚。洞口应尽量避开易产生崩塌、剥落和滑坡等地段，或易产生泥石流和雪崩的地区，以免对工程造成不必要的损失。

10.5.3　洞室轴线工程地质条件

洞室轴线的选择主要从地层岩性、岩层产状、地质构造、地应力、水文地质条件等方面综合分析考虑确定。

1. 布置洞室的岩性要求

洞室工程的布置对岩性的要求是：尽可能在地层岩性均一，层位稳定，整体性强，风化轻微，抗压与抗剪强度都较大的岩层中通过。一般说来，凡没有经受剧烈风化及构造影响的大多数岩层都适宜修建地下工程。

岩浆岩和变质岩大部分属坚硬岩石，如花岗岩、闪长岩、辉长岩、辉绿岩、安山岩、流纹岩、片麻岩、大理岩、石英岩等。在这些岩石组成的岩体内建洞，只要岩石未受风化，且较完整，满足一般的洞室(地面下不超过 200～300 m，跨度不超过 10 m)的岩石强度是不成问题的。也就是说，在这些岩石组成的岩体内建洞，其围岩的稳定性取决于岩体的构造和风化程度等方面。在变质岩中有部分岩石是属于软质的，如黏土质片岩、绿泥石片岩、千枚岩和泥质板岩等，在这些岩石组成的岩体内建洞容易发生崩塌，影响洞室的稳定性。

沉积岩的岩性比较复杂，总的来说比上述两类岩石差。在这类岩石中较坚硬的有石灰岩以及硅质胶结的石英砂岩、砾岩等，较软弱的岩石有泥质页岩、黏土岩以及泥沙质胶结的砂、砾岩和部分凝灰岩等，这些较软弱的岩石往往具有易风化的特性，在这类岩体中建洞易产生变形和崩塌，或只有短期的稳定性。

2. 地质构造与洞室轴线的关系

(1) 断裂构造

洞室轴线要选择与区域构造线、岩层及主要节理走向垂直或大角度相交的方向。应尽量避开区域性断层破碎带及节理密集带，若不能避开，则应垂直其走向以最短距离通过或与构造线以 45°～65°的交角通过。在新构造运动活跃区，应避免通过主断层或断层交叉处。同一岩性内的压性断层，往往上盘较破碎，应选择从其影响较轻的下盘通过。图 10-7 中的方案 2 要比方案 1 优越。

在断裂破碎带地区，洞室位置一般情况下应避免洞室轴线沿断层带的轴线布置。特别在较宽的破碎带地段，当破碎带中的泥沙及碎石等尚未胶结成岩时，不允许建筑地下工程。这是因为断层带的两侧岩层容易发生变位而毁坏洞体；断层带中的岩石又多被破碎的岩块及泥土充填，且未被胶结成岩，最易崩落；同时是地表水渗漏的良好通道，对地下工程危害

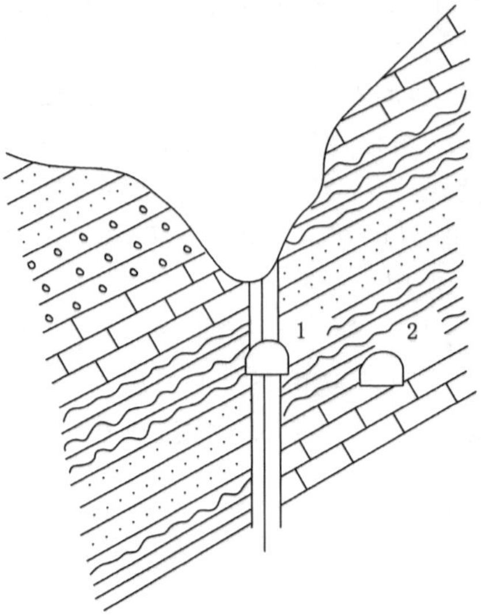

1—方案最差;2—方案较好。

图 10-7　断层与隧道位置选择

极大,如图 10-8 中的 1 号洞室。

当洞室轴线与断层轴线垂直时(图 10-8 中的洞室 2),虽然断裂破碎带在洞内属局部地段,但在断裂破碎带处岩层压力增加,有时还能遇到高压的地下水,影响施工。若断层两侧为坚硬致密岩层,容易发生相对移动。特别遇到有几组断裂纵横交错的地段,洞室轴线应尽量避开。这是因为这些地段除本身压力增高外,还应考虑压力沿洞室轴线及其他相应方向重新分布,几组断裂切割形成的上大下小楔形山体可能将其自重传给相邻山体,从而使这些部位的地层压力增加(图 10-9)。

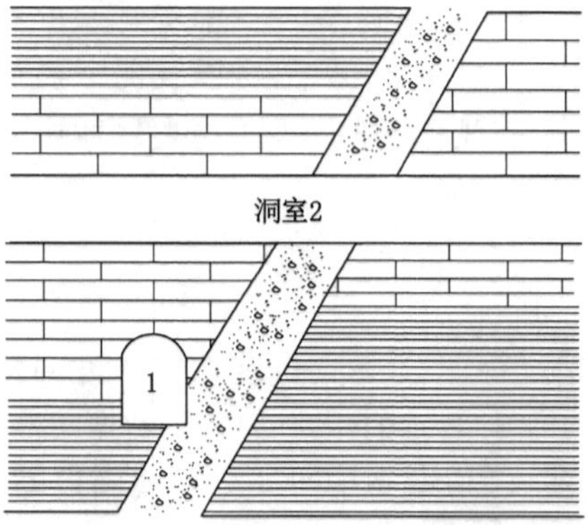

图 10-8　洞室轴线与断层轴线示意图

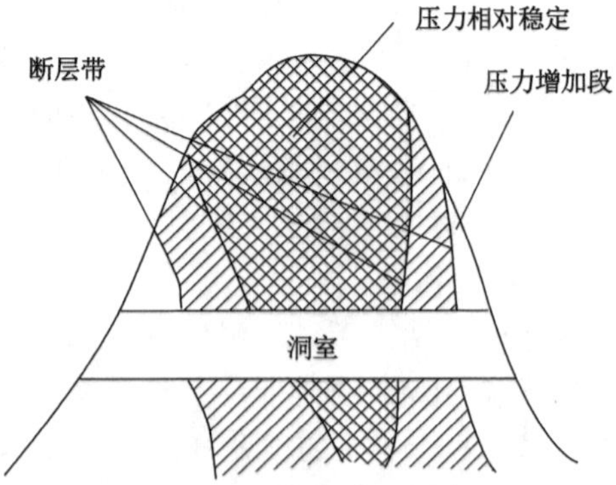

图 10-9　洞室被几组断裂切割示意图

在新生断裂或地震区域的断裂,因还处于活动时期,断裂变位还在持续且不稳定,不宜选作地下工程场地。若在这类地段修建地下工程,将会遇到巨大的岩层压力,且易发生岩体坍塌,压裂衬砌,造成结构物的破坏。

总之，在断裂破碎带地区，洞室轴线与断裂破碎带轴线所成的交角大小，对洞室稳定性及施工的难易程度影响很大。若洞室轴线与断裂带垂直或接近垂直，则所需穿越的不稳定地段较短，仅是断裂带及其影响范围岩体的宽度；若断裂带与洞室轴线平行或交角甚小，则洞室不稳定地段增长，并将发生不对称的侧向岩层压力。

(2) 褶曲构造

① 当洞室轴线平行于岩层走向时，根据岩层产状要素和厚度不同有如下 3 种情况：

a. 在水平岩层中(岩层倾角小于 10°)，若岩层薄，彼此之间联结性差，又属于不同性质的岩层，在开挖洞室时(特别是大跨度的洞室)，常常发生塌顶，这是因为此时洞顶岩层的作用如同过梁，很容易由于层间的拉应力达到极限强度而导致破坏。如果水平岩层具有各个方向的裂隙，则常常造成洞室大面积坍塌。因此，在选择洞室位置时，最好选在层间联结紧密、厚度大(即大于洞室高度两倍以上者)、不透水、裂隙不发育，又无断裂破碎带的水平岩体部位，这样对于修建洞室是有利的(图 10-10)。

b. 在倾斜岩层中，一般说来是不利的，这是因为此时岩层完全被洞室切割，若岩层间缺乏紧密联结，又有几组裂隙切割，则在洞室两侧边墙所受的侧压力不一致，容易造成洞室边墙的变形(图 10-11)。

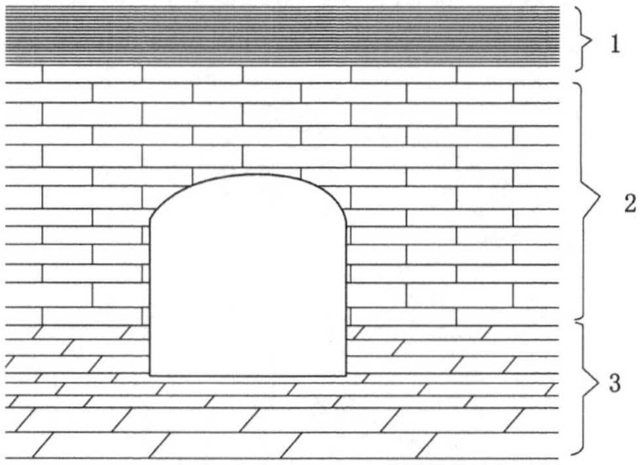

1—页岩；2—石灰岩；3—泥灰岩。

图 10-10　水平岩层中的洞室

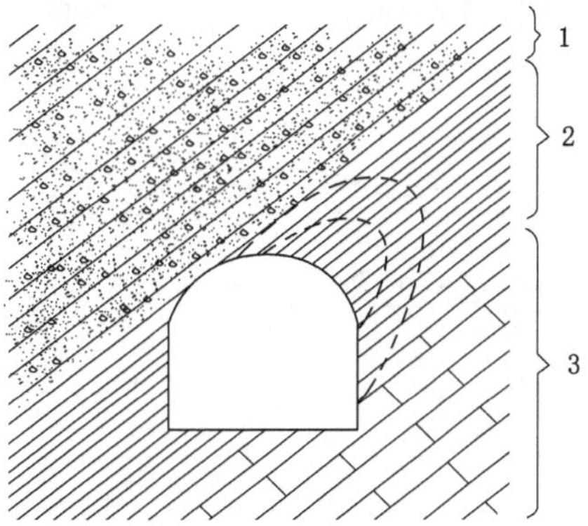

1—砾岩；2—页岩；3—石灰岩。

图 10-11　倾斜岩层中的洞室

c. 在近似直立的岩层中，会出现与上述倾斜岩层类似的动力地质作用。在这种情况下，最好限制洞室开挖长度，且应采取分段开挖方案。若整个洞室处在厚层、坚硬、致密、裂隙不发育的完整岩体内，其岩层厚度大于洞室跨度一倍或更大，情况则例外。特别要注意不能将洞室置于直立岩层厚度与洞室跨度相等或小于跨度的地层内(图 10-12)。一定要注意不能把洞室选在软硬岩层的分界线上(图 10-13)。这是因为地层岩性不一样，在地下水作用下更易促使洞顶岩层向下滑动，破坏洞室，并给施工造成困难。

② 当洞室轴线与岩层走向垂直正交时，为较好的洞室布置方案。这是因为在这种情况下，当开挖导洞时，由于导洞顶部岩石应力重分布的结果，断面形成一抛物线形的自然拱，因而岩层被开挖对岩体稳定性的削弱要小得多。其影响程度取决于岩层倾角大小和岩性的均一性。

a. 当岩层倾角较陡，各岩层可不需依靠相互的内聚力联结而能完全稳定。因此，若岩

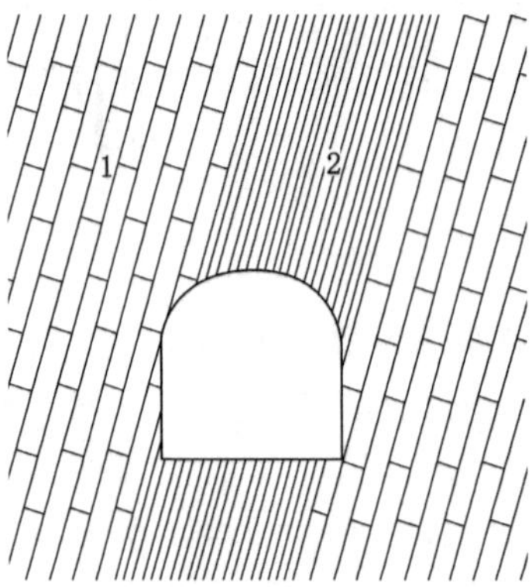

1—石灰岩；2—页岩。

图 10-12　陡立岩层中的洞室

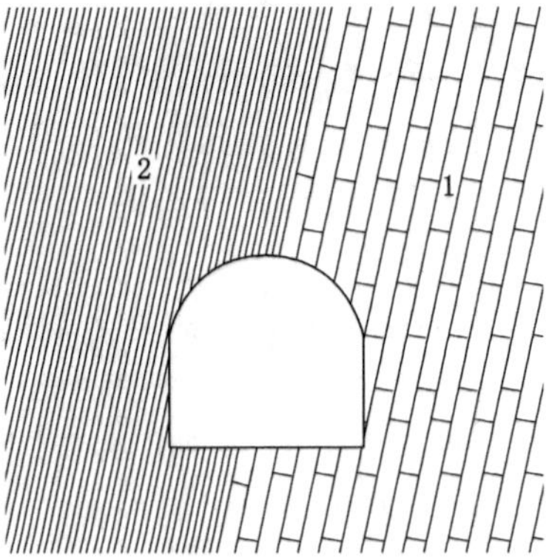

1—石灰岩；2—页岩。

图 10-13　陡立岩层岩性分界面处的洞室

性均一，结构致密，各岩层间联结紧密，节理裂隙不发育，在这些岩层中开挖地下工程最好（图 10-14）。

b. 当岩层倾角较平缓，洞室轴线与岩层倾斜的夹角较小，当岩性属于非均质的、垂直或斜交层面、节理裂隙又发育时，在洞顶就容易发生局部石块塌落现象，洞室顶部常出现阶梯形特征（图 10-15）。

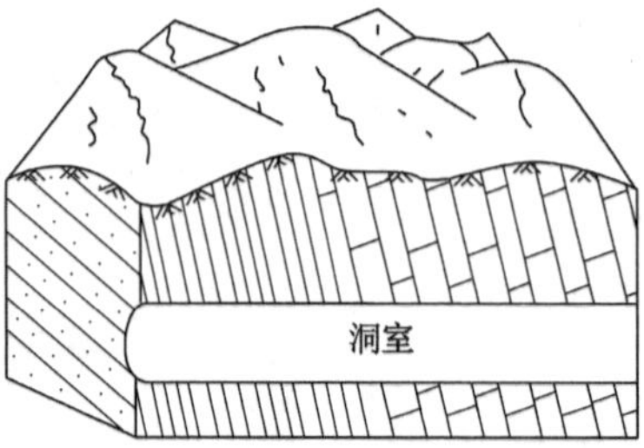

图 10-14　单斜（陡倾立）构造中的洞室

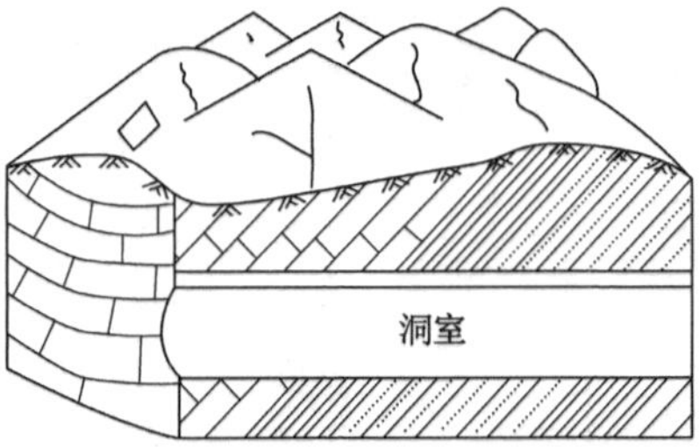

图 10-15　单斜（缓倾斜）构造中的洞室

③ 当洞室轴线与褶曲轴垂直时，背斜地层呈拱状，岩层被切割成上大下小的楔体，故洞室内塌落的危险性较小[图 10-16(b)]。向斜地层呈倒拱状，岩层被切割成上小下大的楔体，最易形成洞顶塌落，且常有大量的承压水。因此，应尽量避免横穿向斜褶曲[图 10-16(c)]。此外，当岩层倾斜面向着开挖面倾斜时[图 10-16(a)]比岩层背向开挖面倾斜好[图 10-16(d)]。

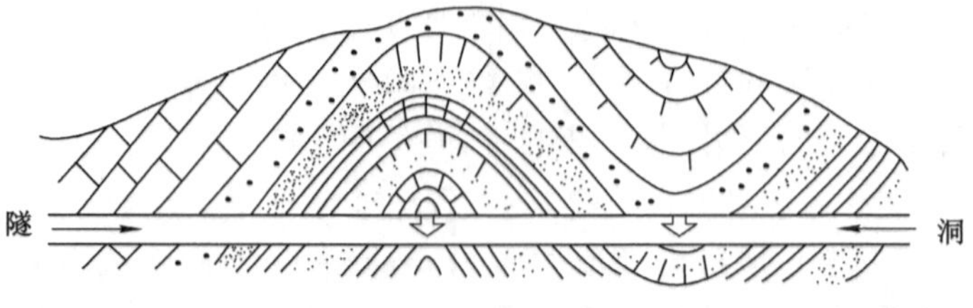

图 10-16　隧洞垂直穿过褶皱地层走向示意图

④ 当洞室轴线与褶曲轴线重合时，洞室置于背斜核部，从顶部压力来看，因为在背斜轴部岩层本身能形成自然拱，有利于围岩稳定，可以认为比通过向斜轴部优越；但另一方面，背斜轴部的岩层处于张力带，张裂隙发育，岩层破坏强烈，不利于围岩稳定（图 10-17 中 3 号洞室）。要避免洞室轴线从冲沟、山洼等地表水和地下水汇集的地段通过。

1、3—不利；2—较好。

图 10-17　褶曲构造与隧道位置选择

当洞室轴线沿向斜轴线开挖时（图 10-17 中 1 号洞室），由于向斜轴部岩体破碎，地下水富集，不利于围岩稳定，对工程的稳定性极为不利，洞室轴线应予避开。

若必须在褶曲岩层地段修建地下工程，可以将洞室轴线选在背斜或向斜的两翼（图 10-17 中 2 号洞室），此时，顶部及侧部均处于受剪切力状态，在发育剪切裂隙的同时，由于地下水的存在，将产生动水压力，因而倾斜岩层可能产生滑动而引起压力的局部加强。

3. 地应力方向选择

在高地应力地区，洞室轴线选择时不要垂直最大主应力，避免洞壁受最大主应力作用。洞壁应力差大不利于围岩稳定。另外，洞室长轴应与最大主应力方向平行，洞的长轴长度与短轴长度之比应该与最大主应力与最小主应力之比相匹配，这在地下工程设计中非常重要。当最大主应力不太大时，最好与之垂直，以改善周边应力状态。

在具体工程实际中，最大主应力和最小主应力的分布并不是垂直的或水平的，而是与水平面成一个角度，洞室结构设计时应考虑这种情况。

4. 水文地质条件选择

应尽可能绕避松散饱水岩层、含高压水的断层破碎带及岩溶地层。必须在岩溶地层中通过时，应避免在地下水水平循环带布置洞室。

10.6　地下工程的勘察要点

地下工程勘察的目的，是查明工作区的工程地质条件，选择优良的建筑场址、洞口及轴线方位，进行围岩分类和围岩稳定性评价，提出有关设计、施工参数及支护结构方案的建议，为地下工程设计、施工提供地质依据及设计参数。整个勘察工作应与设计工作相适应地分阶段进行。

10.6.1　可行性研究勘察及初步勘察

本阶段勘察的目的是选择优良的建设场址和最佳轴线方位。其勘察内容有：① 搜集已有地形、航卫片、区域地质、地震及岩土工程等方面的资料；② 调查各比较洞线地貌、地层岩性、地质构造及物理地质现象等条件，查明是否存在不良岩层、与洞轴线平行或交角很小的断裂和断层破碎等不良地质因素;③ 调查洞室进出口和傍山浅埋地段的滑坡、崩塌、泥石流、覆盖层等的分布,分析其所在山体的稳定性;④ 调查洞室沿线的水文地质条件,并注意是否存在岩溶洞穴、矿山采空区等;⑤ 进行洞室工程地质分段和初步围岩分类。

可行性研究勘察以工程地质测绘为主,辅以必要的物探、钻探与测试等工作。测绘比例尺一般为 1∶25 000～1∶5 000。对小比例尺测绘可在遥感资料解释的基础上进行。

初步勘察以物探为主,主要用于探测覆盖层厚度及古河道、岩溶洞穴、断层破碎带和地下水的分布等。钻探孔距一般为 200～500 m,主要布置在洞室进出口、地形低洼处及有工程地质问题存在的地段。钻探中应注意收集水文地质资料,并根据需要进行地下水动态观测和抽水、压水试验。试验则以室内岩土物理力学试验为主。

10.6.2 详细勘察

本阶段勘察是在已选定的洞址区进行的。其勘察研究内容有:① 查明地下工程沿线的工程地质条件。在地形复杂地段应注意过沟地段、傍山浅埋地段和进出口边坡的稳定性。在地质条件复杂地段,应查明松软、膨胀、易溶及岩溶化地层的分布,以及岩体中各种结构面的分布、性质及组合关系,并分析它们对围岩稳定性的影响。② 查明地下水的分布,评价地下水的影响,提出支护和地下水控制措施建议,并应提供设计所需的相关计算参数。③ 确定岩体物理力学参数,进行围岩分类,分析预测围岩及进出口边坡的稳定性,提出处理建议。④ 查明岩层产状,查明断层破碎带和节理裂隙集中带的位置、规模、性状,进行围岩分级,提供设计所需的岩土参数,提出围岩加固措施建议。⑤ 提出施工方案及支护结构设计参数的建议。

本阶段工程地质测绘、勘探及测试等工作同时展开。测绘主要补充校核可行性研究及初步勘察阶段的地质图件。在洞室进出口、傍山浅埋及过沟等条件复杂地段,可安排专门性工程地质测绘,比例尺一般为 1∶2 000～1∶1 000 或更大。钻探孔距一般为 100～200 m,城市地下工程孔距不宜大于 100 m,洞口及地质条件复杂的地段不宜少于 3 个孔。孔深应超过洞底设计标高 3～5 m,当遇破碎带、溶洞、暗河等不良地质体时,还应适当调整其孔距和孔深。在水文地质条件复杂地段,应有适当的水文地质孔以求取岩层水文地质参数。坑探、洞探主要布置在进出口及过沟等地段,同时结合孔探,以围岩分类为基础,分组采取岩样进行室内岩土物理力学试验及原位测试。对于埋深大的大型洞室,还需进行天然应力及地温测定,在条件允许时宜进行模拟试验。

10.6.3 施工勘察

本阶段勘察主要根据揭露的地质情况,验证已有地质资料和围岩分类,对围岩稳定性和涌水情况进行预测预报。当发现与地质报告资料有重大不符时,应提出修改设计的建议。

本阶段的工作主要是编制导洞展示图,比例尺一般为 1∶200～1∶50,同时进行涌水与围岩变形观测。必要时可进行超前勘探,对不良地质条件进行超前预报。超前勘探常用地质雷达、水平钻孔及声波探测等手段,超前勘探预报深度一般为 5～10 m。

10.7　本章小结

(1) 人工挖掘或天然存在于岩土体内，具有一定的空间特征，可作为各种用途的构筑物统称为地下工程，也称之为地下建筑或地下工程，具有隔热、恒温、密闭、防震、隐蔽、不占地面土地等许多优点。

(2) 围岩应力、围岩压力、围岩变形与破坏及围岩抗力是地下工程主要的工程地质问题。除此之外，在某些特殊地质条件下开挖地下工程时，还存在诸如坑道涌水、有害气体及地温等特殊的工程地质问题。

(3) 地下工程围岩的分类标准，可按定量与定性分析，也可按照所考虑因素的种类来划分，但总的来说，各个分类标准皆考虑了岩体完整性、地层条件、岩块强度、结构面发育情况及地下水等因素。

(4) 围岩稳定性评价一般采用定性评价与定量评价相结合的方法进行。定性评价指根据工程设计要求对洞址区的工程地质条件进行综合分析，并按一定的标准和原则对洞室围岩进行分类和分段，找出可能产生失稳的部位、破坏形式及其主要影响因素。定量评价指根据一定的判据对围岩进行稳定性定量计算。目前工程上常用稳定性系数 η 来反映围岩的稳定性。当 $\eta=1$ 时，围岩处于极限平衡状态；当 $\eta>1$ 时，围岩稳定；当 $\eta<1$ 时，则不稳定。实际评价时，为安全起见，应有一定的安全储备，因此常将 η 除以一个大于 1 的安全系数。

(5) 具备下列条件适合建洞：基本地震烈度一般小于 8°，历史上地震烈度及震级不高，无毁灭性地震；区域地质构造稳定，工程区无区域性断裂带通过，附近没有发震构造；第四纪以来没有明显的构造活动。洞口的工程地质条件，主要应考虑洞口处的地形及岩性、洞口底部的标高、洞口的方向等问题。洞室轴线的选择主要应从地层岩性、岩层产状、地质构造、地应力、水文地质条件等方面综合分析考虑确定。

(6) 地下工程勘察主要包括可行性研究勘察及初步勘察、详细勘察和施工勘察(当有必要时)。

思　考　题

1. 地下工程常见的工程地质问题有哪些？
2. 常见的围岩变形与破坏形式有哪些？
3. 岩爆发生的条件是什么？
4. 试分析围岩突水发生的条件。
5. 如何进行围岩稳定性评价？
6. 试分析围岩应力重分布的特征。
7. 简述洞口选址的工程地质论证。
8. 提高围岩稳定性的工程措施有哪些？
9. 试述地下工程的勘察要点。

11 道路工程地质勘察

道路工程主要包括公路工程、铁路工程，由路基、桥梁、隧道、涵洞以及附属工程等构筑物组成。路基是道路的主体构筑物(包括路堤和路堑)。隧道工程是使道路穿越高山峻岭或使线路从河、湖、海底以下通过而修筑的构筑物。桥梁是在道路跨越河流、山谷或不良地质作用发育地段而修建的构筑物，除特大桥梁需单独进行勘察外，一般桥梁工程地质勘察为道路工程勘察的一部分。隧道工程已在地下工程勘察中讲述，本章主要阐述道路(公路、铁路)路基和桥梁工程地质勘察。

11.1 路基工程地质勘察

11.1.1 概述

公路与铁路在结构上有许多相似之处：① 都是线型工程，往往要穿过许多地质条件复杂的地区和不同地貌单元，从而使道路的结构复杂化。② 在山区线路中，崩塌、滑坡、泥石流等不良地质作用都是其主要威胁，而地形条件又是制约线路的纵向坡度和曲率半径的重要因素。③ 都是由路基工程、桥涵工程、隧道工程、构筑物构成，在不同线路中上述各类构筑物所占的比例不同，这主要取决于线路所经地区工程地质条件的复杂程度。下面以公路路基工程地质勘察为例进行论述。

11.1.2 主要工程地质问题

11.1.2.1 路线选址工程地质论证

路线选址由多种因素决定，地质条件是其中的一个重要因素，也是控制性的因素。

路线方案有大方案与小方案之分，大方案指影响全局的路线方案，如是越甲岭还是越乙岭，是沿 A 河还是沿 B 河，一般属于选择路线基本走向的问题；小方案指局部性的路线方案，如是走垭口左边还是右边，是沿河右岸还是左岸，一般属于线位方案。工程地质因素不仅影响小方案的选择，有时也影响大方案的选择。

下面分山岭区与平原区两种情况进行阐述。

(1) 山岭区

① 沿河线

沿河路线的纵坡所受限制不大，有丰富的筑路材料和水源可供施工、养护使用，在路线标准、使用质量、工程造价等方面往往优于其他线型，因此它是山区选线优先考虑的方案。但在深切峡谷区，当两岸张裂隙发育，高陡的边坡处于极限平衡状态时，沿河线方案则应慎重考虑。

沿河线路布局的主要问题是:路线选择走河流的哪一岸?路线放在什么高度?在什么地点跨河?第三个问题将在桥梁部分详细讨论,这里只讨论前两个问题。

应结合河谷的地貌、地质条件分析比较并选择通过河岸的线路位置。为了避让不利地形和不良地质地段,还可考虑跨河换岸。

为使工程节省、施工方便与路基稳定,路线宜选择在有山麓缓坡、较低阶地可利用的一岸,尽可能避让大段的悬崖峭壁。

在积雪和严寒地区,路线宜尽可能选择在阳坡一岸,以减少积雪、翻浆、涎流冰等病害。

在顺向谷中,路线应选择在基岩边坡较稳定、不良地质作用较少的一岸。在单斜谷中,当为软弱岩层或有软弱夹层时,一般应选择在岩层反倾山体的一岸(图 11-1);当为坚硬岩层时,则应结合地貌考虑,选择较为有利的一岸。

在断裂谷中,两岸边坡岩层破碎、裂隙发育,对路基稳定很不利。当不能避免沿断裂谷布线时,应充分研究两岸出露岩层的岩性、产状和裂隙情况,选择相对有利的一岸。

在山地河谷中,常会遇到崩塌、滑坡、泥石流、雪崩等不良地质作用。如两岸皆有,则应通过详细调查分析选择有利一岸;如规模大、危害重且不易防治,则应考虑避让。跨河换岸避让时,还应考虑上述不良地质作用可能冲击对岸的范围(图 11-2)。

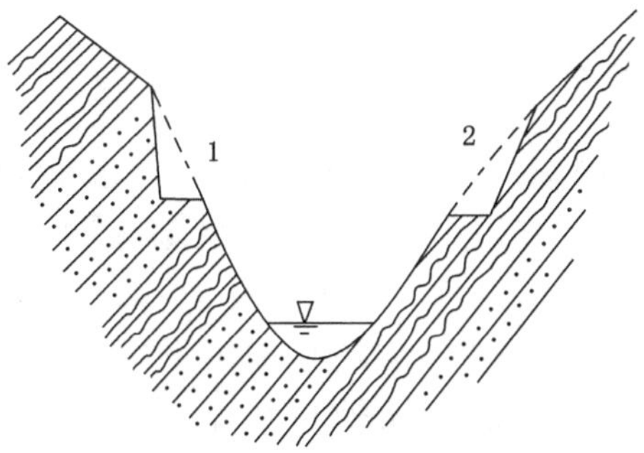

1—有利;2—不利。

图 11-1 单斜谷

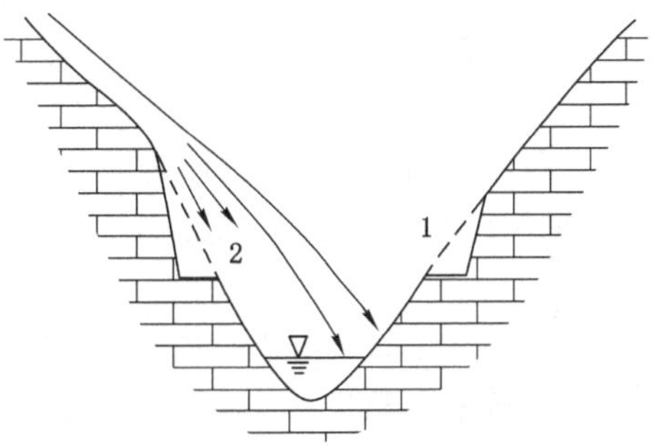

1—有利;2—不利。

图 11-2 山地河谷

位于强震区的沿河线,更应避让悬崖峭壁以及大型不良地质作用地段;避免沿断裂破碎带布线,将线路布设在地形地貌条件对抗震有利的河岸。

沿河线位高程应根据河岸的地形地貌条件以及河流的水文条件考虑。

沿河线按其高出设计洪水位的程度可分为高线和低线。高线路基一般位于边坡上,基本不受洪水威胁,但路线较曲折,回旋余地小;低线路基一侧临水,边坡常受洪水威胁,但路线标准较高,回旋余地大。

当有河流阶地可利用时,由于阶地本身受切割破坏程度较轻,可保证路线高出洪水位,通常可利用一级阶地定线。

当无河流阶地可利用时,为保证沿河低线高出洪水位以上,应该详细调查沿线洪水位作为控制设计的依据。同时应采取切实有效的防护措施,以确保路基的稳定和安全。

在强震区,当河流有可能被崩塌、滑坡、泥石流等堆积物暂时阻塞时,还应估计因阻塞而造成的淹没以及溃决时的影响范围，合理确定线位和标高。

② 越岭线

越岭线需要克服很大的高差，常有较多的展线。

越岭线布局的主要问题是：垭口选择、过岭标高选择、展线边坡选择。这三者是相互联系、相互影响的，应综合考虑。

越岭方案可分路堑与隧道两种，应结合山岭的地形地貌、工程地质条件和气候条件综合选线。

对不同的越岭方案有不同的考虑。对于路堑过岭方案，应选择标高最低的垭口和适宜展线的边坡；对于隧道过岭方案，应选择可以用较低标高和较短隧道通过的垭口。

可以考虑隧道方案的情况有：采用较短隧道可以大幅度缩短路线长度、改善路线标准时；在高寒山区采用隧道可以避免或大幅度减轻冰雪灾害时；地面崩塌、滑坡等不良地质作用较发育时。

关于隧道的工程地质问题，在地下工程部分已详细讨论，这里着重讨论路堑边坡的工程地质问题。

① 垭口选择

垭口是越岭线的控制点，在符合路线基本走向的前提下，要全面考虑垭口的标高、地形地貌条件和展线条件来选择。

通常应选择标高较低的垭口，特别是在积雪、结冰地区，更应注意选择低垭口以减少冰雪灾害。

对宽厚的垭口，只宜采用浅挖低填方案，过岭标高基本上就是垭口标高。对瘠薄的垭口，常常采用深挖方式以降低过岭标高、缩短展线长度，这时就要特别注意垭口的地质条件。

断层破碎带型垭口，对深挖特别不利。由单斜岩层构成的垭口，如由页岩、砂页岩互层、片岩、千枚岩等易风化、易滑动的岩层组成时，对深挖也常常是很不利的。

② 展线边坡

边坡线是越岭线的主要组成部分，选择垭口的同时，须调查两侧边坡展线条件。评价边坡的展线条件，主要看边坡的坡度、断面形式和地质构造、边坡的切割情况以及有无不良地质作用等。

坡度平缓而且切割较少的边坡有利于展线。陡峻的边坡、被深沟峡谷切割的边坡，对展线不利。

边坡地层岩性和地质构造对路基稳定性影响较大。如为倾斜岩层（倾角通常为 8°～25°），且路线方向与岩层走向大致平行时，则应注意岩层倾向与边坡的关系（图 11-3）。

实际工程中尚应结合岩层情况来综合考虑。如虽为倾斜岩层，但路线方向与岩层走向交角通常大于 40°时，也属于有利情况。接近水平的岩层，如软硬相间岩层受差异风化的作用，可形成阶梯状边坡，此种边坡是否稳定主要看坚硬岩层的厚薄及裂隙发育情况。在边坡上可能遇到各种不良地质作用，最常见的是滑坡和崩塌。在寒区还应考虑积雪、涎流冰等问题，这就要注意研究坡向和风向、泉水和地下水。在某些高山地区还可能有雪崩。在有雪崩的边坡上，一般应避免在同一坡上布设多条路线。

（2）平原区

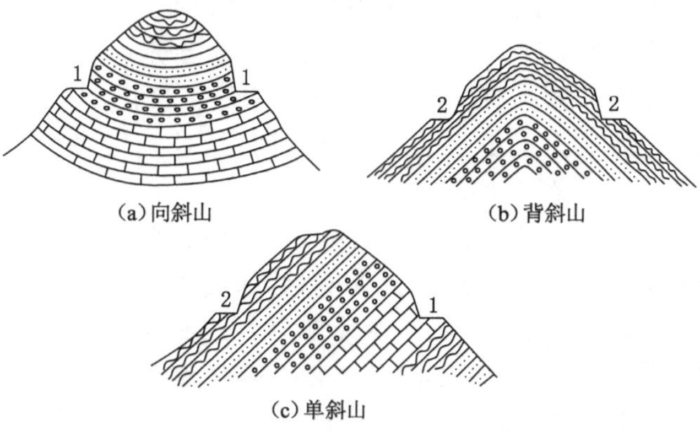

1—有利情况；2—不利情况。

图 11-3 地质构造的影响

在平原区，地面水文特征是首先应考虑的因素。为避免水淹、水浸，应选择在地势较高处布线，并注意保证必要的路基高度。在排水不畅的众河汇集的平原区、大河河口地区，尤应特别注意。

水文地质特征也是影响平原区线路选择的重要因素。在凹陷平原、沿海平原、河网湖等地区，地势低平，地下水位高，为保证路基稳定，应选择在地势较高、地下水位较深处布线。在寒区，为防治冻胀与翻浆，更应注意选择从地面水排泄条件较好、地下水位较深、工程地质条件较好的地带通过，并保证规范规定的路基最小高度。

在风沙流、风吹雪地区，要注意路线走向与风向的关系，确定适宜的路基高度，选择适宜的路基横断面，以避免或减轻道路的沙埋、雪阻灾害。

在大河河口、河网湖、沿海平原、凹陷平原等地区，常常会遇到淤泥、泥炭等软弱地基的问题。

在广阔的大平原内，砂、石等筑路材料往往较为缺乏。

另外，对于强震区还应特别注意以下几点：

① 路线应尽量避开地势低洼、地基软弱的地带，选择从地势较高、排水较好、地下水位较深、地基内无软弱层(粉细砂和软黏土)的地带通过，避免喷水冒砂，减轻路基开裂、下沉等震害。

② 不应沿河岸、水渠布线，不得已时，应远离河岸、水渠，以防强震时河岸滑移危害路基，并避免严重的喷水冒砂。

③ 对于铁路和重要公路，应尽量避免沿发震断层两侧危险地带布线；无法绕避时则应垂直发震断层走向通过。

11.1.2.2 路基主要工程地质问题

路基包括路堤、路堑和半路堤、半路堑式等。在平原地区修建路基比较简单，工程地质问题较少；但在丘陵区，尤其是在地形起伏较大的山区修建路基，往往需要通过高填或深挖才能满足线路最大纵向坡度的要求。因此，路基的主要工程地质问题是：路基边坡稳定性问题、路基基底稳定性问题、道路冻害问题以及天然建筑材料问题等。

(1) 路基边坡稳定性问题

路基边坡包括天然边坡、傍山线路的半填半挖路基边坡以及深路堑边坡等。

边坡具有一定的坡度和高度，在重力作用下，边坡岩土体均处于一定的应力状态，在降雨、河流冲刷、地震或人类工程活动的影响下，随着边坡高度的增长和坡度的加大，其中的应力状态不断增强。当剪应力大于岩土体的强度时，边坡即可发生不同形式的变形与破坏。其破坏形式主要表现为滑坡、崩塌和错落。

土质边坡的变形主要取决于土的矿物成分，特别是亲水性强的黏土矿物及其含量，在地下水作用下，黏土的膨胀使土体的强度显著降低，加速边坡的变形。土质边坡稳定性，除受坡体岩土工程性质、水文地质和自然因素影响外，与施工方法是否正确也有很大关系。如违反开挖顺序，或在坡体上存土加载，修建水池及其他建筑物，不合理地开挖便道以及爆破等都能引起滑坡的发生和发展。

岩质边坡的变形主要取决于岩体中各种软弱结构面的性状及其组合关系，它对边坡的变形起着控制作用。在边坡形成临空面的条件下，应分析边坡中各种软弱结构面、可能滑动面和切割岩体的作用，只有同时具备临空面、滑动面和切割面三个基本条件，岩质边坡的变形才有发生的可能。影响岩质边坡稳定性的主要因素是岩石性质、构造情况、岩体结构类型、水文地质条件、边坡要素及其规模以及施工条件等。此外，岩石的风化、大气降水的冲刷、地下水的渗流、温差的变化、干湿的交替、裂隙充填物的吸水膨胀等作用，坡体上的堆积加载，地震以及人类的工程活动等都能促使边坡变形的发生和发展。

路堑边坡改变了天然斜坡的稳定条件，加大了边坡的陡度和高度，使边坡的边界条件发生变化，破坏自然斜坡原有应力状态以及岩土体的原生结构，加大临空面，使岩土体暴露于地表后不仅受大气降水的冲刷和侵蚀，而且经受各种风化营力的作用，这可加速岩土体的风化进程，导致岩土体强度降低，促进边坡不稳定因素的发展。同时，开挖的临空面往往使各类软弱结构面（如层面、节理面、断层面、古滑坡面等）组合而成的结构体失去支撑，为边坡的失稳创造了条件。有时因开挖而切割含水层，地下水渗出产生动水压力，或因渗水冻结而产生冻胀力，进一步破坏了边坡岩土体的稳定性。

路堑边坡不仅可能产生工程滑坡，而且在一定条件下还能引起古滑坡复活。由于古滑坡发生时间较长，在各种外营力的长期作用下，其外表形迹早已被改造成平缓的边坡地形，若不注意观察，很难发现。当施工开挖使其滑动面临空时，这很易引起处于休止阶段的古滑坡重新活动，造成边坡不稳定。

在山区，即使线路在较平缓的斜坡地段通过，有时路基也必须采用深挖方案，且应重视该地段深挖路堑边坡的稳定性问题，这是因为有些平缓边坡的工程地质条件较复杂，岩性种类繁多，风化程度各异，基岩面起伏不平，其上又常为第四纪冲积、坡积、洪积、冰积等成因类型的土层所覆盖，土体多由碎石类土所组成，其中常含有不规则的黏土透镜体，土层饱水后呈软塑-流塑状态，在这种地方开挖路堑，往往出现边坡变形问题。

路堑边坡一经开挖，有的立即发生变形，威胁施工的安全；有的需要相当长时期才发生变形，使道路的正常运营受到影响。滑坡变形对路基的危害程度，主要决定于滑坡的性质、规模、滑体中含水情况以及滑动面的倾斜程度。

(2) 路基基底变形与稳定性问题

路基基底稳定性多发生于填方路堤地段，其主要表现形式为滑移、挤出和塌陷。一般路堤和高填方路堤对路基基底的要求是要有足够的承载力，它不仅承受道路在运营期间的动载荷，而且承受很大的填土压力。因此，地基土的变形性质和变形量主要决定于地基土的力学性质、基底面的倾斜程度、软层或软弱结构面的性质与产状等。此外，水文地质条件也是促进基底不稳定的因素，它往往使地基发生巨大的塑性变形而造成路基的破坏。如路基下方有软弱的泥质夹层，当其倾向与坡向一致时，在其下方开挖取土或在上方填土加重都会引起路堤整体滑移；当高填方路堤通过河漫滩或阶地时，若基底下方分布有饱水厚层淤泥，在高填方路堤的压力下，基底往往会发生挤出变形；也有的由于基底下方岩溶洞穴的塌陷而使路堤严重变形。

地基若由软黏土、淤泥、泥炭、粉砂、风化泥岩或软弱夹层所组成，应结合岩土体的地质特征和水文地质条件进行稳定性分析。当不稳定时，可选用下列措施进行处理：① 放缓路堤边坡，扩大基底面积，使基底压力小于岩土体的允许承载力；② 通过淤泥软土地区时在路堤两侧修筑反压护道；③ 把基底软弱土层部分换填或在其上加垫层；④ 采用砂井预压排除软土中的水分，提高其强度；⑤ 架桥通过或改线绕避等。

(3) 道路冻害问题

道路冻害包括路基土体因冻结作用而引起路面冻胀和因融化作用而使路基翻浆。结果都会使路基产生变形破坏，甚至形成显著的不均匀冻胀，使路基土强度发生极大改变，危害道路的安全和正常使用。

道路冻害具有季节性。冬季，在负气温长期作用下，路基土中水的冻结和水的迁移作用，使土体中水分重新分布，并平行于冻结界面而形成数层冻层，局部地段尚有冰透镜体或冰块，因而使土体体积增大而产生路基隆起现象；春季，地表冰层融化较早，而下层尚未解冻，融化层的水分难以下渗，致使上层土的含水率增大而软化，强度显著降低，在外荷作用下，路基出现翻浆现象。翻浆是道路严重冻害的一种特殊现象，它不仅与冻胀有密切关系，而且与运输量的发展有关。在冻胀量相同的条件下，交通频繁的地区，其翻浆现象更为严重。翻浆对铁路影响较小，但对公路的危害比较明显。

影响道路冻胀的主要因素是：负气温的高低、冻结期的长短、路基土层性质和含水情况、土体的成因类型及其层状结构、水文地质条件、地形特征和植被情况等。

根据水的补给情况，道路冻胀的类型可分为表面冻胀和深源冻胀两种，前者是在地下水埋深较大的地区，由于大气降水和地表水入渗并积聚于路基中而迅速冻结形成的，其主要原因是路基结构不合理或养护不周，致使道砟排水不良，其冻胀量较小，一般为 30～40 mm，最大达 60 mm，但也有不发生地表变形的。深源冻胀多发育在冻结深度大于地下水埋深或毛细管水带接近地表的地区。路堑基底为粉质黏土，冻结速度缓慢，地下水补给源丰富，水分迁移作用强，极易形成深源冻胀，其冻胀量较大，一般为 200～400 mm，最大达 600 mm，尤其是不均匀冻胀对于要求较高的铁路来说，危害极大，甚至有的隧道因冻胀而使列车不能通过。

防止道路冻害的措施主要有：① 铺设毛细水隔断层，以断绝补给水源；② 把粉粒、黏粒含量较高的冻胀性土换为粗分散的砂砾石抗冻胀性土；③ 采用纵横盲沟和竖井排除地表水，降低地下水位，减少路基土的含水状况；④ 提高路基标高；⑤ 修筑隔热层，防止冻结作用向路基深处发展。

(4) 建筑材料

路基工程需要天然建筑材料的种类较多，包括道砟、土料、片石、砂和碎石等。它不仅在数量上需求较大，而且要求各种建材产地应沿线两侧零散分布。但在山区修筑高路堤时却常遇土料缺乏的情况；在平原区和软岩山区，常常找不到强度符合要求的护坡片石和道砟等。因此，寻找符合要求的天然建材有时成为道路选线的关键性问题，常常被迫采用高桥代替高路堤的设计方案，甚至“移线就土”，提高线路的造价。

11.1.3 路基工程地质勘察

路基工程地质勘察的任务是运用工程地质学的理论和方法，调查道路通过地带的工程地质条件，分析道路通过区的工程地质问题，评价线路场地的稳定性，为道路的设计和施工提供依据和指导。

道路工程地质勘察，包括新建道路与改建道路的勘察工作，均应按照规定的设计程序分阶段进行。常用的设计阶段与步骤是：踏勘、初察与详察。不同测设阶段，对工程地质勘察工作有不同的要求，在广度、深度和重点等方面都有差别，可按有关规程、细则或手册进行区分。工程地质勘察一般不应超越阶段的要求，也不应将工作遗留到下一阶段去完成。

11.1.3.1 道路工程地质勘察的工作内容

（1）路线工程地质勘察：在踏勘、初察、详察各阶段，应查明各条路线方案的主要工程地质条件，选择地质条件相对良好的路线方案；在地形、地质条件复杂的地段，确定路线的合理布设以减少灾害。路线工程地质勘察并不要求查明全部工程地质条件，但对路线方案与路线布设起控制作用的地质问题，则应进行重点调查，得出正确结论。

（2）特殊地质、不良地质地区（地段）的工程勘察：特殊地质地段及不良地质作用，诸如盐渍土、多年冻土、岩溶、沼泽、风积沙、积雪、滑坡、崩塌、泥石流等，往往影响路线方案的选择、路线的布设与构造物的设计，在踏勘、初察、详察各阶段均应作为重点内容进行逐步深入的勘察，查明其类型、规模、性质、成因、发展趋势和危害程度，提出避让或处理措施。

（3）路基工程地质勘察：在初察、详察阶段，根据选定的路线方案和路线位置，对中线两侧一定范围路基进行详细的工程地质勘察，为路基设计和施工提供地质依据。

（4）桥梁工程地质勘察：大桥桥位影响路线方案的选择，大、中桥桥位多是路线布设的控制点，常有比较方案。因此，桥梁工程地质勘察一般应包括两项内容：一是对各比较方案进行调查，选择地质条件较好的桥位；二是对选定的桥位进行详细的工程地质勘察，为桥梁及其附属工程的设计和施工提供地质资料。前一项工作一般是在踏勘与初察时进行的，后一项则在初察与详察时分阶段陆续完成。

（5）隧道工程地质勘察：隧道多是路线布设的控制点，长隧道尤其影响路线方案的选择。隧道工程地质勘察同桥梁一样，通常包括两项内容：一是隧道方案与位置的选择；二是隧道洞口与洞身的勘察。前者，除多个隧道位置的比较方案外，有时还包括隧道与展线或明挖的比较；后者是对选定的方案进行详细的工程地质勘察，为隧道的设计和施工提供地质资料。前一项工作一般应在踏勘及初勘时完成，后一项则在初察与详察时分阶段陆续完成。

（6）筑路材料勘察：修建道路需要大量的筑路材料，其中绝大部分都是就地取材，特别像石料、砾石、砂、黏土等天然材料更是如此。这些材料质量和运输距离，直接影响工程的质量和造价，有时还会影响路线的布局。筑路材料勘察的任务是充分发掘、改造和利用沿线的一切就地材料。当就近材料不能满足要求时，则应由近及远扩大调查范围，以求得数量足够、品质适用、开采和运输方便的筑路材料产地。

11.1.3.2 路基工程地质勘察的主要方法

路基工程地质勘察方法主要有收集资料、调查与测绘、勘探、试验与监测等几方面。

（1）收集资料

收集和研究路线通过地区的既有资料，一般应包括以下内容：

① 区域地质资料。如地层岩性、地质构造、土质及筑路材料等。

② 地形地貌资料。如区域地貌类型及其主要特征、不同地貌单元与不同地貌部位的工程地质评价等。

③ 区域水文地质资料。如地下水的类型、分带及分布情况、埋藏深度、变化规律等。

④ 物理地质作用和现象。如各种特殊岩土的分布情况、发育程度与活动特点等。

⑤ 地震资料。如沿线及其附近地区的历史地震频次、地震烈度、地震破坏情况及其与地貌、岩性、地质构造的关系等。

⑥ 气象资料。如气温、降水、蒸发、湿度、积雪、冻结深度以及风速、风向等。

⑦ 其他有关资料。如水文地质、植被、土壤等。

⑧ 工程经验。区内已有道路的主要工程地质问题及其防治措施等。

上述资料，还应包括其他有参考价值的地质图、文献、调查报告等。当勘察地区面积较大以及地形、地质条件比较复杂时，应特别注意收集和利用既有的航空照片和卫星照片。

（2）调查与测绘

通过观察和访问，对路线通过地区的工程地质条件进行综合性的地面调查，将查明的地质现象和获得的资料填绘到有关的图表与记录本中，这种工作统称为调查测绘。一般情况下，道路工程地质调查测绘采用沿线调查的方法，而不进行测绘；但对地质条件复杂地区或重点工程地段，则应根据需要进行较大面积的工程地质测绘。

① 工程地质调查

工程地质调查主要采用野外观察和调查访问的方法，需要时可配合适量的勘探和试验工作。

野外观察：野外观察指利用自然迹象和露头进行由此及彼、由表及里的观察分析工作，以达到认识路线通过地带工程地质条件的目的。

野外观察工作的质量，一方面取决于观察点的数量和选择是否恰当，另一方面取决于调查人员的知识和经验。野外观察时应充分利用各种自然迹象和露头，运用多种方法互相配合进行观察分析。

调查访问：对沿线居民做调查访问，了解历史地震情况，沿线洪水位情况，风沙、雪害、滑坡、崩塌、泥石流等不良地质作用的发生情况、活动过程和分布规律等。

② 工程地质测绘

工程地质测绘的基本内容主要有以下几个方面。

地形地貌：地形地貌的类型、成因、特征与发展过程；地形地貌与岩性、构造等地质因素的关系；地形地貌与其他因素的关系；地形地貌对路线布设及路基工程的影响。

地层岩性：地层的层序、厚度、时代、成因及其分布情况；岩性、风化破碎程度及风化层厚度；地层类别、工程性质及其对工程的影响等。

地质构造：断裂和褶曲的位置、构造线走向、产状等形态特征和地质力学特征；岩层的产状和接触关系，软弱结构面的发育情况及其与路线的关系、对路基稳定性的影响等。

第四纪地质：第四纪沉积物的成因类型、土的工程分类及其在水平与垂直方向上的变化规律；土的物理、水理、化学、力学性质；对特殊土的研究和评价。

地表水及地下水：河溪的水位、流量、流速、冲刷、淤积、洪水位与淹没情况；地下水的类型、化学成分与分布情况，地下水的补给、径流与排泄条件，地下水的埋藏深度、水位变化规律与变化幅度；地表水及地下水对道路工程的影响。

特殊地质、不良地质：各种不良地质作用及特殊地质体的分布范围、形成条件、发育程度、分布规律及其对道路工程的影响。

（3）勘探

勘探是工程地质勘察的重要方法，是获取深部地质资料必不可少的手段。

在进行工程地质勘察时，应充分利用地面调查测绘资料，合理布置勘探点，以减少不必要的工作量；同时应充分利用地面调查测绘资料，分析勘探成果，以避免判断错误。

道路岩土工程勘探的方法有坑探、钻探、地球物理勘探等几类。前面已有讲述，此处不再赘述。

（4）试验

试验是工程地质勘察的重要环节，是对岩土工程性质进行定量评价的必不可少的方法，是解决某些复杂工程地质问题的主要途径。

试验可分为室内试验与原位测试两种。室内试验是对调查测绘、勘探等过程中所采取的样品进行试验，这种试验通常在实验室中进行，原位测试是在岩土的原处并在自然条件下进行。

（5）监测

物理地质现象与作用是在自然环境不断变化的情况下发生与发展的，其中某些具有周年的变化过程，如盐渍土、道路冻害等；某些具有多年的变化过程，如滑坡、泥石流等；而另一些则可能兼有这两种变化，如沙漠、多年冻土等。通过直接观察和勘探，只能了解某一个短时期的情况，要了解其变化规律，就需要做长期的观测工作；而掌握其变化规律，有时则是工程设计所必需的。因此，长期观测是工程地质勘察的重要方法，且在某些情况下是必需的。长期观测不仅可以为设计直接提供依据，而且可以为科学研究积累资料。

11.2 桥梁工程地质勘察

11.2.1 概述

当道路跨越河流、山谷或与其他交通线路交叉时，为了道路的畅通和安全，往往要修建桥梁。它是道路建筑工程中的重要组成部分。桥梁由正桥、引桥和导流等部分组成。正桥是主体，位于河流两岸桥台之间，桥墩均位于河流中。引桥是连接正桥与原线的建筑物，常位于河漫滩或阶地之上，它可以是高路堤或桥梁；导流建筑包括护岸、护坡、导流堤和丁坝等，是保障桥梁等各种构筑物稳定、不受河流冲刷破坏的附属工程。

桥梁按结构可分为梁桥、拱桥和钢架桥等，而跨越间歇性水流、无水的山涧或干谷等地段的桥梁，均称为旱桥。不同类型的桥梁，对地质条件有不同的要求。当梁桥为静定结构时，各桥孔是独立的，相互之间没有联系，对地质条件的适应范围较广；拱桥受力时，在拱脚处产生垂直和向外的水平力，因此，对拱脚处地基的地质条件要求较高，最好将拱脚建在坚硬而完整的基岩上。所以，地质条件是选择桥梁结构的主要依据。

11.2.2　桥梁工程地质问题

11.2.2.1　桥墩台主要工程地质问题

桥墩台主要工程地质问题包括桥墩台地基稳定性问题、桥台的偏心受压问题及桥墩台地基的冲刷问题等，分述于下。

(1) 桥墩台地基稳定性问题

桥墩台地基稳定性主要取决于墩台地基中岩土体的允许承载力，它是桥梁设计中重要的力学数据之一，它对选择桥梁的基础和确定桥梁的结构形式起决定性作用，极大影响造价，是一项关键性的资料。

虽然桥墩台的基底面积不大，但经常遇到地基强度不一，岩土体软弱或软硬不均等现象，严重影响桥基的稳定性。在溪谷沟床、河流阶地、古河道及古老洪积扇等处修建桥墩台时，往往会遇到强度很低的饱水淤泥和其他软土层，还会遇到较大的断层破碎带、近期活动的断裂、高低不平基岩面、风化深槽、软弱夹层、囊状风化带、软硬悬殊的界面或深埋的古滑坡等地段，均能使桥墩台地基产生过大沉降或不均匀下沉，甚至造成整体滑动，因此这些地段不可忽视。

当桥墩台地基为土基时，其允许承载力的计算方法和基本原理与大型房屋建筑和构筑物地基是相同的，但是超静定结构的大跨度桥梁，对不均匀沉降特别敏感，故其地基允许承载力必须取保守值；而岩质地基允许承载力主要决定于岩体的力学性质、结构特征以及水文地质条件，一般按现行规范规定，即可根据岩石强度、节理间距、节理发育程度等来确定地基的允许承载力。但对断层、软弱夹层及易溶岩等，则应通过室内试验及原位测试等慎重确定，对风化残积层应按碎石类土确定地基的允许承载力。

(2) 桥台的偏心受压问题

桥台除了承受垂直压力外，还承受岸坡的侧向主动土压力，在有滑坡的情况下还受到滑坡的水平推力，从而使桥台基底总是处在偏心载荷状态下。桥墩的偏心载荷，主要是机动车在桥梁上行驶突然中断而产生的，对桥墩台的稳定性影响很大，必须慎重考虑。

工程实践中常采用材料力学中的偏心受力公式计算矩形平面的桥基，尤其是桥台基底的总压力，如图 11-4(a)所示。

$$\begin{cases} \sigma_{\max} = \dfrac{\sum P}{P} + \dfrac{M}{W} \\ \sigma_{\min} = \dfrac{\sum P}{F} - \dfrac{M}{W} \end{cases} \tag{11-1}$$

只有基底岩土体的允许承载力$[R] > \sigma_{\max}$才能满足设计要求。

式(11-1)也可合写成式(11-2)：

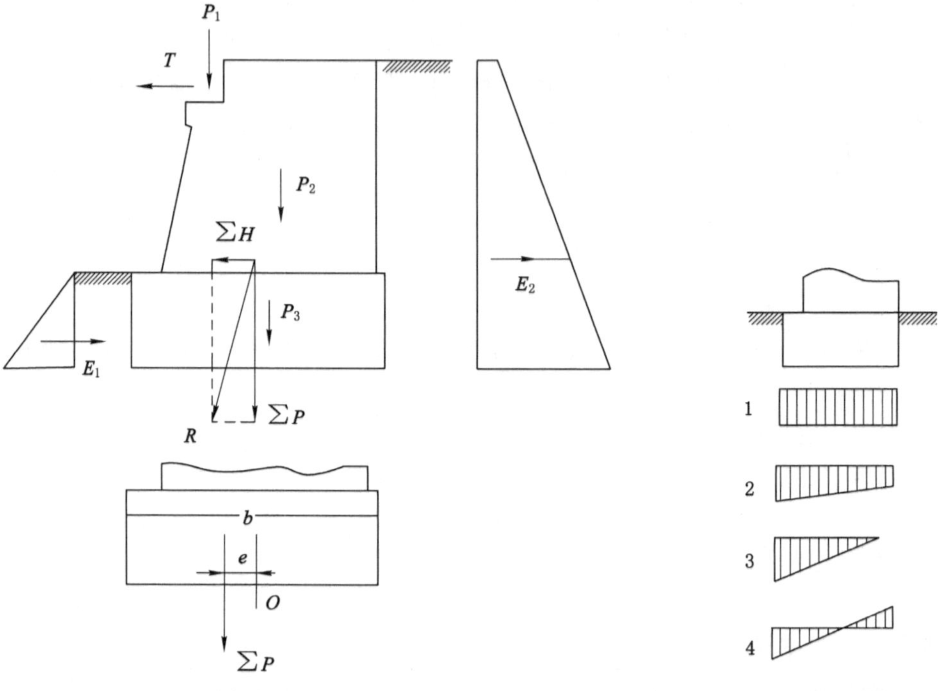

图 11-4　桥台基底压力图

$$\sigma_g = \frac{\sum P}{F}\left(1 \pm \frac{M}{W}\right) = \frac{\sum P}{F}\left[1 \pm \frac{F}{\sum P} \cdot \frac{6M}{ab^2}\right]$$

$$= \frac{\sum P}{F}\left[1 \pm \frac{1}{\sum P} \cdot \frac{6M}{b}\right] = \frac{\sum P}{F}\left(1 \pm \frac{6e}{b}\right) \tag{11-2}$$

式中，e 为偏心矩(m)，$e = \frac{M}{\sum P}$；$\sum P$ 为作用于基础形心 O 处的各垂直力之和(kN)；M 为偏心载荷对基础形心 o 的力矩(kN・m)；W 为抵抗矩(基础底面模量)(m^3)，$W = ab^2/6$；F 为基础底面的面积(m^2)，$F = ab$。

根据式(11-2)，由于偏心矩不同，地基受力图形可能出现下列四种情况，如图 11-4(b)。

① 当 $e=0$ 时，σ_g 的图形是矩形；

② 当 $0<e<\frac{b}{6}$时，$\sigma_{max}>\sigma_{min}>0$，$\sigma_g$ 的图形为梯形；

③ 当 $e=\frac{b}{6}$ 时，$\sigma_{max}=\frac{2\sum P}{F}$，$\sigma_{min}>0$，$\sigma_g$ 的图形为三角形；

④ 当 $e>\frac{b}{6}$时，$\sigma_{min}<0$，基底产生拉应力，σ_g 的图形是一对两向对顶三角形。

在设计过程中，桥台基底压力图形最好为“① ”状态，若为“② ”和“③ ”两种情况，说明基底应力分布不均，一般规定$\frac{\sigma_{max}}{\sigma_{min}}<3.0$。但绝不能出现“④ ”这种情况，如果在基础与基底

之间出现拉应力，则须进行倾覆稳定性验算。

(3) 桥墩台地基的冲刷问题

桥墩和桥台的修建，使原来的河槽过水断面减小，局部增大了河水流速，改变了流态，对桥基产生强烈冲刷，有时可把河床中的松散沉积物局部或全部冲走，使桥墩台基础直接受到流水冲刷，威胁桥墩台的安全，因此，桥墩台基础的埋深，除取决于持力层的埋深与性质外，还应满足下列要求：

① 在无冲刷处，除坚硬岩石地基外，应埋置在地面以下不小于 1 m 处。

② 在有冲刷处，应埋置在桥墩台附近最大冲刷线以下不小于表 11-1 规定的数值。

表 11-1 桥墩台基础在最大冲刷线以下的最小埋深

净冲刷深度/m			<3	≥3	≥8	≥15	≥20
在最大冲刷线以下的最小埋深/m	一般桥梁		2.0	2.5	3.0	3.5	4.0
	特大桥及其他重要桥梁	设计流量	3.0	3.5	4.0	4.5	5.0
		验算流量	按设计流量所列值再增 1/2				

注：1. 净冲刷深度是自计算冲刷的河床面算起的冲刷总深度。

2. 最大冲刷深度也可按 300 年一遇最高洪水位深度的 40%计算。

③ 若基础建于抗冲刷较差的岩石上(如页岩、泥岩、千枚岩和泥砾岩等)，则应适当加深。

11.2.2.2 桥址选择工程地质论证

桥址的选择应从经济、技术和使用角度出发，使桥址与线路互相协调配合，尤其在城市中选择铁路与公路两用大桥的桥址时，除考虑河谷水文、工程地质条件外，尚要考虑市区内的交通特点。线路要服从于桥址，而桥址的选择一般要考虑下列几个方面的问题。

① 桥址应选在河床较窄、河道顺直、河槽变迁不大、水流平稳、两岸地势较高而稳定、施工方便的地方。避免选在具有迁移性(强烈冲刷、淤积、经常改道)的河床、活动性大河湾、大沙洲或大支流汇合处。

② 选择覆盖层薄、河床基底为坚硬完整的岩体。若覆盖层太厚，应选在无漫滩相和牛轭湖相淤泥或泥炭的地段，避免选在尖灭层发育和有非均质土层的地区。

③ 选择在区域稳定性条件较好、地质构造简单、断裂不发育的地段，桥线方向应与主要构造线垂直或以大交角通过。桥墩和桥台尽量不置于断层破碎带和褶皱轴线上，特别在高地震基本烈度区，必须远离活动断裂带和主断裂带。

④ 尽可能避开滑坡、岩溶、可液化土层等发育的地段。

⑤ 在山区峡谷河流选择桥址时，力争采用单孔跨越。在较宽的深切河谷，应选择两岸较低的地方通过，要求两岸岩质坚硬完整，地形稍宽一些，适当降低桥台的高度，降低造价，减少施工的困难。

11.2.3 桥梁工程地质勘察要点

桥梁工程勘察的任务是为桥梁墩台设计提供地质资料，方法是在调查与测绘的基础上进行勘探工作。对于大、中桥，通常均采用以钻探为主，辅以物探的方法。这种综合的勘探方法，能够互相补充，可收到事半功倍的效果。勘察的结果应提出：① 桥位处的河床地质断面图；② 钻孔柱状图与钻探记录；③ 水土的化验与试验资料。

11.2.3.1 初步设计阶段工程地质勘察要点

初步设计阶段工程地质勘察任务是在几条桥线比较方案范围内，全面查明各桥线方案的一般工程地质条件，并着重对桥线方案起控制作用的重大复杂地段进行详细勘察，从技术可能性和经济合理性进行综合对比，为选择最优的桥线方案提供工程地质依据。

11.2.3.2 技术设计阶段工程地质勘察要点

技术设计阶段工程地质勘察任务是在最优方案基础上，进一步进行钻探、试验和原位测试工作，着重查明个别墩基特殊的工程地质条件和局部地段存在的严重工程地质问题。为桥线选择基础类型及最佳位置以及施工方法等提供必要的工程地质资料。

11.2.3.3 桥梁工程地质勘察应注意的问题

（1）钻孔布设

钻孔布设应在桥位工程地质调查与测绘的基础上进行，以避免盲目性。

钻孔数量取决于：① 设计阶段；② 桥位地质条件；③ 拟采用的基础类型。

在初步设计阶段，一般布设 3～5 个钻孔；在技术设计阶段，钻孔数应不少于墩台数。如采用沉井基础，或基础在倾斜、锯齿状的基岩面上时应增加辅助钻孔，复杂时每一墩台需要 4～5 个钻孔。钻孔一般布设在桥梁中心线上。为避免钻穿具有承压水的岩层而引起基础施工困难，也可布设在墩台以外。为了解沿河床方向基岩面的倾斜情况，在桥梁的上下游可加设辅助钻孔。

（2）钻孔深度

钻孔深度取决于河床地质条件、基础类型与基底埋深。

河床地质条件包括河床地层结构、基岩埋深、地基承载力、可能的冲刷深度等。基础类型要区分明挖、深井与桩基等。

如遇基岩，要求钻入基岩风化层 1～3 m。这一点在山区河流上尤应注意，以免把孤石错定为基岩。

钻孔的大概深度可参考表 11-2。

表 11-2　钻孔的大概深度

顺序号	地层名称	钻孔深度/m	
		大桥	中桥
1	岩层	应在风化岩石下不少于 3	
2	砂砾（由河底最大计算冲刷标高算起）	15	10
3	砂（由河底最大计算冲刷标高算起）	20	15
4	黏性土（由河底最大计算冲刷标高算起）	30	25
5	软黏土	低于荷重土层表面以下不少于 15	

（3）操作规程

为保证钻探工作的质量，钻进过程中要认真对待取样、鉴别、记录这些环节。每隔 1 m

深度应取样1次，每次变层要取样。为使样品尽可能保持原来状态，应注意选择钻头和钻进方法。记录要仔细，对所使用的钻具、进尺、所取样品以及钻进中的感觉等均应详细记录。在鉴别样品时，应与调查测绘结果对照，避免发生重大错误。

11.3 本章小结

(1) 道路工程包括公路工程、铁路工程、城市轨道交通工程等，主要构筑物包括路基、桥梁、隧道、涵洞以及防护工程等。路基是公路、铁路的主体构筑物。桥梁是在道路跨越河流、山谷或不良地质作用发育地段而修建的构筑物。

(2) 地质条件是路线选择的控制性因素。路线方案有大方案与小方案之分，大方案是指影响全局的路线方案，一般是属于选择路线基本走向的问题；小方案是指局部性的路线方案，一般是属于线位方案。工程地质因素不仅影响小方案的选择，有时也影响大方案的选择。

(3) 沿河线路布局的主要内容有：河流左右岸的选择、标高选择及跨河点位的选择。

(4) 越岭线布局的主要问题有：垭口选择、过岭标高选择、展线边坡选择。这三者是相互联系、相互影响的，应当综合考虑。

(5) 地表水文特征是平原区线路选址时最先应考虑的因素。在排水不畅的众河汇集的平原区、大河河口地区，尽可能选择在地势较高处布线，并注意保证必要的路基高度。地下水特征是应该仔细考虑的重要因素。在凹陷平原、沿海平原、河网湖等地区，地势低平，地下水位高，为保证路基稳定，应尽可能选择在地势较高、地下水位较深处布线。应注意地下水位变化的幅度和规律。

(6) 路基的主要工程地质问题有：路基基底稳定性问题、路基边坡稳定性问题、道路冻害问题以及天然建筑材料问题等。

(7) 桥墩台主要工程地质问题包括：桥墩台地基稳定性、桥台的偏心受压及桥墩台地基的冲刷问题等。

思考题

1. 道路工程主要工程地质问题是什么？
2. 道路工程现场勘察的目的和任务是什么？
3. 如何进行线路选择的工程地质论证？
4. 简述桥梁主要工程地质问题。
5. 论述道路工程地质勘察要点。
6. 论述桥梁工程地质勘察要点。
7. 桥台基底工程地质勘察应注意哪些问题？
8. 如何进行桥址选择的工程地质论证？

12 水利水电工程地质勘察

12.1 概　　述

在自然界中，水能资源是一种廉价的不污染环境的且具有再生性的能源，世界上许多国家都在开发利用它。我国地域辽阔，江河纵横，流域面积超出 1 000 km^2 的大江河有 1 500 多条，水力发电资源丰富，据中国水力发电工程学会发布的数据，2013 年水力资源理论蕴藏量 100 kW 及以上的水电站技术可开发装机容量达 600 GW，年发电量 2 710 TW·h，居世界第一位。早在春秋战国时期，我们的祖先就兴修了名扬于世的都江堰、郑国渠和灵渠等输水、灌溉工程；隋朝建成的大运河，连接海河、黄河、淮河和长江四大流域，至今仍是世界上最长的运河。据我国水利部 2021 年公布的数据，全国已建成各类水库 9.8 万多座，总库容 8 983 亿 m^3，是世界上拥有水库大坝最多的国家。中国是世界上拥有 200 m 以上高坝最多的国家，截至 2021 年，世界建成的 200 m 及以上高坝有 77 座，我国有 20 座，占 26%，在建的 200 m 及以上高坝 22 座，我国就有 15 座，占 68%。三峡、溪洛渡、白鹤滩、乌东德、向家坝、龙滩、糯扎渡、锦屏、小湾、拉西瓦、葛洲坝等一批骨干工程，已为工农业建设发挥了重要作用。

要充分开发、利用水能资源，就需要兴修水利水电工程（水工构筑物）。一般水工构筑物具有的作用包括：① 调洪排洪；② 农田灌溉；③ 水力发电；④ 水力交通；⑤ 水生养殖；⑥ 城市及工业给排水；等等。水工构筑物设计时要考虑综合利用，使其尽可能地发挥最大效益。水工构筑物的主要部分是由挡水、溢洪、输水、发电和航运等构筑物组成的复杂建筑群，统称为水利枢纽。挡水坝、泄洪闸是这些构筑物中的主体工程，其上游形成的人工湖泊称为水库。

水工构筑物不同于其他构筑物，有其自身的特点：

首先是水对构筑物的多种作用，这些作用中最主要的是水对构筑物的静压力和动压力，巨大的静水压力对水工构筑物的稳定性有特别重要的意义，它是确定构筑物各部尺寸的主要依据。另外，还有许多力，如动水压力、渗透水流所引起的扬压力等，使水工构筑物的工作条件变得极为复杂。

其次，水工构筑物的建成，使广大范围内（库区及相邻地段）的水文和水文地质条件发生变化。水文变化可能引起水库岸坡再造、水库渗漏、水库淤积和坝下游河床冲刷等作用。水文地质条件的变化主要是广大范围内的地下水回水，引起农田的沼泽化、盐渍化，并使矿坑涌水量增加等。水载荷、孔隙水压力的增大还会引起水库诱发地震等问题，危及构筑物安全。

最后，必须重视勘察、设计、施工全过程，否则后果极其严重。例如，1959 年失事的法国马尔帕塞坝高出河床 60 m，库容仅 5 100 万 m^3，属于中型坝。失事后库内洪水汹涌奔向下游，下游邻近水体瞬时上涨为深 7～15 m、宽 1 km 的巨流，以 70 km/h 的速度再向下游冲去，历时达 45 min，坝下游 10 km 处的弗雷茹斯城沦为废墟，马赛—尼瑟铁路被冲毁约 500 m，附近公路、供电和供水线路几乎全部遭到破坏。据不完全统计，这次事故中有 396 人丧生，约 2 000 住户受到不同程度的损害，估计经济损失达 5 000 万美元。类似事故在国外水工建筑史上并不少见。

水工构筑物是能够使广大范围内自然环境发生显著变化的构筑物，它所给予地壳的人为载荷是巨大的，因此，在这类构筑物的设计过程中，无论是从环境保护，还是从构筑物安全、正常使用和经济方面来考虑，都需要给以充分的地质论证。需要从地质方面论证的问题主要有坝址、水库、引水渠道、隧洞等位置的选择，水库蓄水后对区域稳定、区域水文地质条件的影响，各种构筑物的稳定性和正常工作条件以及它们的施工条件等。因为水工构筑物工程地质勘察所涉及的范围广，遇到的工程地质问题多，水坝、水库、引水渠道又各有其不同的问题，所以本章分别论述水坝、水库、引水渠道等各种水工构筑物的类型、对工程地质条件的要求、存在的主要工程地质问题，最后讨论各勘察阶段的工作要点。

12.2 坝址区工程地质研究

12.2.1 水坝类型及其对工程地质条件的要求

水坝起拦挡水流，抬高上游水位的作用，是水工构筑物中的主要建筑。水坝类型较多，不同类型的水坝其工作特点和对工程地质条件的要求不同。按筑坝的材料不同，主要可分为散体堆填坝和混凝土（或浆砌石）坝两大类。前者是适应较大变形的柔性结构，又可分为土坝、堆石坝、干砌石坝等；而后者则是变形敏感的相对刚性结构，按结构又可分为重力坝、拱坝和支墩坝等。

1. 土坝

土坝是利用当地土料堆筑而成的历史最悠久、应用最广泛的坝型。它有很多优点：① 可以就地取材、造价相对较低；② 结构简单、施工容易，既可以大规模机械化施工，又可以半机械化施工；③ 属柔性结构物，抗震性能好；④ 对地质条件要求低，几乎在所有条件下均可修建；⑤ 寿命较长，维修简单，后期加高、加宽均较容易。

土坝对工程地质条件的要求是：

（1）坝基要有一定强度。由于土坝允许产生较大的变形，故可以在土基（软基）上修建。但它是以自身的重力抵挡库水的推力而维持稳定的结构物，体积很大，载荷被分布在较大面积上，所以要求坝基材料具有一定承载能力和抗剪强度。选择坝址时，应避免以淤泥软土层，膨胀、崩解性较强的土层，湿陷性较强的黄土层以及易溶盐含量较高的岩层作为坝基。考虑高坝地基产生的沉降量较大，坝体应采取超高建筑的形式设计，使超高等于所计算的最终沉降量。

（2）坝基透水性要小。坝基若是深厚的砂卵石层或岩溶化强烈的碳酸盐岩类，则不仅会产生严重的渗漏，影响水库蓄水效益，而且可能会出现渗透稳定问题。在河谷地段地下水位较低、岩石透水性较强的碳酸盐岩地区建坝，常会出现“干库”。因此，在查明以上条件后要进行防渗设计。

(3) 附近应有数量足够、质量合乎要求的土料,包括一般的堆填料和防渗黏土料,它直接影响坝的经济条件和坝体质量。

(4) 要有修建溢洪道的合适地形地质条件。需要修建溢洪道是土坝的特点,在选坝时必须考虑有无修建溢洪道的有利地形地质条件,否则会增加工程布置的复杂性和造价。

2. 堆石坝(干砌石坝)

堆石坝的坝体由石料堆筑(干砌)而成,它是一种就地取材的古老坝型。现今由于机械化施工和定向爆破技术的不断发展,堆石坝已成为经济坝型的一种。

堆石坝对工程地质条件的要求与土坝的大致相同,但地基要求要高些。一般岩基均能满足此种坝的要求;而松软的淤泥土、易被冲刷的粉细砂、地下水位较低的强烈岩溶化地层,则不适于修建此种坝型。此外,采用刚性斜墙防渗结构的堆石坝,应修建在岩基上,修建堆石坝的另一重要条件是坝址区要有足够的石料,其质量的要求是有足够的强度和刚度以及有较高的抗风化和抗水能力。

3. 重力坝

重力坝是一种常见坝型,有混凝土重力坝和浆砌石重力坝两种。它结构简单,工作可靠,对地形适应性好,施工导流方便,易于机械化施工,施工速度快,使用年限长,养护费用低,安全性好,所以重力坝在近代发展很快,在各种坝型中所占的比例仅次于土坝。

重力坝的特点是质量大,依靠其自重与地基间产生的摩擦力来抵抗坝前库水等的水平推力,保持大坝稳定。同时,其自重在上游面产生的压应力,足以抵消库水等在坝体内和坝基接触面上产生的拉应力,从而不致发生拉张破坏。重力坝在满足抗滑稳定性及无拉应力两个主要条件的同时,坝体内的压应力通常是不高的。如一座高度达 70 m 的重力坝,其坝体最大压应力一般不超过 2 MPa,所以材料强度未能被充分利用,不经济。同时,由于基础面较宽,地基面上的压应力也是不高的。

浇筑混凝土坝体时,温度效应会使其产生裂缝。为了克服上述缺点和节省材料,近数十年来国内外创造发展了宽缝式、空腹式、空腹填砟式及预应力式等新型重力坝。

重力坝对工程地质条件的要求是:

(1) 坝基岩石的强度要高。要求坝基岩石坚硬完整,有较高的抗压强度,以支持坝体的质量。同时,应具有较大的抗剪强度,以利于抗滑稳定性。因此,一般要求将重力坝修建在坚硬的岩石地基上,软基是不适宜的。当坝基中有缓倾角的软弱夹层、泥化夹层和断层破碎带等软弱结构面时,这些对重力坝的抗滑极为不利,尤其是那些倾向与工程作用力方向一致的缓倾角结构面。坝基中若有河流覆盖层和强风化基岩,须清除或加固。

(2) 坝基岩石的渗透性要弱。坝基岩石中的缝隙,会产生渗漏及扬压力,对水库蓄水效益和坝基抗滑稳定性均不利。特别是强烈岩溶化地层及顺河流向的大断裂破碎带,在坝址勘察时应十分注意,对它们的处理常常是复杂和困难的。

(3) 就近应有足够的合乎质量要求的砂砾石和碎石等混凝土骨料,它往往是确定重力坝型的依据之一。

4. 拱坝

拱坝在平面上呈圆弧形,凸向上游,拱脚支撑于两岸。作用于坝体上的库水压力等,借助拱的推力作用传递给拱端两岸的山体,并依靠拱坝的支承力来维持稳定。

拱坝是一个整体的空间壳体结构。从水平切面上看,它由许多上下等厚或变厚的拱圈叠成，大部分载荷由拱的作用传递到两岸山体中。在铅直断面上，拱坝则由许多弯曲的悬臂梁组成，少部分载荷依靠梁的作用传递给坝基。由于拱是推力结构，只要充分利用它的作用，即可充分发挥材料强度。典型的薄拱坝，比起相同高度的重力坝可节省混凝土用量的 80%，如法国的托拉(Tolla)拱坝高 85 m，其最大厚度仅 2.4 m。因而，拱坝是一种经济合理的坝型。但它的施工技术要求很高。

拱坝具有较强的抗震性能和超载能力。位于阿尔卑斯山区的瓦依昂(Vajont)双曲拱坝，高 261.6 m，1963 年 10 月 9 日当水库左岸的高速巨大滑坡体进入库内时，激起 250 m 高的涌浪，高 150 m 的洪波溢过坝顶泄向下游，而坝体却安全无恙。

拱坝的上述结构特点，决定了它对工程地质条件的特殊要求：

(1) 坝址应为左右对称的峡谷地形。河谷宽度(L)与拱坝高度(H)的比值表示河谷的横剖面性状。根据工程经验，一般在 L/H 小于或等于 3～4 的宽河谷上或等于 1.0 的窄深河谷上，可以修建薄拱坝；在 L/H 小于 2.0 的较宽河谷上，可以修建拱坝。若地形不对称，就需要开挖或采取结构措施使之对称。

(2) 坝基及拱端应坐落在坚硬、完整、新鲜、均匀的基岩上，上下游岸坡和拱端岩体稳定，且无与推力方向一致的软弱结构面存在。

(3) 拱坝要求变形量小，特别应注意地基的不均匀沉降和潜蚀等现象。

5. 支墩坝

支墩坝由相隔一定距离的支墩和向上游倾斜的挡水盖板组成。库水压力等由挡水盖板经支墩传递给地基。为了增加支墩之间的一体性和侧向稳定性，支墩还常设有加劲梁。根据挡水盖板的不同形状，支墩坝可分为平板坝、大头坝和连拱坝。

支墩坝是一种轻型坝，它的特点是能比较充分地利用材料强度，能利用上游面的水重帮助坝体稳定，扬压力对它的作用很小，因此可节省大量材料。

支墩坝对工程地质条件要求较低，可修建在各种地基上，在地基较差的河段中修建支墩坝时，通常设有基础板，把载荷分布在地基上，以免除由不均匀沉陷而产生的扭应力。支墩坝可修建在较宽阔的河谷中，但要求两岸坡度不宜过陡，否则必须做一段重力墩来过渡。

由于支墩坝的坝轴方向整体性差和对坝肩岩体变形抵抗能力低，在强震区和坝肩存在蠕滑体时，不宜选用此种坝型。

12.2.2　坝址区主要工程地质问题

1. 坝基渗漏问题

坝基渗漏指水库蓄水以后由于坝上下游的水头差，库水在一定的压力下通过坝基岩土体的透水层向下游渗漏。其结果首先是影响水库的蓄水效益，渗漏量不大时，会延长库水蓄积时间；渗漏严重时，水库大部或全部丧失效益。其次是渗流产生的压力会对坝体的稳定带来不良影响，表现为扬压力和动水压力两个方面，前者会减小重力坝的有效应力而不利于抗滑稳定，后者对岩土的冲刷导致坝基渗透变形，也不利于坝体稳定。另外，渗漏还可能引起下游地区的浸没、沼泽化及边坡失稳等问题。

形成坝基渗漏必须满足两个条件：存在渗漏通道和渗漏通道的贯通性良好。渗漏通道透水性的强弱决定了渗漏量的大小，而渗漏通道连通性则决定渗透水流是否通得过。只有上游(库区)有入口、下游有出口，中间能连通，水流才能沿渗漏通道漏出。

渗漏通道一般指具有较强透水性能的岩土体，可归纳为三种类型：透水层、透水带和岩溶管道。

透水层主要为第四纪砂层、卵石层，胶结不良的砂层、砾岩层也有一定的透水性，但比较微弱。具有气孔构造的火山岩，如玄武岩、流纹岩等，因气孔被裂隙沟通也常有较强的透水性。

透水带主要是断层破碎带和裂隙密集带。在岩体中这是主要渗漏通道，当岩体破碎较为严重而充填物较少时，其透水性很强。但其宽度一般有限，与透水层不同，多呈带状分布，因而称为透水带。

岩溶管道是在可溶性岩石分布地区，当岩溶发育强烈的岩层通过坝区时，由溶洞、暗河及岩溶裂隙等互相连通而构成的管道，可能造成严重的坝基渗漏。这类渗漏通道的透水性极不均匀，在工程地质勘察中应作专门试验予以确定。

下面讨论渗漏通道的连通性。

对砂、砾石层等松软岩层来讲，连通性主要取决于地层结构特征，而这又与地貌发育情况密切有关。一般山区河流，上游河床覆盖层多由单一的粗粒物质组成，厚度不大，不透水夹层较少，所以透水层的连通性是良好的；中下游河床覆盖层细粒成分增多，厚度也随之增加，地层常呈多层结构型式。山前冲积扇边缘地区则以细粒为主，粗粒物质呈薄层并与细粒物质多层相间。这些多层结构沉积物的连通性就比较差，有些层尖灭，有的则是连通的，并与其他透水层形成综合体。中下游的多层结构沉积通常上部总的透水性较弱，下部透水性相对较强，表现为双层结构的特点。这就使下部强透水层因缺乏入口和出口而失掉连通性。这时的上部弱透水层等同于天然防渗铺盖，应当加以保护，取土筑坝时不应使之破坏。若已受河流冲刷且冲沟切割面部分受到破坏，则应在坝前一定范围内用铺盖办法将其修补完整。

在多层结构情况下还应注意相对隔水层的厚度、延伸情况及完整性。有的厚度较小，易被渗透水流击穿，不起隔水作用；有的延伸不远即行尖灭；有的在沉积时即部分被冲刷掉以致残缺不全。在这些情况下，其上下透水层互相联系，成为一个含水层。只有厚度较大、延伸较远、比较完整的隔水层才能起隔水作用。当其埋深不很大时，可用截水墙把其上面的透水层隔断，将其连通性破坏掉，以达防渗目的。

对基岩透水层、透水带来讲，其连通性受地质构造的控制。纵向河谷（岩层走向与河流流向平行）透水层的连通性良好，横向河谷透水层连通性较差，或者只有入口没有出口，或者只有出口没有入口，而且倾斜的隔水层常将其隔断，无论倾向上游还是倾向下游，倾角是大还是小，都不能兼顾入口、出口和通道。只有在向斜构造情况下（图 12-1），或透水层与透水带相组合时（图 12-2），透水岩层才能具有良好的连通性。在这些情况下，坝基不但存在渗漏问题，而且其抗滑稳定性也是很差的，一般不宜选作坝址。

在基岩坝基中应研究各种可能存在的渗漏通道及其连通性，如层面、不整合面、断层、透水岩层的各自特点及连通性，在有隔水层情况下它们之间的水力联系等。在坝址勘察中常用压水试验了解岩体的透水性，在详勘时可将单孔抽水试验与压水试验相配合，求取渗透系数。在某些大型水利枢纽中，有时采取群孔抽水试验以检查压水试验的成果，应用这些资料绘制出坝基渗透剖面图，找出可能的集中渗漏带。

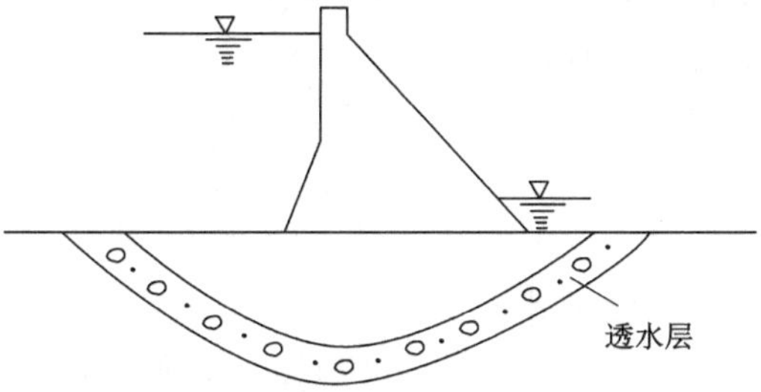

图 12-1 透水层在向斜情况下的连通性示意图

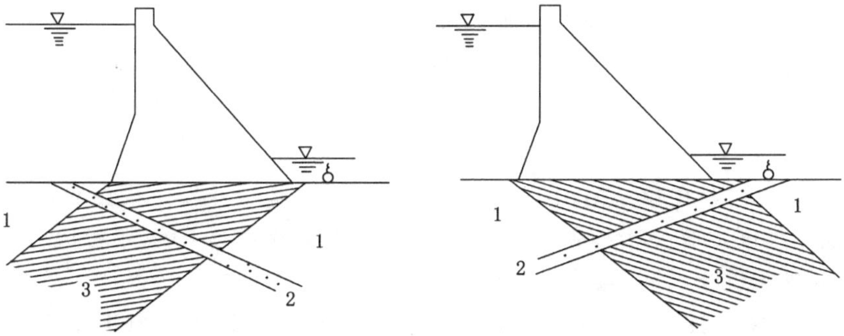

1—透水层;2—断层破碎带;3—隔水层。

图 12-2 坝基透水层与透水带组合连通示意图

2. 绕坝渗漏问题

在与坝接头的岸边地带,若岩土具有一定的透水性,就可能出现库水绕过坝肩岸边地带向坝下游渗漏的情况。筑坝后,由于库水位的抬高,与坝相接的岸边地带有两种水流的作用,其一是原来即向河谷流动的地下水流,其二是由坝上游水库绕过坝肩地带的渗透水流(图 12-3)。这两种水流相互作用的结果决定了绕坝渗漏带的宽度。水库的壅高越大则绕坝渗漏带的宽度越大;相反,由岸坡流入的地下水流量越大,则绕坝渗漏带的宽度越小。

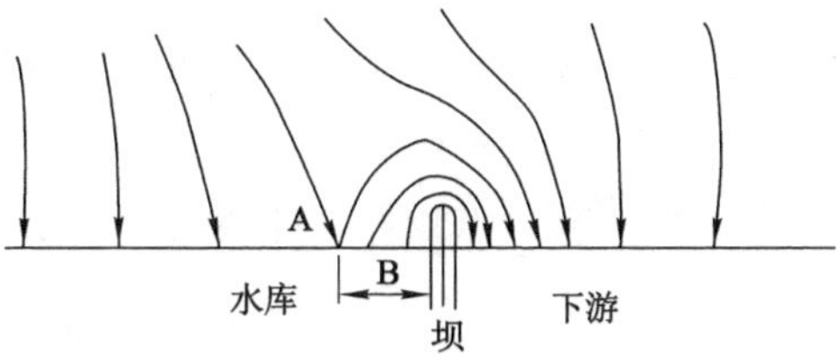

图 12-3 绕坝渗漏流线图

3. 坝基渗透稳定性问题

(1) 坝基渗透变形的形式

渗透变形是指土体在渗透水流作用下其颗粒发生移动或颗粒成分及土的结构发生改变的现象。渗透变形的形式主要有管涌和流土两种。

管涌是在渗流作用下,单个土颗粒发生独立移动的现象。管涌一般发生在不均匀系数较大的砂砾层中,它既可能发生在地下水逸出段,又可能发生于土体内部有粗粒骨架的孔隙中。当坝基土体的粗粒骨架孔隙中能被携带走的细颗粒含量较少时,并不影响坝体的稳定。而当坝基的细粒物质被渗流从粗粒孔隙中携带走后,形成管状孔洞,土体的结构和强度遭到破坏,并形成塌陷破坏时,即会危及坝体安全。这种管涌称为发展型管涌。

流土是一定体积的土颗粒在渗流作用下同时发生移动的现象,在粉细砂土和内聚力弱的亚砂土中最为常见。在坝下游坡脚渗透水流逸出处,当其动水压力超过土体自重时,即可产生流土。此外,随着条件变化,管涌也可转化为流土。

(2) 影响坝基渗透稳定性的宏观地质因素

坝基产生渗透变形的必要条件是地下水动力条件和土石的粒度成分条件,但在实践中获知,还受工程因素和宏观地质因素等的影响。宏观地质因素指的是坝基地层结构和地形地貌条件。

① 坝基地层结构:在单一结构型情况下,若为砂卵(砾)石层,一般会发生管涌型的渗透变形,而其强烈程度则取决于细颗粒的含量。若粗粒骨架孔隙中细颗粒成分较多,且能被渗流不断携走的情况下,往往会发生强烈管涌。

在多厚层和多薄层结构型情况下,是否会发生渗透变形,主要取决于表层黏性土的性质、厚度和完整程度。如果黏性土较厚而完整,且抗剪强度较大,即使下层砂砾石的水力梯度较大,也不易发生渗透变形。如果黏性土较薄或不完整,则在坝下游当土层的某些部位自重小于渗流的动水压力时,黏性土层即被顶鼓,产生裂缝,以至冲溃、浮动,发生流土而形成破坏区,下层的管涌或流土可相继发生。如果下层砂砾石层由坝上游向下游逐渐变厚,由于过水断面变大而削减了动水压力,则不利于渗透变形的发生;反之,如果砂砾石层向下游逐渐变薄,甚至尖灭,则动水压力逐渐增大,有利于渗透变形的发生。表层黏性土的自重压力(若固结压密程度较高,还应考虑其抗剪强度)与动水压力的大小关系,是决定渗透变形能否发生的控制因素。

② 地形地貌条件:沟谷切割会影响渗流的补给、渗径长度和出口条件。若坝上下游的沟谷将弱透水的表土层切穿,则有利于渗透的补给,渗径缩短而加大水力梯度,并使下游的渗流出口临空,这极有利于渗透变形的发生。

(3) 坝基渗透变形预测

渗透变形预测是坝基渗透稳定性评价的主要内容。坝下游坡脚处是渗透水流逸出段,渗流方向由下向上,该地段最容易发生渗透变形,只要该地段实际水力梯度超过了允许水力梯度后,就可能发生渗透变形,所以须重点预测坝下游渗透上升段范围内的渗透变形。

预测的步骤如下:

① 判定渗透变形的类型(型式);

② 确定坝基各点(主要是下游坝脚处)的实际水力梯度;

③ 确定临界水力梯度;

④ 确定允许水力梯度;

⑤ 划分出可能发生渗透变形的范围。

渗透变形的类型可按土的细粒含量判别：

$$当\ \rho_c \geq \frac{1}{4(1-n)} \times 100\%时，易发生流土$$

$$当\ \rho_c < \frac{1}{4(1-n)} \times 100\%时，易发生管涌$$

式中，ρ_c 为土的细粒颗粒含量，以质量百分比计，%；n 为土的孔隙率，%。

实际水力梯度的确定是在查明坝基地层结构和渗透系数的基础上进行的，方法较多，有理论计算法、绘制流网法、水电比拟法和观测法等。初步确定时可采用理论计算法，可根据渗流类型、地层结构和渗流方向等选用计算公式。绘制流网法比较简便，而且可靠性甚高，它可以确定坝基任一点的水力梯度，是常用的方法。

确定临界水力梯度的方法比较多，有计算法、图表法和试验法等。对于流土来说，根据土的类型及致密程度可选择不同的计算公式。而对于管涌，处于粗颗粒孔隙中的细颗粒单独运动，受力条件比较复杂，同时土的颗粒组成、排列方式等也复杂多样，目前还没有理想的计算公式，一般采用图表法和试验法确定临界水力梯度。

试验法是确定临界水力梯度最直接、最可靠的方法，有室内试验和现场试验两种。室内试验即取样之后在室内大型渗透仪或管涌仪中进行试验。对大型工程且坝基工程地质条件又比较复杂的情况，则应进行现场试验。

对坝基渗漏及渗透变形的防治，可采取以下措施：

① 对松散土体坝基：垂直截渗（黏土截水槽、灌浆帷幕、混凝土防渗墙）、水平铺盖、排水减压（排水沟、减压井）和反滤盖重等。

② 对裂隙岩体坝基：灌浆帷幕、排水孔、防渗井、斜墙铺盖等。

4. 坝基抗滑稳定性问题

(1) 坝基滑动破坏的类型

修建在岩基上的刚性坝，坝基可能的滑动破坏类型有三种，即表层滑动、岩体浅部滑动及岩体深部滑动。

表层滑动指坝体混凝土底面与基岩接触面之间发生的平面剪切破坏（图 12-4）。它主要受接触面剪力强度的控制。当坝基岩体坚硬完整、无控制滑移的软弱结构面存在，岩体强度远大于混凝土与基岩接触面的强度时，就可能发生此种型式的滑动破坏。接触面的摩擦系数，是控制坝体稳定性的主要指标。

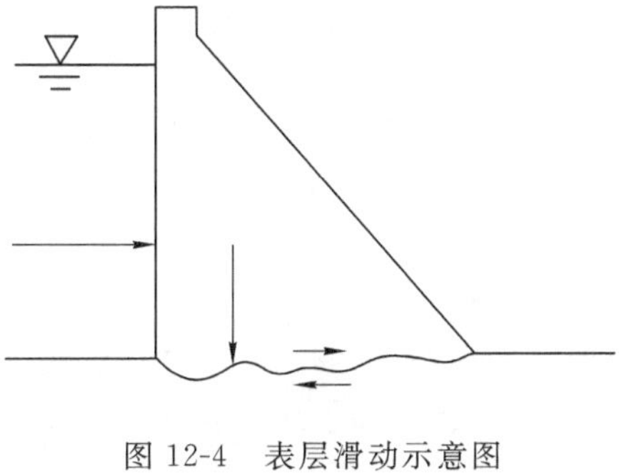

图 12-4　表层滑动示意图

当坝基浅部岩体的抗剪强度既低于混凝土与基岩接触面的强度，又低于深部岩体的强度时，便会发生岩体浅部滑动。它产生的条件是：坝基浅部岩体破碎，裂隙网络发育，抗剪强度低，不足以抵抗库水的推力。破坏面往往呈参差状[图 12-5(a)]。此外，另有一种条件是：坝基由水平产出的薄层状软弱岩层组成，在库水推力作用下浅部岩体发生滑移弯曲破坏[图 12-5(b)]。

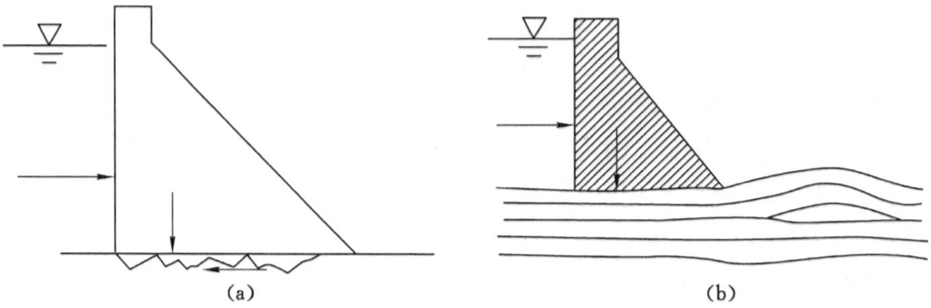

图 12-5 岩体浅部滑动示意图

当坝基岩体一定深度范围内存在软弱结构面，它们在工程力作用下组合成危险滑移体时，就可能发生岩体深部滑动(图 12-6)。此时岩体强度将主要由岩体中抗剪强度最低的软弱结构面控制，许多工程实例表明，该弱面一般是缓倾角的软弱结构面，称之为滑移控制面。这种滑移型式较多，边界条件也比较复杂，所以它通常是工程地质重点研究的对象。

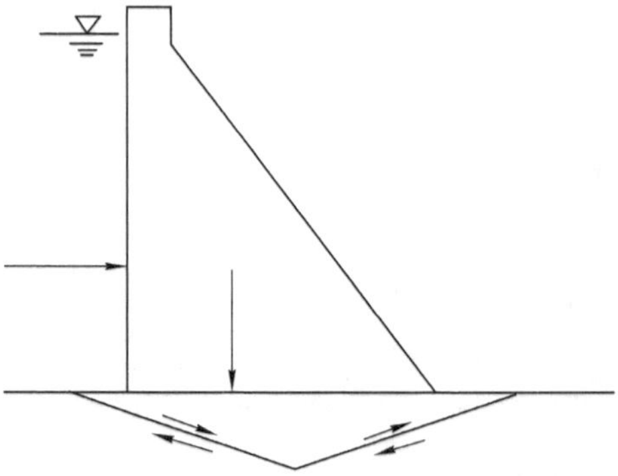

图 12-6 岩体深部滑动示意图

此外，当坝基岩体不均一，强度高低不等，或局部地段存在可造成深部滑动的软弱结构面时，地基滑动破坏将可能部分在坝基接触面上发生，部分在岩体软弱结构面上发生，称为混合滑动(图 12-7)。

(2) 影响坝基抗滑稳定性的因素

坝基抗滑稳定性决定于坝所受到的各种作用力与坝基抵抗滑动的力之间的平衡关系。所以对此问题进行分析时，应从所受之力与抵抗力两方面进行考虑。

坝所受到的作用力包括：

① 坝体自重与设备重力：坝体自重取决于坝高和结构型式；坝上设备主要为闸门、坝上

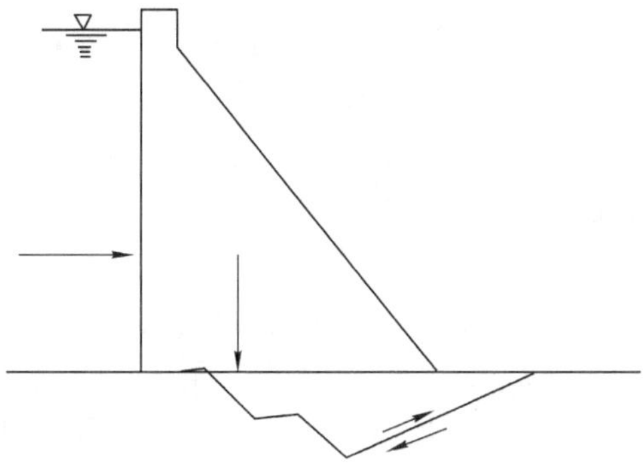

图 12-7　混合滑动示意图

的桥及移动式吊车等。

② 水压力：这是作用于坝面的主要载荷，包括静水压力（取决于库水深度）和动水压力（溢流时产生的水压力）。

③ 扬压力：这是影响坝基抗滑稳定性的重要因素之一，它是坝基下的地下水压力，由浮托力和渗透压力两部分组成。扬压力能够减小压应力的作用，从而降低潜在滑移面上的摩擦力，这对重力坝影响很大。起初人们对扬压力认识不足，在美国圣弗朗西斯坝和意大利泽尔毕诺坝因此而失事后，经过教训总结和原型观测，才逐渐摸清扬压力的某些规律。

为了有效地减小坝基扬压力，许多大坝建设者还在坝基设置 2～3 排纵、横排水廊道，但在设计中常不计算它们的排水减压作用，仅作为安全储备。

④ 淤沙压力：在多泥沙的河流中筑坝，坝前淤积较快，须考虑淤沙压力。

⑤ 地震载荷：主要指地震时由构筑物自重引起的地震惯性力，在抗震计算时一般只考虑水平方向地震力。

⑥ 风浪压力。

以上是坝所受到的作用力。至于坝基岩体抗滑力则应考虑以下各因素：

① 滑移面的阻滑作用。滑移面的内摩擦力和内聚力的大小是决定岩体抗滑力的主要因素。滑移面的试验抗剪强度不是决定抗滑力的唯一因素，即以滑移面本身而论还应考虑其他因素。例如，滑移面的物质组成是以碎屑为主还是以泥质为主；水库长期蓄水后，滑移面组成物质的可能变化，滑移面的起伏程度；有无层间褶皱、岩相变化、夹层尖灭，或为其他断层所错断；等等。只有根据这些有利和不利因素选择比较切合实际的抗剪数据，才能正确估计滑移面的阻滑作用。

② 侧向切割面的阻滑作用。通常，坝基抗滑稳定性的计算均按平面问题考虑，侧向切割面的抗滑作用均被忽略，只作为安全储备。实际上，除了顺河断层发育、坝基浅层滑移及宽河谷的中低坝等情况，侧向阻滑作用不甚明显之外，一般情况下侧向阻滑力还是不小的，特别是断裂与河流流向交角较大，在狭窄的河谷修建高中坝时，侧向阻滑作用是不能不考虑的。一些现场抗剪试验也证明有侧向岩体阻滑作用的抗剪总强度要比没有侧向阻滑作用的大得多。因此，根据工程地质条件，在有些情况下应当考虑侧向阻滑作用。如在岩层软硬相间的横谷区断层只在脆性岩层中破碎明显，而塑性岩层则不甚明显，以致断层分布

不均，贯穿性不强，还是具有较大的阻滑作用的。

③ 坝下游抗力体的阻滑作用。坝下游能够起支撑作用、可抵抗坝基滑移的岩体，称为抗力体。当可能滑移面倾向下游而无陡立临空面或滑移面呈近水平状时，坝下游岩体就能起到抵抗坝基岩体滑动的作用，成为抗力体。滑移面倾向上游，或下游有陡立临空面时，则坝下游岩体即失掉支撑力，而不具备抗力体结构。

5. 坝肩抗滑稳定性问题

不同的坝型对坝肩稳定性要求不同。土石坝和重力坝只要求将坝肩嵌入岩体内一定深度，以满足防渗要求和一定的联结能力，不要求核算坝肩的抗滑稳定性。拱坝的工作条件与土石坝、重力坝有本质的区别，在库水推力作用下，坝体内将产生复杂的空间应力分布，而且主要以轴向压力的方式将载荷传递到河谷两岸的岩体上，拱端对坝肩岩体将产生法向推力 P_H、切向剪力 P_V 和力矩 M(图 12-8)。当拱端岩体具有足够的强度和刚度时，则会给拱圈以相应的反力来保持坝体稳定。若拱端岩体软弱破碎，尤其当存在与拱端推力方向一致的软弱结构面时，这将对拱坝的稳定性形成威胁。因此，拱坝须进行坝肩岩体抗滑稳定性分析。

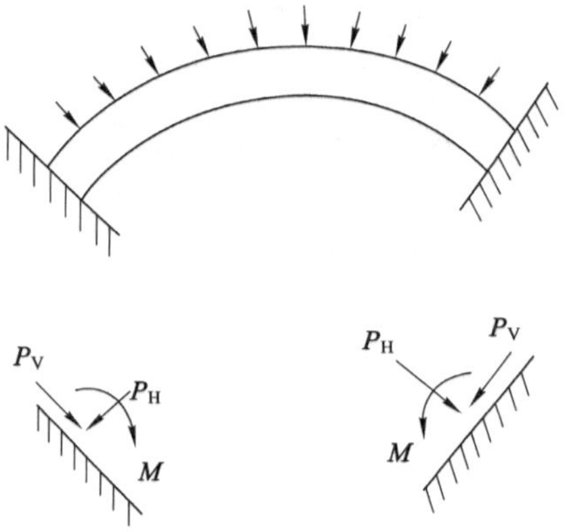

图 12-8　拱端受力状况

12.2.3　坝址选择的工程地质论证

选择坝址是水利水电建设中一项具有战略意义的工作。它直接关系到水工构筑物的安全、经济和正常使用。工程地质条件在选坝中占有极其重要的地位，选择一个地质条件优良的坝址，并据此合理配置水利枢纽中的各个构筑物，从而充分利用有利的地质因素、避开或改造不利的地质因素。

坝址的概念应该包涵整个水利枢纽中各种建筑场地。所以在坝址选择时除了考虑主体构筑物拦水坝的地质条件外，还应研究包括溢洪、引水、电厂、航闸等构筑物的地质条件，为规划、设计和施工提供可靠依据。

坝址选择，一般可按照“面中求点，逐级比较”的方法进行。即首先了解整个流域的工程地质条件，选择出若干个可能建坝的河段，经过地质和经济技术条件的比较，制定出梯级开发方案，并确定首期开发的河段或坝段。进一步研究首期开发段的工程地质条件，提出几个供比选的坝址，经过工程地质勘察和概略设计之后，对各比选坝址的地质条件、可能出现的工程地质问题、各构筑物配置的合理性、工程量、造价和施工条件等进行论证，进而选定一个坝址。坝址比选是一项十分重要的工作，它决定了以后的勘察、设计、施工的总方针，因而需要地质人员、水工设计人员及施工人员相互配合，经详细研讨后决定。然后，在选定的坝址区再提出几条供比选的坝轴线，进行详细的勘察和各种试验，为设计提供各种必要的地质资料和参数，并主要由地质条件确定施工的坝线。

我国长江三峡水利枢纽的选坝工作是严格按上述原则和步骤进行的。对于该枢纽，在中华人民共和国成立初期提出了南津关和美人沱两个供比选的坝段，经过多年勘察，认识到南津关坝段虽河谷狭窄，但碳酸盐岩的岩溶发育，处理措施复杂，美人沱坝段虽工程量较大，结晶岩风化壳也较厚，但处理上较有把握。在1959年的第一次选坝会议上经过充分研讨后，选定了美人沱坝段。之后，在该坝段提出了太平溪、三斗坪和黄陵庙三个可能坝址，通过二十年详细的工程地质勘察，经全面比较各坝址的各项条件后，认为施工条件优越的三斗坪坝址较为理想，于是在1979年的第二次选坝会议上选定了该坝址。

自然界中，地质条件完美的坝址很少，尤其是大型的水利枢纽，对地质条件的要求很高，更不能完全满足构筑物的要求。所谓"最优方案"是比较而言的，最优坝址在地质上也会存在缺陷。所以在坝址选择时，也应当考虑不同方案为改善不良地质条件提出处理措施。因此，地质条件较差，预计处理困难，投资成本高昂的方案，应首先被否定。

坝址选择时，工程地质论证的主要内容包括区域稳定性、地形地貌、岩土性质、地质构造、水文地质条件和物理地质作用以及天然建筑材料等。此外，还要预计到可能产生的工程地质问题以及处理这些问题的难易程度、工作量大小等，下面分别论述。

1. 区域稳定性

区域稳定性问题的研究在水利水电建设中具有特别重要的意义。围绕坝址或要开发的河段，对区域地壳稳定性和区域场地稳定性进行深入研究是一项战略任务。特别是地震的影响直接关系着坝址和坝型的选择，一般情况下，地震烈度由地震部门提供，但对重大的水利枢纽工程要进行地震危险性分析和地震安全性评价。因此，对于大型水电工程，在可行性研究阶段，应组织专门力量做区域稳定性评价。

2. 地形地貌

地形地貌条件是确定坝型的主要依据之一，同时，它对工程布置和施工条件有制约作用。

狭窄、完整的基岩"V"形谷适合修建拱坝，宽高比大于2的"U"形基岩河谷区宜修建混凝土重力坝或砌石坝。宽敞河谷地区的岩石风化较深或有较厚的松散沉积层，一般适合修建土坝。

不同地貌单元，其岩性、结构有其自身的特点，如河谷开阔地段，其阶地发育，二元结构和多元结构往往存在渗漏和渗透变形问题。古河道往往控制着渗漏途径和渗漏量等。

因此，在坝址比选时要充分考虑地形地貌条件。

3. 岩土性质

岩土性质对构筑物的稳定性十分重要，对坝址的比选具有决定性意义。修建高坝，特别是混凝土坝，应选择坚硬、完整、新鲜均匀、透水性差而抗水性强的岩石作为坝址。在我国已建的高坝中，有半数建于强度较高的岩浆岩地基上，其余的绝大多数又建于片麻岩、石英岩和砂岩上，而建于可溶性碳酸盐岩以及强度低且易变形的页岩、千枚岩上的极少。

在世界坝工建设史上，由于坝基强度不够而改变设计、增加投资甚至发生严重事故者不乏其例。例如，美国圣弗朗西斯坝是一座高 62.6 m 的混凝土重力坝，坝址岩石为云母片岩和红色砾岩，两者在右岸斜坡上呈断层式接触。砾岩为泥质胶结，并穿插有石膏细脉，强度低且易饱水软化崩解。水库于 1926 年初开始蓄水，至 1928 年初突然垮坝，右翼首先被水冲溃；继之左翼也塌垮，仅残留河床中部 23 m 长的一个坝段(图 12-9)。后经查明，垮坝的原因是：右岸红色砾岩中石膏脉的溶解和岩石软化崩解以及左岸云母片岩顺片理滑动。我国黄河干流上的八盘峡水利枢纽，其坝基岩石系白垩纪红色砂页岩，岩性软弱，由于勘察和选坝工作粗糙，未查清坝基地质条件就施工，第一期坝基开挖后才发现两条顺河大断层切割坝基岩体，在进一步勘察过程中又查明坝基内顺层的缓倾角软弱泥化夹层分布广，抗剪强度低，对坝基抗滑稳定性影响极大。此外，断层带及软弱泥化夹层有渗透变形的可能。经计算，原设计断面已不能满足稳定性的需要。为改善地基条件被迫炸毁三段导墙，将坝线上移 103 m，开挖量和混凝土浇筑量加大，工期延长。

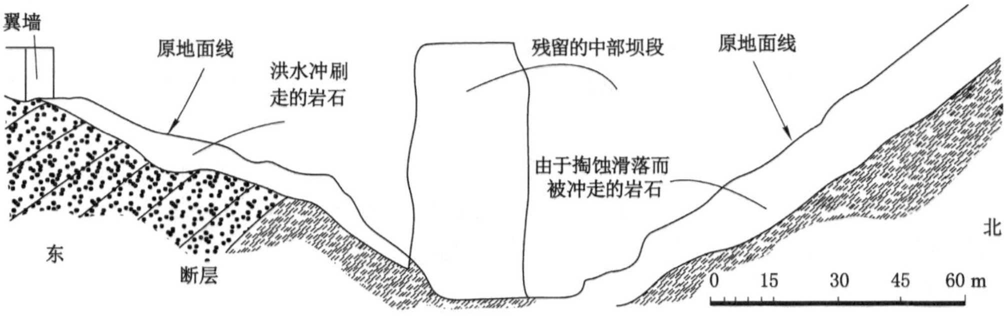

图 12-9　因坝基岩石选择不良而致垮坝的美国圣弗朗西斯坝

现将不同成因类型岩土的建坝适宜性及主要问题做简要概述。

侵入的块状结晶岩体，一般致密坚硬、均一完整、强度大、抗水性强、渗透性弱，是修建高混凝土坝最理想的地基，其中以花岗岩类为最佳。这类岩石与围岩以及不同期侵入岩的边缘接触面，平缓的原生节理，风化壳和风化夹层，选坝时应避开这些不利因素。

喷出岩类强度较高、抗水性强，也是较理想的坝基。我国东南沿海、华北和东北有不少大坝坐落在这类岩石上。喷出岩的喷发间断面往往是弱面，存在风化夹层、夹泥层及松散的砂砾石层，还有凝灰岩的泥化和软化等，这些弱面对坝基抗滑稳定性的影响不可忽视。此外，玄武岩中的柱状节理，透水性很强，在选坝时也应注意研究。桑干河干流上的山西省册田水库大坝坝基为新生代的玄武岩，柱状节理极其发育，坝基及绕坝渗漏严重，影响水库效益。

深变质的片麻岩、变粒岩、混合岩、石英岩等，强度高、抗水性强、渗透性差，也是较理想的坝基。但是在这类岩体中选择坝址，必须注意片理面及软弱夹层，选坝时应避开软弱矿物富集的片岩(如云母片岩、石墨片岩、绿泥石片岩、滑石片岩等)。在浅变质岩如板岩、千枚岩分布区，应特别注意岩石的软化和泥化问题。

沉积岩中，以厚层的砂岩和碳酸盐岩为较好的坝基。这类岩石坝基较岩浆岩、变质岩的坝基条件复杂。这是因为在厚层硬岩层中常夹有软弱岩层，这些夹层力学强度低，抗水能力差，易构成滑移控制面。碎屑岩类如砾岩、砂岩等，强度与胶结物类型有关，一些胶结物在水的作用下可能产生溶解、软化、崩解、膨胀等；在构造变动下往往发生层间错动，若经过次生作用易发生泥化。在坝址比选时必须十分注意这类问题。此外，碳酸盐岩的岩溶洞穴和裂隙的发育，可能会导致严重的渗漏。

另外，在坝址比选中，河床松散覆盖层具有重要意义。修建高混凝土坝，坝体必须坐落在基岩之上，若河床覆盖层过厚，就会增加坝基的开挖工程量，使施工条件复杂化。所以当其他条件大致相同时，应将坝址选择在覆盖层较薄的地段。有的河段因覆盖层过厚，只能采用土石坝型。比选松散土体坝基的坝址时，应研究渗漏、渗透变形和振动液化等问题，而且应避开如淤泥类土等软弱、易变形土层。

4. 地质构造

地质构造在坝址选择中同样占有重要地位，对变形较为敏感的刚性坝来说更为重要。

在地震强烈活动或活动性断裂发育的地区，选坝时应尽量避开或远离活断层而应位于区域稳定性条件相对较好的地块上。在选坝前的可行性研究中，应进行区域地质研究，查明区域构造格局，尤其要查明目前仍持续活动或可能活动断裂的分布、类型、规模和错动速率，并预测水库诱发地震的可能及震级。国外有些水坝就因横跨活断层而坝体被错开或致垮坝。例如，美国西部位于圣安德烈斯大断裂的上晶泉坝和老圣安德烈斯坝，在1906年旧金山大地震时分别被错开2.5 m和2.0 m。1963年洛杉矶附近鲍尔德温山水库大坝的溃决，则由通过库区和坝下的断层活动，水沿断层渗流使坝基中粉、细砂层发生渗透变形所致。经研究，断层的最大错距达150 mm。我国新丰江水库于1962年3月6.1级诱发地震发生后，更重视了选坝中对区域稳定性条件的研究。

地质构造经常控制坝基、坝肩岩体的稳定性。在层状岩体分布地区，当倾向上游或下游的缓倾岩层中存在层间错动带时，在后期次生作用下往往演化为泥化夹层，若有其他构造结构面切割，对坝基抗滑稳定极为不利，在选坝时应特别注意。这是因为缓倾岩层的构造变动一般较轻微，容易被忽视。陡倾甚至倒转岩层，由于构造形变强烈，岩石完整性受到强烈破坏，在选坝时更要特别注意查清坝基内缓倾角压性断裂。总之，要尽可能选择岩体完整性较好的构造部位作坝址，避开断裂、裂隙强烈发育的地段。

5. 水文地质条件

在以渗漏问题为主的岩溶区和深厚河床覆盖层上选坝时，水文地质条件应作为主要考虑的因素。

从防渗角度出发，岩溶区的坝址应尽量选在有隔水层的横谷且陡倾岩层倾向上游的河段上。同时要考虑水库有无严重的渗漏问题，库区最好是强透水层底部有隔水岩层的纵谷，且两岸的地下分水岭较高。

乌江渡水电站原来有上、中、下三个比较坝址。上坝址由寒武系白云质灰岩组成，邻近断层带，岩溶发育，无可利用的隔水岩层，因而存在严重的渗漏问题，难以处理。中坝址由二叠系灰岩组成，岩溶很发育，也缺乏隔水层，渗漏问题也较严重。下坝址为三叠系灰岩夹页岩，岩层倒转，倾向上游，倾角50°～75°，属横向谷，厚26～44 m的页岩层可作为隔水层，因而被选定为坝址。这是在岩溶地区成功地选定坝址的实例。

在岩溶区无隔水层可以利用的情况下，坝址应尽可能选在弱岩溶化地段。这就要求仔细分析研究岩层结构、地质构造和地貌条件。贵州猫跳河梯级开发中，三级电站和四级电站的坝址渗漏问题形成了鲜明对照。三级电站坝址岩性为中、上寒武统厚层白云岩夹泥质白云岩，岩溶发育微弱，透水性较差，构造上属背斜的翼部，地下水位较高，岸边泉水多高于设计蓄水位，河谷为强烈下切峡谷。水库蓄水后，坝区和库区均未渗漏(图 12-10)。四级电站坝址岩性为寒武系及二叠系碳酸盐岩和砂页岩，但因断裂构造复杂，岩溶十分发育，左右岸地下水位均低于河水位 14～18 m。构造断裂使隔水岩层被破坏而失去隔水作用；在左岸，由于岩溶管道的发育，在 700 余米防渗线上出现了 7 个地下水洼槽。1970 年水库蓄水后，左岸库首及绕坝渗漏严重，渗漏量随水库水位升高而加大，最大渗漏量为 20 m^3/s，占河流多年平均流量的 36%、发电引水流量的 20%，当时致使一台机组不能运行。上述实例清楚地说明了在碳酸盐岩地区选择坝址时，研究岩溶发育规律和水文地质条件的重要意义。

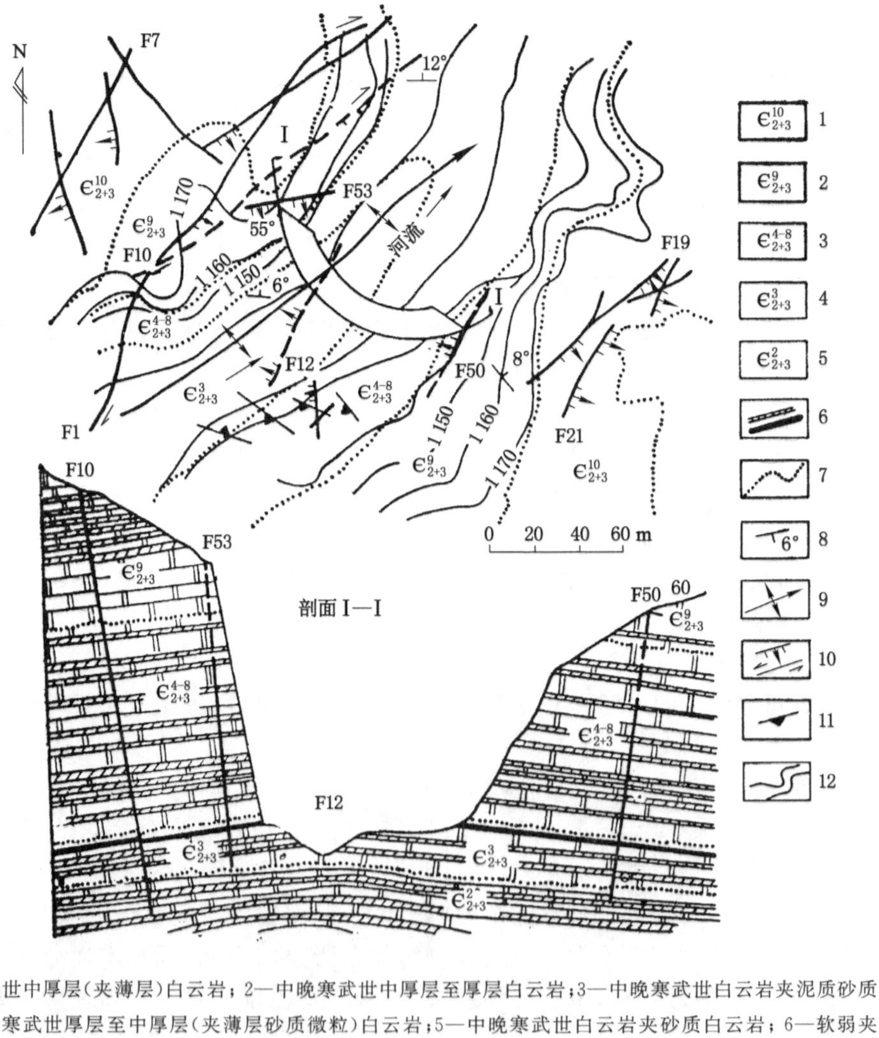

1—中晚寒武世中厚层(夹薄层)白云岩；2—中晚寒武世中厚层至厚层白云岩；3—中晚寒武世白云岩夹泥质砂质白云岩；4—中晚寒武世厚层至中厚层(夹薄层砂质微粒)白云岩；5—中晚寒武世白云岩夹砂质白云岩；6—软弱夹层；7—岩层界线；8—岩层产状；9—背斜轴；10—正断层及平移断层；11—节理；12—右岸坝下游冲沟地形。

图 12-10 贵州猫跳河三级水电站坝址平面和剖面示意图

6. 物理地质作用

影响坝址选择的物理地质作用较多，诸如岩石风化、岩溶、滑坡、崩塌、泥石流等，但从一些水库失事实例来看，滑坡对选择坝址的影响较大。

在河谷狭窄的河段上建坝可节省工程量和投资成本，所以选择坝址时总希望找最窄的峡谷地段。但是，峡谷地段往往存在岸坡稳定性问题，一定要慎重研究。如法国罗曼什河上游一坝址，地形上系狭窄河段，河谷左岸由花岗岩和三叠系砂岩及石灰岩构成。右岸是里亚斯页岩，表面上看其岩体较完整，后经钻探发现页岩下面为古河床相的砂砾石层，这表明页岩是古滑坡体物质，滑坡作用将河槽向左岸推移了 70 m(图 12-11)。因而只能放弃该坝址而另选新址。在我国江西某水电站勘察中也遇到类似的情况，原拟在下游的茶子山河段上建坝，经勘察发现由花岗岩及变质砂岩组成的右岸高陡岸坡岩体已发生变形移位，危岩耸立。于是，不得不放弃该坝址而在上游另选罗湾坝址进行勘探。

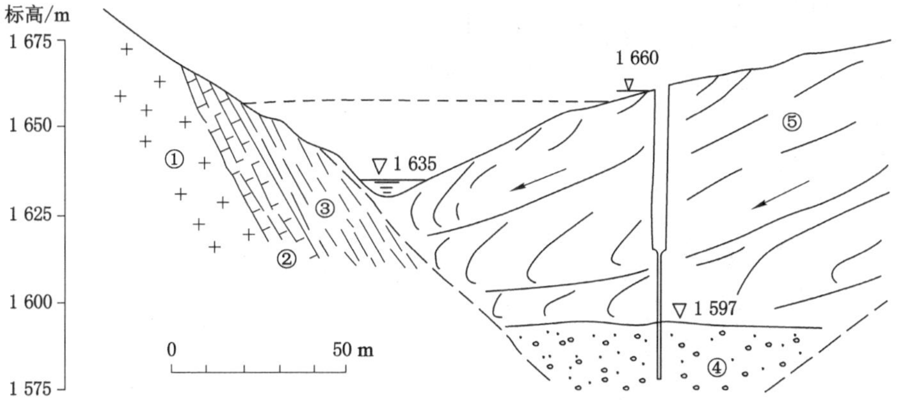

①—花岗岩；②—石灰岩；③—砂岩；④—老河谷砂砾石层；⑤—滑坡体。

图 12-11 罗曼什河上滑坡体形成的峡谷段地质剖面示意图

7. 天然建筑材料

天然建筑材料也是坝址选择的一个重要因素。坝体施工常常需要当地材料，坝址附近是否有质量合乎要求、储量满足建坝需要的建材(如砂石、黏土等)，是坝址选择应考虑的。

天然建筑材料的种类、数量、质量、开采条件及运输条件，对工程质量、投资成本影响很大，在选择坝址时应进行勘察。

12.3 水库区工程地质问题

水库蓄水以后，水文地质条件发生剧烈变化，库周的水文地质条件也发生很大变化，将影响库区及邻近地段的地质环境。当存在某些不利因素时，就会产生工程地质问题。一般来说，水库工程地质问题有水库渗漏、库岸稳定、库周浸没、水库淤积和诱发地震等五个方面。其中水库诱发地震在有关教程中已有论述，下面讨论前四个方面问题。

12.3.1 水库渗漏问题

一般来说，渗漏问题是水库最主要的工程地质问题。但在自然条件下，要求水库“滴水不漏”是不可能的，问题在于渗漏所造成的水量损失是否会影响水库修建的目的或产生其他严重的工程地质问题。因此，应当从水库水量平衡的观点来研究这一问题。

由于大量渗漏而影响水库蓄水效益，甚至完全丧失效益，在国内外是不乏其例的。如西班牙修建在强烈岩溶化灰岩地区的高 83.5 m 的蒙特热克水库，由于严重渗漏而成“干库”。我国北京的十三陵水库，由于库水顺库右侧一古河道大量渗漏而长期未能正常发挥效益。

1. 水库渗漏形式

水库渗漏形式可分为暂时性渗漏和永久性渗漏两种形式。暂时性渗漏是水库蓄水过程中，用来饱和库盆包气带岩土体的空隙所需的水量。其特点是水量不渗漏到库外，而且经过一定时间后就会停止。该种形式的渗漏除干旱地区外，一般来说研究意义不大。永久性渗漏是库水通过某渗漏通道向库外的渗漏。这种渗漏是长期的持续的，对水库蓄水效益有影响。

永久性渗漏的途径大致可分为三种情况：

① 通过分水岭向邻谷渗漏[图 12-12(a)]；

② 通过河湾向河谷下游渗漏[图 12-12(b)]；

③ 通过库盆底部向远处低洼排泄区渗漏[图 12-12(c)]。

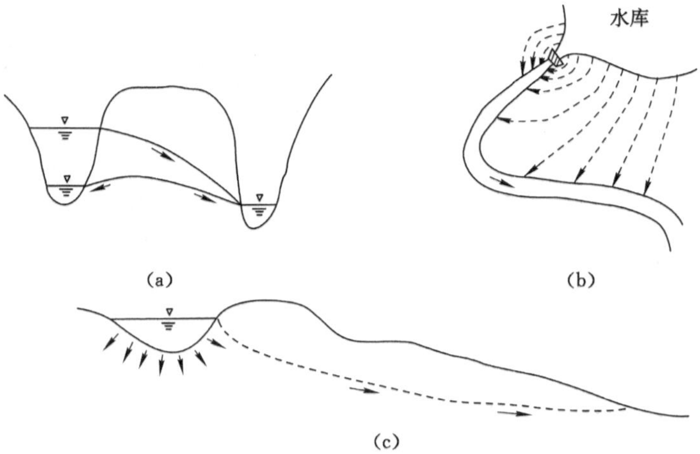

图 12-12　永久性渗漏的三种途径

2. 水库渗漏条件分析

水库渗漏条件分析是进行水库渗漏工程地质研究的基础工作，主要包括地形地貌、岩性、地质构造和水文地质条件等方面。

(1) 地形地貌条件

水库附近沟谷的切割深度和密度，对水库渗漏至关重要。当相邻沟谷切割很深，低于水库水位，且与水库间的分水岭比较单薄时，由于渗透途径短，水力梯度大，有利于库水渗漏。特别是在库周水文网切割密度和深度较大的山区，容易产生水库渗漏。当分水岭很宽、邻谷高于水库水位时，则不会产生库水向邻谷的渗漏。有时分水岭较宽，但水库回水范围内河流支流(沟谷)发育，将某段分水岭切割得比较单薄，亦可能形成渗漏地段。

山区或平原河流均可形成急剧转弯的河曲，若在河湾地段筑坝，就会在库区与坝下游河流之间形成单薄的河间地块，此时上下游之间水力梯度大，应特别注意库水向下游河道的渗漏问题。

河流多次改道变迁形成的古河道若通向库外时，库水就会沿着古河床堆积物向库外渗漏。如果古河道与邻谷或坝下游河道相连，则库水将沿其漏失。

(2) 岩性及地质构造条件

库区地层的岩土性质和地质构造决定了渗透介质的透水性能。渗透性强烈的岩土体和构造破碎带，构成水库的渗漏通道。

就岩土性质来说，对水库渗漏有重大意义的是碳酸盐岩和未胶结的砂卵(砾)石层。

碳酸盐岩的岩溶洞穴和暗河若与库外相通，则能形成集中径流带或管道流带，这是最严重的渗漏通道。前述的猫跳河四级电站水库左岸为典型的实例。当水库区强岩溶化的碳酸盐岩底部无隔水层分布，或虽有隔水层存在，但其埋藏很深或封闭条件很差时，就有可能通过分水岭向邻谷、河谷下游或远处低洼排泄区渗漏。当然，强岩溶化地区不一定都会发生严重的渗漏，要做具体的分析，其关键是研究河谷地段的岩溶化程度。如果近期地壳强烈上升，河床以下岩溶化反而较弱，则有利于建库。在岩溶化强烈的地区建库，应充分利用相对隔水层的隔水作用。

砂卵(砾)石层往往是冲积形成的，当其厚度较大且透水性强烈时，能组成强渗漏通道。在山区河流分水岭的局部低洼地段或丘陵、平原河流的河间地段，常常有古河道分布，所以研究砂卵(砾)石层类渗漏通道须结合河谷发育历史来考虑。

地质物造对水库渗漏的影响也是重大的。当宽大而胶结较差的断层破碎带切过分水岭通向邻谷时，就有可能形成集中的渗漏通道，使库水向邻谷渗漏。若河谷地段有强岩溶化地层与隔水层分布时，不同的构造条件对水库渗漏的作用不同。纵向河谷向斜构造，一般不会发生水库渗漏[图 12-13(a)]。而纵谷背斜构造，库水则有可能向邻谷渗漏[图 12-13(b)]。当岩层倾角较大时，无论向斜谷或背斜谷，水库渗漏的可能性均会减小[图 12-13(c)]。当纵谷断层切断渗漏通道时，往往对防渗有利[图 12-13(d)]。当横向河谷透水层的一端在库区内出露时，库水将会向下游或远处排泄区渗漏[图 12-13(e)]。

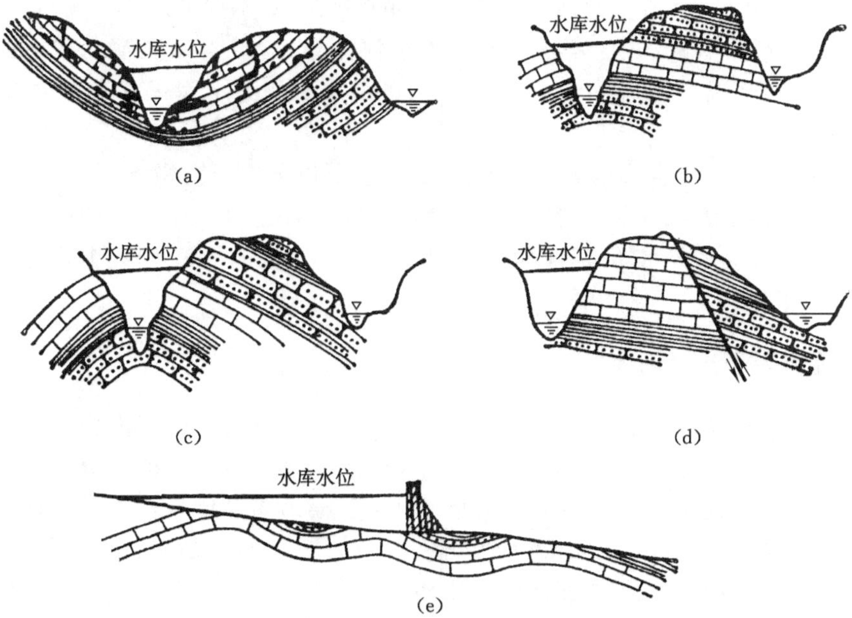

图 12-13 地质构造影响水库渗漏的几种情况

(3) 水文地质条件

上述的地形地貌、岩性及地质构造条件，是决定水库渗漏的必要条件而不是充分条件。判定水库是否会产生永久性渗漏，还必须研究水文地质条件。在预测水库是否会发生渗漏时，查清水库周围有无地下分水岭以及分水岭的高程与水库水位的关系最为重要。如果地表分水岭的两侧均有潜水补给的泉时，必定存在地下分水岭。非岩溶地区的河间地块一般都存在地下分水岭，而且与地表分水岭的位置经常是一致的；但是岩溶地区的地下分水岭则经常不与地表分水岭相一致，甚至根本就不存在地下分水岭。

根据有无地下分水岭以及地下分水岭的高程与水库正常高水位之间的关系，可大致判断库水向邻谷渗漏的可能性：

① 地下分水岭高于水库正常高水位，不会发生渗漏[图 12-14(a)]。

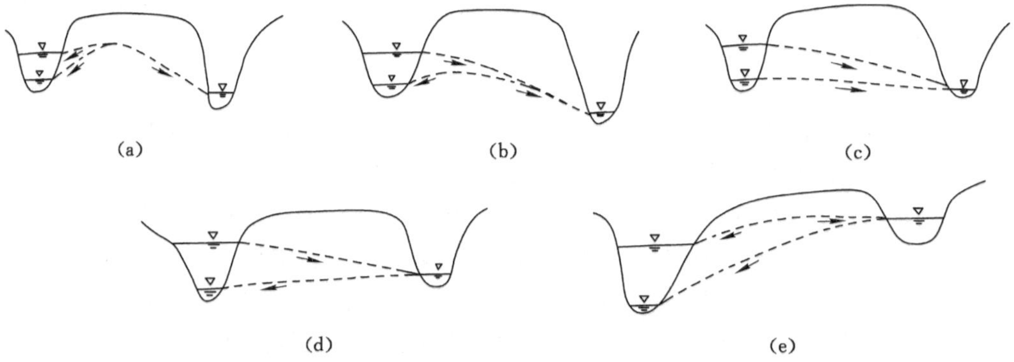

图 12-14　水库水位与邻谷水位对渗漏的影响示意图

② 地下分水岭低于水库正常高水位，有可能发生渗漏[图 12-14(b)]。

③ 无地下分水岭，且蓄水前河谷水流就向邻谷排泄，蓄水后会严重渗漏[图 12-14(c)]。

④ 无地下分水岭，蓄水前，邻谷水流向库区河流排泄，但水库正常高水位高于邻谷水位，蓄水后仍有可能发生渗漏[图 12-14(d)]；若邻谷水位高于水库正常高水位，则蓄水后不会发生渗漏[图 12-14(e)]。

归纳以上分析，研究岩溶地区水库渗漏，必须查明以下四个重要条件：① 渗漏途径和通道，尤其是集中径流带；② 河谷地段岩溶发育的强度和深度；③ 隔水层的分布、厚度、完整性及埋藏深度；④ 地表分水岭、河间地块和地形垭口处有无地下分水岭，其高程与水库水位的关系等。

12.3.2　库岸稳定性问题

水库蓄水后，库岸的自然条件发生急剧变化，处于新环境和外营力作用之下。这主要表现为：① 原来处于干燥状态下的岩土体，在水库水位变化范围内的部分因浸湿而经常处于饱和状态，岩土工程地质性质恶化，c、φ 值减小；② 岸坡遭到库水波浪的冲刷、掏蚀作用，发生陡坡凹进，稳定性降低；③ 库水位经常变化，当水位快速下降时，原来被顶托而壅高的地下水来不及泄出，因而增加了岸坡岩土体的动水压力和自重压力，从而使得原来处于平衡状态的岸坡失去稳定。

库岸的变形破坏可危及滨库地带居民点和构筑物安全，使滨库地带的农田遭到破坏；库岸的破坏物质又成为水库的淤积物，减小库容。近坝库岸的大型滑坡会产生涌浪，危及大坝安全，并可能给坝下游带来灾难性后果。

1. 库岸破坏的形式

库岸破坏的形式主要有塌岸、滑坡、崩塌等。库水和地下水的长期作用，使得岸坡不断后退，最终形成浅滩而达到稳定。

塌岸：指库岸岩土体在波浪和水位变化等作用下发生坍塌，岸线逐渐后移的现象。水库塌岸的过程与海湖边岸形成过程基本相同，但是水库水位变化频繁，时升时降，整个过程显得更复杂一些。塌岸作用一般在水库蓄水的最初几年内最强烈，随着时间的推移，水下浅滩逐步形成而慢慢减弱。同时，库岸线随之后移，直至达到稳定的平衡岸坡为止。根据对土质库岸塌岸过程的研究，大致有如图 12-15 所示的几个阶段。

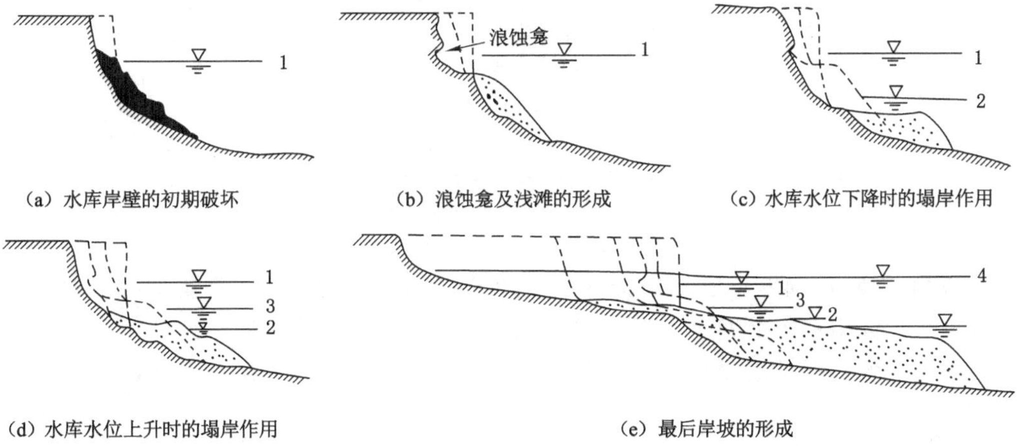

1—水库蓄水期达到的高水位；2—消落水位；3—中间水位；4—正常高水位。

图 12-15　水库土质库岸塌岸过程示意图

滑坡：与通常所说的滑坡灾害相同，只是发生位置不同。库岸滑坡按发生的位置可分为水上滑坡和水下滑坡以及近坝滑坡和远坝滑坡。近坝的水上高速滑坡危害尤大，如意大利瓦伊昂水库滑坡以及我国湖南拓溪水库滑坡等。

滑坡是库岸破坏的主要形式之一，是非常复杂的课题，需进行专门研究。目前国内外一般采用模型试验和计算两种方法来求得库岸滑坡的涌浪高度。影响涌浪高度的最主要因素是滑坡的滑速，而滑速计算是按质量定律或能量守恒和转化原理来进行的。

崩塌：包括小规模块石的坠落和大规模的山(岩)崩。岩崩是峡谷型水库岩质库岸常见的破坏形式，它常发生在由坚硬岩体组成的高陡库岸地段。水库蓄水后，坡脚岩层软化或下部库岸的变形破坏会引起上部库岸的岩体崩塌。

2. 水库塌岸的预测

应定量估计水库建成蓄水后塌岸的范围、某一库岸地段塌岸宽度和速度、某一期限内和最终的塌岸宽度，以及形成最终塌岸宽度所需的年限，以便为采取防治措施提供依据，这就是预测水库塌岸的目的。

塌岸宽度的预测方法较多，有计算法、作图法、工程地质类比法和试验法等。它们都属于半理论、半经验性质的，各具特点，都不能作为通用的方法。

12.3.3 库周浸没问题

水库蓄水后水位抬高，引起水库周围地下水壅高。当库岸比较低平，地面高程与水库正常高水位相差不大时，地下水位可能接近甚至高出地表，从而产生种种不良后果，称之为浸没。

浸没对滨库地区工农业生产和居民生活会造成危害，它会使农田沼泽化和盐渍化；构筑物强度降低甚至遭到破坏，影响稳定性和正常使用；附近居民无法居住，或采取排水措施，或迁移他处(图 12-16)；浸没区还会造成附近矿井充水，使采矿条件恶化。因此，浸没问题常常影响水库正常高水位的选择，甚至影响坝址选择。

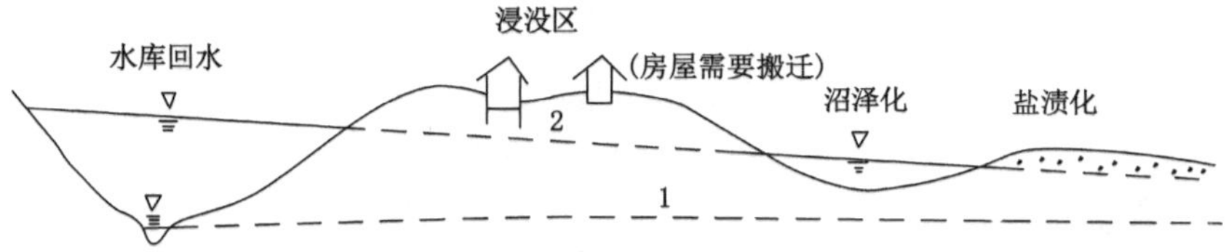

1—水库消落水位；2—水库正常高水位。

图 12-16 水库回水及浸没示意图

低矮的丘陵、山间盆地和平原地区的水库，由于周围地势低平，最易形成浸没，且其影响范围较大。如山东东平湖水库系一围堤而成的平原水库，蓄水后堤外地下水壅高，使滨库地带的大片农田严重沼泽化和次生盐渍化，房屋因地基条件恶化而毁坏，村镇居民无法居住而被迫迁往他处。

1. 浸没产生的条件

浸没现象的产生是各种因素综合作用的结果，包括地形、地质、水文气象、水库运行和人类活动等。依地形、地质的因素而言，可能产生浸没的条件是：

(1) 受库水渗漏影响的邻谷和洼地，平原水库的坝下游和围堤外侧，特别是地形标高接近或低于原来河床的库岸地段，容易产生浸没。通常高陡的库岸不可能发生浸没。

(2) 岩土应具有一定的透水性能。基岩分布地区不易发生浸没。第四系松散堆积物中的黏性土和粉砂质土，由于毛细作用较强，易发生浸没；特别是胀缩性土和黄土类土，受浸没的影响更为严重。如果库岸由不透水的岩土体组成或研究地段与库岸之间有不透水岩层阻隔时，不可能发生浸没。

(3) 地下水埋深较小。地表水和地下水排泄不畅，补给量大于排泄量的库岸地带或沼泽地带的边缘，容易产生浸没。地下水埋深较大，在水库正常高水位以上的库岸有经常性水流(河沟、泉)，且排泄条件良好的地段，一般不会发生浸没。

2. 浸没的预测

浸没的预测主要包括水库蓄水后地下水壅高值计算和地下水临界深度确定两方面。

(1) 地下水壅高值计算

如图 12-17 所示，假定下伏隔水层为水平状产出，透水层为均一土层，以下预测断面 m 地下水的壅高值 Z_1。

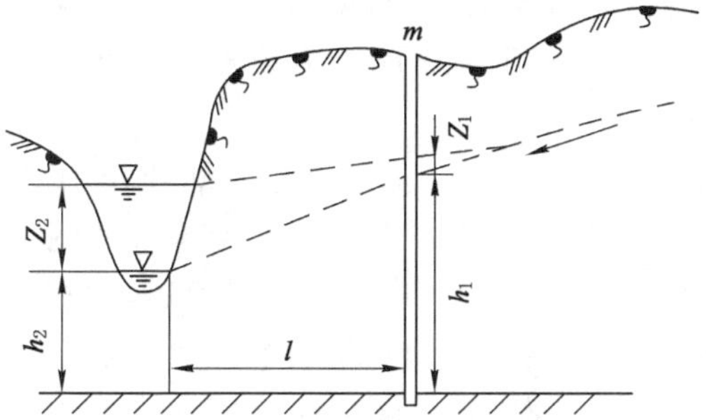

图 12-17　地下水壅高计算剖面

蓄水前后通过断面 m 的地下水单宽流量各为 q_1 和 q_2：

$$q_1 = K \cdot \frac{h_1 - h_2}{l} \cdot \frac{h_1 + h_2}{2} \tag{12-1}$$

$$q_2 = K \cdot \frac{(h_1 + Z_1) - (h_2 + Z_2)}{l} \cdot \frac{(h_1 + Z_1) + (h_2 + Z_2)}{2} \tag{12-2}$$

蓄水前后地下水补给量不变，即 $q_1 = q_2$，故解上述两个公式得：

$$Z_1 = \sqrt{h_1^2 - h_2^2 + (h_2 + Z_2)^2} - h_1 \tag{12-3}$$

式中，h_1、h_2 分别为水库蓄水前断面 m 的地下水位及河水位（平水期水位，下同）；Z_2 为水库正常高水位与河水位的高差；l 为断面 m 与水库（河流）岸边的水平距离；K 为透水层的渗透系数。

在实际工作中，常根据预测地段的重要性，对 Z_1 乘以安全系数 α（应大于 1）得到地下水壅高预测值，即 $Z_1' = \alpha \cdot Z_1$。

地下水壅高值，除了用上述公式计算外，还可通过工程地质类比法加以确定。

（2）地下水临界深度 h_{cr} 的确定

地下水临界深度是用以判定是否会发生浸没的标准，它的确定方法视具体对象而异。

农田地下水临界深度的确定，与当地的气候、土质、地下水矿化度、作物种类、耕作方法及排灌水措施等因素有关。在干旱、半干旱地区种植旱地作物时，h_{cr} 应大于该土壤的毛细水饱和带高度，以防止产生土壤盐渍化。而在潮湿气候条件下的水田作物，此值可减小。

城镇工矿企业构筑物及居民聚居区地下水临界深度，应根据地基土类型、构筑物规模和设防情况（包括地下室）等来确定。一般地基土的 h_{cr} 应不小于饱和带高度与基础（或地下室）砌置深度之和。

湿陷性黄土地区的地下水临界深度，应在构筑物地基土有效持力层（不允许发生湿陷的地基土持力层）以下。

通过计算地下水壅高后所得实际地下水埋深值与地下水临界深度相比较，即可圈定出浸没的范围，凡是地下水临界深度大于实际地下水埋深值者会发生浸没，反之不发生浸没。

水库周围有大片农田和重要城镇工矿企业的低平地带，都需要做浸没预测工作。

12.3.4　水库淤积问题

水库形成后，河水流入水库后流速锐减，水流搬运能力下降，所挟带的泥沙就会沉积下来，堆于库底，形成水库淤积。淤积的粗粒部分堆于上游，细粒部分堆于下游，随着时间的推移，淤积物逐渐向坝前推移。修建了水库的河流若含有大量泥沙，则淤积问题将成为该水库的主要工程地质问题之一。

水库淤积虽然可以起到天然铺盖以防止水库渗漏的作用，但是大量淤积物堆于库底，将减小有效库容，降低水库效益；使水深变浅，妨碍航运和渔业，影响发电设备的运转；等等。严重的淤积，将使水库在不长的时间内失去有效库容，缩短使用寿命。

造成水库淤积的固体物质来源，是与流域内的岩性、地貌、水土流失以及动力地质作用密切相关的。应考虑研究如下内容：流入库区河流所挟带的泥沙，水库汇水区内泥石流的发生规模和数量，库岸塌岸的范围及数量以及库周的水土流失情况等。

12.4 引水构筑物工程地质问题

引水构筑物是一种线型的水工构筑物，它本身可由渠道、输水隧道、渡槽、倒虹吸管道、闸门、跌水与泄槽等一系列结构物组成。渠道是最主要的引水构筑物，它一般是开敞式的，按所通过的地形条件可将其划分为挖方的、填方的和半挖方半填方的三种类型(图 12-18)。

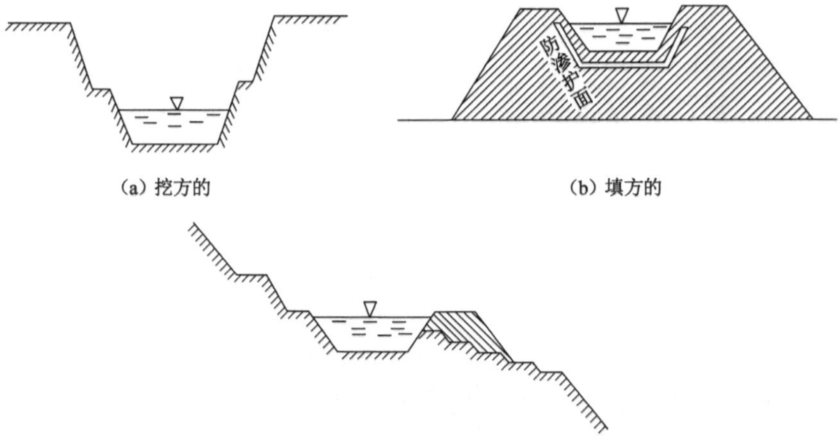

(a) 挖方的　　(b) 填方的

(c) 半挖方半填方的

图 12-18　渠道横断面形状

引水构筑物的工程地质问题复杂多样，如渠道的渗漏和边坡稳定性、渠系的淤积和冲刷、输水隧洞的围岩稳定和施工涌水、渡槽墩基和闸基的强度和变形等。本节将着重分析渠道的工程地质问题。

12.4.1 渠道渗漏问题

渠道一般位于地下水埋深较大的地段。渠道的渗漏很难避免，如果渗漏量过大，则会影响渠道的效益，同时渗漏会造成渠道附近地下水位抬升，条件适宜时将引起沼泽化、盐渍化，在黄土区则会引起湿陷变形，山区渗漏还会导致斜坡滑动等。

1. 渠道渗漏的地质条件分析

基岩地区渠道渗漏一般不严重。渗漏的主要条件取决于基岩的破碎程度和渗漏通道特征。渗漏通道包括透水岩层、断层破碎带、节理密集带、岩溶发育带和强烈风化带等。要在勘察中根据地质条件确定各种通道的渗漏作用及其特征，并提出相应的防渗措施。

在第四系松散堆积层地区，渠道渗漏取决于松散土体的透水性，而透水性强弱又与其成因类型和岩性及物质组成有关。在山前地带多为坡积物和残积物，坡积物一般上部颗粒粗，坡脚处颗粒细，通过粗颗粒时则易渗漏。残积物一般颗粒粗大，透水性好，应同时考虑垂向渗漏和侧向渗漏。洪积物透水性变异很大，大型洪积扇上部一般为粗大颗粒，透水性强；而中、前部颗粒逐渐变小，透水性相应变弱。平原地区一般在顶部为细小的黏土颗粒，可以找到相对稳定的黏性土作为相对隔水层。由细粒物质组成的黄土类土，具大孔隙和垂直节理，透水性较强，故黄土地区的渠道渗漏也较严重。修建于河谷中的渠道应尽量将渠道开挖于二元结构上层的黏性土中，而应避开渗漏性很强的下层砂卵石层。

渠道渗漏还受地下水位控制，当地下水位高于渠水水位时不会发生渗漏。地下水位越低，渗漏越严重。

在松散堆积层上修筑渠道，主要应查明各类土的空间分布范围并进行渗水试验，以确定渠道线路和渠道工程的设计。

2. 渠道渗漏过程及渗漏阶段

渠道渗漏特点可由其渗漏过程表示。渠道过水初期，由于要饱和干燥的岩土体，入渗强度较大，随着时间延续而逐渐减小，到一定时间后，便达到相对稳定状态。

可将渠道渗漏过程分为 3 个阶段：

(1) 垂向渗漏阶段，即出现地下水峰之前的阶段。

(2) 回水渗漏阶段，即地下水峰开始出现至水峰逐渐升高与渠水连成统一水面之前的阶段。

(3) 侧向渗流阶段，即地下水与渠水连成统一水位以后的阶段。

据原陕西省水利科学研究所的试验，渠水初渗值约为稳定值的 1～5 倍。一般大型渠道放水 10～15 d 后渗漏量接近稳定，而小型渠道数天即达稳定。

当地下水埋藏较浅，土层渗透性弱或侧向排水条件较差时，渗水很快由垂向渗漏转为回水渗漏及侧向渗漏。反之，当地下水埋藏很深，土层渗透性很强，或渠道为非常年过水的间歇性水流渠道时，则可能仅处于垂向渗漏阶段。

12.4.2 渠道稳定性问题

渠道稳定性问题包括渠边坡和渠底稳定性问题以及山坡渠道的斜坡稳定性问题。关于边坡的一般地质分析和稳定性计算方法已在有关教程中论述过，这里仅就渠道的工作条件进行分析。

渠道是一种引水构筑物，故校核渠道边坡稳定性时必须考虑水的因素。渠道过水后，水面以下的边坡为水渗透而饱和，由于自重增加及岩土体抗剪强度降低，水下部分的边坡角一定要小于水上干燥边坡角。

对于水位变化较大的干渠，水面急剧下降引起动水压力加大，产生对边坡的渗透变形因素，在校核边坡稳定性时也要考虑。

此外，渠水对边坡和渠底的冲刷，可造成水下边坡角加大和淘空现象，边坡的稳定性降低，因而对土质边坡渠道，应根据土的类型和性质限制渠水的流速。

修建于山坡上的盘山、傍山渠道和山前地带的渠道，常以挖方或半挖方半填方的形式通过。对于这种斜坡型的渠道，先要评价斜坡本身的稳定性，在此基础上再研究开挖渠道通水后渠道连同斜坡的稳定性评价问题。尤其当斜坡较陡，坡积层很厚，或斜坡上基岩风化程度较严重时，渠水渗漏使附近的岩土体饱水，增加了斜坡自重，并降低其抗剪强度，致使斜坡稳定性大为下降，从而发生斜坡连同其上渠道的整体滑动(图 12-19)。此种现象在我国西北的引洮工程中曾发生过。为灌溉和供水而修建的渠道，其干渠常位于地形位置较高的山坡或山前斜坡地段，因而此类问题较为突出。

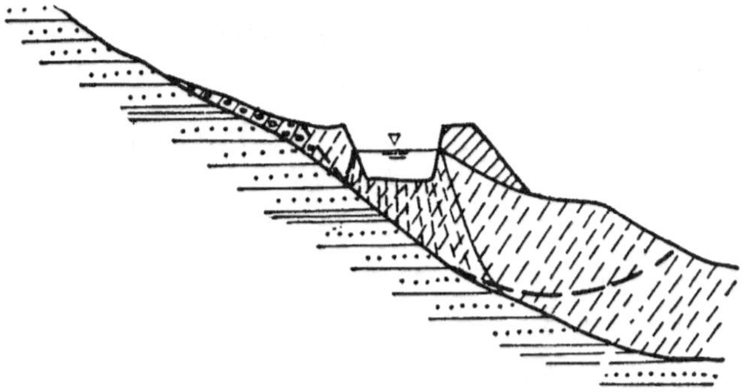

图 12-19 斜坡连同渠道整体滑动示意图

12.4.3 黄土区渠道工程的湿陷变形问题

在湿陷性黄土分布地区的渠系工程，除了同样会产生渠道的渗漏和稳定问题外，还会产生湿陷变形这一特殊工程地质问题。

据已有资料，黄土地区运河、渠道的湿陷变形特点是：在放水以后不久(有时在 1～2 d 以内)，即在河渠两侧产生许多裂缝，其延长方向与河渠平行，每一条裂缝的长度不等，由数米至数百米，裂缝的宽度由数厘米至 1 m 左右。最终形成以渠道线为中心、向两侧逐级抬升的阶梯状湿陷台阶，每级台阶高 0.1～2.5 m 不等，台阶可多达十余级(图 12-20)。这说明渠道中心线附近饱水土层厚度最大，因此湿陷变形最为强烈。湿陷裂缝的深度一般为 5～15 m，两岸湿陷台阶的宽度可达 80 m。这种湿陷变形现象可延续几年之久，而后逐渐消失。但当渠道水文动态发生改变，或渠道加深、加宽时，这种现象仍可重新发生。

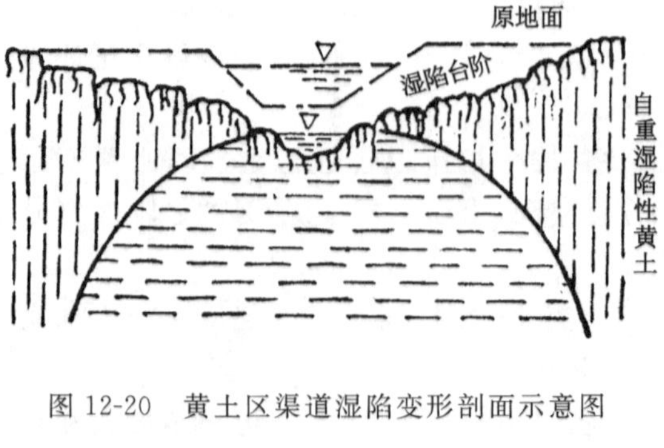

图 12-20 黄土区渠道湿陷变形剖面示意图

根据地质条件和黄土湿陷特性的差异，可划分出四种湿陷变形的形态类型：

(1) 对称湿陷变形：在平原、高原、盆地中心、平坦的分水岭台地或宽广阶地的黄土地区，因黄土层厚度较大且岩性均匀而形成。

(2) 不对称湿陷变形：在山坡、山前斜坡地段、阶地和高原边缘坡地的黄土地区，因黄土层厚度不一、岩性比较复杂以及渠道两岸地形起伏不平而形成。

(3) 不规则湿陷变形：渠水渗到地下后产生了潜蚀作用，并在黄土层内形成洞穴，之后造成地面塌陷。

(4) 局部湿陷变形：因局部地质因素或人为因素而形成的碟状湿陷洼地。

对称湿陷变形只造成渠床高程的改变，对渠坡稳定性影响不大，故渠道仍可继续使用。而不对称及不规则湿陷变形往往使渠坡及其他渠系工程发生较大的变形破坏，终致废弃。此外，渠道湿陷变形还可能加剧渠道渗漏。

由以上讨论可知，湿陷变形对黄土区的渠系工程稳定性和正常运行影响极大，故在黄土区修建渠系工程时，应对黄土的地质成因、土体结构、厚度及湿陷性特征等进行研究，并进行湿陷等级的小区域划分，预测湿陷变形量，从而为工程设计和防治措施编制提供依据。

12.5　水利水电工程地质勘察要点

工程地质勘察是水利水电工程建设的基础工作，它的主要任务是：查明建设地区的工程地质条件，分析有关的工程地质问题并给出确切的结论，为规划、设计及施工提供可靠的地质依据，以便充分利用有利的地质因素，避开或改造不利的地质因素。

与其他类型工程建筑的勘察工作一样，水利水电工程地质勘察也是分阶段进行的，且应与设计阶段相适应。

我国在20世纪60年代中期以前，水利水电工程地质勘察阶段基本上沿用苏联的规定，划分为流域规划、初步设计、技术设计和施工设计四个阶段。70年代中期，在总结20多年勘察实践经验的基础上，原水利电力部制定颁发了《水利水电工程地质勘察规范(试行)》(SDJ 14—78)，将勘察阶段划分为规划选点、初步设计和施工图设计等三个阶段，并把初步设计阶段再分为一、二两期。1999年版《水利水电工程地质勘察规范》(GB 50287—1999)将勘察阶段划分为规划、可行性研究、初步设计和技施设计等四个阶段。

现行国家强制性标准《水利水电工程地质勘察规范(2022年版)》(GB 50487—2008)将水利水电工程地质勘察划分为规划、项目建议书、可行性研究、初步设计、招标设计和施工详图设计等阶段。项目建议书阶段的勘察工作宜基本满足可行性研究阶段的深度要求。下面分述各个阶段工程地质勘察的任务和勘察要点。

12.5.1　规划阶段的工程地质勘察要点

本阶段的任务是：了解规划河流或河段的区域地质和地震概况，了解各梯级水库、坝址、长引调水线路(长度超过2 km的隧道或渠道)的工程地质条件和工程地质问题，分析建库、建坝等的可能性，掌握天然建筑材料的赋存情况，对河流开发方案和水利水电近期开发工程选择进行地质论证，提供所需工程地质资料，并提出选定的近期开发工程可行性研究阶段工程地质勘察的方案或意见。

规划阶段工程地质勘察应包括下列内容：

(1) 了解规划河流、河段或工程的区域地质和地震概况。

(2) 了解规划河流、河段或工程的工程地质条件，为各类型水资源综合利用工程规划选点、选线和合理布局进行地质论证。重点了解近期开发工程的地质条件。

(3) 了解梯级坝址及水库的工程地质条件和主要工程地质问题，论证梯级兴建的可能性。

(4) 了解引调水工程、防洪排涝工程、灌区工程、河道整治工程等的工程地质条件。

(5) 对规划河流、河段和各类规划工程的天然建筑材料进行普查。

1. 区域地质和地震

区域地质和地震的勘察应包括：① 区域的地形地貌形态，阶地发育情况和分布范围；② 区域内沉积岩、岩浆岩、变质岩等的分布范围、形成时代、岩性岩相特点，第四系沉积物的成因类型、组成物质和分布范围；③ 区域内的主要构造单元，褶皱和断裂的类型、产状、规模和构造发展史，历史和现今地震情况及地震动参数等；④ 大型泥石流、崩塌、滑坡、岩溶、移动沙丘及冻土等的发育特点和分布情况；⑤ 主要含水层和隔水层的分布情况，潜水的埋深，泉水的出露情况与类型等区域水文地质特征。

区域地质勘察工作应在收集和分析各类最新区域地质资料的基础上，利用卫片、航片解译编绘区域综合地质图，并应根据需要进行地质复核。

区域综合地质图、区域构造与地震震中分布图的比例尺可选用 1∶500 000～1∶200 000。编图应包括规划河道或引调水线路两侧各不小于 150 km 的范围。

对近期开发工程，宜根据区域地质环境背景，断层活动性、历史及现今地震活动性、地震动参数区划等进行区域构造稳定性分析。

2. 水库

水库区勘察应包括：① 了解水库的地质和水文地质条件；② 了解可能威胁水库建设的滑坡、潜在不稳定岸坡、泥石流等的分布，并分析其可能影响；③ 了解水库运行后可能对城镇、重大基础设施安全产生严重不良影响的不稳定地质体、塌岸和浸没等的分布范围；④ 了解透水层与隔水层的分布范围、可溶岩地区的岩溶发育情况、河谷和分水岭的地下水位，对水库封闭条件及渗漏的可能性进行分析；⑤ 了解水库区可能对水文地质环境产生影响的地质条件；⑥ 了解重要矿产的分布情况。

水库工程地质测绘比例尺可选用 1∶100 000～1∶50 000，可溶岩地区可选用 1∶50 000～1∶10 000。水库渗漏的工程地质测绘范围应扩大至与渗漏有关的地段。

3. 坝址

坝址勘察应包括：① 了解坝址所在河段的河流形态、河谷地形地貌特征及河谷地质结构；② 了解坝址的地层岩性、岩体结构特征、软弱岩层分布规律、岩体渗透性及卸荷与风化程度；③ 了解第四系沉积物的成因类型、厚度、层次、物质组成、渗透性以及特殊土体的分布；④ 了解坝址的地质构造，特别是大断层、缓倾角断层和第四系断层的发育情况；⑤ 了解坝址及近坝地段的物理地质现象和岸坡稳定情况；⑥ 了解透水层和隔水层的分布情况，地下水埋深及补给、径流、排泄条件；⑦ 了解可溶岩地区坝址岩溶洞穴的发育程度、两岸岩溶系统的分布特征以及坝址防渗条件；⑧ 分析坝址地形地质条件及其对不同坝型的适应性。

坝址工程地质测绘比例尺，峡谷区可选用 1∶10 000～1∶5 000，丘陵平原区可选用

1∶50 000～1∶10 000。测绘范围应包括比选坝址、绕坝渗漏的岸坡地段以及附近低于水库水位的垭口、古河道等。

4. 引调水工程

引调水工程线路勘察应包括：① 了解沿线地形地貌特征；② 了解沿线地层岩性，第四系沉积物的分布和成因类型；③ 了解沿线地质构造特征；④ 了解沿线的水文地质条件，可溶岩地区的岩溶发育特征；⑤ 了解沿线崩塌、滑坡、泥石流、地下采空区、移动沙丘等的分布情况；⑥ 了解沿线沟谷、浅埋隧洞及其进出口地段的覆盖层厚度，岩体的风化、卸荷发育程度以及山坡的稳定性；⑦ 了解主要渠系构筑物的工程地质条件和主要工程地质问题；⑧ 了解沿线矿产、地下构筑物和地下管线等的分布。

对引调水工程线路应进行工程地质测绘，比例尺可选用1∶50 000～1∶10 000，测绘范围宜包括各比选线路两侧1 000～3 000 m区域，对于深埋长隧洞宜适当扩大。

(5) 天然建筑材料

应对规划工程所需的天然建筑材料进行普查。对近期开发工程所需的天然建筑材料宜进行初查，初步评价所推荐料场的储量、质量以及开采、运输条件。

12.5.2　可行性研究阶段的工程地质勘察要点

可行性研究阶段工程地质勘察应在河流、河段或工程规划方案的基础上选择工程的建设位置，并应对选定的坝址、场址、线路以及推荐的构筑物基本形式、有代表性的工程布置方案等进行地质论证，提供工程地质资料。

可行性研究阶段工程地质勘察应包括下列内容：

(1) 进行区域构造稳定性研究，确定场地地震动参数，并对工程场地的构造稳定性做出评价。

(2) 初步查明工程区及构筑物的工程地质条件以及存在的主要工程地质问题，并做出初步评价。

(3) 进行天然建筑材料初查。

(4) 进行移民集中安置点选址的工程地质勘察，初步评价新址区场地的整体稳定性和适宜性。

1. 区域构造稳定性评价

区域构造稳定性评价应包括：① 研究区域构造背景；② 判定活断层及其活动性质；③ 确定地震动参数。

收集研究坝址周围半径不小于150 km范围内的区域构造及地震资料，收集与利用区域地质图，调查坝址周围半径不小于25 km范围内的区域性断裂，鉴定其活动性。活断层的判定内容应包括活断层的识别、活动年代、活动性质、现今活动强度和最大位移速率等。

2. 水库

水库区勘察应包括：① 初步查明水库区的水文地质条件，确定可能的渗漏地段，估算可能的渗漏量；② 初步查明库岸稳定条件，确定崩塌、滑坡、泥石流、危岩体及潜在不稳定岸坡的分布位置，初步评价它们在天然情况下及水库运行后的稳定性；③ 初步查明可能塌岸的位置，初步预测水库运行后的塌岸形式和范围，初步评价其对水库工程以及库区周边城镇、居民区、农田等的可能影响；④ 初步查明可能产生浸没地段的地质和水文地质条件，初步预测水库浸没范围和严重程度；⑤ 初步研究并预测水库诱发地震的可能性、发震位置及强度；⑥ 调查是否存在影响水质的不良地质体。

工程地质测绘的比例尺可选用 1∶50 000～1∶10 000，对可能威胁工程安全的滑坡和潜在不稳定岸坡，可选用更大的比例尺。测绘范围除应包括整个库盆外，还应包括：① 对岩溶地区应包括可能存在渗漏的河间地块、邻谷和坝下游地段；② 对盆地或平原型水库应测到水库正常蓄水位以上可能浸没区所在阶地后缘或相邻地貌单元的前缘；③ 对峡谷型水库应测到两岸坡顶，并包括坝址下游附近的塌滑体、泥石流沟和潜在不稳定岸坡分布地段。

3. 坝址

坝址勘察应包括：① 初步查明坝址区地形地貌特征，平原区河流坝址应初步查明牛轭湖、沙丘、古河道等的分布、埋藏情况、规模及形态特征。② 初步查明基岩的岩性、岩相特征，进行详细分层；特别是软岩、易溶岩、膨胀性岩层和软弱夹层等的分布和厚度，初步评价其对坝基或边坡岩体稳定的可能影响。③ 初步查明河床和两岸第四系沉积物的厚度、成因类型、组成物质以及分层和分布，基岩面的埋深、河床深槽的分布，初步评价其对坝基、坝肩稳定和渗漏的可能影响。④ 初步查明坝址区内主要断层、破碎带，特别是顺河断层和缓倾角断层的性质、产状、规模、延伸情况、充填和胶结情况，进行节理裂隙统计，初步评价各类结构面的组合对坝基、边坡岩体稳定和渗漏的影响。⑤ 初步查明坝址区地下水的类型、赋存条件、水位、分布特征及补排条件，含水层和相对隔水层埋深、厚度、连续性、渗透性；进行岩土体渗透结构类型划分及渗透性分级，初步评价坝基、坝肩渗漏的可能性、渗透稳定性和渗控工程条件。⑥ 初步查明坝址区岩体风化、卸荷的深度和程度，初步评价不同风化带、卸荷带的工程地质特性。⑦ 初步查明坝址区不良地质作用的分布和规模，评价其可能对坝址选择和枢纽构筑物布置的影响。⑧ 初步查明坝址区环境水体的水质，初步评价环境水体的腐蚀性。⑨ 初步查明岩土体的物理力学性质，初步给出岩土体物理力学参数。⑩ 初步评价各比选坝址及枢纽构筑物的工程地质条件，提出坝址比选和基本坝型的地质建议。

坝址工程地质测绘范围包括各比选坝址主副坝、导流工程和枢纽构筑物布置等有关地段。当比选坝址相距 2 km 及以上时，可分别单独测绘成图。坝址工程地质测绘的比例尺可选用 1∶5 000～1∶2 000。

4. 发电引水线路及场址

发电引水线路勘察应包括：① 初步查明引水线路地段地形地貌特征和滑坡、泥石流等不良物理地质现象的分布、规模。② 初步查明引水线路地段地层岩性、覆盖层厚度、物质组成以及松散、软弱、膨胀等不良岩土层的分布及工程地质特性。③ 初步查明引水线路地段的褶皱、断层、破碎带等各类结构面的产状、性状、规模、延伸情况及岩体结构等，初步评价其对边坡和隧洞围岩稳定性的影响。④ 初步查明引水线路岩体风化、卸荷特征，初步评价其对渠道、隧洞进出口、傍山浅埋及明管铺设地段的边坡或洞室稳定性的影响。⑤ 初步查明引水线路地段地下水位、主要含水层、汇水构造以及地下水溢出点的位置、高程，地下水补排条件等，初步评价其对引水线路的影响。⑥ 进行岩土体物理力学性质试验，初步给出有关物理力学参数。⑦ 进行隧洞围岩工程地质初步分类。

引水线路测绘范围应包括线路及两侧 300～1 000 m 区域，场址测绘范围应包括厂房和附属构筑物场地及其周围 200～500 m 区域。引水线路测绘比例尺可选用 1∶10 000～1∶2 000，隧洞进出口段及场址测绘比例尺可选用 1∶2 000～1∶1 000。

5. 溢洪道

溢洪道勘察应包括：① 初步查明溢洪道区地形地貌特征及滑坡、泥石流、崩塌体等的分布和规模；② 初步查明溢洪道区地层岩性，覆盖层厚度、物质组成，基岩风化带、卸荷带深度以及岩土体透水性；③ 初步查明溢洪道区断层、破碎带、软弱夹层、缓倾角结构面等的性质、产状、规模和展布情况，结构面的组合关系；④ 进行岩土体物理力学性质试验，初步给出有关物理力学参数；⑤ 初步评价溢洪道边坡、泄洪闸基的稳定性条件以及下游消能段岩体的抗冲条件和冲刷坑岸坡的稳定性条件。

溢洪道区工程地质测绘比例尺可选用1∶5 000～1∶2 000。当溢洪道与坝址邻近时，可与坝址一并测绘成图。

6. 渠道及渠系构筑物

渠道勘察应包括：① 初步查明渠道沿线的地形地貌和岩溶塌陷区、古河道、移动沙丘、地下采空区及矿产等的分布与规模；对于穿越城镇、工矿区的渠道，应调查和探测地下构筑物、地下管线等。② 初步查明渠道沿线的地层岩性，重点是工程性质不良岩土层的分布及其对渠道的影响。③ 初步查明渠道沿线含水层和隔水层的分布，地下水补排条件、水位、水质，岩土体的渗透性，土壤的盐渍化现状，并对环境水文地质条件的可能变化进行初步预测。④ 初步查明傍山渠道沿线崩塌体、滑坡体、泥石流、洪积扇、残坡积土等的分布、规模，覆盖层厚度，基岩风化带、卸荷带深度，地质构造和主要结构面的组合等，并对边坡稳定性进行初步评价。⑤ 初步查明岩土体物理力学性质，初步给出岩土体物理力学参数。⑥ 进行渠道工程地质初步分段。

工程地质测绘比例尺：渠道可选用1∶10 000～1∶5 000，渠系构筑物可选用1∶2 000～1∶1 000。工程地质测绘范围应包括各比选渠线两侧500～1 500 m区域，渠系构筑物应包括对构筑物可能有影响的地段；对高边坡及傍山渠段，测绘范围应适当扩大。

7. 移民选址

可行性研究阶段移民选址工程地质勘察应结合移民安置规划进行，为初选移民新址提供地质依据。

移民选址工程地质勘察应包括：① 评价新址的区域构造稳定性；② 初步查明新址区基本地形地质条件，重点查明对场址整体稳定性有影响的地质结构及特殊岩土体的分布；③ 初步查明新址区及其外围滑坡、崩塌、危岩、冲沟、泥石流、塌岸、岩溶等不良地质现象的分布范围及规模，初步分析其对新址区场地稳定性的影响；④ 初步查明生产和生活用水的水源、水量、水质及开采条件；⑤ 进行新址区场地稳定性、建筑适宜性初步评价。

新址区工程地质测绘比例尺可选用1∶10 000～1∶2 000，工程地质测绘范围应包括新址区及对新址区场地稳定性评价有影响的地区。

8. 天然建筑材料

对工程所需的天然建筑材料应进行初查，对影响设计方案选择的料场宜进行详查。初步查明料场地形地质条件、岩土结构、岩性、夹层性质及空间分布，地下水位，剥离层、无用层厚度及方量，有用层储量、质量，开采运输条件和对环境的影响。初查储量与实际储量的误差不应超过40%，初查储量不得少于设计需要量的3倍。

12.5.3 初步设计阶段的工程地质勘察要点

该阶段的勘察最为关键和重要，初步设计阶段工程地质勘察应在可行性研究阶段选定的坝(场)址、线路上进行。查明各类构筑物及水库区的工程地质条件，为选定构筑物形式、轴线、工程总布置提供地质依据。对选定的各类构筑物的主要工程地质问题进行评价，并提供工程地质资料。

初步设计阶段工程地质勘察应包括下列内容：

(1) 根据需要复核或补充区域构造稳定性研究与评价。

(2) 查明水库区水文地质、工程地质条件，评价存在的工程地质问题，预测蓄水后的变化情况，提出工程处理措施类建议。

(3) 查明各类水利水电工程构筑物区的工程地质条件，评价存在的工程地质问题，为构筑物设计和地基处理方案确定提供地质资料和建议。

(4) 查明导流工程及其他主要临时构筑物的工程地质条件。根据需要进行施工和生活用水水源调查。

(5) 进行天然建筑材料详查。

(6) 设立或补充、完善地下水动态观测和岩土体位移监测设施，并应进行监测。

(7) 查明移民新址区工程地质条件，评价场地的稳定性和适宜性。

1. 水库

水库勘察应包括：① 查明可能发生严重渗漏地段的水文地质条件，对水库渗漏问题做出评价；② 查明可能浸没区的水文地质、工程地质条件，确定浸没影响范围；③ 查明滑坡、崩塌等潜在不稳定库岸的工程地质条件，评价其影响；④ 查明土质岸坡的工程地质条件，预测塌岸范围；⑤ 论证水库诱发地震可能性，评价其对工程和环境的影响。

水库严重渗漏地段勘察的水文地质测绘比例尺可选用 1∶10 000～1∶2 000。水文地质测绘范围应包括需查明渗漏地段岩溶发育特征和水文地质条件的区域，重点是可能渗漏通道及其进出口地段，对能追索的岩溶洞穴均应进行测绘。

水库浸没区勘察的工程地质测绘比例尺，农作物区可选用 1∶10 000～1∶5 000，构筑物区可选用 1∶2 000～1∶1 000。测绘范围，顶托型浸没区应包括可能浸没区所在阶地的后缘或相邻地貌单元的前缘，渗漏型浸没区应包括渗漏补给区、径流区和排泄区及邻近洼地。

库岸滑坡体、崩塌堆积体勘察的工程地质测绘比例尺可选用 1∶2 000～1∶500，测绘范围应包括滑坡区和可能的次生地质灾害区。

库岸塌岸区勘察的工程地质测绘比例尺，城镇地区可选用 1∶2 000～1∶1 000，农业地区可选用 1∶10 000～1∶2 000，测绘范围应包括塌岸区及其影响区。

2. 土石坝

土石坝坝址勘察应包括：① 查明坝基基岩面形态，河床深槽、古河道、埋藏谷的具体范围、深度以及深槽或埋藏谷侧壁的坡度。② 查明坝基河床及两岸覆盖层的层次、厚度和分布，重点查明软土层、粉细砂层、湿陷性黄土层、架空层、漂孤石层以及基岩中的石膏夹层等工程性质不良岩土层的情况。③ 查明心墙、斜墙、面板趾板以及反滤层、垫层、过渡层等部位坝基有无断层破碎带、软弱岩体、风化岩体并查明其变形特性、允许水力比降。④ 查明坝基水文地质结构，地下水埋深，含水层或透水层和相对隔水层的岩性、厚度变化和空间分布，岩土体渗透性；重点查明可能导致强烈漏水和坝基坝肩渗透变形的集中渗漏带的具体位置；提出坝基防渗处理的建议。⑤ 评价地下水、地表水对混凝土及钢结构的腐蚀性。⑥ 查明岸坡风化卸荷带的分布、深度，评价其稳定性。⑦ 查明坝区岩溶发育特征，主要岩溶洞穴和通道的分布规律，岩溶泉的位置和流量，相对隔水层的埋藏条件；提出防渗处理范围的建议。⑧ 给出坝基岩土体的渗透系数、允许水力比降和承载力、变形模量、强度等各种物理力学参数，对地基的沉陷、湿陷、抗滑稳定性、渗漏、渗透变形、地震液化等问题做出评价；提出坝基处理的建议。

土石坝坝址勘察的工程地质测绘比例尺宜选用1：5 000～1：1 000，测绘范围应包括坝址区水工构筑物场地和对工程有影响的地段。

3. 混凝土重力坝

混凝土重力坝(或砌石重力坝，下同)坝址勘察应包括：① 查明覆盖层的分布、厚度、层次及组成物质，以及河床深槽的具体分布范围和深度；② 查明岩体的岩性、层次，易溶岩层、软弱岩层、软弱夹层和蚀变带等的分布、性状、延续性、起伏差、充填物、物理力学性质以及与上下岩层的接触情况；③ 查明断层、破碎带、断层交会带和裂隙密集带的具体位置、规模和性状，特别是顺河断层和缓倾角断层的分布和特征，查明岩体风化带和卸荷带在各部位的厚度及特征；④ 查明坝基、坝肩岩体的完整性，结构面的产状、延伸长度，充填物性状及组合关系，确定坝基、坝肩稳定性分析的边界条件，查明坝基、坝肩岩溶洞穴、岩溶通道及长大溶蚀裂隙等的分布、规模、充填状况及连通性，查明岩溶泉的分布和流量；⑤ 查明两岸岸坡和开挖边坡的稳定条件，结合边坡地质结构提出工程边坡开挖坡比和支护措施建议；⑥ 查明坝址的水文地质条件，相对隔水层埋藏深度，坝基、坝肩岩体渗透性的各向异性，以及岩体渗透性的分级，提出渗控工程的建议；⑦ 查明地表水和地下水的物理化学性质，评价其对混凝土和钢结构的腐蚀性；⑧ 进行坝基岩体结构分类，在分析坝基岩石性质、地质构造、岩体结构、岩体应力、岩体风化卸荷特征、岩体强度和岩体变形性质的基础上进行坝基岩体工程地质分类，给出各类岩体的物理力学参数建议值，并对坝基工程地质条件做出评价；⑨ 提出建基岩体的质量标准，确定可利用岩面的高程，并提出重大地质缺陷处理的建议。

混凝土重力坝坝址勘察的工程地质测绘比例尺可选用1：2 000～1：1 000。工程地质测绘范围应包括坝址水工构筑物场地和对工程有影响的地段。

4. 混凝土拱坝

混凝土拱坝(或砌石拱坝，下同)坝址的勘察内容除应符合混凝土重力坝的规定外，还应包括：① 查明坝址河谷形态、宽高比，两岸地形完整程度，评价建坝地形的适宜性。② 查明与拱座岩体有关的岸坡卸荷带、岩体风化带、断裂带、岩溶洞穴及溶蚀裂隙带、软弱层(带)、破碎带的分布与特征，确定拱座可利用岩面和开挖深度，评价坝基和拱座岩体质量，提出处理建议。③ 查明与拱座岩体变形有关的断层、破碎带、软弱层(带)、岩溶洞穴及溶蚀裂隙带、风化带、卸荷岩体的分布及工程地质特性，提出处理建议。④ 查明与拱座抗滑稳定有关的各类结构面，特别是底滑面、侧滑面等的分布、性状、连通率，确定拱座抗滑稳定的边界条件，分析岩体变形与抗滑稳定的相互关系，提出处理建议。⑤ 查明拱肩槽及水垫塘两岸边坡的稳定条件，对影响边坡稳定的岩体风化、卸荷、断裂构造、岩溶洞穴、软弱层(带)、水文地质等因素进行综合分析；结合边坡地质结构进行分区、分段稳定性评价，提出工程边坡开挖坡比和支护措施建议。⑥ 查明坝址区岩体应力状态，评价高应力对确定建基面、建基岩体力学特性和岩体稳定的影响。⑦ 查明水垫塘及二道坝的工程地质条件，并做出评价。

混凝土拱坝坝址勘察的工程地质测绘比例尺可选用 1∶1 000，高拱坝和断裂构造复杂的坝址可选用 1∶500。工程地质测绘范围应包括坝址水工构筑物场地和对工程有影响的地段。

5. 溢洪道

溢洪道勘察应包括：① 查明溢洪道地段地层岩性，特别是软弱、膨胀、湿陷等工程性质不良岩土层和架空层的分布及工程地质特性；② 查明溢洪道地段的断层、裂隙密集带、层间剪切带和缓倾角结构面等的性状及分布特征；③ 查明溢洪道地段岩体风化、卸荷的深度和程度，评价不同风化、卸荷带的工程地质特性；④ 查明地下水分布特征和岩土体透水性；⑤ 查明下游消能段、冲刷坑岩体的结构特征和抗冲性能；⑥ 进行岩土体物理力学性质试验，给出有关物理力学参数；⑦ 评价泄洪闸基及控制段、泄槽段构筑物地基稳定性，以及溢洪道沿线边坡、下游消能冲刷区和泄洪雾雨区的边坡稳定性。

溢洪道勘察的工程地质测绘比例尺可选用 1∶2 000～1∶1 000。地质条件复杂的泄洪闸和控制段、泄槽段构筑物场地及下游消能冲刷区，比例尺可选用 1∶1 000～1∶500。对地质条件复杂的边坡段应进行工程地质剖面测绘，比例尺可选用 1∶1 000～1∶500。测绘范围包括引渠、控制段、泄槽段、消能段以及论证溢洪道边坡稳定性所需要的地段。

6. 厂房

厂房勘察应包括：① 查明厂址区风化、卸荷带深度，滑坡体、泥石流、崩塌堆积体、采空区和不稳定体等的分布、规模。② 查明厂址区地层岩性，特别是软弱岩类、膨胀性岩类、易溶和岩溶化岩层以及湿陷性土、膨胀土、软土、粉细砂层、架空层等工程性质不良岩土层的分布及工程地质特性；当厂址地基为可能地震液化土层时，应进行地震液化判别。③ 查明厂址区断层、破碎带、裂隙密集带、软弱结构面、缓倾角结构面等的性状、分布、规模及组合关系。④ 查明厂址区水文地质条件和岩土体的透水性；估算基坑涌水量。⑤ 进行岩土体物理力学性质试验，给出有关物理力学参数。⑥ 评价厂房地基、边坡的稳定性以及压力前池的渗漏和渗透稳定性。

厂房勘察的工程地质测绘比例尺可选用 1∶1 000～1∶500。测绘范围应包括厂房及压力前池或调压井(塔)、压力管道、尾水渠、开关站等构筑物场地及其周边地段。

7. 边坡工程

边坡工程地质勘察应包括：① 查明边坡工程区地形地貌、地层岩性、地质构造、地下水特征及边坡稳定性现状；② 对岩质边坡尚应查明岩体结构类型，风化、卸荷特征，各类结构面和软弱层的类型、产状、分布、性质及组合关系，分析其对边坡稳定性的影响；③ 对土质边坡尚应查明土体结构类型及分布特征；④ 查明岩土体及结构面的物理力学性质；⑤ 对工程运行前后开挖边坡和自然边坡的变形破坏形式和稳定性进行分析评价；⑥ 提出工程处理措施和变形监测的建议。

边坡工程勘察宜结合构筑物勘察进行，对于重要边坡、高边坡和地质条件复杂边坡，应进行专门性边坡工程地质勘察。测绘比例尺宜选用 1∶2 000～1∶500，测绘范围应包括可能对边坡稳定性有影响的地段。

8. 渠道及渠系构筑物

渠道及渠系构筑物勘察应包括：① 查明渠道沿线地层岩性，重点是粉细砂、湿陷性黄土、膨胀土（岩）等工程性质不良岩土层的分布和性状；② 查明渠道沿线冲洪积扇、滑坡、崩塌、泥石流、新生冲沟、岩溶等地质体的分布、规模和稳定条件，并评价其对渠道的影响；③ 查明渠道沿线含水层和隔水层的分布，地下水补排关系和水位，特别是强透水层和承压含水层等对渠道渗漏、涌水、渗透稳定、浸没、沼泽化、湿陷等的影响以及对环境水文地质条件的影响；④ 查明渠道沿线由地下采空区和隐藏岩溶洞穴塌陷等形成的地表移动盆地，地震塌陷区的分布范围、规模和稳定状况，并评价其对渠道的影响；⑤ 查明傍山渠道沿线不稳定山坡的类型、范围、规模等，评价其对渠道的影响；⑥ 查明深挖方和高填方渠段渠坡和地基岩土性质与物理力学参数及承载能力，评价其稳定性；⑦ 进行渠道工程地质分段，给出各段岩土体的物理力学参数和开挖渠坡坡比建议值，进行工程地质评价，并提出工程处理措施建议。

渠道与渠系构筑物勘察的工程地质测绘比例尺：渠道可选用 1∶5 000～1∶1 000，渠系构筑物可选用 1∶2 000～1∶500。渠道工程地质测绘范围应包括渠道两侧 200～1 000 m 区域，当有局部线路调整、弃土场设置、移民等要求时，可适当加宽。渠系构筑物测绘范围应包括构筑物边界线外 200～300 m 区域，并应包括有配套构筑物和设计施工要求的地段。

9. 移民新址

移民新址勘察应包括：① 查明对新址区整体稳定性有影响的地质结构及特殊岩（土）体等的分布、微地貌分布及不同坡度场地的分布；② 查明新址区及其外围滑坡、崩塌、危岩、冲沟、泥石流、塌岸、岩溶等不良地质现象的分布范围及规模，分析其对新址区场地稳定性的影响；③ 查明生产生活用水的水源、水量、水质及开采条件；④ 进行新址区场地稳定性、建筑适宜性评价。

移民新址勘察的工程地质测绘比例尺可选用 1∶2 000～1∶500，测绘范围包括新址区及对新址区场地稳定性评价有影响的地区。

10. 天然建筑材料

应对工程所需各类天然建筑材料进行详查。详细查明料场地形地质条件、岩土结构、岩层岩性、夹层性质及空间分布，地下水位，剥离层、无用层厚度及方量，有用层储量、质量，开采运输条件和对环境的影响。详查储量与实际储量的误差应不超过 15%，详查储量不得少于设计需要量的 2 倍。

12.5.4 招标设计阶段的工程地质勘察要点

招标设计阶段工程地质勘察应在审查批准的初步设计报告基础上，复核初步设计阶段的地质资料与结论，查明遗留的工程地质问题，为完善和优化设计及编制招标文件提供地质资料。

招标设计阶段工程地质勘察应包括下列内容：

（1）复核初步设计阶段的主要勘察成果；

（2）查明初步设计阶段遗留的工程地质问题；

（3）查明初步设计阶段工程地质勘察报告审查中提出的工程地质问题；

（4）提供与优化设计有关的工程地质资料。

工程地质复核应包括：① 水库工程地质条件及结论；② 构筑物工程地质条件及结论；③ 主要临时构筑物工程地质条件及结论；④ 天然建筑材料的储量、质量及开采运输条件。

工程地质勘察应包括：① 水库及构筑物区尚需研究的工程地质问题；② 施工组织设计需要研究的工程地质问题；③ 当料场条件发生变化或需要开辟新的料场时，应对天然建筑材料进行复查或补充勘察。

12.5.5 施工详图设计阶段的工程地质勘察要点

施工详图设计阶段工程地质勘察应在招标设计阶段基础上，检验、核定前期勘察的地质资料与结论，补充论证专门性工程地质问题，进行施工地质工作，为施工详图设计、优化设计、建设实施、竣工验收等提供工程地质资料。

施工详图设计阶段工程地质勘察应包括下列内容：

(1) 对招标设计报告评审中要求补充论证的和施工中出现的工程地质问题进行勘察。

(2) 水库蓄水过程中可能出现的专门性工程地质问题。

(3) 优化设计所需的专门性工程地质勘察。

(4) 进行施工地质工作，检验、核定前期勘察成果。

(5) 提出对工程地质问题进行处理的措施建议。

(6) 提出施工期和运行期工程地质监测内容、布置方案和技术要求的建议。

1. 专门性工程地质勘察

专门性工程地质勘察应针对确定的工程地质问题进行，其勘察内容应根据具体情况确定。

专门性工程地质勘察宜包括：① 在施工期和水库蓄水过程中，当震情发生变化时，应收集和分析台网监测资料，对发震库段进行地震地质补充调查，鉴定地震类型，增设流动台站并进行强化监测，预测水库诱发地震的发展趋势。② 当构筑物地基、地下洞室围岩及开挖边坡出现新的地质问题，导致构筑物设计条件发生变化时，应进一步查明其水文地质、工程地质条件，复核岩土体物理力学参数，评价其影响，提出处理措施建议。

当料场情况发生变化时或需新辟料场时，应查明或复查天然建筑材料的储量、质量及开采运输条件。

2. 施工地质工作

施工地质工作应包括：① 收集构筑物场地在施工过程中揭露的地质现象，检验前期的勘察资料；② 编录和测绘构筑物基坑、工程边坡、地下构筑物围岩等的地质特征；③ 进行地质观测，预报可能出现的地质问题；④ 进行地基、围岩、工程边坡加固以及工程地质问题处理措施研究，提出优化设计和施工方案的地质建议；⑤ 提出专门性工程地质问题专项勘察建议；⑥ 进行地基、边坡、围岩等的岩土体质量评价，参与和地质有关的工程验收；⑦ 提出运行期工程地质监测内容、布置方案和技术要求的建议；⑧ 渗控工程、水库、建筑材料等的施工地质工作内容应根据具体情况确定。

12.6 本章小结

(1) 水工构筑物的主要部分往往是由挡水、溢洪、输水、发电和航运等构筑物组成的复杂建筑群，统称水利枢纽。

(2) 水坝类型按筑坝的材料不同，主要可分为散体堆填坝和混凝土(或浆砌石)坝两大类。前者是适应较大变形的柔性结构，可分为土坝、堆石坝、干砌石坝等；后者则是变形敏感的相对刚性结构，按结构可分为重力坝、拱坝和支墩坝等。

(3) 坝址区主要工程地质问题包括坝基渗流问题、绕坝渗漏问题、坝基渗透稳定性问题、坝基抗滑稳定性问题和坝肩抗滑稳定性问题等。

(4) 坝址选择应从区域稳定性、地形地貌、岩土性质、地质构造、水文地质条件、物理地质作用和天然建筑材料等方面进行工程地质论证。

(5) 水库区主要工程地质问题包括水库渗漏问题、库岸稳定性问题、库周浸没问题和水库淤积问题等。

(6) 引水建筑主要工程地质问题包括渠道渗漏问题、渠道稳定性问题和黄土区渠道工程的湿陷变形问题等。

(7) 水利水电工程地质勘察分为规划、项目建议书、可行性研究、初步设计、招标设计和施工详图设计等阶段。

(8) 水利水电工程地质勘察规划阶段工程地质勘察主要包括区域地质和地震、水库、坝址、引调水工程、天然建筑材料等勘察。

(9) 水利水电工程地质勘察可行性研究阶段工程地质勘察主要包括区域构造稳定性评价以及水库、坝址、发电引水线路及场址、溢洪道、渠道及渠系构筑物、移民选址、天然建筑材料等勘察。

(10) 水利水电工程地质勘察初步设计阶段工程地质勘察主要包括水库、大坝、溢洪道、厂房、边坡工程、渠道及渠系构筑物、移民新址、天然建筑材料等勘察。

(11) 水利水电工程地质勘察招标设计阶段工程地质勘察主要指进行工程地质复核。

(12) 水利水电工程地质勘察施工详图设计阶段工程地质勘察主要包括专门性工程地质勘察和施工地质工作。

思 考 题

1. 简述水工构筑物的类型及其特点。
2. 简述不同类型水坝对工程地质条件的要求。
3. 坝址区主要工程地质问题有哪些？各有何特点？
4. 何谓坝基渗漏和绕坝渗漏？
5. 简述坝基渗透变形的型式及条件。
6. 简述坝基渗透变形预测的一般步骤。
7. 影响坝基、坝肩抗滑稳定的因素有哪些？
8. 水库区工程地质问题包括哪几个方面？
9. 简述水库渗漏的类型、特点及形成条件。
10. 简述水利水电工程地质勘察各阶段的勘察要点。

参考文献

[1] 陈洪江.土木工程地质[M].2版.北京:中国建材工业出版社,2010.
[2] 高金川,杜广印.岩土工程勘察与评价[M].武汉:中国地质大学出版社,2003.
[3] 工程地质手册编委会.工程地质手册[M].五版.北京:中国建筑工业出版社,2018.
[4] 郭抗美,王健.土木工程地质[M].北京:机械工业出版社,2005.
[5] 郭抗美.工程地质学[M].北京:中国建材工业出版社,2006.
[6] 国家铁路局.铁路工程地质勘察规范:TB 10012—2019[S].北京:中国铁道出版社有限公司,2019.
[7] 何培玲,张婷.工程地质[M].北京:北京大学出版社,2006.
[8] 李相然,宋华山,岳同助,等.公路工程现场勘察与测量技术[M].北京:人民交通出版社,2003.
[9] 李湘权,代立新.发电引水隧洞高地温洞段施工降温技术[J].水利水电技术,2011,42(2):36-41.
[10] 李永乐.岩土工程勘察[M].郑州:黄河水利出版社,2004.
[11] 李智毅,唐辉明.岩土工程勘察[M].武汉:中国地质大学出版社,2000.
[12] 刘松玉,杜延军,刘志彬.污染场地处理原理与方法[M].南京:东南大学出版社,2018.
[13] 刘特洪.工程建设中的膨胀土问题[M].北京:中国建筑工业出版社,1997.
[14] 陆兆溱.工程地质学[M].2版.北京:中国水利水电出版社,2001.
[15] 孟高头.土体原位测试机理、方法及其规程应用[M].武汉:中国地质大学出版社,2000.
[16] 穆满根.岩土工程勘察技术[M].武汉:中国地质大学出版社,2016.
[17] 陕西省住房和城乡建设厅.西安地裂缝场地勘察与工程设计规程:DBJ61/T 182—2021[S].北京:中国建筑工业出版社,2021.
[18] 上海市住房和城乡建设管理委员会.建设场地污染土勘察规范:DG/T J08-2233—2017[S].上海:同济大学出版社,2017.
[19] 邵艳.工程地质[M].合肥:合肥工业大学出版社,2006.
[20] 沈扬,张文慧.岩土工程测试技术[M].北京:冶金工业出版社,2013.
[21] 王贵荣.岩土工程勘察[M].西安:西北工业大学出版社,2007.
[22] 王奎华.岩土工程勘察[M].北京:中国建筑工业出版社,2005.
[23] 王清.土体原位测试与工程勘察[M].北京:地质出版社,2006.
[24] 吴继敏.工程地质学[M].北京:高等教育出版社,2006.
[25] 项伟,唐辉明.岩土工程勘察[M].北京:化学工业出版社,2012.
[26] 邢皓枫,徐超,石振明.岩土工程原位测试[M].2版.上海:同济大学出版社,2015.

[27] 徐超,张振,陈偲. 土体工程勘探与原位测试实践[M]. 上海:同济大学出版社,2018.
[28] 鄢泰宁. 岩土钻掘工程学[M]. 武汉:中国地质大学出版社,2001.
[29] 袁灿勤,王旭东. 岩土工程勘察[M]. 南京:河海大学出版社,2003.
[30] 张咸恭,李智毅,郑达辉,等. 专门工程地质学[M]. 北京:地质出版社,1988.
[31] 张咸恭,王思敬,张倬元,等. 中国工程地质学[M]. 北京:科学出版社,2000.
[32] 张咸恭. 工程地质学:下册[M]. 北京:地质出版社,1983.
[33] 张耀庭,虞海珍,陈洪江. 工程地质学:土木工程[M]. 武汉:华中科技大学出版社,2002.
[34] 张倬元. 工程地质勘察[M]. 北京:地质出版社,1981.
[35] 中国地质灾害防治工程行业协会. 崩塌防治工程勘查规范(试行):TCAGHP 011—2018[S]. 武汉:中国地质大学出版社,2018.
[36] 中国地质灾害防治工程行业协会. 泥石流灾害防治工程勘查规范(试行):T/CAGHP 006—2018[S]. 武汉:中国地质大学出版社,2018.
[37] 中华人民共和国国土资源部. 泥石流灾害防治工程勘查规范:DZT 0220—2006[S]. 北京:中国标准出版社,2006.
[38] 中华人民共和国国土资源部. 滑坡防治工程勘查规范:GB/T 32864—2016[S]. 北京:中国标准出版社,2016.
[39] 中华人民共和国建设部. 建筑桩基技术规范:JGJ 94—2008[S]. 北京:中国建筑工业出版社,2008.
[40] 中华人民共和国交通运输部. 公路工程地质勘察规范:JTGC 20—2011[S]. 北京:人民交通出版社,2011.
[41] 中华人民共和国水利部. 水利水电工程地质勘察规范:GB 50487—2008[S]. 北京:中国计划出版社,2009.
[42] 中华人民共和国水利部. 水利水电工程天然建筑材料勘察规程:SL 251—2015[S]. 北京:中国水利水电出版社,2015.
[43] 中华人民共和国住房和城乡建设部. 岩土工程勘察规范(2009 年版):GB 50021—2001[S]. 北京:中国建筑工业出版社,2009.
[44] 中华人民共和国住房和城乡建设部. 建筑地基基础设计规范:GB 50007—2011[S]. 北京:中国建筑工业出版社,2011.
[45] 中华人民共和国住房和城乡建设部. 软土地区岩土工程勘察规程:JGJ 83—2011[S]. 北京:中国建筑工业出版社,2011.
[46] 中华人民共和国住房和城乡建设部. 建筑工程地质勘探与取样技术规程:JGJ/T 87—2012[S]. 北京:中国建筑工业出版社,2012.
[47] 中华人民共和国住房和城乡建设部. 建筑基坑支护技术规程:JGJ 120—2012[S]. 北京:中国建筑工业出版社,2012.
[48] 中华人民共和国住房和城乡建设部. 膨胀土地区建筑技术规范:GB 50112—2013[S]. 北京:中国建筑工业出版社,2013.
[49] 中华人民共和国住房和城乡建设部. 工程岩体试验方法标准:GB/T 50266—2013[S]. 北京:中国计划出版社,2013.

[50] 中华人民共和国住房和城乡建设部. 工程岩体分级标准：GB/T 50218—2014[S]. 北京：中国计划出版社，2015.

[51] 中华人民共和国住房和城乡建设部. 冻土工程地质勘察规范：GB 50324—2014[S]. 北京：中国计划出版社，2015.

[52] 中华人民共和国住房和城乡建设部. 盐渍土地区建筑技术规范：GB/T 50942—2014[S]. 北京：中国计划出版社，2015.

[53] 中华人民共和国住房和城乡建设部. 建筑抗震设计规范(2016 年版)：GB 50011—2010[S]. 北京：中国建筑工业出版社，2016.

[54] 中华人民共和国住房和城乡建设部. 高层建筑岩土工程勘察标准：JGJ/T 72—2017[S]. 北京：中国建筑工业出版社，2017.

[55] 中华人民共和国住房和城乡建设部. 煤矿采空区岩土工程勘察规范(2017 年版)：GB 51044—2014[S]. 北京：中国计划出版社，2018.

[56] 中华人民共和国住房和城乡建设部. 湿陷性黄土地区建筑标准：GB 50025—2018[S]. 北京：中国建筑工业出版社，2019.

[57] 中华人民共和国住房和城乡建设部. 土工试验方法标准：GB/T 50123—2019[S]. 北京：中国计划出版社，2019.

[58] 中华人民共和国住房和城乡建设部. 民用建筑设计统一标准：GB 50352—2019[S]. 北京：中国建筑工业出版社，2019.

[59] 中华人民共和国住房和城乡建设部. 工程勘察通用规范：GB 55017—2021[S]. 北京：中国建筑工业出版社，2022.